机器人技术与智能系统

陈继文　姬帅　杨红娟　等编著

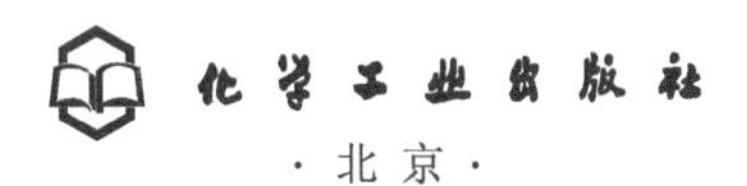

·北京·

内容简介

本书系统地介绍了机器人技术与智能系统的基础知识、工作原理以及设计与应用实例。全书共分8章，主要内容有：机器人的定义与分类，机器人的基本组成、技术参数、移动机构和传动机构，机器人的液压驱动、气压驱动、步进电动机驱动、直流伺服电动机驱动、交流伺服电动机驱动等，机器人传感器的类型与工作原理、多传感器信息融合，机器人位置控制、运动轨迹控制、动作与知觉及相关的机器人软件等，不同领域机器人的设计与应用，机器人新技术与系统，美国机器人技术发展路线图。本书从机器人学及其所运用的人工智能等领域的关键技术出发，在内容安排上突出科学性与系统性，注重理论与工程实际的结合、基础知识与现代技术的结合、系统设计与应用的结合。

本书可作为科研工作者和工程技术人员的参考书，也可作为高等院校机器人工程、智能制造工程、机械电子工程及相近专业师生的参考书。

图书在版编目（CIP）数据

机器人技术与智能系统/陈继文等编著. —北京：化学工业出版社，2021.1（2022.10重印）
ISBN 978-7-122-38086-9

Ⅰ.①机… Ⅱ.①陈… Ⅲ.①机器人技术②智能系统 Ⅳ.①TP24②TP18

中国版本图书馆CIP数据核字（2020）第244605号

责任编辑：金林茹　张兴辉　　　文字编辑：毛亚囡
责任校对：边　涛　　　装帧设计：王晓宇

出版发行：化学工业出版社（北京市东城区青年湖南街13号　邮政编码100011）
印　　装：北京科印技术咨询服务有限公司数码印刷分部
787mm×1092mm　1/16　印张15¾　字数410千字　2022年10月北京第1版第2次印刷

购书咨询：010-64518888　　　售后服务：010-64518899
网　　址：http://www.cip.com.cn
凡购买本书，如有缺损质量问题，本社销售中心负责调换。

定　　价：89.00元

前言 Preface

随着科学技术的发展和社会的进步，机器人作为集机械、电子、控制、计算机、传感器、人工智能等多学科先进技术于一体的现代制造业重要的自动化装备，不仅广泛应用于工业生产和制造领域，而且在航空、海洋探测、危险或恶劣环境，以及日常生活和教育娱乐中获得了大量应用，并不断改变着人们的生产生活方式。机器人已经成为现代高科技的应用载体，而且迅速发展成为一门相对独立研究的交叉技术学科，形成了特有的理论研究和学术发展方向。本书从机器人学及其所运用的人工智能等领域的关键技术出发，在内容安排上突出科学性和系统性，注重理论与工程实际的结合、基础知识与现代技术的结合、系统设计与应用的结合。

本书共分8章，第1章主要介绍机器人的基础知识，包括机器人的产生与发展、定义、分类，机器人关键技术，机器人系统的设计方法和机器人的应用；第2章主要介绍机器人的机械结构，包括机器人的基本组成及主要技术参数、移动机构、传动机构以及机器人的位姿问题；第3章主要介绍机器人的驱动系统，包括常用的驱动方式如液压驱动、气压驱动、步进电动机驱动、直流伺服电动机驱动、交流伺服电动机驱动等，还介绍了一些新型驱动器；第4章主要介绍机器人的传感器系统，包括常用传感器的分类、功能与要求及选择条件，机器人内部与外部传感器的类型与工作原理，典型内外部传感器的原理及应用，多传感器信息融合技术；第5章主要介绍机器人的控制系统，包括控制系统概述，工业机器人控制的分类，机器人位置控制、运动轨迹控制，机器人动作与知觉，机器人软件等内容；第6章主要介绍机器人的设计与应用，包括焊接机器人、装配机器人、喷漆机器人、移动式搬运机器人、医疗机器人、看护机器人、救援机器人、建筑机器人、洁净与真空机器人、清洁机器人、农业机器人、太空机器人、个人交通工具、水下机器人、无人飞行器等，并对机器人产业链、机器人工作站的设计与应用做了介绍；第7章主要介绍机器人新技术与系统，包括机器人认知与心理学、生物学与仿生技术、感触控制技术、交互沟通控制技术等；第8章主要介绍美国机器人技术发展路线图，包括制造转型、用户服务、医疗保健、公共安全、空间探索等领域机器人技术发展与研究路线。

本书可作为科研工作者和工程技术人员的参考书，也可作为高等院校机器人工程、智能制造工程、机械电子工程及相近专业师生的参考书。

本书由陈继文、姬帅、杨红娟、郑忠才、于复生、李坤、郭新华、范文利、逄波编写。周京国、李凯凯协助整理了部分素材。感谢山东建筑大学机电工程学院、山东省绿色制造工艺及其智能装备工程技术研究中心、山东省起重机械健康智能诊断工程研究中心、山东省绿色建筑协同创新中心的支持。本书在编写过程中，参阅了相关的文献资料成果，在此一并致以深深的感谢。

本书也承蒙国家自然科学基金项目(61303087)、山东省重点研发计划项目（2019GGX104095）、山东省研究生教育创新计划项目（SDYY16027）、山东省研究生导师能力提升计划项目（SDYY18130）、山东省绿色建筑协同创新中心创新团队支持计划项目(X18024Z)的支持。

由于编著者水平所限，书中存在不足之处，恳请广大读者给予批评指正。

编著者

目录 Contents

第1章 绪论

1.1 机器人的产生与发展

1.1.1 机器人的由来

机器人学是与机器人设计、制造和应用相关的科学，又称为机器人技术或机器人工程学，主要研究机器人的控制与被处理物体之间的相互关系，目前已经演变为机器人相关的通用技术的学科分支。机器人的诞生和机器人学的建立及发展，是20世纪自动控制领域最显著的成就之一，也是20世纪人类科学技术进步的重大成果。

尽管在几十年前“机器人”一词才出现，但实际上机器人的概念早在三千多年前就已经存在了。西周时期，能工巧匠偃师就研制出了能歌善舞的“伶人”，这是我国最早记载的机器人。春秋后期，我国著名的木匠鲁班制造了一只木鸟，能在空中飞行“三日不下”。我国东汉时期的大科学家张衡不仅发明了地动仪，而且发明了计里鼓车。计里鼓车每行一里，车上木人击鼓一下，每行十里击钟一下，这是最早的机器人雏形。三国时期，蜀国丞相诸葛亮成功地发明了“木牛流马”，并用其运送军粮，支援前方战争。

1662年，日本的竹田近江利用钟表技术发明了自动机器玩偶，并在大阪的道顿堀演出。1738年，法国天才技师杰克·戴·瓦克逊发明了一只机器鸭，它会嘎嘎叫，会游泳和喝水，还会进食和排泄。在当时的自动玩偶中，最杰出的要数瑞士的钟表匠杰克·道罗斯和他的儿子利·路易·道罗斯制造的玩偶。1773年，他们连续推出了自动书写玩偶、自动演奏玩偶等，他们的自动玩偶是利用齿轮和发条制成的，有的拿着画笔和颜色绘画，有的拿着鹅毛蘸墨水写字，结构巧妙，服装华丽，在欧洲风靡一时。由于受当时技术条件的限制，这些玩偶其实只是身高1m的巨型玩具。现在保留下来的最早的机器人是瑞士努萨蒂尔历史博物馆里的少女玩偶，它制作于200年前，两只手的十个手指可以按动风琴的琴键而弹奏音乐，现在还定期演奏供参观者欣赏。

1920年，捷克斯洛伐克作家卡雷尔·恰佩克（Karel Capek）在他的剧本《罗素姆万能机器人》中，根据Robota（捷克文，原意为“劳役、苦工”）和Robotnik（波兰文，原意为“工人”），创造出“机器人（Robot）”这个词。在该剧中，机器人按照其主人的命令默默地工作，没有感觉和感情，以呆板的方式从事繁重的劳动。后来，罗素姆公司取得了成功，使机器人具有了感情，导致机器人的应用部门迅速增加。在工厂和家务劳动中，机器人成了必不可少的成员。机器人发觉人类十分自私和不公正，终于造反了，机器人的体能和智能都非常优异，因此消灭了人类。但是机器人不知道如何制造自己，认为自己很快就会灭绝，所以它们开始寻找人类的幸存者，但没有结果。最后，一对感知能力优于其他机器人的男女机器人相爱了。这时机器人进化为人类，世界又起死回生了。该剧预告了机器人的发展会给人类社会带来悲剧性影响，引起了人们的广泛关注，被当成了“机器人”一词的起源。恰佩克提出的是机器人的安全、感知和自我繁殖问题。科学技术的进步很可能引发人类不希望出现的问题。虽然科幻世界只是一种想象，但人类社会将可能面临这种现实。

1950 年，美国著名科学幻想小说家阿西莫夫（Asimov）在他的小说《我是机器人》中，首次使用 Robotics（机器人学）来描述与机器人有关的科学，并提出了著名的“机器人三原则”：①机器人不能伤害人类，也不能眼见人类受到伤害而袖手旁观；②机器人应服从人类的命令，但不能违反第一条原则；③机器人应保护自身的安全，但不能违反第一条和第二条原则。这三条原则，给机器人社会赋以新的伦理性。至今，它仍会为机器人研究人员、设计制造厂家和用户提供十分有意义的指导方针。

1.1.2 现代机器人的发展史

机器人从幻想世界真正走向现实世界是从自动化生产和科学研究的发展需要出发的。1939 年，纽约世博会上首次展出了由西屋电气公司制造的家用机器人 Elektro，但它只是掌握了简单的语言，能行走、抽烟，并不能代替人类做家务。现代机器人的起源则始于 20 世纪 40～50 年代，美国许多国家实验室进行了机器人方面的初步探索。第二次世界大战期间，在放射性材料的生产和处理过程中应用了一种简单的遥控操纵器，使得机械抓手能复现人手的动作位置和姿态，代替了操作人员的直接操作。在这之后，橡树岭和阿尔贡国家实验室开始研制遥控式机械手，作为搬运放射性材料的工具。1948 年，主从式的遥控机械手诞生，开现代机器人制造之先河。美国麻省理工学院辐射实验室（MIT Radiation Laboratory）1953 年成功研制出数控铣床，把复杂伺服系统技术与最新发展的数字计算机技术结合起来，切削模型以数字形式通过穿孔纸带输入机器，然后控制铣床的伺服轴按照模型的轨迹做切削动作。

20 世纪 50 年代以后，机器人进入了实用化阶段。1954 年，美国的 George C. Devol 设计并制作了世界上第一台机器人实验装置，发表了《适用于重复作业的通用性工业机器人》一文，并获得了专利。George C. Devol 巧妙地把遥控操作器的关节型连杆机构与数控机床的伺服轴连接在一起，预定的机械手动作经编程输入后，机械手就可以离开人的辅助而独立运行。这种机器人也可以接受示教而能完成各种简单任务。示教过程中操作者用手带动机械手依次通过工作任务的各个位置，这些位置序列记录在数字存储器内，任务执行过程中，机器人的各个关节在伺服驱动下再现出那些位置序列。因此，这种机器人的主要技术功能就是“可编程”以及“示教再现”。

20 世纪 60 年代，机器人产品正式问世，机器人技术开始形成。1960 年，美国的 Consolidated Control 公司根据 George C. Devol 的专利研制出第一台机器人样机，并成立 Unimation 公司，定型生产 Unimate（意为“万能自动”）机器人。同时，美国机床与铸造公司（AMF）设计制造了另一种可编程的机器人 Versatran（意为“多才多艺”）。这两种型号的机器人以“示教再现”的方式在汽车生产线上成功地代替工人进行传送、焊接、喷漆等作业，它们在工作中表现出来的经济效益、可靠性、灵活性，使其他发达工业国家为之倾倒。于是 Unimate 和 Versatran 作为商品开始在世界市场上销售，日本、西欧也纷纷从美国引进机器人技术。这一时期，可实用机械的机器人被称为工业机器人。

机器人在工业生产中崭露头角的同时，机器人技术研究也在不断深入。1961 年，美国麻省理工学院 Lincoln 实验室把一个配有接触传感器的遥控操纵器的从动部分与一台计算机连接在一起，这样形成的机器人可以凭触觉决定物体的状态。随后，用电视摄像头作为输入的计算机图像处理、物体辨识的研究工作也陆续取得成果。1968 年，美国斯坦福人工智能实验室（SAIL）的 J. McCarthy 等人研究了新颖的课题——研制带有手、眼、耳的计算机系统。于是，智能机器人的研究形象逐渐丰满起来。

20 世纪 70 年代以来，机器人产业蓬勃兴起，机器人技术发展为专门的学科。1970 年，第一次国际工业机器人会议在美国举行。工业机器人各种卓有成效的实用范例促成了机器人应用领域的进一步扩展；同时，又由于不同应用场合的特点，各种坐标系统、各种结构的机器人相继出现。而随后的大规模集成电路技术的飞跃发展及微型计算机的普遍应用，则使机器人的控制性能大幅度地提高、成本不断降低。于是，数百种不同结构、不同控制方法、不同用途的机器人在20世纪80年代真正进入了实用化的普及阶段。20世纪80年代，随着计算机、传感器技术的发展，机器人技术已经具备了初步的感知、反馈能力，在工业生产中逐步应用。工业机器人首先在汽车制造业的流水线生产中大规模应用，随后，诸如日本、德国、美国等制造业发达国家开始在其他工业生产中大量采用机器人作业。

20世纪80年代以后，机器人朝着越来越智能的方向发展，这种机器人带有多种传感器，能够将多种传感器得到的信息进行融合，能够有效地适应变化的环境，具有很强的自适应能力、学习能力和自治功能。智能机器人的发展主要经历了三个阶段，分别是可编程示教、再现型机器人，有感知能力和自适应能力的机器人，智能机器人。其中所涉及的关键技术有多传感器信息融合、导航与定位、路径规划、机器人视觉智能控制和人机接口技术等。

进入21世纪，随着劳动力成本的不断提高、技术的不断进步，各国陆续进行制造业的转型与升级，出现了机器人替代人的热潮。同时，人工智能发展日新月异，服务机器人也开始走进普通家庭的生活。目前，全世界已经有近千万台机器人在运行，而每年机器人的销售额仍然保持20%以上的增长率。随着机器人应用领域的不断扩大，机器人已从传统的制造业进入人类的工作和生活领域，对国民经济和人民生活的各个方面均已产生重要影响。另外，随着需求范围的扩大，机器人结构和形态的发展呈现多样化，机器人系统逐步向具有更高智能和更密切与人类社会融洽的方向发展。

从全球机器人市场规模来看，在全球整体机器人市场规模不断扩大的背景之下，亚洲是全球机器人消费的最大市场。根据波士顿咨询公司（Boston Consulting Group，BCG）的估计，2025年机器人市场规模将达到870亿美元，其中，商业市场的增长幅度为22.8%；消费市场的增长幅度为23%。这也预示着当前全球机器人市场正在经历发展方向的转移，由当前以工业机器人为主逐渐转向以服务机器人为主。根据IFR统计，2010～2016年，服务机器人全球销量从39.64亿美元上升至74.5亿美元，年均复合增速11.14%，个人使用的服务机器人市场在2018～2020年间达到近110亿美元的规模。

1.1.3 我国机器人发展现状

目前，机器人学与人工智能交叉研究的主要领域是机器人学习，主要是机器人学和神经网络、机器学习、计算机视觉、控制方法等领域的交叉。机器人未来的发展有三大趋势：软硬融合、虚实融合和人机融合。软硬融合是指机器人软件比硬件更为重要，因为人工智能技术体现在软件上，数字化车间的轨迹规划、车间布局及自动化上料等都需要软硬件相结合。因此，机器人行业的人才既要懂机械技术，又要懂信息技术，尤其是机器人的控制技术。虚实融合是指通过大量仿真、虚拟现实，能够把虚拟现实与车间的实际加工过程有机结合起来。人机融合是指人、机器和机器人这三者有机融合，如何有机融合值得业界深入思考。

目前，我国机器人产业正处于蓬勃发展的状态，各类机器人正快速发展。工业机器人作为制造业皇冠顶端的明珠，其性能优势决定了其在工业生产中的优势地位。近年来，工业机器人的生产需求量不断上升，市场销量也保持快速增长。未来，一方面，由于我国劳动力人口不断减少，劳动力缺口不断提升，对工业机器人的需求会呈增加趋势；另一方面，随着产品加工精度不断提高等，对工业机器人性能的需求也会不断提升。对于服务机器人，有机构预测未来服务机器人将像家用电器一样普及，广泛参与人们的生活，走进千家万户。特别是随着我国人口老龄化速度的加快，未来对医疗服务机器人、陪伴机器人等的需求有可能会出现爆炸式增长。凭借其重要的战略意义，未来军事机器人也将越来越受到重视，其智能化将会越来越高。而军事机器人的尺寸则将会呈现出两种发展趋势：一方面，为满足新形势下急难险重任务的需求、提高工作效率，一部分机器人将越来越偏向大型化；另一方面，为提高隐蔽性、方便士兵携带，一部分军用机器人将越来越小，呈微型化发展。

从产业的角度而言，我国对机器人有着极大的产业需求，IFR的产业报告显示，中国是全球机器人需求量最大的国家。但是就技术的发展而言，我国对机器人学的研究起步比较晚。20世纪70年代开始，机器人学才开始在我国萌芽。随后的二十年里，机器人学在我国蓬勃发展，随着一批批中国学者相继投入机器人学研究，我国在相关领域的学术发展也在全球崭露头角。

我国机器人学发展的主要历史事件有：1972年，中国科学院沈阳自动化研究所开始了机器人的研究工作；1985年12月，我国第一台水下机器人“海人一号”首航成功，开创了机器人研制的新纪元；1986年，智能机器人作为自动化技术主题之一，被列为“国家高技术研究发展计划”即863计划发展的主要领域，此外还有航空领域确定的“空间机器人”专题，凸显了国家战略对机器人研究的重视；1997年，南开大学机器人与信息自动化研究所研制出我国第一台用于生物实验的微操作机器人系统。2015年，国内工业4.0规划——《中国制造2025》行动纲领出台，其中提到，我国要大力推动优势和战略产业快速发展机器人，包括医疗健康、家庭服务、教育娱乐等服务机器人应用需求。经过近四十年，我国机器人的研究有了很大的发展，有的方面已达到世界先进水平，但与先进的国家相比还是有较大差距，从总体上看，我国机器人研究仍然任重道远。

虽然目前机器人市场基本被国外品牌垄断，但我国政府开始对机器人领域非常重视：中华人民共和国工业和信息化部发布的《机器人产业发展规划（2016—2020年）》中明确要求大力发展机器人关键零部件，强化产业创新能力，以提升我国机器人的竞争力。同时，我国的自主品牌开始创立起来，创新能力不断提高，市场也在一步步打开。自2016年以来，中国一直是工业机器人的最大使用国。到2020年，增长到近95万台，超过欧洲的61万台。2020年大约有190万台机器人在亚洲各地运作着，这几乎等同于2016年全球的机器人存量；而根据IFR统计，中国已经成为了世界上最大的机器人消费国——目前中国排在工业机器人销量市场的第一位，而美国仅仅排在第四位。数据显示，珠三角地区是我国机器人产业发展领先的地区，机器人相关企业数量为747家，总产值达750亿元，平均销售利润率为17%，规模和效益居全国首位。根据《中国制造2025》的规划，2020年、2025年和2030年工业机器人销量的目标分别达到15万台、26万台和40万台，预计未来10年中国机器人市场规模将达6000亿元人民币。

1.1.4 机器人发展相关政策

机器人的发展一直都是世界主要发达国家的战略重点。从2012年至今，发达国家针对机器人发展纷纷推出国家层面的机器人发展支持策略，希望能够在市场上抢占机器人发展的先机与主动权。

2012年韩国发布《机器人未来战略2022》，希望进入全球前三强；2013年美国发布《机器人发展路线图》，提出机器人发展的九大重点领域；德国发布《工业4.0战略》，让机器人接管工厂；法国发布《机器人行动计划》，推出机器人发展九大措施；2014年英国发布《机器人和自主系统战略2020》，希望占据全球机器人10%的市场份额；2015年日本发布

《机器人新战略》，希望实现创新、应用和市场三个世界第一的目标。尽管这些国家发布的战略内容不尽相同，但是其目的都是一致的，那就是推动机器人应用于各个领域。

其中，德国为了实现传统产业转型升级，陆续提出了本国的机器人领域发展带动产业升级战略规划。按照德国在2013年汉诺威工业博览会上提出的工业4.0计划，通过智能人机交互传感器，人类可借助物联网对下一代工业机器人进行远程管理，同时工业4.0中的智能工厂和智能生产环节都需要借助不断升级的智能机器人。这不仅有助于解决机器人使用中的高能耗问题，还可促进制造业的绿色升级，全面实现工业自动化。据统计，德国是世界第五大机器人市场，同时也是欧洲最大的机器人市场。

此外，用机器人“打败”人，是美国“再工业化”战略的方法之一。众所周知，全球第一台工业机器人就是在美国汽车生产中得到应用的，由此拉开工业自动化新时代。如今，美国“再工业化”发展政策将主要瞄准先进制造业，大力推动高附加值制造产业。因此，其对工业机器人的需求也将快速上升。

国际机器人联合会预测，“机器人革命”将创造数万亿美元的市场。由于大数据、云计算、移动互联网等新一代信息技术同机器人技术相互融合步伐加快，3D打印、人工智能迅猛发展，制造机器人的软硬件技术日趋成熟，成本不断降低，性能不断提升，军用无人机、自动驾驶汽车、家政服务机器人已经成为现实，有的人工智能机器人已具有相当程度的自主思维和学习能力。国际上有舆论认为，机器人是“制造业皇冠顶端的明珠”，其研发、制造、应用是衡量一个国家科技创新和高端制造业水平的重要标志。在此背景下，各个国家的机器人主要制造商纷纷加紧布局，抢占技术和市场制高点。

对中国而言，当前的任务不仅是要把机器人水平提高上去，而且还要尽可能多地占领市场。2013年12月22日，中华人民共和国工业和信息化部为加强行业管理、推进我国工业机器人产业有序健康发展，提出了关于推进工业机器人产业发展的指导意见；2017年7月31日，为了促进智能机器人以及相关领域的大力发展，科技部发布了智能机器人重点专项2017年度项目申报指南。通知中规定，2017年度“智能机器人”重点专项按照基础前沿技术类、共性技术类、关键技术与装备类、示范应用类四个层次，发布了42条指南。其中基础前沿技术类指南5条，主要涉及机器人新型机构设计、智能发育理论与技术，以及互助协作型、人体行为增强型等新一代机器人验证平台研究。目前，我国工业机器人产业的发展目标是开发满足用户需求的工业机器人系统集成技术、主机设计技术及关键零部件制造技术，突破一批核心技术和关键零部件，提升主流产品的可靠性和稳定性指标，在重要工业制造领域推进工业机器人的规模化示范应用。同时，国内的几个主要城市如北京、上海、深圳等也推出了相应的政策。

1.2 机器人的定义

经过几十年的发展，机器人技术终于形成了一门综合性学科——机器人学（Robotics）。一般地说，机器人学的研究目标是以智能计算机为基础的机器人的基本组织和操作，它包括基础研究和应用研究两方面内容，研究课题包括机械手设计、机器人动力和控制、轨迹设计与规划、传感器、机器人视觉、机器人控制语言、装置与系统结构和机械智能等。机器人学综合了力学、机械学、电子学、生物学、控制论、计算机、人工智能、系统工程等多种学科领域的知识，因此，也有人认为机器人学实际上是一个可分为若干学科的学科门类。同时，由于机器人是一门不断发展的科学，对机器人的定义也随着其发展而变化，目前国际上对于机器人的定义纷繁复杂，美国机器人工业协会（RIA）、日本工业机器人协会（JIRA）、美国国家标准局（NBS）、国际标准化组织（ISO）等组织都有各自的定义，迄今为止，尚没有一个统一的机器人定义。

1967年，日本召开的第一届机器人学术会议上，人们提出了两个有代表性的定义。一个是森政弘与合田周平提出的：机器人是一种具有移动性、个体性、智能性、通用性、半机械半人性、自动性、奴隶性7个特征的柔性机器。从这一定义出发，森政弘又提出了用自动性、智能性、个体性、半机械半人性、作业性、通用性、信息性、柔性、有限性、移动性10个特性来表示机器人的形象。另一个是加藤一郎提出的，具有如下3个条件的机器可以称为机器人：①具有脑、手、脚三要素的个体；②具有非接触传感器（用眼、耳接收远方信息）和接触传感器；③具有平衡觉和固有觉的传感器。该定义强调了机器人应当具有仿人的特点，即它靠手进行作业，靠脚实现移动，由脑来完成统一指挥的任务。非接触传感器和接触传感器相当于人的五官，使机器人能够识别外界环境，而平衡觉和固有觉则是机器人感知本身状态所不可缺少的传感器。

美国机器人工业协会（RIA）给出的定义是：机器人是一种用于移动各种材料、零件、工具或专用装置，通过可编程动作来执行各种任务，并具有编程能力的多功能操作机。

日本工业机器人协会（JIRA）给出的定义是：机器人是一种带有记忆装置和末端执行器的、能够通过自动化的动作来代替人类劳动的通用机器。

国际标准化组织（ISO）给出的机器人的定义是：机器人是一种能够通过编程和自动控制来执行诸如作业或移动等任务的机器。

我国科学家给出的机器人的定义是：机器人是一种自动化的机器，所不同的是这种机器具备一些与人或生物相似的智能能力，如感知能力、规划能力、动作能力和协同能力，是一种具有高度灵活性的自动化机器。

随着人们对机器人技术智能化本质认识的加深，机器人技术开始源源不断地向人类活动的各个领域渗透。结合这些领域的应用特点，人们发展了各式各样的具有感知、决策、行动和交互能力的特种机器人和各种智能机器人。现在虽然还没有一个严格而准确的机器人定义，但是我们希望对机器人的本质做些把握：机器人是自动执行工作的机器装置。它既可以接受人类指挥，又可以运行预先编排的程序，也可以根据以人工智能技术制定的原则纲领行动。它的任务是协助或取代人类的工作。它是高级整合控制论、机械电子、计算机、材料和仿生学的产物，在工业、医学、农业、服务业、建筑业甚至军事等领域中均有重要用途。

1.3 机器人的分类

关于机器人的分类，国际上没有制定统一的标准，从不同的角度可以有不同的分类。

（1）按照机器人的发展阶段分类

第一代机器人：示教再现型机器人。1947年，为了搬运和处理核燃料，美国橡树岭国家实验室研发了世界上第一台遥控的机器人。1962年，美国又研制成功PUMA通用示教再现型机器人，这种机器人通过一个计算机来控制一个多自由度的机械，通过示教存储程序和信息，工作时把信息读取出来，然后发出指令，这样机器人可以重复地根据人当时示教的结果，再现这种动作。比方说汽车的点焊机器人，只要把这个点焊的过程示教完以后，它总是重复这样一种工作。

第二代机器人：感觉型机器人。示教再现型机器人对于外界的环境没有感知，操作力的大小，工件存在不存在，焊接的好与坏，它并不知道，因此，在20世纪70年代后期，人们开始研究第二代机器人，叫感觉型机器人。这种机器人拥有类似人的某种功能感觉，如力觉、触觉、滑觉、视觉、听觉等，它能够通过感觉来感受和识别工件的形状、大小、颜色。

第三代机器人：智能型机器人。20 世纪 90 年代以来发明的机器人。这种机器人带有多种传感器，可以进行复杂的逻辑推理、判断及决策，在变化的内部状态与外部环境中，自主决定自身的行为。

(2) 按照控制方式分类

① 操作型机器人：能自动控制，可重复编程，多功能，有几个自由度，可固定或运动，用于相关自动化系统中。

② 程控型机器人：按预先要求的顺序及条件，依次控制机器人的机械动作。

③ 示教再现型机器人：通过引导或其他方式，先教会机器人动作，输入工作程序，机器人则自动重复进行作业。

④ 数控型机器人：不必使机器人动作，通过数值、语言等对机器人进行示教，机器人根据示教后的信息进行作业。

⑤ 感觉控制型机器人：利用传感器获取的信息控制机器人的动作。

⑥ 适应控机器人：机器人能适应环境的变化，控制其自身的行动。

⑦ 学习控制型机器人：机器人能“体会”工作的经验，具有一定的学习功能，并将所“学”的经验用于工作中。

⑧ 智能机器人：以人工智能决定其行动的机器人。

按照控制方式，还可以把机器人分为非伺服控制机器人和伺服控制机器人。非伺服控制机器人按照预先编好的程序进行工作，使用定序器、插销板、终端限位开关、制动器来控制机器人的运动。与非伺服控制机器人比较，伺服控制机器人具有较为复杂的控制器、计算机和机械结构，带有反馈传感器，拥有较大的记忆存储容量。这意味着能存储较多点的地址，运行可更为复杂平稳，编制和存储的程序可以超过一个，因而该机器人可以有不同用途，并且转换程序所需的停机时间极短。伺服控制机器人又可分为点位伺服控制机器人和连续轨迹伺服控制机器人。点位伺服控制机器人一般只对其一段路径的端点进行示教，而且机器人以最快和最直接的路径从一个端点移到另一个端点，点与点之间的运动总是有些不平稳。这种控制方式简单，适用于上下料、点焊等作业。连续轨迹伺服控制机器人能够平滑地跟随某个规定的轨迹，它能较准确地复原示教路径。

(3) 按照应用环境角度分类

目前，国际学术界通常将机器人分为工业机器人和服务机器人两大类。工业机器人是集机械、电子、控制、计算机、传感器、人工智能等多学科先进技术于一体的现代制造业重要的自动化装备。自从 1962 年美国研制出世界上第一台工业机器人以来，机器人技术及其产品已成为柔性制造系统（FMS）、自动化工厂（FA）、计算机集成制造系统（CIMS）的自动化工具。服务机器人是机器人家族中的一个年轻成员，可以分为专业领域服务机器人和个人、家庭服务机器人。服务机器人的应用范围很广，主要从事维护保养、修理、运输、清洗、保安、救援、监护等工作。而我国的机器人专家从应用环境出发，将机器人分为工业机器人和特种机器人两类。工业机器人是面向工业领域的多关节机械手或多自由度机器人。特种机器人是除工业机器人之外的、用于非制造业并服务于人类的各种先进机器人，包括服务机器人、水下机器人、娱乐机器人、军用机器人、农业机器人、机器人化机器等。在特种机器人中，有些分支发展很快，甚至有独立成体系的趋势，如服务机器人、水下机器人、军用机器人、微操作机器人等。

工业机器人按臂部的运动形式分为四种：直角坐标型的臂部可沿三个直角坐标轴移动；圆柱坐标型的臂部可作升降、回转和伸缩动作；球坐标型的臂部能回转、俯仰和伸缩；关节型的臂部有多个转动关节。

工业机器人按执行机构运动的控制机能又可分点位型和连续轨迹型。点位型只控制执行机构由一点到另一点的准确定位，适用于机床上下料、点焊和一般搬运、装卸等作业；连续轨迹型可控制执行机构按给定轨迹运动，适用于连续焊接和涂装等作业。

工业机器人按程序输入方式区分有编程输入型和示教输入型两类。编程输入型是将计算机上已编好的作业程序文件，通过 RS-232 串口或者以太网等通信方式传送到机器人控制柜。示教输入型的示教方法有两种：一种是由操作者用手动控制器（示教操纵盒），将指令信号传给驱动系统，使执行机构按要求的动作顺序和运动轨迹操演一遍；另一种是由操作者直接领动执行机构，按要求的动作顺序和运动轨迹操演一遍。在示教过程的同时，工作程序的信息即自动存入程序存储器中，当机器人自动工作时，控制系统从程序存储器中检出相应信息，将指令信号传给驱动机构，使执行机构再现示教的各种动作。示教输入程序的工业机器人称为示教再现型工业机器人。

（4）按照机器人的运动形式分类

1）直角坐标型机器人。这种机器人的外形轮廓与数控镗铣床或三坐标测量机相似，如图 1-1 所示。3 个关节都是移动关节，关节轴线相互垂直，相当于笛卡儿坐标系的 x、y 和 z 轴。它主要用于生产设备的上下料，也可用于高精度的装卸和检测作业。这种形式主要有以下特点：

① 结构简单，直观，刚度高。多做成大型龙门式或框架式机器人。

② 3 个关节的运动相互独立，没有耦合，运动学求解简单，不产生奇异状态。采用直线滚动导轨后，速度和定位精度高。

③ 工件的装卸、夹具的安装等受到立柱、横梁等构件的限制。

④ 容易编程和控制，控制方式与数控机床类似。

⑤ 导轨面防护比较困难。移动部件的惯量比较大，增加了驱动装置的尺寸和能量消耗，操作灵活性较差。

2）圆柱坐标型机器人。如图 1-2 所示，这种机器人以 θ 、z 和 r 为参数构成坐标系。手腕参考点的位置可表示为 $P=f(\theta, z, r)$ 。其中，r 是手臂的径向长度，θ 是手臂绕水平轴的角位移，z 是在垂直轴上的高度。如果 r 不变，操作臂的运动将形成一个圆柱表面，空间定位比较直观。操作臂收回后，其后端可能与工作空间内的其他物体相碰，移动关节不易防护。

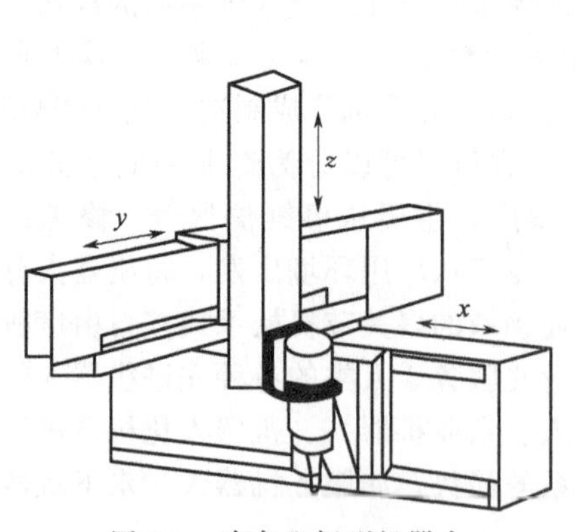

图 1-1　直角坐标型机器人

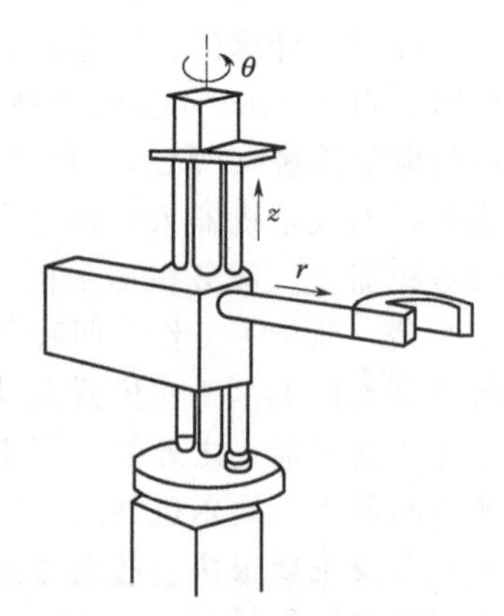

图 1-2　圆柱坐标型机器人

3）球（极）坐标型机器人。如图 1-3 所示，腕部参考点运动所形成的最大轨迹表面是

半径为 r 的球面的一部分，以 θ 、φ 、r 为坐标，可表示为 $P=f(\theta, \varphi, r)$ 。这类机器人占地面积小，工作空间较大，移动关节不易防护。

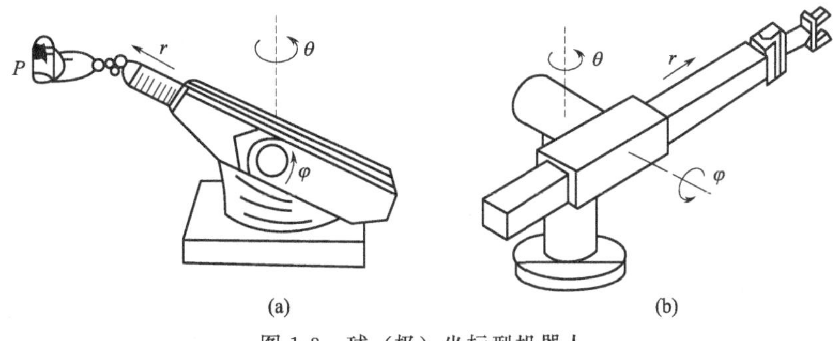

图 1-3　球（极）坐标型机器人

4）平面双关节型机器人（Selective Compliance Assembly Robot Arm，SCARA）。SCARA 机器人有 3 个旋转关节，其轴线相互平行，在平面内进行定位和定向，还有一个关节是移动关节，用于实现末端件垂直于平面的运动。手腕参考点的位置是由两旋转关节的角位移 φ_1、φ_2 和移动关节的位移 z 决定的，即 $P=f(\varphi_1, \varphi_2, z)$ ，如图 1-4 所示。这类机器人结构轻便、响应快。例如 Adept Ⅰ型 SCARA 机器人的运动速度可达 10m/s，比一般关节式机器人快数倍。它最适用于平面定位，而在垂直方向进行装配的作业。

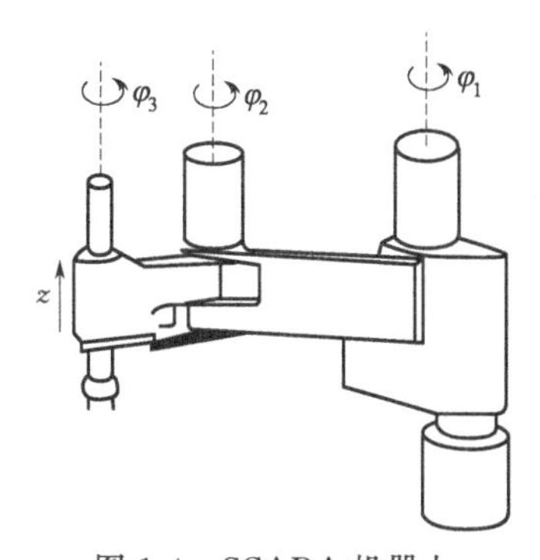

图 1-4　SCARA 机器人

5）关节型机器人。这类机器人由 2 个肩关节和 1 个肘关节进行定位，由 2 个或 3 个腕关节进行定向。其中，一个肩关节绕铅直轴旋转，另一个肩关节实现俯仰，这两个肩关节轴线正交，肘关节平行于第二个肩关节轴线，如图 1-5 所示。这种构形动作灵活，工作空间大，在作业空间内手臂的干涉最小，结构紧凑，占地面积小，关节上相对运动部位容易密封防尘，是当今工业领域中常见的工业机器人形态之一，适合用于诸多工业领域的机械自动化作业，比如，自动装配、喷漆、搬运、焊接等工作。这类机器人运动学较复杂，运动学反解困难，确定末端件执行器的位姿不直观，进行控制时，计算量比较大。

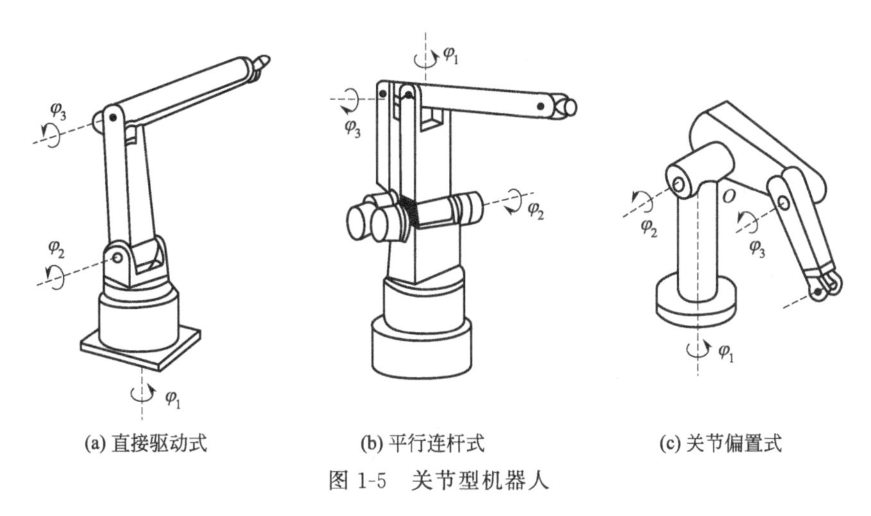

图 1-5　关节型机器人

(5) 按照机器人移动性分类

可分为半移动式机器人(机器人整体固定在某个位置，只有部分可以运动，例如机械手)和移动机器人。随着机器人的不断发展，人们发现固定于某一位置操作的机器人并不能完全满足各方面的需要。因此，20 世纪 80 年代后期，许多国家有计划地开展了移动机器人技术的研究。所谓移动机器人，就是一种具有高度自主规划、自行组织、自适应能力，适合于在复杂的非结构化环境中工作的机器人，它融合了计算机技术、信息技术、通信技术、微电子技术和机器人技术等。移动机器人具有移动功能，在代替人在危险、恶劣（如辐射、有毒等）环境下作业和在人所不及的（如宇宙空间、水下等）环境中作业，比一般机器人有更大的机动性、灵活性。

(6) 按照机器人的移动方式分类

可分为轮式移动机器人、步行移动机器人（单腿式、双腿式和多腿式)、履带式移动机器人、爬行机器人、蠕动式机器人和游动式机器人等类型。

(7) 按照机器人的功能和用途分类

可分为医疗机器人、军用机器人、海洋机器人、助残机器人、清洁机器人和管道检测机器人等。

(8) 按照机器人的作业空间分类

可分为陆地室内移动机器人、陆地室外移动机器人、水下机器人、无人飞机和空间机器人等。

1.4 机器人关键技术

机器人学是专门研究机器人工程的学科，其最基础的研究内容是机器人的路径规划控制与人机交互。人工智能是研究、开发用于模拟、延伸和扩展人的智能的理论、方法、技术及应用系统的一门系统科学。机器人的研究推动了许多人工智能思想的发展，在人工智能构建世界状态的模型和描述世界状态变化的过程中起到了至关重要的作用。举例来说，关于机器人动作规划生成和规划监督执行等问题的研究，推动了人工智能这一学科中有关机器人规划方法的发展。机器人智能化的发展更是人工智能的研究成果运用的一个重要方面。机器人学与人工智能的发展存在着千丝万缕的关系，可以说二者的发展是休戚与共的。人工智能的主要研究方向有语言识别、图像识别、自然语言处理和专家系统等，这些研究方向对于机器人智能化的实践有着重要的意义。其中，机器翻译、智能控制、专家系统及语言和图像理解不仅是人工智能需要研究的重点，同时也是智能机器人得以实现的科技难点。人工智能实际上是将人的智能赋予其他工具，而机器人则是为这样的智能化提供了一个很好的容器与载体。机器人学的发展主要围绕移动机器人、仿人机器人、人机交互等细分领域的研究展开，其中移动机器人和仿人机器人一直是大多数研究者的主攻方向，近期学者对人工智能关键技术人机交互、路径规划、控制系统和强化学习的研究愈发关注。

1.4.1 感知与学习

对感知与学习的研究是从 1990 年开始的，Manuela M. Veloso、Minoru Asada、Marco Dorigo、Cynthia Breazeal 等学者奠定了该研究的发展基础。目前，后起之秀 Darwin G. Caldwell 教授积极投入相关领域的研究。智能机器人感知与学习技术是目前机器人领域研究的热点，旨在充分利用人工智能现有的成果，把人工智能的现有成果和机器人有机地结合，从环境感知、知识获取与推理、自主认知和学习等角度开展机器人智能发育的研究，使机器人通过不断的学习和自身积累，能够自我提升。

感知是机器人与人、机器人与环境以及机器人之间进行交互的基础。简单地定义“感知”为对周围动态环境的意识。对感知的研究主要有以下目的：首先是对机器人地图构建功能的补充，对环境的重新构建，以满足实时更新所处位置地理信息的需要；其次是帮助智能机器人对周遭物体进行探测、识别和追踪，以做到能够对日常小型物体近乎完美的区分；最后是使机器人能够观察人类、理解人类行动，最终达到机器人能够与人类友好共存的条件。从以上标准可以看出，感知技术作为不可或缺的一部分，与智能机器人的地图构建、运动等功能实现都息息相关。具体来讲，机器人的感知通常需要借助各种传感器的帮助来代替人类的感觉，如视觉、触觉、听觉以及动感等。

从感知向认知的跨越一度是区分“第二代”机器人与“第三代”机器人的准则，而认知机器人的定义中最核心之处就在于学习行为的出现。作为机器学习和机器人学的交叉领域，机器人的学习将允许机器人通过学习算法获取新技能或适应其环境的技术。通过学习，机器人可能展示的技能包括运动技能、交互技能以及语言技能等；而这种学习既可以通过自主自我探索实现，又可以通过人类老师的指导来实现。随着人工智能的快速发展，机器人学习也是日新月异。其中，美国加州伯克利大学的人工智能团队的研究一直处于前沿。2018 年 4 月，伯克利人工智能研究院发布一篇文章，提出一个强化学习框架，并基于此打造出一款可以自学功夫的虚拟机器人，目前已有相关研究成果。这说明机器人学习技术在未来不仅能够融入人们的现实生活，而且将可能在虚拟游戏世界中大放异彩。

1.4.2 规划与决策

路径规划从 1990 年开始发展，自 2005 年起进入发展的高速期，大量的学者以极大的热情投入该领域的研究，主要有 Howie Choset、Manuela M. Veloso、Sebastian Thrun 等人。其中，Howie Choset 教授至今仍致力于路径规划领域的研究，并创造出历史性的成果。而路径规划仅仅是机器人学中规划与决策技术的一个分支。事实上，规划与决策技术对于机器人系统中自主性的实现至关重要。换句话说，这两项要素是决定机器人在无人操控的状态下通过算法得出满足特定约束条件的最优决策能否成功的关键。尽管这类技术最常见的用武之地在于无人驾驶汽车的导航问题以及自主飞行器或航海探测器的线路规划问题，但其实它的影响更为广泛，从路径规划到运动规划，再到任务规划，都离不开这一技术的作用；而这类技术的应用范围也不止探测器或智能汽车，它还可以应用在人形机器人、移动操作平台甚至多机器人系统等，在数字动画角色模拟、人工智能电子游戏、建筑设计、机器人手术以及生物分子研究中都能够发挥作用。具体来说，目前实现规划与决策仍然主要依靠应用算法，其中著名的理论包括人工势场法等。近两年，来自瑞典皇家理工学院的机器人学研究团队提出了新的观点：运用形式化验证将机器人的行为树模型化，由此能够在实现规划和决策的过程中获得两大优势，一是它能够以一种用户友好却谨慎细致的方式捕捉到复杂的机器人任务信息，二是它能够为机器人决策的正确性提供可证实的保证。

1.4.3 动力学与控制

机器人动力学是对机器人结构的力和运动之间关系与平衡进行研究的学科，主要通过分析机器人的动力学特性来建造模型、研究算法以决定机器人对物体的动态响应方式。而机器人控制技术，指的是为使机器人完成各种任务和动作所执行的各种控制手段，既包括各种硬件系统，又包括各种软件系统。

自20世纪70年代以来，随着电子技术与计算机科学的发展，计算机运算能力大大提高而成本不断下降，这就使得人们越来越重视发展各种考虑机器人动力学模型的计算机实时控制方案，以充分发挥出为完成复杂任务而设计得日益精密从而也越加昂贵的机器人机械结构的潜力。因此，在机器人研究中，控制系统的设计已显得越来越重要，成为提高机器人性能的关键因素。

最早的机器人采用顺序控制方式，而随着计算机的发展，现已通过计算机系统来实现机电装置的功能，并采用示教再现的控制方式。目前机器人控制技术的发展越来越智能化，离线编程、任务级语言、多传感器信息融合、智能行为控制等新技术都可以应用到机器人控制中来。作为影响机器人性能的关键部分，机器人控制系统在一定程度上制约着机器人技术的发展。然而传统的机器人控制系统存在结构封闭、功能固定、系统柔性差、可重构性差、缺乏运行时再配置机制、组件的开发和整合限制在某种语言上等问题。如今出现了各种基于网络、PC、人脸识别、实时控制等技术的机器人控制系统，精度高、功能全、稳定性好，并逐渐向标准化、模块化、智能化方向发展。

智能化的控制系统为提高机器人的学习能力奠定了基础。2016年，伯克利大学的人工智能团队利用深度学习和强化学习策略向控制软件提供即时视觉和传感反馈，使一个名为BRETT（Berkeley Robot for the Elimination of Tedious Tasks的缩写）的机器人成功通过学习来提升自己的家务技能。这种人工智能与机器人学交叉运用的结果使得机器人能够将从一个任务中获得的经验推广到另一个任务中，从而提高机器人的学习能力，使其能够掌握更多技能。

1.4.4 人机交互

人机交互即人与机器人相互作用的研究，其研究目的是开发合适的算法并指导机器人设计，以使人与机器人之间更自然、高效地共处。最早开始研究人机交互的出发点是学者们希望能够探讨如何才能减轻人类操纵计算机时的疲劳感，由此开启了人机工程学的先河。1969年可谓是人机界面学发展史的里程碑，这一年在英国剑桥大学召开了第一届人机系统国际大会，同年第一份专业杂志IJMMS（International Journal of Mechatronics and Manufacturing Systems，国际人机研究）创刊。到了20世纪80年代初期，学界先后出版了六本专著，从理论和实践两个方面推动了人机交互的发展。20世纪90年代后期以来，随着高速处理芯片、多媒体技术及互联网的飞速发展与普及，人机交互向着智能化的方向发展，这一技术关注的重点也由计算机的反馈转向以人为中心。值得一提的是，2018年，ACM新增一本杂志Interactions，其主题是人机交互和交互设计，每两个月出版一次，在全球范围内流通，这也说明人机交互技术研究的不断深入，并越来越得到重视。

人机交互技术大致可以分为四个阶段：基本交互、图形交互、语音交互和感应交互（体感交互）。基本交互仍然停留在最原始的状态，人与机器的关系仅仅是人工手动输入与机器输出的交互状态，比如早期的按钮式电话、打字机与键盘；图形交互时期是随着电脑的出现而开始的，以显示屏、鼠标问世为标志，在触屏技术成熟期达到巅峰；语音交互最开始是单向的，即语音识别，如科大讯飞的语音识别系统，后来微软的Cortana、小冰，苹果的Siri以及Google公司的Google Now突破了单向交互的壁垒，实现了人机双向语音对话；最后，随着当前机器人的发展越来越强调交互形式的智能化，体感交互将成为未来交互发展的新方向。体感交互是直接从人姿势的识别来完成人与机器的互动，主要是通过摄像系统模拟建立三维的世界，同时感应出人与设备之间的距离与物体的大小。目前，索尼发明的触控型投影仪已经实现了体感交互。未来，这种交互方式将成为先前各种技术的结合，包括即时动态捕捉、图像识别、语音识别、VR等技术，最终衍生出多样化的交互形式，而机器人有望在未来成为体感交互的载体。

1.5 机器人系统的设计方法

机器人是一个完整的机电一体化系统，是一个包括机构、控制系统、感受系统等的整体系统。对于机器人这样一个复杂的系统，在设计时首先要考虑的是机器人的整体性、整体功能和整体参数，再对局部细节进行设计。

（1）准备事项

在设计之初，应当首先明确机器人的设计目的，即机器人的应用对象、应用领域和主要应用目的。然后，根据设计目的确定机器人的功能要求。在确定功能要求基础上，设计者可以明确机器人的设计参数，如机器人的自由度数、信息的存储容量、计算机功能、动作速度、定位精度、抓取重量、容许的空间结构尺寸以及温度、振动等环境条件的适用性等。将设计参数以集合的方式表示，则可以形成总体的设计方案。最后进行方案的比较，在初步提出的若干方案中，通过对工艺生产、技术和价值分析选择出最佳方案。

（2）机器人的详细设计

① 在总体方案确定之后，首先根据总体的功能要求选择合适的控制方案。从控制器所能配置的资源来说，有两种控制方式：集中式和分布式。集中式是将所有的资源都集中在一个控制器上，而分布式则是让不同的控制器负责实现机器人不同的功能。

② 在控制方案确定之后，根据选定的控制方案选择驱动方式。机器人的驱动方式主要有液压、气压、电气，以及新型驱动方式。设计者可以根据机器人的负载要求来进行选择，其中液压的负载最大，气动次之，电动最小。

③ 在控制系统的设计及驱动方式确定之后，就可以进行机械结构系统的设计。机器人的机械结构系统设计一般包括对末端执行器、臂部、腕部、机座和移动机构等的设计。

④ 机器人运动形式或移动机构的选择。根据主要的运动参数选择运动形式是结构设计的基础。工业机器人的主要运动形式有直角坐标型、圆柱坐标型、极坐标型、关节型和SCARA型五种。常见移动机器人的移动机构有轮式、履带式和足式移动机构。为适应不同的生产工艺或环境需要，可采用不同的结构。具体选用哪种形式，必须根据工艺要求、工作现场、位置以及搬运前后工件中心线方向的变化等情况，分析比较，择优选取。为了满足特定工艺要求，专用的机械手一般只要求有2个或3个自由度，而通用机器人必须具有4～6个自由度才能满足不同产品的不同工艺要求。所选择的运动形式，在满足需要的情况下，应以使自由度最少、结构最简单为准。

⑤ 传动系统设计的好坏，将直接影响机器人的稳定性、快速性和精确性等性能参数。机器人的传动系统除了常见的齿轮传动、链传动、蜗轮蜗杆传动和行星齿轮传动外，还广泛地采用滚珠丝杠、谐波减速装置和绳轮钢带等传动系统。

⑥ 在进行机械设计的过程中，最好能够使用CAD/CAE软件建立三维实体模型，并在机器人上进行虚拟装配，然后进行运动学仿真，检查是否存在干涉和外观的不满意。也可以使用软件进行动力学仿真，从更深层次来发现设计中可能存在的问题。

（3）制造、安装、调试和编写设计文档

在详细设计完成之后，先筛选标准元器件，对自制的零件进行检查，对外购的设备器件进行验收；然后对各子系统调试后，进行总体安装，整机联调；最后编写设计文档。

1.6 机器人的应用

机器人系统最早用作遥控操纵装置，自问世以来，它扩大了人类的影响力范围，帮助人类更好地操纵和改造着我们周围的世界，并更好地与之交互。此后，因为其在不同时空尺度（从纳米级到百万级）内有效地提升了人类的实践能力，所以其数量、多样性和复杂性显著增强，被用于无趣、肮脏、危险及简单任务的自动化中。与此同时，应用型机器人和智能机器人切实体现了众多科学学科的理念及算法，比如系统设计、控制工程、计算科学及人工智能。应用领域的多样化证明了其跨学科的本质与巨大潜能。机器人产业有可能更为彻底地改变我们的生活方式。在早期，就其分散的生存状态（平台/软件的多样性）、死板的操作范式（单一的解决方案）及不断更新的硬件和软件趋势（模块化、开放源代码）而言，个人计算机和个人机器人产业惊人地相似，这些都为后续改革铺平了道路。首先，作为重工业制造自动化的中枢，典型的PUMA操纵器可被视为过去的大型主机。现如今，机器人系统的发展更注重非制造应用领域，主要集中于服务型机器人领域。由于市场吸收能力低，计算机辅助外科手术机器人（比如达·芬奇外科手术系统）、太空探索机器人（比如美国宇航局的火星探测器）、出现在敌方战场的军用机器人（比如处置伊拉克路边炸弹的机器人）及协助搜救受困矿工的机器人等高成本专业设备仍只占机器人市场的极小部分。最显著的增长来自低成本、高市场容量的家用及个人机器人市场。其次，由于传感/驱动/计算等技术的进步，以及基本的科学认识和算法实施得以改进，不同形状、不同大小和不同功能的机器人系统取得了显著发展。硬件、软件、工具的模块化和标准化及商业利益与开放源代码运动的结合开始重新定义机器人领域，这一点与个人计算的改变方式几乎一样。最后，伴随着新一轮创新而产生的技术交流，不仅改进了现有的机器人系统，也为智能移动机器人的应用提供了空间，有效地创造了新的市场。比如，促使无人驾驶地面车辆技术进步的学生可能继而为邻居开发出割草机器人。或者，多年来对安全稳定的远程操作的研究可以用来提升日后线控驾驶汽车的驾乘感觉。

1.6.1 工业应用

工业机器人是指在工业中应用的一种能进行自动控制的、可重复编程的、多功能的、多自由度的、多用途的操作机，能搬运材料、工件或操持工具，用以完成各种作业。这种操作机可以固定在一个地方，也可以安置在往复运动的小车上。

制造业中人工成本在逐渐提高，即便人工成本没有上升，下一代微型精密产品更新换代周期短，要求装配精细、操作精准无误，而人工难以实现。在制造业部门应用改进的机器人和自动化技术将有利于：保留知识产权和财富，防止资源外流；提高企业竞争力；机器人的开发、生产、维护和训练将创造新的工作机会；工厂采用人机协同小组模式工作，工人与机器人相互促进，提高技能（例如，人类智力和灵巧性与机器人的精密、强度和重复性相结合）；改善工作条件，减少重大医疗问题的发生；减少成品的制造提前期，使系统更能满足零售需求的变化。

工业机器人最早应用于汽车制造工业，常用于焊接、喷漆、上下料和搬运。此外，工业机器人在零件制造过程中的检测和装配等领域也得到了广泛应用。工业机器人延伸和扩大了人的手足和大脑的功能，它可代替人类从事危险、有害、有毒、低温和高热等恶劣环境中的工作；代替人类完成繁重、单调的重复劳动，提高劳动生产率，保证产品质量。图1-6所示为焊接机器人生产线。

图 1-6　焊接机器人生产线

1.6.2　无人驾驶

无人驾驶，即无须通过驾驶者进行干预便可独自由计算机完成正常、安全行驶的一整套系统，其特点简单而言是安全稳定以及能进行自动泊车。无人驾驶汽车是通过车载传感系统感知道路环境，自动规划行车路线并控制车辆到达预定目标的智能汽车。无人驾驶汽车利用车载传感器来感知车辆周围环境，并根据感知所获得的道路、车辆位置和障碍物信息，控制车辆的转向和速度，从而使车辆能够安全、可靠地在道路上行驶，它集自动控制、体系结构、人工智能、视觉计算等众多技术于一体，是计算机科学、模式识别和智能控制技术高度发展的产物，也是衡量一个国家科研实力和工业水平的重要标志，在国防和国民经济领域具有广阔的应用前景。尤其是在公共轨道交通，无人驾驶能够更加智能科学地安排发车班次以及节省人力成本，使乘客获得更高效的出行体验。德国科隆经济研究所（Cologne Institute for Economic Research）的分析显示，2010 年至 2017 年 7 月间，无人驾驶领域所申请的专利共有 5839 项。其中前十大专利持有者中，六个都是德国传统汽车厂商。图 1-7 所示为 Google 无人驾驶汽车。

图 1-7　Google 无人驾驶汽车

1.6.3　室内服务

室内服务机器人是为人类服务的特种机器人，能够代替人完成家庭服务工作。它包括行进装置、感知装置、接收装置、发送装置、控制装置、执行装置、存储装置、交互装置等；感知装置将在居住环境内感知到的信息传送给控制装置，控制装置指令执行装置做出响应，并进行防盗监测、安全检查、清洁卫生、物品搬运、家电控制、家庭娱乐、病况监视、儿童教育、报时催醒及家用统计等工作。国际机器人联合会（IFR）的统计表明，2020 年室内服务机器人市场快速增长至 69 亿美元，2016～2020 年的平均增速高达 27.9%。

从区域的发展来看，日本作为世界上最早研究机器人并且开发技术最为发达的国家之一，在家用机器人的产出上具有惊人的成果。数据表明，日本 2010 年家庭智能机器人产量就已达到 4 万台，约占全世界的 50%。服务机器人 ASIMO 是本田公司研发的一款机器人。如图 1-8 所示。ASIMO 是一款类人程度非常高的人形机器人，不仅可以和人手拉手走路，同时可以进行日常的物品搬运工作。得益于强大的中枢系统，ASIMO 可以对自身所具有的功能进行综合控制，可以自主地进行接待、向导及递送等工作。同时，因为在机构设计和控制能力上的提升，ASIMO 的移动速度达到了 6km/h，可以进行奔跑与来回行走。强大的视觉传感器与手腕力度传感器则让 ASIMO 可根据实际情况交接实物。以日常家庭的物品整理为例，ASIMO 可以根据所持的物品判断物品的重量与高度，将物品放置到合理的地方，并根据不同的环境条件进行挑战。手腕传感器的存在则让 ASIMO 可以调整左右手腕的推力，保持与推车之间的合适距离，一边前进一边推车。当推车遇到障碍时，ASIMO 还会自行减速并改变行进方向，直线或者转弯推车。

2017 年底，日本索尼公司推出其最新款机器狗 Aibo，并已于 2018 年 1 月正式发售。图 1-9 所示为索尼公司机器狗 Aibo。索尼公司表示，这款机器狗可“与家庭成员形成情感纽带，同时为他们带来爱、情感以及抚养和照顾一个同伴的快乐”。以广泛灵活的动作和积极的反应为特征，这款机器狗还会随着其与主人越来越亲密的关系，发展出自己独特的个性，可以说是一种能够自主进化的机器狗。新版 Aibo 机器狗自带超小型 1 和 2 轴执行器配置，使 Aibo 紧凑的身体能沿 22 个轴自由活动。

图 1-8　本田公司服务机器人 ASIMO

图 1-9　索尼公司机器狗 Aibo

相较于近邻日本，中国在家用机器人的产业化运用上则稍显落后。由于缺乏支柱性产业与具有影响力品牌的支撑，中国的家用机器人市场产业尚未形成规模，在全球市场上仅占有 5%左右的份额。由于中国本土的电机、驱动器、减速器等关键部件性能不高，中国的家用机器人主要靠进口外国部件组装而成。另外，中国家用机器人市场的低迷与城市化水平发展程度不够高是相关的。由于国内区域性收入差距较大，再加上传统文化的影响，我国尚未形成使用家用机器人的习惯，甚至对于在国外普及率较高的清洁机器人的使用也较少。我国的清洁方式还停留在吸尘器或者人工清理的方式上。虽然目前我国家用机器人的年销售额已经超过了 10 亿，但是区域收入差距造成了家用机器人的渗透率的差距。

以清洁机器人为例，我国沿海城市的产品渗透率为 5%，内陆城市才刚达到 0.4%。除了巨大的内部区域差距之外，与国际之间的差距更为明显：相比之下，美国家庭清洁机器人的渗透率已经达到 16%。当前社会，人们越来越希望能够从简单家务劳动中释放出来，而家政服务劳动力的价格越来越高，因而家用机器人的需求有其刚性驱动。随着城市化水平与消费水平的不断提升，家用机器人市场将成为我国一个爆发成长的市场。

1.6.4 物流运输

目前，我国物流业正努力从劳动密集型向技术密集型转变，由传统模式向现代化、智能化升级，各种先进技术和装备的应用和普及也随之而来。受益于电子商务高速发展带来物流业务量大幅攀升以及土地、人力成本的快速上涨，智能化的物流装备在节省仓库面积、提高物流效率等方面的优势日渐突出。当下，具备搬运、码垛、分拣等功能的智能机器人，已成为物流行业当中的一大热点。

应用于物流中的机器人发展到今天，大致可分为三代。第一代物流机器人主要是以传送带及相关机械为主的设备，为机器人原型，实现从人工化向自动化的转变。第二代机器人主要是以 AGV 为代表的设备，通过自主移动的小车实现搬运等功能。以亚马逊 Kiva 机器人为代表，依托 AGV 小车技术，但实质上仍然需要人工完成拣选货物操作，效率仍有待提升。第三代机器人在第二代机器人的基础上，增加了替换人工的机械手、机械臂、视觉系统和智能系统，提供更友好的人机交互界面，并且与现有物流管理系统的对接更完善，具有更高的执行效率和准确性。例如 Fetch&Freight 的机器人产品，实现了从自动化到智能化的转变，由移动车体、机械臂和机械手组成，具备高度的自主性，能够完成多种功能如物体识别、抓取、分拣及运输等。

随着物流智能化的发展，各大电商巨头也紧跟潮流，频频出招。目前亚马逊的几十个仓库里有超过 15000 个 Kiva 机器人在工作，亚马逊因此也被称为全球最高效的仓库。近期，阿里巴巴菜鸟 ET 物流实验室研发的末端配送机器人小 G 诞生了。通过自主感知描绘地图，根据复杂的场景变化及时重建地图，并自己规划多个包裹的最优派送顺序和路线，机器人小 G 能智能避障，将包裹送到收件人手中。每个包裹都有单独的身份码，扫描一下就可以签收，寄件人还可以在手机上随时查看包裹定位。若有人错拿或者多拿包裹，小 G 会自动报警。同时，阿里还自主研发了造价百万的智能机器人“曹操”，可承重 50kg，速度达 2m/s，可迅速定位商品位置，以最优拣货路径拣货后，自动把货物送到打包台，在天猫超市的配送过程中发挥着日益重要的作用。2018 年 6 月，京东的仓储运输机器人“飞马”、搬运机器人“地狼 AGV”在亚洲一号仓库正式亮相，其中分拣机器人、智能叉车 AGV、机械臂等大量的智能物流机器人协同作业组成完整的智慧物流场景。

可以预见，智能机器人的日益普及和高速发展，必将引爆一场仓储物流智能化的变革，甚至是整个物流行业、制造业乃至生产和生活方方面面的智能化大革命。但对于目前国内企业而言，要避免在低端产品层面的竞争，且需要在智能机器人产品的研发方面投入更多力量。

1.6.5 极端环境

机器人可以代替人类在极端环境中工作，比如极寒环境、深海环境、核污染地域、极端天气等。

探测机器人要能保证探测的范围足够广，对复杂的外形环境要有很好的适应性和通过性，具有稳定高速高效的行驶能力，并有一定的避障能力、爬坡越障能力和耐磨损能力等。在现有的技术条件下，人类要实现长时间载人太空航行还是一件比较困难的事情。如果用机器人来代替人类长时间太空旅行并登陆其他星球、进行环境探测，并将所得数据传回地球，深入研究各天体的地质特性和所处的空间环境，探索行星系统的形成和演化历史，将会大大方便人类的探索。

据国外媒体报道，航天局和私人航天公司都正在致力于将人类送达更遥远的太空区域。但是近期一系列研究表明，人工智能机器人可能是未来太空探索的引领者。美国宇航局已经赞成派遣智能机器人探测搜寻宇宙空间，科学家也认可在轨道上的宇航员通过远程监控能够操控机器人系统实现虚拟探索，同时，一些人甚至表示，人工智能探测器几乎能独立完成太空任务。美国宇航局喷气推进实验室科学家指出，未来一些智能探测器将很快被投入使用，大多数情况下它们都能独立操作。伴随着太空任务挑战性的不断增强，探测器应当能够在没有人为干涉的情况下完成工作，甚至懂得适应环境变化。目前，已经有相关研究报告在《科学机器人技术》杂志上发表。

近日，在我国第 34 次南极科考中，由中国科学院沈阳自动化研究所自主研发的探冰机器人成功执行了“南极埃默里冰架地形勘测”项目地面勘查现场试验任务，这是我国地面机器人首次投入极地考察冰盖探路的应用。图 1-10 所示为极地探冰机器人。该探冰机器人是安全有效的冰盖未知区域安全路线探测技术装备，将在未来建立中山站至埃默里冰架冰上安全运输路线中发挥重要作用。埃默里冰架是南极三大冰架之一，它既是东南极冰盖物质流向海洋的主要通道，又是内陆冰盖发生变化的关键性“指示器”，在南极及全球变化研究领域具有十分重要的地位。探冰机器人针对南极天气条件和环境特点进行专门设计，采用全地形底盘悬挂，具有轮式和履带两种驱动形式，控制速度可达 20km/h。采用燃油提供能源和动力，续航能力大于 30km。探冰雷达任务载荷，可对冰盖表面以下深 100m 冰盖结构进行探测。“南极埃默里冰架地形勘测”项目现场经过机器人组装、调试、测试和执行探路任务等过程，遭遇了低温、白化天、大风、降雪和大雾等恶劣天气，通过了复杂冰雪路面行走的检验，历时 25 天，机器人行走总里程约 200km，任务测线长约 140km。现场测试与应用验证了探冰机器人系统设计的有效性。本项试验的成功，结合航空雷达和遥感照相等宏观冰裂隙探测方法，为在未知冰盖区域建立安全运输路线提供了成功安全有效的技术保障和手段。

图 1-10　极地探冰机器人

2017 年，中国攻克了强辐射环境可靠通信、辐射防护加固等核用机器人关键技术，成功自主研发了耐核辐射机器人。中国的耐核辐射机器人可以承受 65℃的高温，它携带的相机等可在每小时 10000 个希沃特（Sv）的核辐射环境中工作，特别是其水下高清耐辐射摄像系统，采用独特辐射屏蔽技术，可在水平方向 360°旋转无盲区，即便在水下 100m 工作也仍然稳定可靠。

1.6.6 军事应用

军用机器人是机器人在军事领域的特殊应用，主要是用机器人替代人类完成一些军事任务，通过预先制定一套战略目标，在智能化信息处理系统以及远程通信系统的辅助之下，在一定程度上取代军人完成预先设定的战略任务。按照使用环境和军事用途分类，军用机器人主要有以下四大类：地面军用机器人、空中机器人、水下机器人和空间机器人。

地面军用机器人主要是指在地面上使用的机器人系统，它们不仅在和平时期可以帮助民警排除炸弹，完成要地保安任务，而且在战场上可以代替士兵执行运输、扫雷、侦察和攻击等各种任务。地面军用机器人种类繁多，主要有作战机器人、防爆机器人、扫雷车、保安机器人、机器侦察兵等。

被称为空中机器人的无人机是军用机器人中发展最快的家族，从 1913 年第一台自动驾驶仪问世以来，无人机的基本类型已达到 300 多种，在世界市场上销售的无人机有 40 多种。无人机被广泛应用于侦察、监视、预警、目标攻击等领域。随着科技的发展，无人机的体积越来越小，产生了微机电系统集成的产物——微型飞行器。微型飞行器被认为是未来战场上重要的侦察和攻击武器，能够传输实时图像或执行其他任务，具有足够小的尺寸（小于 20cm）、足够大的巡航范围（如不小于 5km）和足够长的飞行时间（不小于 15min）。

水下机器人分为有人机器人和无人机器人两大类。有人机器人（有人潜水器）机动灵活，便于处理复杂的问题，但人的生命可能会有危险，而且价格昂贵。无人潜水器就是人们常说的水下机器人。按照无人潜水器与水面支持设备（母船或平台）间联系方式的不同，水下机器人可以分为两大类：一种是有缆水下机器人，习惯上把它称作遥控潜水器，简称 ROV；另一种是无缆水下机器人，习惯上把它称作自治潜水器，简称 AUV。有缆水下机器人都是遥控式的，按其运动方式分为拖曳式、（海底）移动式和浮游（自航）式三种。无缆水下机器人只能是自治式的，只有观测型浮游式一种运动方式，但它的前景是光明的。为了争夺制海权，各国都在开发各种用途的水下机器人，有探雷机器人、扫雷机器人、侦察机器人等。

空间机器人是一种低价位的轻型遥控机器人，可在行星的大气环境中导航及飞行。为此，它必须克服许多困难，例如它要能在一个不断变化的三维环境中运动并自主导航；几乎不能够停留；必须能实时确定它在空间的位置及状态；要能对它的垂直运动进行控制；要为它的星际飞行预测和规划路径。目前，美国、俄罗斯、加拿大等国已研制出各种空间机器人，如美国 NASA 研制的空间机器人 Sojanor、智能蜘蛛人。

相较于普通的军人，军用机器人在军事方面具有一些天然的优势。第一，军用机器人可以全方位、全天候连续作战，无论是在多么恶劣的环境之下，军用机器人都可以精准地完成任务；第二，与人类不同，机器人不畏惧疼痛，在战场上具有极其强大的生存能力；第三，因其没有情感因素的存在，对战争与死亡不会产生畏惧心理，能够绝对服从上级的命令，完成用户下达的指挥，减少了战争中因为人类情感的复杂性而带来的变数，有利于战事分局和对武力的掌控。

20 世纪 60 年代开始，美国便已经开始了对军用机器人的研究。军用机器人的发展至今经历了三代的演变。第一代的军用机器人是依赖于人的智慧的“遥控操作器”，延伸了人们军事行动的范围，但主要还是依托于人的存在；第二代机器人则加入了事先编好的程序，机器人可以脱离于用户本身，自动重复地完成某项任务，但智能化程度很低，甚至可以说是没有智能化；第三代机器人则是现代的具有人工智能的机器人，它们通过传感器收集到周围环境的信息，并通过智能系统对环境信息进行数据处理与分析，最终做出判断与决策。军用机器人在侦察、排雷、防化、进攻、防御以及保障等各个领域有着广泛的运用，最近的无人机、机器人步兵则更是多个学科交叉研究的高科技产品，集中了当今科学技术的许多尖端成果。目前，美国已将其研发的无人机应用到战争中，其中，非常有代表性的有“死神”无人机和“全球鹰”无人机。图 1-11 所示为美军“死神”无人机。

军事力量的强弱直接关系到一个国家的军事安全。作为军事力量中的重要组成部分，军用机器人的研发受到了世界上各个国家的重视。目前来看，军用机器人的研发强国主要以发达国家为主，这些国家不仅在军用机器人的技术研发上处于世界的先进水平，在成果的输出与军事化的实际应用上也取得了举世瞩目的成就。据统计，目前全球已超过 60 个国家的军队装备了人工智能军用机器人，种类超过 150 种，图 1-12 所示为美军新型战斗机器人。虽然我国在军用机器人的研发上与发达国家有较大的差距，但是政府一直很重视军用机器人的研发，并给予了相当大的政策支持。在《国家中长期科学和技术发展规划纲要（2006—2020年）》《国家高技术研究计划（863）“十一五”发展纲要》《国务院关于加快振兴装备制造业的若干意见》中有着重提出，国家 863 计划、国家自然科学基金、国防科工委预研项目等予以重点支持。

图 1-11　美军“死神”无人机

图 1-12　美军新型战斗机器人

1.6.7 医疗应用

医用机器人是指用于医院、诊所的医疗或辅助医疗的机器人。它能独自编制操作计划，依据实际情况确定动作程序，然后把动作变为操作机构的运动。医用机器人种类很多，按照其用途不同，有临床医疗用机器人、护理机器人、医用教学机器人和为残疾人服务的机器人等。

① 运送药品的机器人可代替护士送饭、送病例和化验单等，较为著名的有美国 TRC 公司的 HelpMate 机器人。

② 移动病人的机器人主要帮助护士移动或运送瘫痪、行动不便的病人，如英国的 PAM 机器人。

③ 临床医疗用机器人包括外科手术机器人和诊断与治疗机器人。例如，某款能够为患者治疗中风的医疗机器人，可以通过互联网将医生和患者的信息进行交互。有了这种机器人，医生无须和患者面对面就能进行就诊治疗。

④ 为残疾人服务的机器人又叫康复机器人，可以帮助残疾人恢复独立的生活能力。例如美国军方专门为战争中受伤致残失去行动能力的士兵设计了一款新型助残机器人，将受伤的士兵下肢紧紧地包裹在机器人体内，通过感知士兵的肢体运动来控制机器人的行走。

⑤ 英国科学家正在研发一种护理机器人，能用来分担护理人员繁重琐碎的护理工作。新研制的护理机器人将帮助医护人员确认病人的身份，并准确无误地分发所需药品。将来护

理机器人还可以检查病人体温、清理病房，甚至通过视频传输帮助医生及时了解病人病情。

⑥ 医用教学机器人是理想的教具。美国医护人员目前使用一台名为“诺埃尔”的教学机器人，它可以模拟即将生产的孕妇，甚至还可以说话和尖叫。通过模拟真实接生，有助于提高妇产科医护人员手术配合和临场反应。

1.6.8 灾难救援

近些年来，特别是“9·11”事件以后，世界上许多国家从国家安全战略的角度研制出各种反恐防爆机器人、灾难救援机器人等危险作业机器人，用于灾难的防护和救援。同时，由于救援机器人有着潜在的应用背景和市场，一些公司也介入了救援机器人的研究与开发。目前，灾难救援机器人技术正从理论和试验研究向实际应用发展。

日本东京电气通信大学开发的类蛇搜救机器人，可以进入受灾现场狭窄的空间中搜索幸存者。日本神户大学及日本国家火灾与灾难研究所共同研发针对核电站事故的救援机器人，它设计的目的是进入受污染的核能机构的内部，将昏倒的生还者转移至安全的地方。这种机器人系统是由一组小的移动机器人组成的，作业时首先通过小的牵引机器人调整昏厥者的身体姿势以便搬运，接着用带有担架结构的移动机器人将人转移到安全的地带。

日本千叶大学和日本精工爱普生公司联合研发的微型飞行机器人 UFR，外观像直升机，使用了世界上最大的电力、重量输出比的超薄超声电动机，总重量只有 13g，同时 UFR 因使用线性执行器的稳定机械结构而可以平衡在半空中。UFR 可以应用在地震等自然灾害中，它可以非常有效地测量现场以及危险地带和狭窄空间的环境，此外它还可以有效地防止二次灾难。

美国南佛罗里达大学研发的可变形机器人 Bujold，其内部装有医学传感器和摄像头，底部采用可变形履带驱动，可以变成三种结构：坐立起来面向前方、坐立起来面向后方和平躺姿态。Bujold 具有较强的运动能力和探测能力，它能够进入灾难现场获取幸存者的生理信息以及周围的环境信息。

美国霍尼韦尔公司研发的垂直起降的微型无人机 RQ-16A T-Hawk，重 8.4kg，能持续飞行 40min，最大速度 130km/h，最高距离 3200m，最大可操控范围半径 11km，适合于背包部署和单人操作。T-Hawk 无人机可以用于灾难现场的环境监视，它已经被应用在 2011 年日本福岛的核电事故中，帮助东京电力公司更好地判断放射性物质、泄露的位置以及如何更好地进行处理。

韩国大邱庆北科学技术院研发的便携式火灾疏散机器人，其设计的目的是深入火灾现场收集环境信息，寻找幸存者，并且引导被困者撤离火灾现场。该机器人结构是用铝复合金属设计的，具有耐高温和防水的功能。该机器人具有一个摄像机可以捕捉火灾现场的环境，有多种传感器可以检测温度、一氧化碳和氧气浓度，还有扬声器用来与被困者进行交流。

德国人工智能研究中心研发了轮腿混合结构的机器人 ASGUARD，它是因昆虫移动激发的灵感而设计出来的混合式四足户外机器人，第一代 ASGUARD 原型是由四个具有一个旋转自由度的腿直接驱动的，ASGUARD 的使命是灾难缓解以及城市搜索和救援。

中国科学院沈阳自动化研究所研发了可变形灾难救援机器人，这种机器人具有 9 种运动构形和 3 种对称构形，具有直线、三角和并排等多种形态，它能够通过多种形态和步态来适应环境和任务的需要，可以根据使用目的安装摄像、生命探测仪等不同的设备。可变形灾难救援机器人在 2013 年四川省雅安市芦山县地震救援中进行了首次应用，在救援过程中，它的任务是对废墟表面及废墟内部进行搜索，为救援队提供必要的数据以及图像支持信息。

中国科学院沈阳自动化研究所研发的旋翼飞行机器人，具有小巧、轻便、低空飞行、慢速等特点，能够克服气候、气流、地形等大型飞机难以应对的因素。在救援过程中，旋翼飞行机器人能从空中获取灾区现场的路况以及灾后建筑物的分布情况，它能够通过悬停的方式进行搜索和排查，并且实时地向操作人员传送高分辨率的图片和影像，为救援人员进行有针对性的部署和救援提供决策依据，从而大大地提高了灾难救援的工作效率。旋翼飞行机器人在 2013 年四川省雅安市芦山县地震救援中进行了作业，实施了危楼逐户生命迹象的探查，并向救援队提供了高清的古城村灾区图和实时道路状况。

1.6.9 机器人大赛

机器人不仅渗透到了人们的生活中，而且激发了人们的挑战和思考，越来越多的国际性比赛纷纷涌现，为促进机器人的研究和发展做出了重要贡献。

① 机器人世界杯（RoboCup）。RoboCup 是当前国际上级别最高、规模最大、影响力最广泛的机器人赛事，其不仅是一项综合性的国际活动，而且也是学术成分最高的赛事之一，目的是通过一个易于评价的标准平台促进人工智能与机器人技术的发展，目标是在 2050 年前后能组建一支机器人足球队战胜当年的人类世界杯冠军。

RoboCup 足球赛分为 5 个组：小型组、中型组、类人组、标准平台组和足球仿真组。RoboCup 的第一场正式比赛是在 1997 年，当时只有 4 个国家的 40 支队伍参赛。中国第一次参加 RoboCup 是在 2000 年，第一次夺冠是在 2010 年。2010 年 6 月，北京信息科技大学代表队在新加坡举行的中型机器人足球世界杯赛中战胜上届冠军荷兰爱因霍夫理工大学队取得冠军。自此，中国的队伍开始频繁地在 RoboCup 上出现。

2018 年机器人世界杯在伊朗举行。来自德国、土耳其、中国、新加坡和韩国等 11 个国家的 478 支球队参加了 38 个组别的冠军争夺。此次公开赛包括一些机器人足球联赛，以及救援和扫雷模拟、家庭应用和无人驾驶飞行器的比赛。2018 年 6 月，浙江大学 ZJUNlict 队获得机器人足球赛小型组冠军。这是浙大 ZJUNlict 小型足球机器人团队第三次问鼎。

② 国际智能机器人与系统大会（IROS）。2016 年，在第 29 届 IROS 上，包括清华大学、杜克大学、苏黎世联邦理工学院、韩国科学技术院在内的十余家研究机构共同参加了“机械手抓取与操作”“无人机自主飞行”和“人形机器人”三类竞技比赛。清华大学计算机科学与技术系孙富春教授带领团队参加“机械手抓取与操作”竞赛中的两个任务，分别荣获第一名和第三名。其中，在重点考查自主环境感知、自主轨迹规划和自主抓取策略等方面的全自主任务中，孙富春教授带领的智能技术与系统国家重点实验室利用深度学习的多模态融合物体检测与分类模块和自主规划操作策略等相关技术，在该项任务中获得冠军。

2017 年 9 月 25 日，第 30 届 IROS 在加拿大温哥华正式开幕。作为国际机器人与自动化领域具有影响力的学术会议之一，本次大会吸引了来自世界各地的 2000 多名机器人学专家和学者参会。在该届大会上同样也开展了机器人竞赛环节，共进行了“人形机器人应用挑战赛”“无人机竞速比赛”及“机器人抓取和模拟竞赛”三类比赛。

③ 机器人大赛（ICRA RoboMaster 机器人大赛）。IEEE ICRA（International Conference on Robotics and Automation，国际机器人与自动化学术会议）是机器人领域的旗舰会议。ICRA RoboMaster 机器人大赛，是由其支持单位 RoboMaster 举办的机器人技术挑战赛，在每年的技术挑战赛中，机器人被要求全自动运行完成赛事指定挑战任务。其中，2016 年 ICRA 与空客公司合作，要求参赛的机器人在 60min 内精准地在一块平面铝板上钻出数百个洞，参赛对象可以是由模块化机械装置组成的机器人系统。2017 年 ICRA 与大疆创

新合作，比赛规则是在完全自动化条件下，让机器人把箱子从一个地方搬到另一个地方，再把这些箱子垒起来。2018 年 ICRA RoboMaster 机器人大赛的主题为全智能机器人射击对抗型比赛。这次的挑战赛由五项赛事组成，分别是：可移动微型机器人挑战赛、房间整理家务机器人挑战赛、软体机器人挑战赛、机器人初创公司启动大赛和大疆创新人工智能挑战赛。

第2章 机器人的机械结构

2.1 机器人的基本组成

机器人由机械、控制、传感三大部分组成，它们之间的关系如图 2-1 所示。这三大部分包括执行机构（机械结构系统）、感受系统、驱动系统、控制系统、人机交互系统、机器人-环境交互系统六个子系统。如果用人来比喻机器人的组成，那么控制系统相当于人的“大脑”，感受系统相当于人的“视觉与感觉器官”，驱动系统相当于人的“肌肉”，执行机构相当于人的“身躯和四肢”。整个机器人运动功能是通过人机交互实现的。

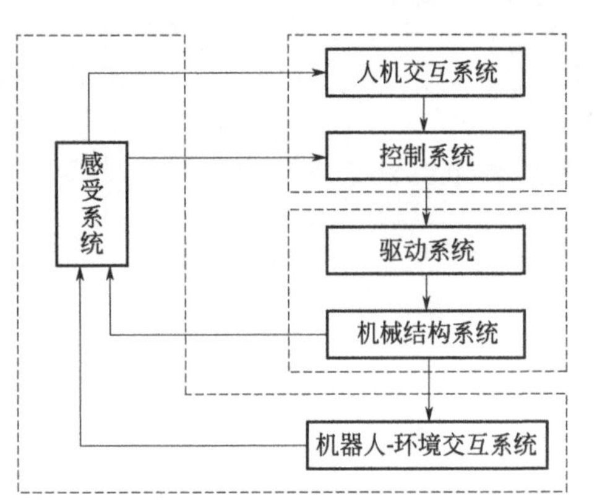

图 2-1 机器人系统组成

2.1.1 机构

机器人的机构由传动部件和机械构件组成。机械构件由机身、手臂、末端操作器三大件组成。每一大件都有若干自由度，构成一个多自由度的机械系统。若基座具备移动机构，则构成移动机器人；若基座不具备移动及腰转机构，则构成单机器人臂。手臂一般由上臂、下臂和手腕组成。末端执行器是直接装在手腕上的一个重要部件，它可以是两手指或多手指的手爪，也可以是焊枪、喷漆枪等作业工具。

2.1.2 驱动系统

驱动系统是向机械结构系统提供动力的装置。其主要驱动方式有：电气驱动、液压驱动、气压驱动及新型驱动。电气驱动是目前使用最多的一种驱动方式，其特点是：无环境污染，运动精度高，电源取用方便，响应快，驱动力大，信号检测、传递、处理方便，并可以采用多种灵活的控制方式，驱动电机一般采用步进电机、直流伺服电机、交流伺服电机，也有采用直接驱动电机的。液压驱动可以获得很大的抓取能力，抓取力可高达上千牛，传动平稳，结构紧凑，防爆性好，动作也较灵敏，但对密封性要求高，不宜在高、低温现场工作，需配备一套液压系统，成本较高。气压驱动的机器人结构简单，动作迅速，空气来源方便，价格低，但由于空气可压缩而使工作速度稳定性差，抓取力小，一般只有几十牛至数百牛。随着应用材料科学的发展，一些新型材料开始应用于机器人的驱动，如形状记忆合金驱动、压电效应驱动、人体肌肉及光驱动等。

2.1.3 感受系统

它由内部传感器模块和外部传感器模块组成，获取内部和外部环境中有用的信息。内部传感器用来检测机器人的自身状态（内部信息），如关节的运动状态等。外部传感器用来感知外部世界，检测作业对象与作业环境的状态（外部信息），如视觉、听觉、触觉等。智能传感器的使用提高了机器人的机动性、适应性和智能化水平。人类的感受系统感知外部世界信息是极其巧妙的，然而对于一些特殊的信息，传感器比人类的感受系统更有效。机器人被用于执行各种加工任务，其中比较常见的加工任务有物料搬运、装配、喷漆、焊接、检验等。不同的加工任务对机器人提出不同的感觉要求。

多数搬运机器人目前尚不具有感觉能力，它们只能在指定的位置上拾取确定的零件。而且，在机器人拾取零件以前，除了需要给机器人定位以外，还需要采用某种辅助设备或工艺措施，对被拾取的零件进行准确定位和定向，这就使得加工工序或设备更加复杂。如果搬运机器人具有视觉、触觉和力觉等感觉能力，就会改善这种状况。视觉系统用于被拾取零件的粗定位，使机器人能够根据需要寻找应该拾取的零件，并确定该零件的大致位置。触觉传感器用于感知被拾取零件的存在、确定该零件的准确位置以及确定该零件的方向。触觉传感器有助于机器人更加可靠地拾取零件。力觉传感器主要用于控制搬运机器人的夹持力，防止机器人手爪损坏被抓取的零件。

装配机器人对传感器的要求类似于搬运机器人，也需要视觉、触觉和力觉等感觉能力。通常，装配机器人对工作位置的要求更高。现在，越来越多的机器人正进入装配工作领域，主要任务是进行销、轴、螺钉和螺栓等的装配工作。为了使被装配的零件获得对应的装配位置，采用视觉系统选择合适的装配零件，并对它们进行粗定位，机器人触觉系统能够自动校正装配位置。

喷漆机器人一般需要采用两种类型的传感系统：一种主要用于位置（或速度）的检测；另一种用于工作对象的识别。用于位置检测的传感器包括光电开关、测速码盘、超声波测距传感器、气动式安全保护器等。待漆工件进入喷漆机器人的工作范围时，光电开关立即接通，通知正常的喷漆工作要求。超声波测距传感器一方面可以用于检测待漆工件的到来，另一方面用来监视机器人及其周围设备的相对位置变化，以避免发生相互碰撞。一旦机器人末端执行器与周围物体发生碰撞，气动式安全保护器会自动切断机器人的动力源，以减少不必要的损失。现代生产经常采用多品种混合加工的柔性生产方式，喷漆机器人系统必须同时对不同种类的工件进行喷漆加工，要求喷漆机器人具备零件识别功能。为此，当待漆工件进入喷漆作业区时，机器人需要识别该工件的类型，然后从存储器中取出相应的加工程序进行喷漆。用于这项任务的传感器包括阵列触觉传感器系统和机器人视觉系统。由于制造水平的限制，阵列式触觉传感系统只能识别那些形状比较简单的工件，较复杂工件的识别则需要采用视觉系统。

焊接机器人包括点焊机器人和弧焊机器人两类。这两类机器人都需要用位置传感器和速度传感器进行控制。位置传感器主要采用光电式增量码盘，也可以采用较精密的电位器。根据现在的制造水平，光电式增量码盘具有较高的检测精度和较高的可靠性，但价格昂贵。速度传感器目前主要采用测速发电机，其中交流测速发电机的线性度比较高，且正向与反向输出特性比较对称，比直流测速发电机更适合于弧焊机器人使用。为了检测点焊机器人与待焊工件的接近情况，控制点焊机器人的运动速度，点焊机器人还需要装备接近度传感器。如前所述，弧焊机器人对传感器有一个特殊要求，需要采用传感器使焊枪沿焊缝自动定位，并且自动跟踪焊缝，目前完成这一功能的常见传感器有触觉传感器、位置传感器和视觉传感器。

环境感知能力是移动机器人除了移动之外最基本的一种能力，感知能力的高低直接决定了一个移动机器人的智能性，而感知能力是由感知系统决定的。移动机器人的感知系统相当于人的五官和神经系统，是机器人获取外部环境信息及进行内部反馈控制的工具，它是移动机器人重要的部分之一。移动机器人的感知系统通常由多种传感器组成，这些传感器处于外部环境与移动机器人的接口位置，是机器人获取信息的窗口。机器人用这些传感器采集各种信息，然后采取适当的方法，将多个传感器获取的环境信息加以综合处理，控制机器人进行智能作业。

2.1.4 控制系统

控制系统的任务是根据机器人的作业指令以及从传感器反馈回来的信号，支配机器人的执行机构去完成规定的运动和功能。如果机器人不具备信息反馈特征，则为开环控制系统；具备信息反馈特征，则为闭环控制系统。控制系统根据控制原理可分为程序控制系统、适应性控制系统和人工智能控制系统；根据控制运动的形式可分为点位控制和连续轨迹控制。对于一个具有高度智能的机器人，它的控制系统实际上包含了“任务规划”“动作规划”“轨迹规划”和基于模型的“伺服控制”等多个层次，如图 2-2 所示。

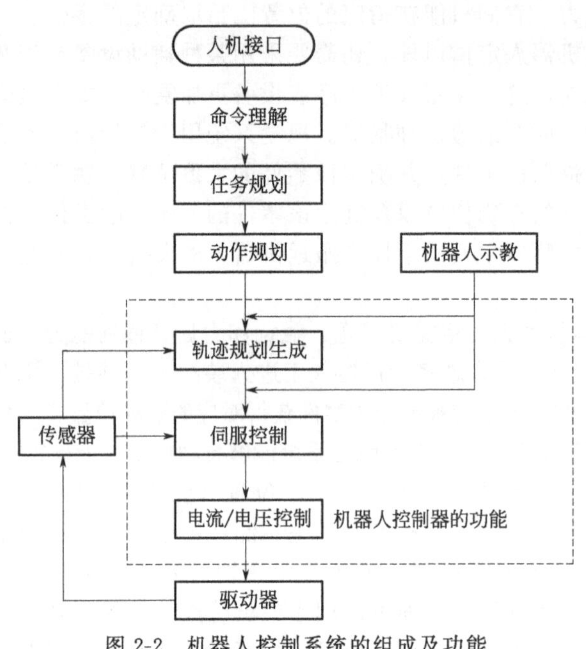

图 2-2 机器人控制系统的组成及功能

首先机器人要通过人机接口获取操作者的指令，指令的形式可以是人的自然语言，或者是由人发出的专用的指令语言，也可以是通过示教工具输入的示教指令，或者键盘输入的机器人指令语言以及计算机程序指令。其次机器人要对控制命令进行解释理解，把操作者的命令分解为机器人可以实现的“任务”，这是任务规划。然后机器人针对各个任务进行动作分解，这是动作规划。为了实现机器人的一系列动作，应该对机器人每个关节的运动进行设计，即机器人的轨迹规划。最底层是关节运动的伺服控制。

(1) 工业机器人控制系统的主要功能

实际应用的工业机器人，其控制系统并不一定都具有上述所有组成及功能。大部分工业机器人的“任务规划”和“动作规划”是由操作人员完成的，有的甚至连“轨迹规划”也要由人工编程来实现。一般的工业机器人，其设计者已经完成轨迹规划的工作，因此操作者只要为机器人设定动作和任务即可。由于工业机器人的任务通常比较专一，为这样的机器人设计任务对用户来说并不是件困难的事情。工业机器人控制系统的主要功能有以下几种。

① 机器人示教。所谓机器人示教指的是，为了使机器人完成某项作业，把完成该项作业内容的实现方法对机器人进行示教。随着机器人完成的作业内容复杂程度的提高，采用示教再现方式对机器人进行示教已经不能满足要求了。目前一般都使用机器人语言对机器人进行作业内容的示教。作业内容包括让机器人产生应有的动作，也包括机器人与周边装置的控制和通信等方面的内容。

② 轨迹生成。为了控制机器人在被示教的作业点之间按照机器人语言所描述的指定轨迹运动，必须计算配置在机器人各关节处电机的控制量。

③ 伺服控制。把从轨迹生成部分输出的控制量作为指令值，再把这个指令值与位置和速度等传感器送来的信号进行比较，用比较后的指令值控制电机转动，其中应用了软伺服。

软伺服的输出是控制电机的速度指令值，或者是电流指令值。在软伺服中，对位置与速度的控制是同时进行的，而且大多数情况下是输出电流指令值。对电流指令值进行控制，本质是进行电机力矩的控制，这种控制方式的优点很多。

④ 电流控制。电流控制模块接收从伺服系统来的电流指令，监视流经电机的电流大小，采用 PWM 方式（脉冲宽度调制方式）对电机进行控制。

（2） 移动机器人控制系统的任务

移动机器人控制系统是以计算机控制技术为核心的实时控制系统，它的任务就是根据移动机器人所要完成的功能，结合移动机器人的本体结构和机器人的运动方式，实现移动机器人的工作目标。控制系统是移动机器人的大脑，它的优劣决定了机器人的智能水平、工作柔性及灵活性，也决定了机器人使用的方便程度和系统的开放性。

2.1.5 人机交互系统

人机交互系统是人与机器人进行联系和参与机器人控制的装置。例如：计算机的标准终端、指令控制台、信息显示板、危险信号报警器等。该系统可以分为两大类：指令给定装置和信息显示装置。

2.1.6 机器人-环境交互系统

机器人-环境交互系统是实现机器人与外部环境中的设备相互联系和协调的系统。机器人与外部设备集成为一个功能单元，如加工制造单元、焊接单元、装配单元等。当然也可以是多台机器人集成为一个去执行复杂任务的功能单元。

2.2 机器人的技术参数

技术参数是机器人制造商在产品供货时所提供的技术数据。不同机器人的技术参数不同，而且各厂商所提供的技术参数项目和用户的要求也不完全一样。但机器人的主要技术参数一般都应有：自由度、定位精度和重复定位精度、工作范围、最大工作速度、承载能力等。

（1） 自由度

机器人的自由度是指当确定机器人手部在空间的位置和姿态时所需要的独立运动参数的数目，不包括手部开合自由度。在三维空间中描述一个物体的位置和姿态需要 6 个自由度，但自由度数目越多，机器人结构就越复杂，控制就越困难，所以目前机器人常用的自由度数目一般不超过 7 个。但机器人的自由度是根据其用途而设计的，可能少于 6 个自由度，也可能多于 6 个自由度。例如，A4020 型装配机器人具有 4 个自由度，可以在印制电路板上接插电子器件；PUMA562 型机器人具有 6 个自由度，可以进行复杂空间曲面的弧焊作业。从运动学的观点看，在完成某一特定作业时具有多余自由度的机器人，就叫作冗余自由度机器人，也可简称冗余度机器人。例如 PUMA562 机器人执行印制电路板上接插电子器件的作业时，就成为冗余度机器人。利用冗余的自由度可以增加机器人的灵活性、躲避障碍物和改善动力性能。人的手臂（大臂、小臂、手腕）共有 7 个自由度，所以工作起来很灵巧，手部可回避障碍物从不同方向到达同一个目的点。大多数机器人从总体上看是个开链机构，但其中可能包含局部闭环机构。闭环机构可提高刚性，但限制了关节的活动范围，因而会使工作空间减小。

（2） 机器人的分辨率和精度

① 分辨率。机器人的分辨率由系统设计检测参数决定，并受到位置反馈检测单元性能

的影响。分辨率可分为编程分辨率与控制分辨率。编程分辨率是指程序中可以设定的最小距离单位，又称为基准分辨率。控制分辨率是位置反馈回路能检测到的最小位移量。当编程分辨率与控制分辨率相等时，系统性能达到最佳。

② 精度。机器人精度包括定位精度和重复定位精度。定位精度是指机器人末端操作器的实际位置与目标位置之间的偏差，受机械误差、控制算法误差与系统分辨率等的影响。重复定位精度是指机器人重复定位其手部于同一目标位置的能力，可以用标准偏差这个统计量来表示。它用于衡量一系列误差值的密集度，即重复度。因重复定位精度不受工作载荷变化的影响，所以通常用重复定位精度这个指标作为衡量示教再现型工业机器人水平的重要指标。图 2-3 所示为重复定位精度的几种典型情况：图 2-3(a) 为重复定位精度的测定；图 2-3(b) 为合理的定位精度，良好的重复定位精度；图 2-3(c) 为良好的定位精度，很差的重复定位精度；图 2-3(d) 为很差的定位精度，良好的重复定位精度。

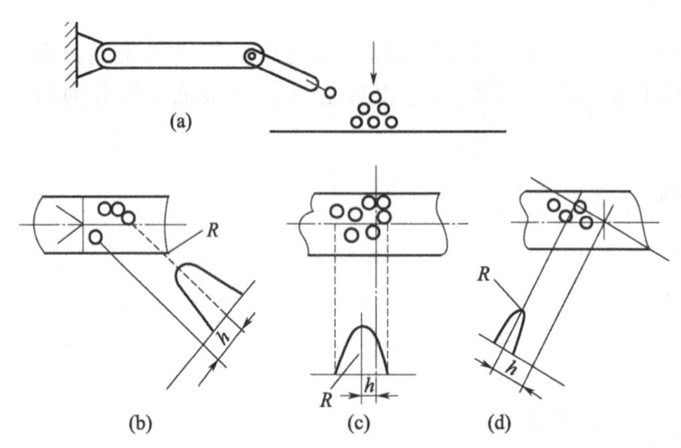

图 2-3　重复定位精度的典型情况

机器人操作臂的定位精度是根据使用要求确定的，而机器人操作臂本身所能达到的定位精度取决于定位方式、运动速度、控制方式、臂部刚度、驱动方式、缓冲方法等因素。工艺过程不同，对机器人操作臂重复定位精度也有不同的要求。不同工艺过程所要求的定位精度见表 2-1。

表 2-1　不同工艺过程的定位精度要求

工艺过程	定位精度/mm
金属切削机床上下料	±(0.05～1.00)
冲床上下料	±1
点焊	±1
模锻	±(0.1～2.0)
喷涂	±3
装配、测量	±(0.01～0.50)

当机器人操作臂达到所要求的定位精度有困难时，可采用辅助工装夹具协助定位的办法，即机器人操作臂把被抓取对象送到工装夹具进行粗定位，然后利用工装夹具的夹紧动作实现工件的最后定位。这种办法既能保证工艺要求，又可降低机器人操作臂的定位要求。

(3) 工作范围

工作空间表示机器人的工作范围，它是机器人末端上的参考点所能达到的所有空间区域。末端执行器的形状尺寸是多种多样的，因此为真实反映机器人的特征参数，工作空间是指不安装末端执行器时的工作区域。工作范围的形状和大小是十分重要的。机器人在执行某一作业时，可能会因为存在手部不能到达的作业死区而不能完成任务。机器人操作臂的工作范围根据工艺要求和操作运动的轨迹来确定。一个操作运动的轨迹往往是几个动作合成的，在确定工作范围时，可将运动轨迹分解成单个动作，由单个动作的行程确定机器人操作臂的最大行程。为便于调整，可适当加大行程数值。各个动作的最大行程确定之后，机器人操作臂的工作范围也就定下来了。MOTOMAN-EA1900N 弧焊专用机器人属于垂直多关节型机器人，图 2-4、图 2-5 为此种机器人的工作范围。

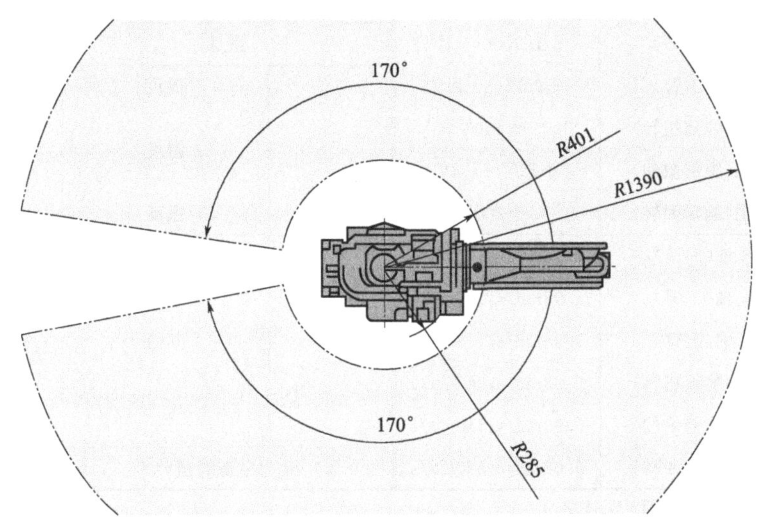

图 2-4 MOTOMAN-EA1900N 弧焊专用机器人工作范围（一）

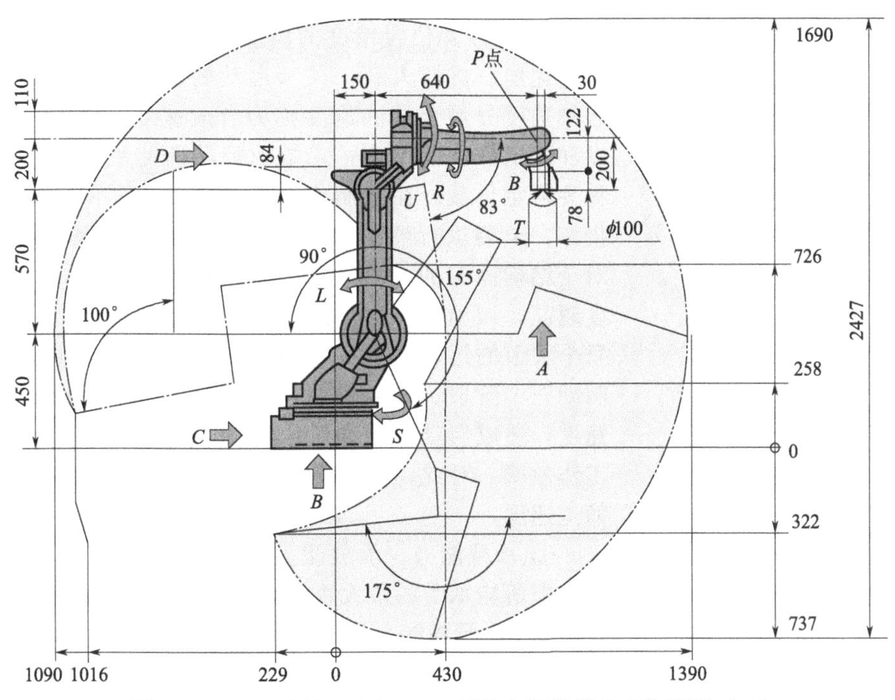

图 2-5 MOTOMAN-EA1900N 弧焊专用机器人工作范围（二）

图 2-6 所示为 MOTOMAN-EA1900N 弧焊专用机器人，其各项技术参数见表 2-2。

表 2-2 MOTOMAN-EA1900N 弧焊专用机器人各项技术参数

项目		参数
型号		MOTOMAN-EA1900N
类型		YR-EA1900N-A00
控制轴数		6(垂直多关节型)
负载		3kg
重复定位精度①		±0.08mm
最大动作范围	S 轴(回转)	±180°
	L 轴(下臂)	+155°～−110°
	U 轴(上臂)	+255°～−165°
	R 轴(腕部扭转)	±150°
	B 轴(腕部俯仰)	+180°～−45°
	T 轴(腕部回转)	±200°
最大动作速度	S 轴(回转)	2.96rad/s,170(°)/s
	L 轴(下臂)	2.96rad/s,170(°)/s
	U 轴(上臂)	3.05rad/s,175(°)/s
	R 轴(腕部扭转)	5.93rad/s,340(°)/s
	B 轴(腕部俯仰)	5.93rad/s,340(°)/s
	T 轴(腕部回转)	9.08rad/s,520(°)/s

项目		参数
许用转矩	R 轴(腕部扭转)	8.8N·m
	B 轴(腕部俯仰)	8.8N·m
	T 轴(腕部回转)	2.9N·m
许用转动惯量($GD^2/4$)	R 轴(腕部扭转)	0.27kg·m^2
	B 轴(腕部俯仰)	0.27kg·m^2
	T 轴(腕部回转)	0.03kg·m^2
重量		280kg
环境条件	温度	0～+45℃
	湿度	20%～80%RH(不结露)
	振动	小于 4.9m/s^2
	其他	·远离腐蚀性气体或液体、易燃气体 ·保持环境干燥、清洁 ·远离电气噪声源(等离子)
动力电源容量②		2.8kV·A

①重复定位精度符合标准 JIS B 8432。

②动力电源容量根据不同的应用及动作模式而有所不同。

(4) 机器人的额定速度和承载能力

① 额定速度。机器人在保持运动平稳性和位置精度的前提下所能达到的最大速度称为额定速度。机器人某一关节运动的速度称为单轴速度，由各轴速度分量合成的速度称为合成速度。机器人在额定速度和规定性能范围内，末端执行器所能承受负载的允许值称为额定负载。在限制作业条件下，为了保证机械结构不损坏，末端执行器所能承受负载的最大值称为极限负载。对于结构固定的机器人，其最大行程为定值，因此额定速度越高，运动循环时间越短，工作效率也越高。而机器人每个关节的运动过程一般包括启动加速、匀速运动和减速制动三个阶段。如果机器人负载过大，则会产生较大的加速度，造成启动、制动阶段时间增长，从而影响机器人的工作效率。对此，就要根据实际工作周期来平衡机器人的额定速度。

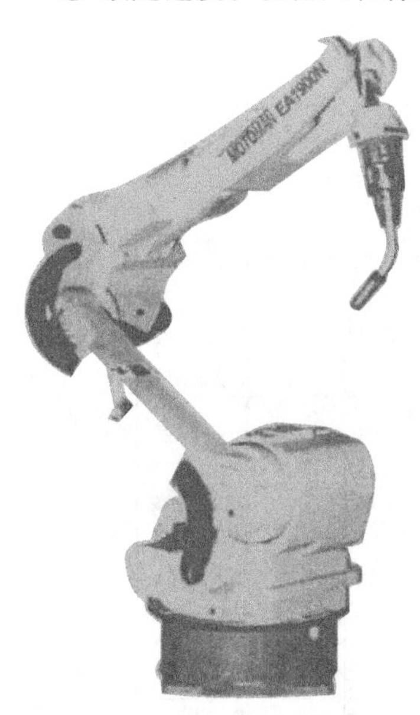

图 2-6 MOTOMAN-EA1900N 弧焊专用机器人

② 承载能力。承载能力是指机器人在工作范围内的任何位姿所能承受的最大重量，通常可以用质量、力矩或惯性矩来表示。承载能力不仅取决于负载的质量，而且与机器人运行的速度和加速度的大小和方向有关。一般低速运行时，承载能力强。为安全考虑，将承载能力这个指标确定为高速

运行时的承载能力。通常，承载能力不仅指负载质量，还包括机器人末端操作器的质量。

（5）运动速度

机器人或机械手各动作的最大行程确定之后，可根据生产需要的工作节拍分配每个动作的时间，进而确定各动作的运动速度。如一个机器人操作臂要完成某一工件的上料过程，需完成夹紧工件，手臂升降、伸缩、回转等一系列动作，这些动作都应该在工作节拍所规定的时间内完成。至于各动作的时间究竟应如何分配，则取决于很多因素，不是一般的计算所能确定的。要根据各种因素反复考虑，并试做各动作的分配方案，进行比较平衡后，才能确定。节拍较短时，更需仔细考虑。

机器人操作臂的总动作时间应小于或等于工作节拍。如果两个动作同时进行，要按时间较长的计算。一旦确定了最大行程和动作，其运动速度也就确定下来了。分配各动作时间应考虑以下要求：①给定的运动时间应大于电气、液（气）压元件的执行时间。②伸缩运动的速度要大于回转运动的速度。因为回转运动的惯性一般大于伸缩运动的惯性。机器人或机械手升降、回转及伸缩运动的时间要根据实际情况进行分配。如果工作节拍短，上述运动所分配的时间就短，运动速度就一定要提高。但速度不能太高，否则会给设计、制造带来困难。在满足工作节拍要求的条件下，应尽量选取较低的运动速度。机器人或机械手的运动速度与臂力、行程、驱动方式、缓冲方式、定位方式都有很大关系，应根据具体情况加以确定。③在工作节拍短、动作多的情况下，常使几个动作同时进行。为此，驱动系统要采取相应的措施，以保证动作的同步。

2.3 机器人的移动机构

移动机器人的移动机构形式主要有：车轮式移动机构、履带式移动机构、腿足式移动机构。此外，还有步进式移动机构、蠕动式移动机构、混合式移动机构和蛇行式移动机构等，适合于各种特殊的场合。

2.3.1 车轮式移动机构

车轮式移动机构可按车轮数来分类。

（1）两轮车

把非常简单、便宜的自行车或摩托车用在机器人上的试验很早就进行了，但是很容易地就认识到两轮车的速度、倾斜等物理量精度不高，且进行机器人化所需的简单、便宜、可靠性高的传感器也很难获得。此外，两轮车制动时以及低速行走时也极不稳定。图 2-7 所示是装备有陀螺仪的两轮车。人们在驾驶两轮车时，依靠手的操作和重心的移动才能稳定地行驶，这种陀螺两轮车，把与车体倾斜成比例的力矩作用在轴系上，利用陀螺效应使车体稳定。

（2）三轮车

三轮移动机构是车轮型机器人的基本移动机构，其原理如图 2-8 所示。图 2-8(a) 是后轮为两独立驱动轮，前轮为小脚轮构成辅助轮的移动机构。这种机构的特点是机构组成简单，而且旋转半径可从 0 到无限大任意设定。但是它的旋转中心在连接两驱动轴的连线上，所以旋转半径即使是 0，旋转中心也与车体的中心不一致。图 2-8(b) 中的前轮由操舵机构和驱动机构合并而成。与图 2-8(a) 相比，操舵和驱动的驱动器都集中在前轮部分，所以机构复杂，其旋转半径可以从 0 到无限大连续变化。图 2-8(c) 是为避免图 2-8(b) 所示机构的缺点，采用差动齿轮进行驱动的机构。近年来不再用差动齿轮，而采用左右轮分别独立驱动的方法。

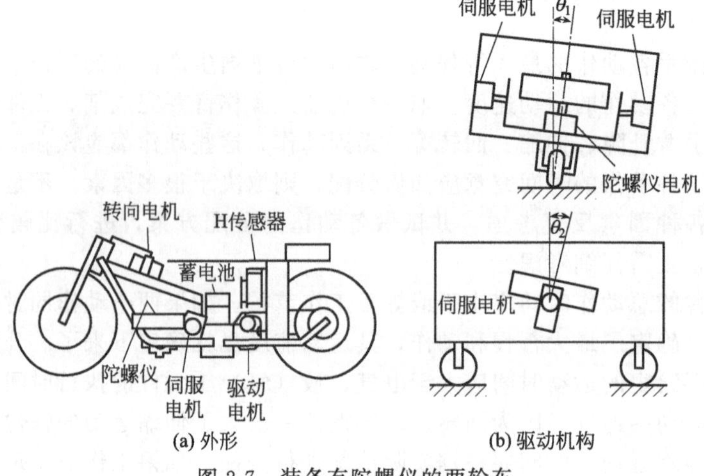

图 2-7　装备有陀螺仪的两轮车

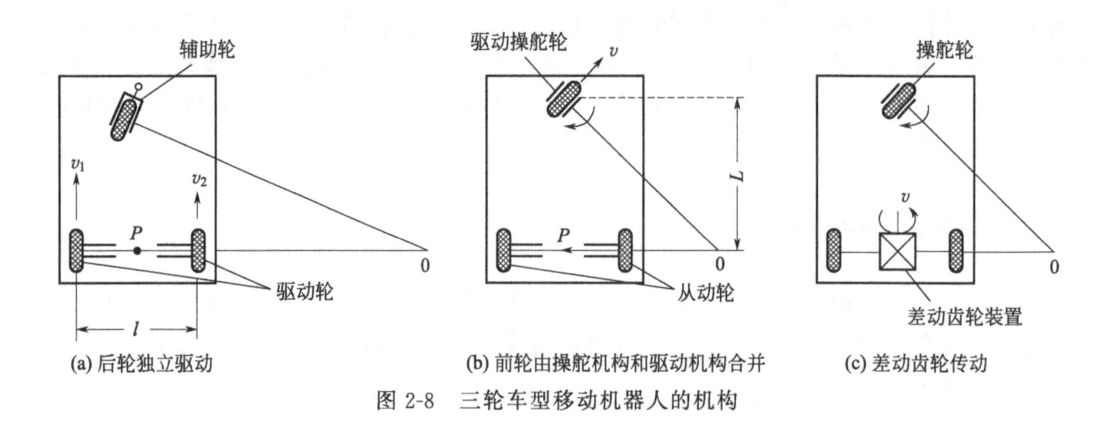

图 2-8　三轮车型移动机器人的机构

(3) 四轮车

四轮车的驱动机构和运动基本上与三轮车相同。图 2-9(a) 是两轮独立驱动，前后带有辅助轮的方式。与图 2-8(a) 相比，当旋转半径为 0 时，因为能绕车体中心旋转，所以有利于在狭窄场所改变方向。图 2-9(b) 是汽车方式，适合高速行走，稳定性好。

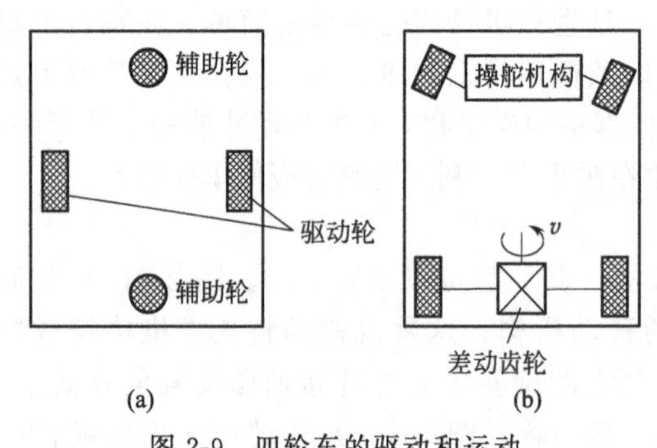

图 2-9　四轮车的驱动和运动

根据使用目的，还可使用六轮驱动车和车轮直径不同的轮胎车，也有的提出利用具有柔性机构车辆的方案。图 2-10 是火星探测用的小漫游车，它的轮子可以根据地形上下调整高度，提高其稳定性，适合在火星表面运作。

(4) 全方位移动车

前面的车轮式移动机构基本是二自由度的，因此不可能简单地实现车体任意的定位和定向。机器人的定位，用四轮构成的车可通过控制各轮的转向角来实现。全方位移动机构能够在保持机体方位不变的前提下沿平面上任意方向移动。有些全方位车轮机构除具备全方位移动能力外，还可以像普通车辆那样改变机体方位。由于这种机构具有灵活操控性能，特别适合窄小空间（通道）中的移动作业。

图 2-11 是一种全轮偏转式全方位移动机构的传动原理图。行走电机 M_1 运转时，通过蜗杆蜗轮副 3 和锥齿轮副 2 带动车轮 1 转动。当转向电机 M_2 运转时，通过另一对蜗杆蜗轮副 4、齿轮副 5 带动车轮支架 6 适当偏转。

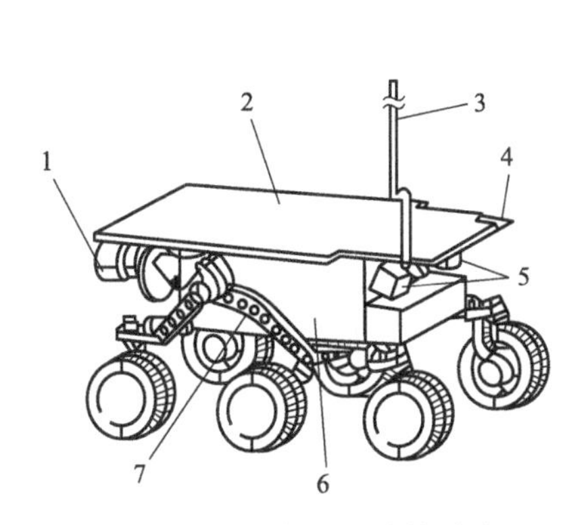

图 2-10 火星探测用小漫游车

1—α 线质子线 X 线分光计；2—太阳电池；3—天线；4—试料附着装置；5—摄像机激光；6—隔热电子舵；7—摇臂转向架移动系线

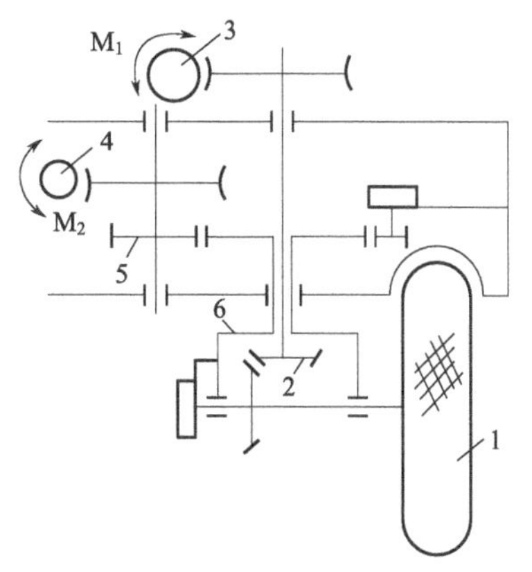

图 2-11 全轮偏转式全方位移动机构的传动原理图

1—车轮；2—锥齿轮副；3,4—蜗杆蜗轮副；5—齿轮副；6—车轮支架

当各车轮采取不同的偏转组合，并配以相应的车轮速度后，便能够实现如图 2-12 所示的不同移动方式。

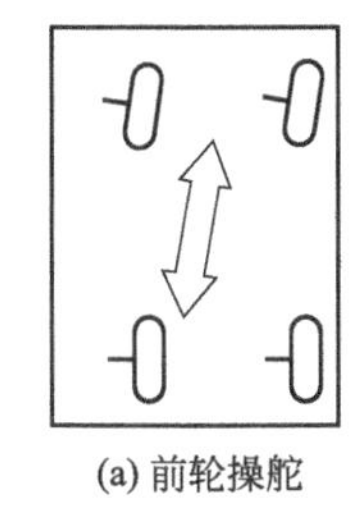

(a) 前轮操舵

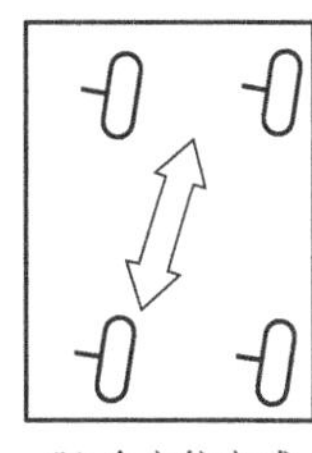

(b) 全方位方式

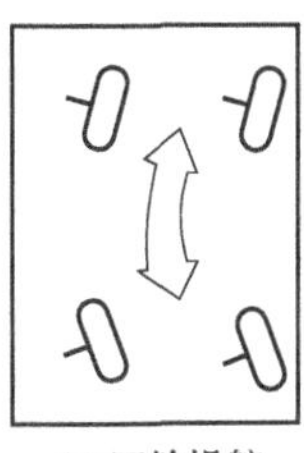

(c) 四轮操舵

(d) 原地回转

图 2-12 全轮偏转全方位车辆的移动方式

应用更为广泛的全方位四轮移动机构采用一种称为麦卡纳姆轮（Mecanum Wheels）的新型车轮。图 2-13(a) 所示为麦卡纳姆车轮的外形，这种车轮由两部分组成，即主动的轮毂和沿

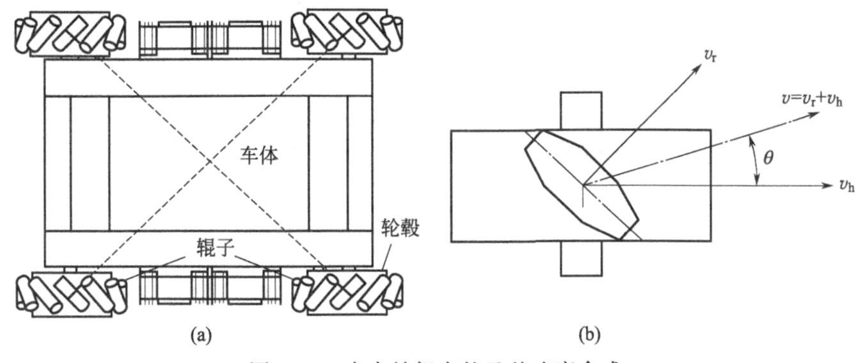

图 2-13 麦卡纳姆车轮及其速度合成

轮毂外缘按一定方向均匀分布着的多个被动辊子。当车轮旋转时，轮芯相对于地面的速度 v 是轮毂速度 v_h 与辊子滚动速度 v_r 的合成，v 与 v_h 有一个偏离角 θ，如图 2-13(b) 所示。由于每个车轮均有这个特点，经适当组合后就可以实现车体的全方位移动和原地转向运动，见图 2-14。

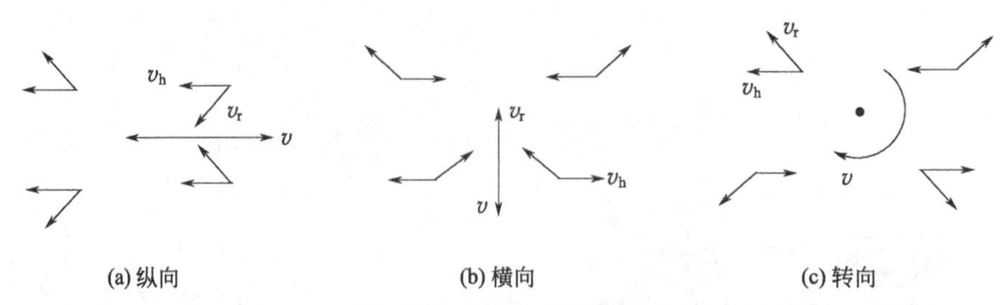

图 2-14　麦卡纳姆车辆的速度配置和移动方式

2.3.2　履带式移动机构

履带式机构称为无限轨道方式，其最大特征是将圆环状的无限轨道履带卷绕在多个车轮上，使车轮不直接与路面接触。该机构利用履带可以缓冲路面状态，因此可以在各种路面条件下行走。履带式移动机构与车轮式移动机构相比，有如下特点：①支承面积大，接地比压小。适合在松软或泥泞场地进行作业，下陷度小，滚动阻力小，通过性能较好。②越野机动性好，爬坡、越沟等性能均优于车轮式移动机构。③履带支承面上有履齿，不易打滑，牵引附着性能好，有利于发挥较大的牵引力。④结构复杂，重量大，运动惯性大，减振性能差，零件易损坏。

常见的履带式移动机构有拖拉机、坦克等，这里介绍几种特殊的履带结构。

(1) 卡特彼勒 (Caterpillar) 高架链轮履带机构

高架链轮履带机构是美国卡特彼勒公司开发的一种非等边三角形构形的履带机构，将驱动轮高置，并采用半刚性悬挂或弹件悬挂装置，如图 2-15 所示。

图 2-15　高架链轮履带式移动机构

与传统的履带式移动机构相比，高架链轮弹性悬挂移动机构具有以下特点：①将驱动轮高置，隔离了外部传来的载荷，使所有载荷都由悬挂的摆动机构和枢轴吸收而不直接传给驱动链轮。驱动链轮只承受扭转载荷，而且使其远离地面环境，减少由于杂物带入而引起的链轮齿与链节间的磨损。②弹性悬挂移动机构能够保持更多的履带接触地面，使载荷均布。因此，同样机重情况下可以选用尺寸较小的零件。③弹性悬挂移动机构具有承载能力大、行走平稳、噪声小、离地间隙大和附着性好等优点，使机器在不牺牲稳定性的前提下，具有更高的机动灵活性，减少了由于履带打滑而导致的功率损失。④移动机构各零部件检修容易。

(2) 形状可变履带机构

形状可变履带机构是指履带的构形可以根据需要进行变化的机构。图 2-16 是一种形状可变履带机器人的外形示意图。它由两条形状可变的履带组成，分别由两个主电机驱动。当两履带速度相同时，实现前进或后退移动；当两履带速度不同时，整个机器实现转向运动。当主臂杆绕履带架上的轴旋转时，带动行星轮转动，从而实现履带的不同构形，以适应不同的移动环境。图 2-17(a) 所示为越障；图 2-17(b) 所示为上下台阶。

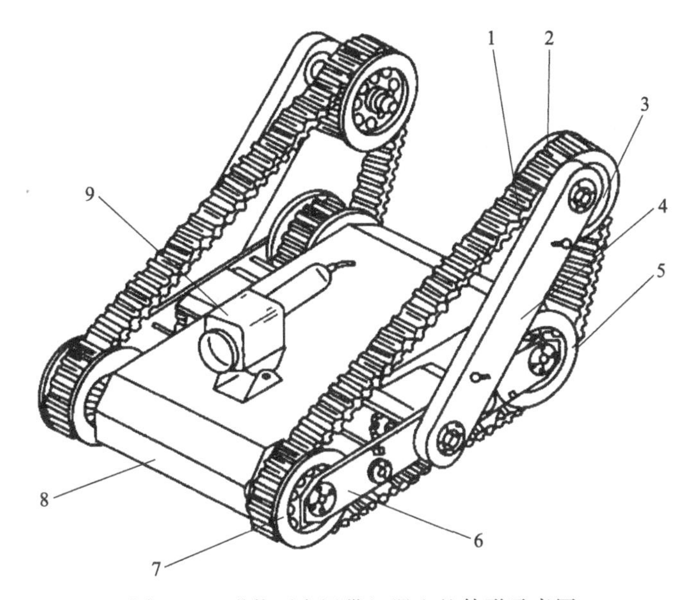

图 2-16 形状可变履带机器人的外形示意图

1—履带；2—行星轮；3—曲柄；4—主臂杆；5—导向轮；6—履带架；7—驱动轮；8—机体；9—电视摄像机

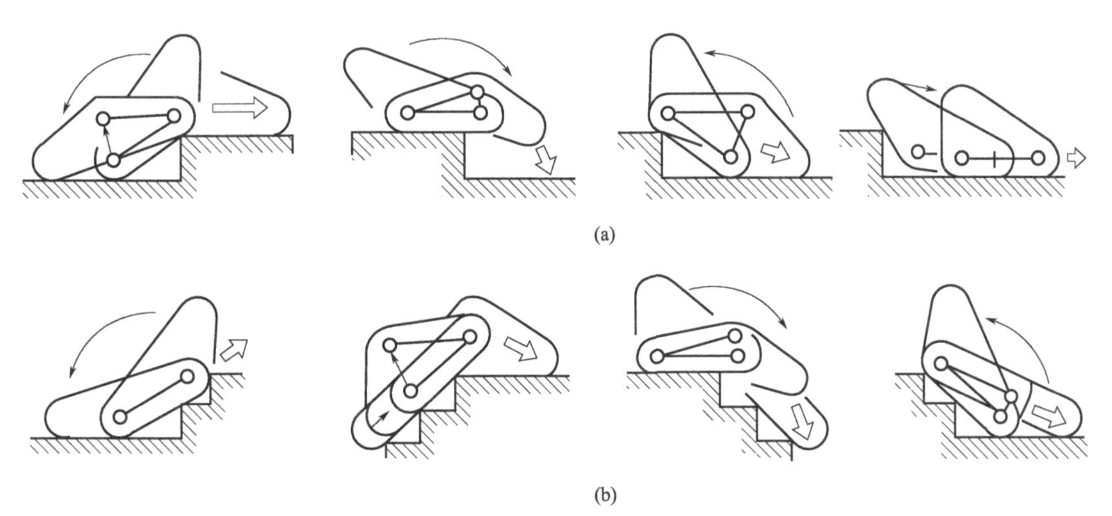

图 2-17 履带变形情况和适用场合

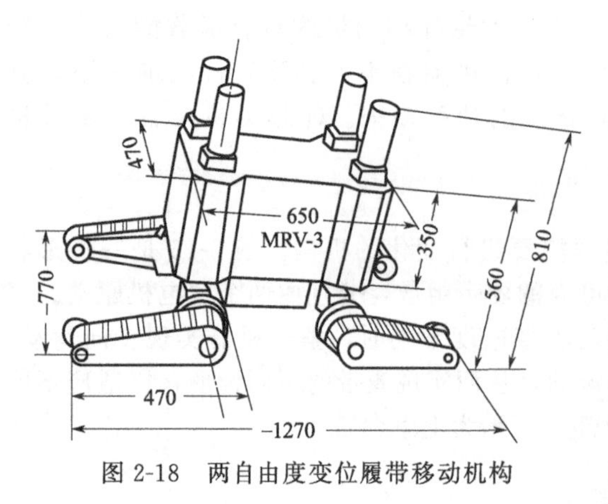

图 2-18　两自由度变位履带移动机构

(3) 位置可变履带机构

位置可变履带机构是指履带相对于机体的位置可以发生改变的履带机构。这种位置的改变可以是一个自由度的，也可以是两个自由度的。图 2-18 所示为一种两自由度的变位履带移动机构。各履带能够绕机体的水平轴线和垂直轴线偏转，从而改变移动机构的整体构形。这种变位履带移动机构集履带机构与全方位车轮式机构的优点于一身，当履带沿一个自由度变位时，用于爬越阶梯和跨越沟渠；当沿另一个自由度变位时，可实现车轮的全方位行走。

2.3.3 腿足式移动机构

履带式移动机构虽可以在高低不平的地面上运动，但是它的适应性不强，行走时晃动较大，在软地面上行驶时效率低。根据调查，地球上近一半的地面不适合传统的车轮式或履带式车辆行走。但是一般的多足动物却能在这些地方行动自如，显然腿足式移动机构在这样的环境下有独特的优势：①腿足式移动机构对崎岖路面具有很好的适应能力，腿足式运动方式的立足点是离散的点，可以在可能到达的地面上选择最优的支撑点，而车轮式和履带式移动机构必须面临最坏的地形上的几乎所有的点；②腿足式运动方式还具有主动隔振能力，尽管地面高低不平，机身的运动仍然可以相当平稳；③腿足式行走机构在不平地面和松软地面上的运动速度较高，能耗较少。

现有的腿足式移动机器人的足数分别为单足、双足、三足、四足、六足、八足甚至更多。足的数目越多，越适合重载和慢速运动。实际应用中，双足和四足具有最好的适应性和灵活性，也最接近人类和动物，所以用得最多。

2.3.4 其他形式的移动机构

为了特殊的目的，还研发了各种各样的移动机构，例如壁面上吸附式移动机构、蛇形机构等。图 2-19 所示是能在壁面上爬行的机器人，其中图 2-19(a) 是用吸盘交互地吸附在壁面上来移动，图 2-19(b) 所示的滚子是磁铁，壁面必须是磁性材料才行。图 2-20 所示是蛇形机器人。

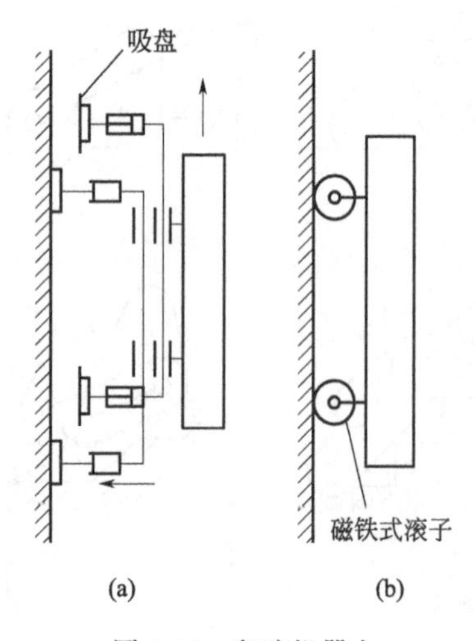

图 2-19　爬壁机器人

图 2-20　蛇形机器人

2.4 机器人的传动机构

传动机构用来把驱动器的运动传递到关节和动作部位。机器人常用的传动机构有丝杠传动机构、带传动与链传动机构、齿轮传动机构、谐波传动机构、连杆与凸轮传动机构等。

2.4.1 丝杠传动机构

机器人传动用的丝杠具备结构紧凑、间隙小和传动效率高等特点。

（1）滚珠丝杠

滚珠丝杠的丝杠和螺母之间装了很多钢球，丝杠或螺母运动时钢球不断循环，运动得以传递。因此，即使丝杠的导程角很小，也能得到90%以上的传动效率。滚珠丝杠可以把直线运动转换成回转运动，也可以把回转运动转换成直线运动。滚珠丝杠按钢球的循环方式分为钢球管外循环方式、靠螺母内部S状槽实现钢球循环的内循环方式和靠螺母上部导引板实现钢球循环的导引板方式，如图2-21所示。由丝杠转速和导程得到直线进给速度：

$$v = nl/60$$

式中，v 为直线运动速度，m/s；l 为丝杠的导程，m；n 为丝杠的转速，r/min。

（2）行星轮式丝杠

目前已经开发了以大载荷和高刚性为目的的行星轮式丝杠。该丝杠多用于精密机床的高速进给，从高速性和高可靠性来看，也可用在大型机器人的传动中，其原理如图2-22所示。螺母与丝杠轴之间有与丝杠轴啮合的行星轮，装有7～8套行星轮的系杆可在螺母内自由回转，行星轮的中部有与丝杠轴啮合的螺纹，其两侧有与内齿轮啮合的齿。将螺母固定，驱动丝杠轴，行星轮便边自转边相对于内齿轮公转，并使丝杠轴沿轴向移动。行星轮式丝杠具有承载能力大、刚度高和回转精度高等优点，由于采用了小螺距，丝杠定位精度也高。

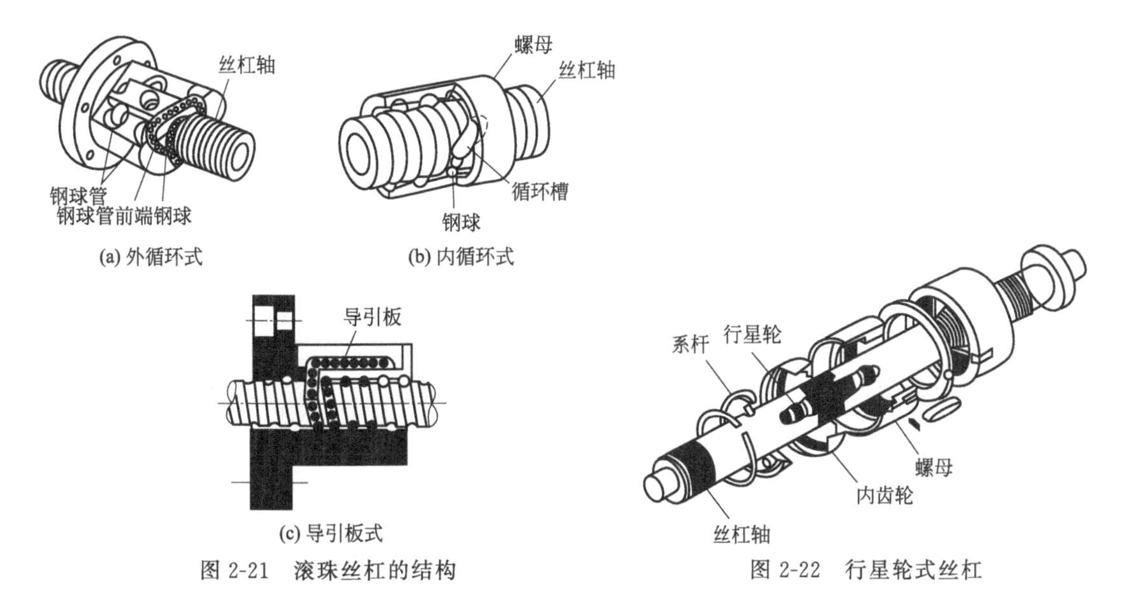

图 2-21 滚珠丝杠的结构

图 2-22 行星轮式丝杠

2.4.2 带传动与链传动机构

带传动和链传动用于传递平行轴之间的回转运动，或把回转运动转换成直线运动。机器人中的带传动和链传动分别通过带轮或链轮传递回转运动，有时还用来驱动平行轴之间的小齿轮。

(1) 齿形带传动

如图 2-23 所示，齿形带的传动面上有与带轮啮合的梯形齿。齿形带传动时无滑动，初始张力小，被动轴的轴承不易过载。因无滑动，它除了用作动力传动外还适用于定位。齿形带采用氯丁橡胶做基材，并在中间加入玻璃纤维等伸缩刚性大的材料，齿面上覆盖耐磨性好的尼龙布。用于传递轻载荷的齿形带是用聚氨基甲酸酯制造的。齿的节距用包络带轮的圆节距 p 表示，表示方法有模数法和英寸法。各种节距的齿形带有不同规格的宽度和长度。设主动轮和被动轮的转速为 n_a 和 n_b，齿数为 z_a 和 z_b，齿形带传动的传动比为：

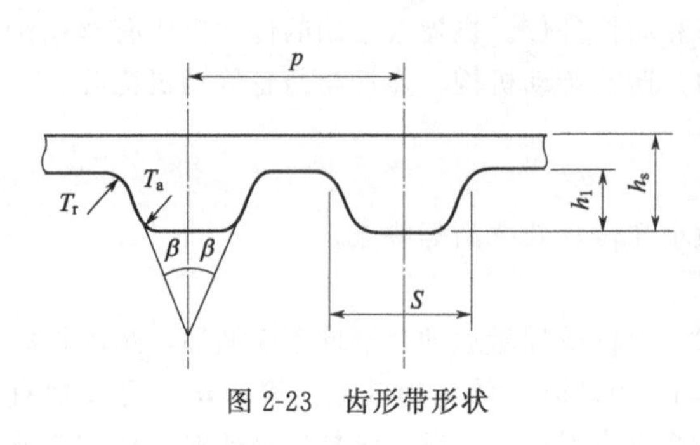

图 2-23 齿形带形状

$$i=\frac{n_b}{n_a}=\frac{z_a}{n_b}$$

设圆节距为 p，齿形带的平均速度为：

$$v=z_a p n_a=z_b p n_b$$

齿形带的传动功率为：

$$P=Fv$$

式中，P 为传动功率，W；F 为紧边张力，N；v 为带速度，m/s 。

齿形带传动属于低惯性传动，适合在电动机和高速比减速器之间使用。带上面安上滑座可完成与齿轮齿条机构同样的功能。它惯性小，且有一定的刚度，因此适合于高速运动的轻型滑座。

(2) 滚子链传动

滚子链传动属于比较完善的传动机构，由于噪声小，效率高，得到了广泛的应用。但高速运动时滚子与链轮之间的碰撞会产生比较大的噪声和振动，只有在低速时才能得到满意的效果，即适合低惯性载荷的关节传动。链轮齿数少，摩擦力会增加，要得到平稳运动，链轮的齿数应大于 17，并尽量采用奇数个齿。

2.4.3 齿轮传动机构

(1) 齿轮的种类

齿轮靠均匀分布在轮边上的齿的直接接触来传递力矩。通常，齿轮的角速度比和轴的相对位置都是固定的。轮齿以接触柱面为节面，等间隔地分布在圆周上。随轴的相对位置和运动方向的不同，齿轮有多种类型，其中主要的类型如图 2-24 所示。

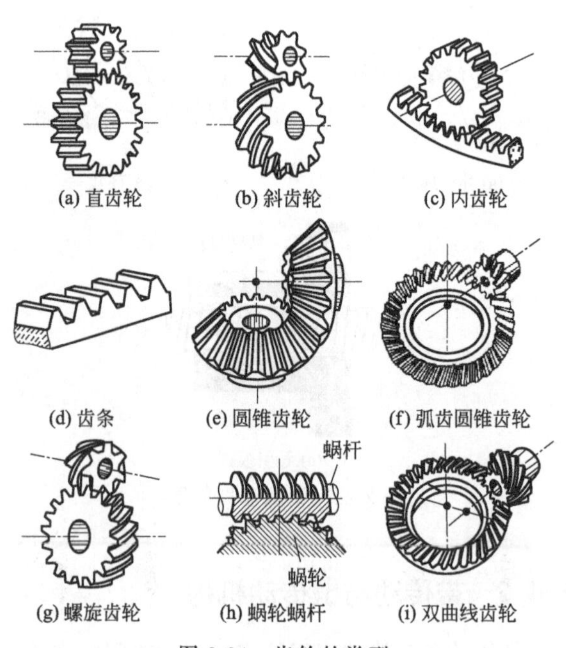

图 2-24 齿轮的类型

(2) 各种齿轮的结构及特点

① 直齿轮。直齿轮是常用的齿轮之一。通常，齿轮两齿啮合处的齿面之间存在间隙，称为齿隙（见图 2-25）。为弥补齿轮制造误差和齿轮运动中温升引起的热膨胀的影响，要求齿轮传动有适当的齿隙，但频繁正反转的齿轮齿隙应限制在最小范围之内。齿隙可通过减小齿厚或拉大中心距来调整。无齿隙的齿轮啮合叫无齿隙啮合。

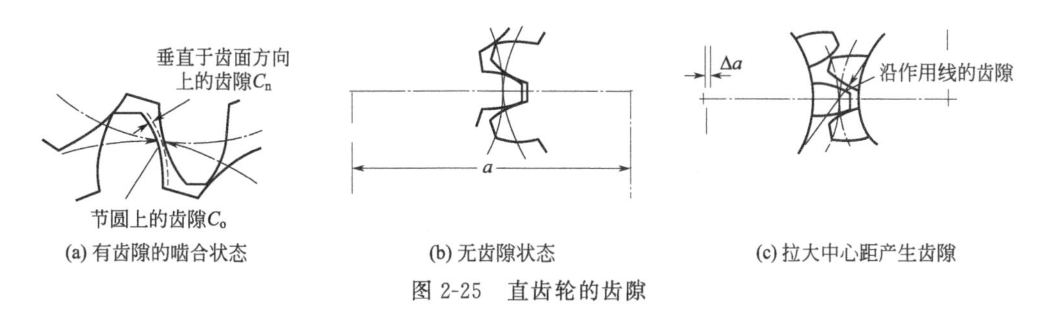

图 2-25　直齿轮的齿隙

② 斜齿轮。如图 2-26 所示，斜齿轮的齿带有扭曲。它与直齿轮相比具有强度高、重叠系数大和噪声小等优点。斜齿轮传动时会产生轴向力，所以应采用止推轴承或成对地布置斜齿轮，见图 2-27。

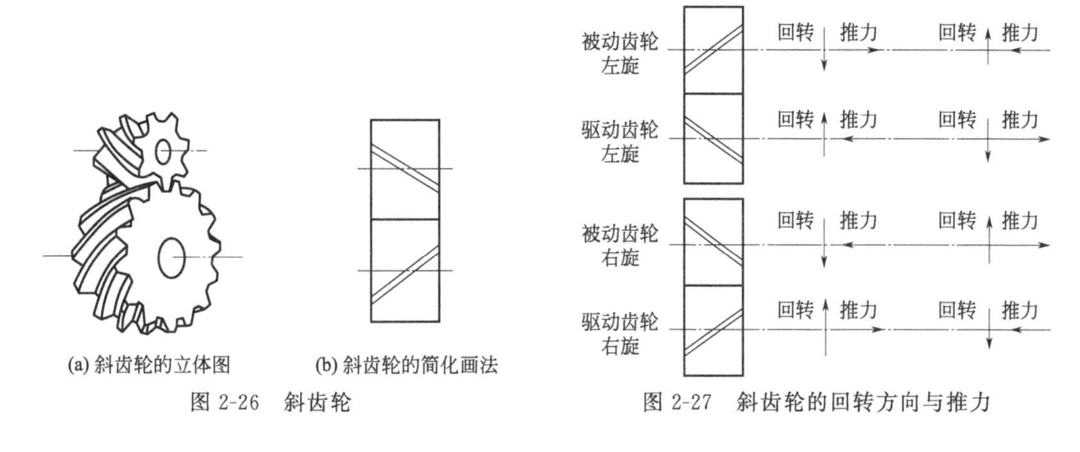

图 2-26　斜齿轮

图 2-27　斜齿轮的回转方向与推力

③ 锥齿轮。锥齿轮用于传递相交轴之间的运动，以两轴相交点为顶点的两圆锥面为啮合面，见图 2-28。齿向与节圆锥直母线一致的称直齿锥齿轮，齿向在节圆锥切平面，内呈曲线的称弧齿锥齿轮。直齿锥齿轮用于节圆圆周速度低于 5m/s 的场合，弧齿锥齿轮用于节圆圆周速度大于 5m/s 或转速高于 1000r/min 的场合，还可用在要求低速平滑回转的场合。

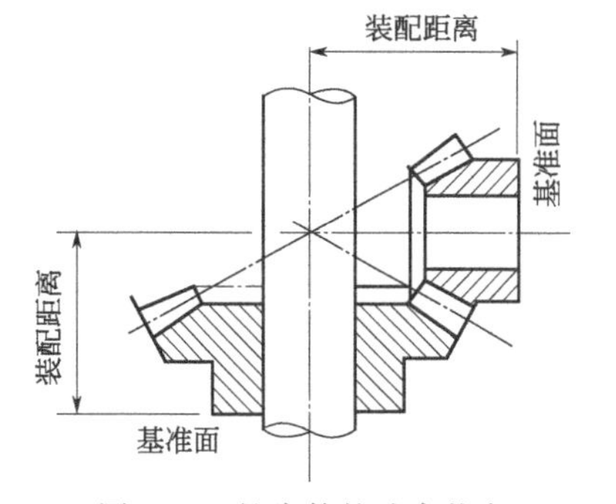

图 2-28　锥齿轮的啮合状态

④ 蜗轮蜗杆。蜗轮蜗杆传动装置由蜗杆和与蜗杆相啮合的蜗轮组成。蜗轮蜗杆能以大减速比传递垂直轴之间的运动。鼓形蜗轮用在大负荷和大重叠系数的场合。蜗轮蜗杆传动与其他齿轮传动相比具有噪声小、回转轻便和传动比大等优点，缺点是其齿隙比直齿轮和斜齿轮大，齿面之间摩擦大，因而传动效率低。基于上述各种齿轮的特点，齿轮传动可分为如图 2-29 所示的类型。根据主动轴和被动轴之间的相对位置

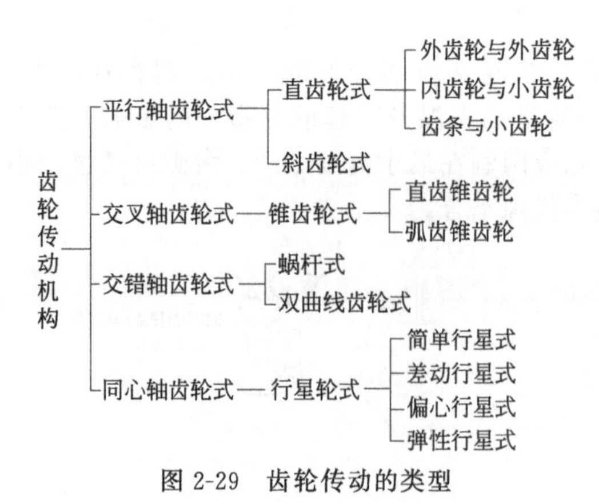

图 2-29　齿轮传动的类型

和转向可选用相应的类型。

（3）齿轮传动机构的速比

① 最优速比。输出力矩有限的原动机要在短时间内加速负载，要求其齿轮传动机构的速比 u 为最优。u 可由下式求出：

$$u=\sqrt{\frac{J_a}{J_m}}$$

式中，J_a 为工作臂的惯性矩；J_m 为电机的惯性矩。

② 传动级数及速比的分配。要求大速比时应采用多级传动。传动级数和速比的分配是根据齿轮的种类、结构和速比关系来确定的。通常的传动级数和速比关系如图 2-30 所示。

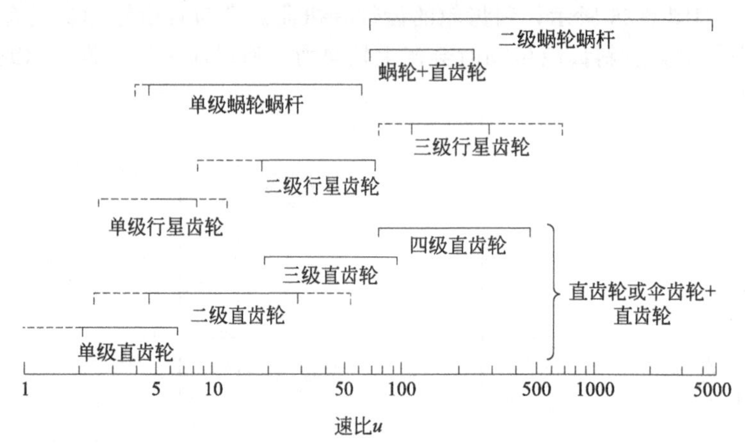

图 2-30　齿轮传动的级数与速比的关系

（4）行星齿轮减速器

行星齿轮减速器大体上分为 S-C-P、3S（3K）、2S-C（2K-H）三类，结构如图 2-31 所示。

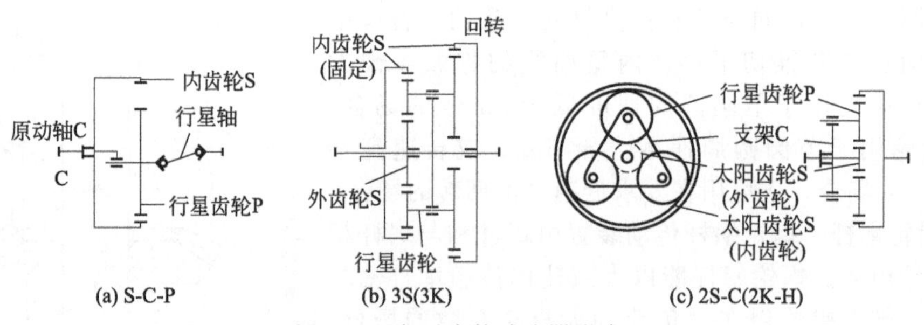

图 2-31　行星齿轮减速器形式

① S-C-P（K-H-V）式行星齿轮减速器。S-C-P 式行星齿轮减速器由齿轮、行星齿轮和行星齿轮支架组成。行星齿轮的中心和内齿轮中心之间有一定偏距，仅部分齿参加啮合。曲柄轴与输入轴相连，行星齿轮绕内齿轮边公转边自转。行星齿轮公转一周时，行星齿轮反向

自转的转速取决于行星齿轮和内齿轮之间的齿数差。

行星齿轮为输出轴时传动比为：

$$i=\frac{z_S-z_P}{z_P}$$

式中，z_S 为内齿轮（太阳齿轮）的齿数；z_P 为行星齿轮的齿数。

② 3S 式行星齿轮减速器。3S 式行星齿轮减速器的行星齿轮与两个内齿轮同时啮合，还绕太阳齿轮（外齿轮）公转。两个内齿轮中，固定一个时另一个齿轮可以转动，并可与输出轴相连接。这种减速器的传动比取决于两个内齿轮的齿数差。

③ 2S-C 式行星齿轮减速器。2S-C 式行星齿轮减速器由两个太阳齿轮（外齿轮和内齿轮）、行星齿轮和支架组成。内齿轮和外齿轮之间夹着 2～4 个相同的行星齿轮，行星齿轮同时与外齿轮和内齿轮啮合。支架与各行星齿轮的中心相连接，行星齿轮公转时迫使支架绕中心轮轴回转。

上述行星齿轮机构中，若内齿轮齿数 z_S 和行星齿轮的齿数 z_P 之差为 1，可得到最大减速比 $i=1/z_P$，但容易产生齿顶的相互干涉，这个问题可通过下述方法解决：①利用圆弧齿形或钢球；②齿数差设计成 2；③行星齿轮采用可以弹性变形的薄椭圆状（谐波传动）。

2.4.4 谐波传动机构

如图 2-32 所示，谐波传动机构由谐波发生器、柔轮和刚轮三个基本部分组成。

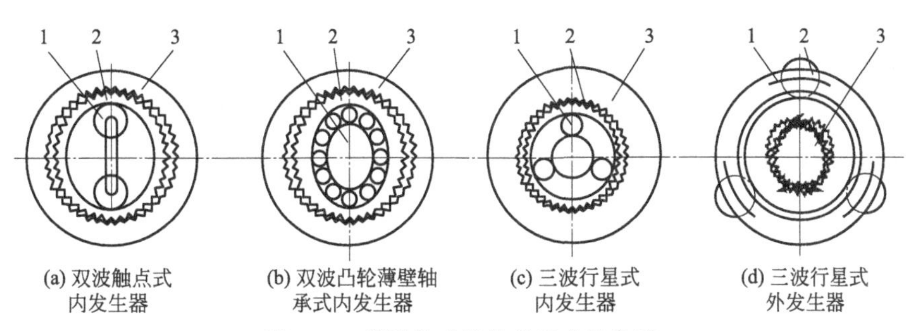

图 2-32 谐波传动机构的组成和类型

1—谐波发生器；2—柔轮；3—刚轮

① 谐波发生器。谐波发生器是在椭圆形凸轮的外周嵌入薄壁轴承制成的部件。轴承内圈固定在凸轮上，外圈靠钢球发生弹性变形，一般与输入轴相连。

② 柔轮。柔轮是杯状薄壁金属弹性体，杯口外圆切有齿，底部称为柔轮底，用来与输出轴相连。

③ 刚轮。刚轮内圆有很多齿，齿数比柔轮多两个，一般固定在壳体。谐波发生器通常采用凸轮或偏心安装的轴承。刚轮为刚性齿轮，柔轮为能产生弹性变形的齿轮。当谐波发生器连续旋转时，产生的机械力使柔轮变形的过程形成了一条基本对称的和谐曲线。发生器波数是指发生器转一周时柔轮某一点变形的循环次数。其工作原理是：当谐波发生器在柔轮内旋转时，迫使柔轮发生变形，同时进入或退出刚轮的齿间。在发生器的短轴方向，刚轮与柔轮的齿间处于啮入或啮出的过程，伴随着发生器的连续转动，齿间的啮合状态依次发生变化，即啮入-啮合-啮出-脱开-啮入的变化过程。这种错齿运动把输入运动变为输出的减速运动。

谐波传动的传动比的计算与行星齿轮传动比的计算一样。如果刚轮固定，谐波发生器

ω_1 为输入，柔轮 ω_2 为输出，则传动比 $i_{12}=\frac{\omega_1}{\omega_2}=\frac{z_r}{z_g-z_r}$。如果柔轮静止，谐波发生器 ω_1 为输入，刚轮 ω_3 为输出，则传动比 $i_{13}=\frac{\omega_1}{\omega_3}=\frac{z_g}{z_g-z_r}$，其中，$z_r$ 为柔轮齿数；z_g 为刚轮齿数。

柔轮与刚轮的轮齿齿距相等，齿数不等，一般取双波发生器的齿数差为 2，三波发生器齿数差为 3。双波发生器在柔轮变形时所产生的应力小，容易获得较大的传动比。三波发生器在柔轮变形所需要的径向力大，传动时偏心变小，适用于精密分度。通常在齿数差为 2 时，推荐谐波传动最小齿数 $z_{\min}=150$，齿数差为 3 时，推荐 $z_{\min}=225$。

谐波传动的特点是结构简单、体积小、重量轻、传动精度高、承载能力大、传动比大，且具有高阻尼特性，但柔轮易疲劳，扭转刚度低，且易产生振动。此外，也有采用液压静压波发生器和电磁波发生器的谐波传动机构，图 2-33 为采用液压静压波发生器的谐波传动示意图。凸轮 1 和柔轮 2 之间不直接接触，凸轮 1 上的小孔 3 与柔轮内表面有大约 0.1mm 的间隙。高压油从小孔 3 喷出，使柔轮产生变形波，从而产生减速驱动谐波传动，因为油具有很好的冷却和润滑作用，能提高传动速度。此外还有利用电磁波发生器的谐波传动机构。

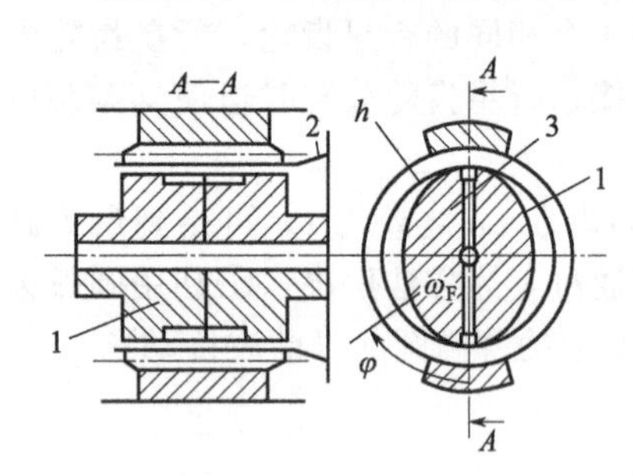

图 2-33　液压静压波发生器谐波传动
1—凸轮；2—柔轮；3—小孔

谐波传动机构在机器人中已得到广泛应用。美国送到月球上的机器人，俄罗斯送上月球的移动式机器“登月者”，德国大众汽车公司研制的 Rohren、GerotR30 型机器人和法国雷诺公司研制的 Vertica180 型等机器人，都采用了谐波传动机构。

2.4.5　凸轮与连杆传动机构

重复完成简单动作的搬运机器人（固定程序机器人）中广泛采用凸轮与连杆传动机构。例如，从某位置抓取物体放在另一位置上的机器人。连杆传动机构的特点是用简单的机构可得到较大的位移，而凸轮传动机构具有设计灵活、可靠性高和形式多样等特点。外凸轮传动机构是最常见的机构，它借助弹簧可得到较好的高速性能。内凸轮驱动时要求有一定的间隙，其高速性能劣于前者。圆柱凸轮用于驱动摆杆，而摆杆在与凸轮回转方向平行的面内摆动。凸轮与连杆传动机构如图 2-34、图 2-35 所示。

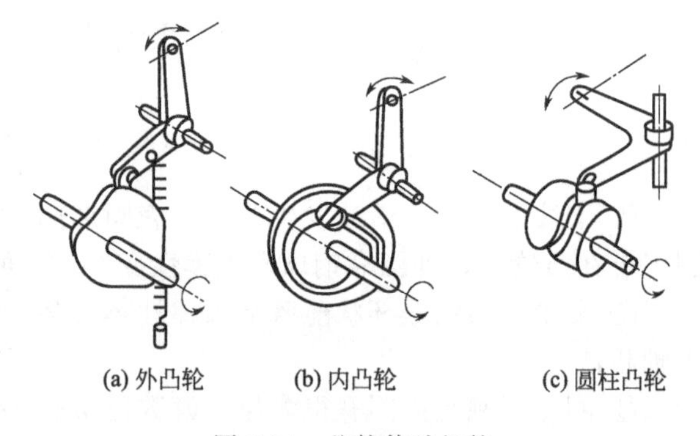

图 2-34　凸轮传动机构

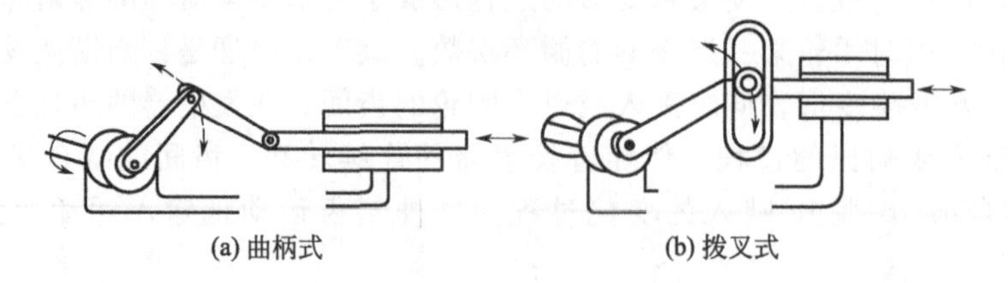

图 2-35　连杆传动机构

2.5 机器人的位姿问题

机器人的位姿主要是指机器人手部在空间的位置和姿态，机器人的位姿问题包含以下两方面问题。

① 正向运动学问题。当给定机器人机构各关节运动变量和构件尺寸参数后，如何确定机器人机构末端手部的位置和姿态，这类问题通常称为机器人机构的正向运动学问题。

② 反向运动学问题。当给定机器人手部在基准坐标系中的空间位置和姿态参数后，如何确定各关节的运动变量和各构件的尺寸参数，这类问题通常称为机器人机构的反向运动学问题。

通常正向运动学问题用于对机器人进行运动分析和运动效果的检验，而反向运动学问题与机器人的设计和控制有密切关系。

2.5.1 机器人坐标系

机器人的各种坐标系都由正交的右手定则来决定，如图 2-36 所示。将围绕平行于 X、Y、Z 轴线的各轴的转动分别定义为 A、B、C。A、B、C 分别以 X、Y、Z 正方向上右手螺旋前进的方向为正方向，如图 2-37 所示。

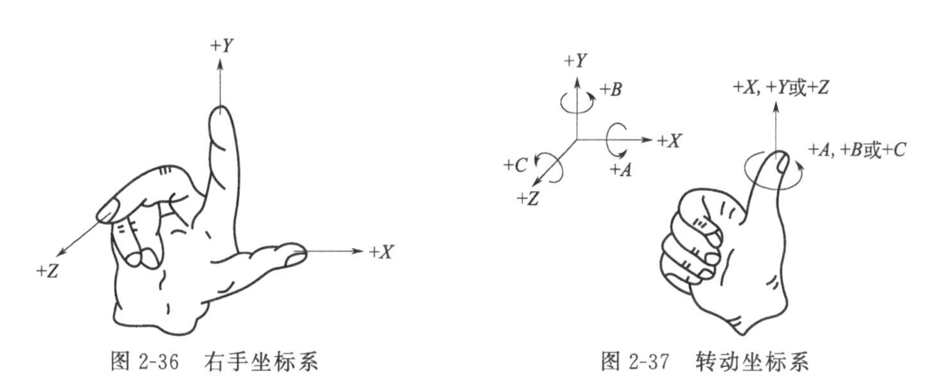

图 2-36　右手坐标系　　图 2-37　转动坐标系

(1) 全局坐标系

全局坐标系是一种通用的坐标系，由 X、Y、Z 轴所定义。其中机器人的所有运动都是由沿三个主轴方向的同时运动产生的。这种坐标系下，不管机器人处于何种位姿，运动均由三个坐标轴表示而成。这一坐标系通常用来定义机器人相对于其他物体的运动、与机器人通信的其他部件以及机器人的运动路径。

(2) 关节坐标系

关节坐标系是用来表示机器人每一个独立关节运动的坐标系。机器人的所有运动都可以分解为各个关节单独的运动，这样每个关节可以单独控制，每个关节的运动可以用单独的关节坐标系表示。

(3) 工具坐标系

工具坐标系是用来描述机器人末端执行器相对于固连在末端执行器上的坐标系的运动。由于是随着机器人一起运动的，工具坐标系是一个活动的坐标系，它随着机器人的运动而不断改变，因此工具坐标系所表示的运动也不相同，这取决于机器人手臂的位置以及工具坐标系的姿态。图 2-38 所示为 3 种坐标系示意图。

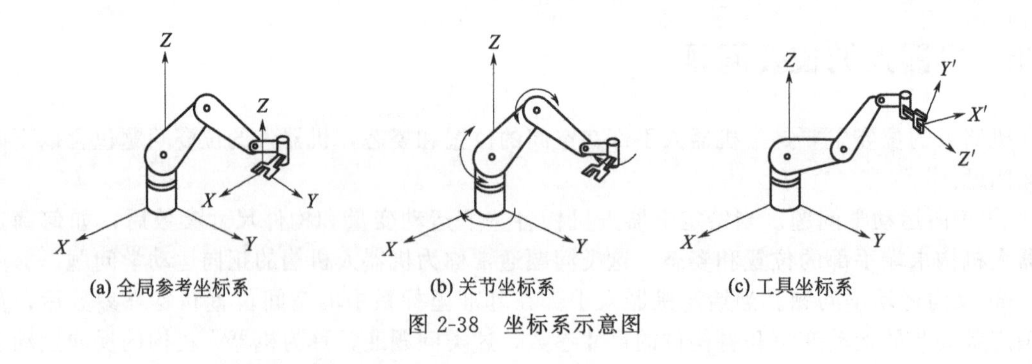

图 2-38　坐标系示意图

2.5.2　圆柱坐标式主体机构位姿问题举例

（1）正向运动学问题求解

图 2-39 所示为圆柱坐标式主体机构的组成示意图。构件 2 与机座 1 组成圆柱副，构件 2 相对构件 1 可以输入转动 θ 和移动 h；构件 3 与构件 2 组成移动副，构件 3 相对构件 2 只可输入一个移动 r。

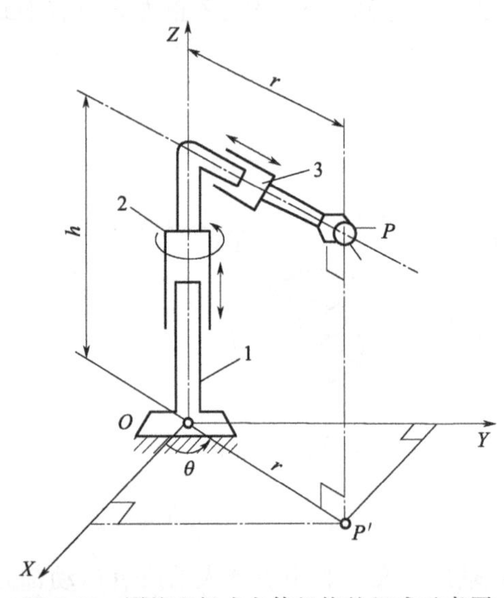

图 2-39　圆柱坐标式主体机构的组成示意图

3 个输入变量为：①转角 θ，从 X 轴开始度量，对着 Z 轴观察逆时针转向为正；②位移 h，从坐标原点沿 Z 轴度量；③位移 r，手部中心点 P 至 Z 轴的距离。

确定手部中心点 P 在基准坐标系中相应的位置坐标 x_P、y_P、z_P。由图 2-39 中的几何关系可得：

$$x_P = r\cos\theta$$
$$y_P = r\sin\theta$$
$$z_P = h$$

用列矩阵表示为：

$$\begin{pmatrix} x_P \\ y_P \\ z_P \end{pmatrix} = \begin{pmatrix} r\cos\theta \\ r\sin\theta \\ h \end{pmatrix} \tag{2-1}$$

将给定的 θ、h、r 三个变量瞬时值代入式（2-1），即可解出 x_P、y_P、z_P，从而确定手部中心点 P 的瞬时空间位置。

（2）反向运动学问题求解

给定手部中心点 P 在空间中的位置 x_P、y_P、z_P，确定应输入的关节变量 θ、h、r 各值。为求逆解，可联立式（2-1）中前两式，得：

$$\theta = \arctan\frac{y_P}{x_P} \tag{2-2}$$

再将式（2-2）代回式（2-1）可得：

$$\left.\begin{aligned} r &= \frac{x_P}{\cos\theta} = \frac{y_P}{\sin\theta} \\ h &= z_P \end{aligned}\right\} \tag{2-3}$$

将给定的 x_P、y_P、z_P 值代入式（2-2）和式（2-3），即可解出应输入的关节变量 θ、r

和h 。

2.5.3 球坐标式主体机构位姿问题举例

图 2-40 所示为球坐标式主体机构的组成示意图。立柱 2 与机座 1 和构件 3 分别组成转动副，因此立柱 2 相对机座 1、构件 3 相对立柱 2 可输入转动（θ，φ）；构件 4 与构件 3 组成移动副，构件 4 相对构件 3 可输入一个移动r 。

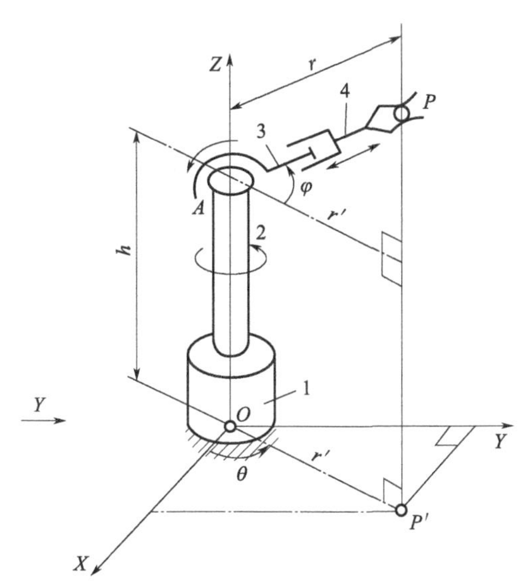

图 2-40 球坐标式主体机构的组成示意图

1—机座；2—立柱；3,4—构件

(1) 正向运动学问题求解

三个输入变量为：①转角θ，从X轴开始度量，对着Z轴观察逆时针转向为正；②转角φ，从平行于OXY平面内开始度量，朝Z轴正方向转动为正；③位移r，手部中心点P至转动中心A的距离。

确定手部中心点P在基准坐标系中相应的位置坐标x_P、y_P、z_P。由图 2-40 中的几何关系可得：

$$\left.\begin{aligned} x_P &= r'\cos\theta = r\cos\varphi\cos\theta \\ y_P &= r'\sin\theta = r\cos\varphi\sin\theta \\ z_P &= h + r\sin\varphi \end{aligned}\right\} \tag{2-4}$$

式中的h为已知的立柱长度尺寸，用列矩阵表示为：

$$\begin{pmatrix} x_P \\ y_P \\ z_P \end{pmatrix} = \begin{pmatrix} r\cos\varphi\cos\theta \\ r\cos\varphi\sin\theta \\ h + r\sin\varphi \end{pmatrix} \tag{2-5}$$

将给定的θ、φ、r三个变量瞬时值代入式（2-4），即可解出x_P、y_P、z_P，从而确定手部中心点P的瞬时空间位置。

(2) 反向运动学问题求解

给定手部中心点P在空间的点位置x_P、y_P、z_P，确定应输入的关节变量θ、φ、r各值。由图 2-40 中的几何关系可得：

$$
\left.\begin{aligned}
&r=\sqrt{x_P^2+y_P^2+(z_P-h)^2}\\
&\tan\theta=\frac{y_P}{x_P},\theta=\arctan\frac{y_P}{x_P}\\
&\tan\varphi=\frac{z_P-h}{r'},r'=\sqrt{x_P^2+y_P^2}\\
&\varphi=\arctan\frac{z_P-h}{\sqrt{x_P^2+y_P^2}}
\end{aligned}\right\}
\tag{2-6}
$$

根据式（2-6）即可在给定 x_P、y_P、z_P 的情况下，解出应输入的关节变量 θ、φ、r。

以上对机器人主体机构的位置分析的方法，仅限于三自由度（不计腕部自由度）机构，且只做手部位置的正、逆解，而没有做姿态的正、逆解，目的是使读者对机器人机构的运动学问题有个最基础的了解。对于自由度较多且计入腕部运动的机器人机构，尤其是常见的空间开链关节式机器人，对其进行位姿的正、逆解运算是十分繁复的，其逆解往往具有多解性。

第3章 机器人的驱动系统

3.1 机器人的驱动方式

3.1.1 机器人驱动方式

驱动系统是机器人结构中的重要部分。驱动器在机器人中的作用相当于人体的肌肉。如果把臂部以及关节想象为机器人的骨骼，那么驱动器就起肌肉的作用，移动或转动连杆可改变机器人的构形。驱动器必须有足够的功率对连杆进行加/减速并带动负载，同时，驱动器必须轻便、经济、精确、灵敏、可靠且便于维护。常见的机器人驱动系统有电气驱动系统、液压驱动系统（或二者结合的电液伺服驱动系统）和气压驱动系统，现在又出现了许多新型的驱动器。几种驱动方式的性能比较如表 3-1 所示。

表 3-1 几种驱动方式的性能比较

驱动方式	液压驱动	气压驱动	电气驱动
输出功率	很大，压力范围为 0.5～1.4MPa	大，压力范围为 0.48～0.6MPa，最大可达 1MPa	较大
控制性能	利用液体的不可压缩性，控制精度较高，输出功率大，可无级调速，反应灵敏，可实现连续轨迹控制	气体压缩性大，精度低，阻尼效果差，低速不易控制，难以实现高速、高精度的连续轨迹控制	控制精度高，功率较大，能精确定位，反应灵敏，可实现高速、高精度的连续轨迹控制，伺服特性好，控制系统复杂
响应速度	很高	较高	很高
结构性能及体积	结构适当，执行机构可标准化、模拟化，易实现直接驱动。功率与质量比大，体积小，结构紧凑，密封问题较大	结构适当，执行机构可标准化、模拟化，易实现直接驱动。功率与质量比大，体积小，结构紧凑，密封问题较小	伺服电动机易于标准化，结构性能好，噪声低，电动机一般需配置减速装置，除 DD 电动机外，难以直接驱动，结构紧凑，无密封问题
安全性	防爆性能较好，用液压油作传动介质，在一定条件下有火灾危险	防爆性能好，高于 1000kPa（10 个大气压）时应注意设备的抗压性	设备自身无爆炸和火灾危险，直流有刷电动机换向时有火花，对环境的防爆性能较差
对环境的影响	液压系统易漏油，对环境有污染	排气时有噪声	无
在工业机器人中的应用范围	适用于重载、低速驱动，电液伺服系统适用于喷涂机器人、点焊机器人和托运机器人	适用于中小负载驱动、精度要求较低的有限点位程序控制机器人，如冲压机器人本体的气动平衡及装配机器人的气动夹具	适用于中小负载、要求具有较高的位置控制精度和轨迹控制精度、速度较高的机器人，如 AC 伺服喷涂机器人、点焊机器人、弧焊机器人、装配机器人等
效率与成本	效率中等（0.3～0.6），液压元件成本较高	效率低（0.15～0.2），气源方便，结构简单，成本低	效率较高（0.5 左右），成本高
维修及使用	方便，但油液对环境温度有一定要求	方便	较复杂

驱动系统的驱动方式可以归纳为直线驱动方式和旋转驱动方式两种。

(1) 直线驱动方式

机器人采用的直线驱动包括直角坐标机构的 X、Y、Z 向驱动，圆柱坐标结构的径向驱动和垂直升降驱动，以及球坐标结构的径向伸缩驱动。直线运动可以直接由气缸或液压缸和活塞产生，也可以采用齿轮齿条、丝杠螺母等传动方式把旋转运动转换成直线运动。

(2) 旋转驱动方式

多数普通电动机和伺服电动机都能够直接产生旋转运动，但其输出力矩比所需要的力矩小，转速比所需要的转速高。因此，需要采用各种传动装置把较高的转速转换成较低的转速，并获得较大的力矩。有时也采用直线液压缸或直线气缸作为动力源，这就需要把直线运动转换成旋转运动。这种运动的传递和转换必须高效率地完成，并且不能有损于机器人系统所需要的特性，特别是定位精度、重复精度和可靠性。运动的传递和转换可以选择齿轮链传动、同步带传动和谐波齿轮传动等方式。

由于旋转驱动具有旋转轴强度高、摩擦小、可靠性好等优点，故在结构设计中应尽量多采用。但是在行走机构关节中，完全采用旋转驱动实现关节伸缩有如下缺点：旋转运动虽然也能通过转化得到直线运动，但在高速运动时，关节伸缩的加速度不能忽视，它可能产生振动。为了提高着地点选择的灵活性，还必须增加直线驱动系统。因此有许多情况采用直线驱动更为合适。直线气缸仍是目前所有驱动装置中最廉价的动力源，凡能够使用直线气缸的场合，还是应该选用它。有些要求精度高的场合也要选用直线驱动。

3.1.2 驱动系统的性能

(1) 刚度和柔性

刚度是材料对抗变形的能力，它可以是梁在负载作用下抗弯曲的刚度，或气缸中气体在负载作用下抗压缩的阻抗，甚至是瓶中的酒在木塞作用下抗压缩的阻抗。系统的刚度越大，则使它变形所需的负载也越大；相反，系统柔性越大，则在负载作用下就越容易变形。刚度直接和材料的弹性模量有关，液体的弹性模量高达 2×10^{9}Pa 左右，这是非常高的。因此，液压系统刚性很好，没有柔性，相反气动系统很容易压缩，所以是柔性的。

刚性系统对变化负载和压力的响应很快，精度较高。显然，如果系统是柔性的，则在变化负载或变化的驱动力作用下很容易变形（或压缩），因此不精确。类似地，若有小的驱动力作用在液压活塞上，因为它的刚度高，所以和气动系统相比，它反应速度快、精度高，气动系统在同样的载荷作用下则可能发生变形。另外，系统刚度越高，则在负载作用下的弯曲或变形就越小，所以位置保持的精度便越高。现在考虑用机器人将集成电路片插入集成板，如果系统没有足够的刚度，那么机器人就不能够将集成电路片插入电路板，因为驱动器在阻力作用下会变形。另外，如果零件和孔对得不直，则刚性系统就不能有足够的弯曲变形来防止机器人或零件损坏，而柔性系统将通过弯曲变形来防止机器人或零件损坏。所以，虽然高的刚度可以使系统反应速度快、精度高，但如果不是正常使用，它也会带来危险。所以，在这两个相互矛盾的性能之间必须进行平衡。

(2) 重量、功率重量比和工作压强

驱动系统的重量以及功率重量比至关重要。电子系统的功率重量比属中等水平。在同样功率情况下，步进电动机通常比伺服电动机要重，因此它具有较低的功率重量比。电动机的电压越高，功率重量比越高。气动功率重量比最低，而液压系统具有最高的功率重量比。但必须认识到，在液压系统中，重量由两部分组成：一部分是液压驱动器；另一部分是液压功率源。系统的功率单元由液压泵、储液箱、过滤器、驱动液压泵的电动机、冷却单元、阀等组成，其中液压泵用于产生驱动液压缸和活塞的高压。驱动器的作用仅在于驱动机器人关节。通常，功率源是静止的，安装在和机器人有一定距离的地方，能量通过连接软管输送给机器人。因此对活动部分来说，液压缸的实际功率重量比非常高。功率源非常重，并且不活动，在计算功率重量比时忽略不计。如果功率源必须和机器人一起运动，则总功率重量比也将会很低。

液压系统的工作压强高，所以相应的功率也大，液压系统的压强范围是 379～34475kPa。气缸的压强范围是 689.5～827.4kPa。液压系统的工作压强越高，功率越大，但维护也越困难，并且一旦发生泄漏将更加危险。

3.2 液压与气压驱动系统

液压驱动是较早被机器人采用的驱动方式。世界上首先问世的商品化机器人尤尼美特就是液压机器人。液压驱动主要用于中大型机器人和有防爆要求的机器人（如喷漆机器人）。

（1）液压伺服系统

① 液压伺服系统的组成。液压伺服系统由液压源、驱动器、伺服阀、传感器和控制器等组成，如图 3-1 所示。将这些元器件组合成反馈控制系统驱动负载。液压源产生一定的压力，通过伺服阀控制液体的压力和流量，从而驱动驱动器。位置指令与位置传感器的差被放大后得到电气信号，然后将其输入伺服阀中驱动液压执行器，直到偏差为零为止。若传感器信号与位置指令相同，则负荷停止运动。

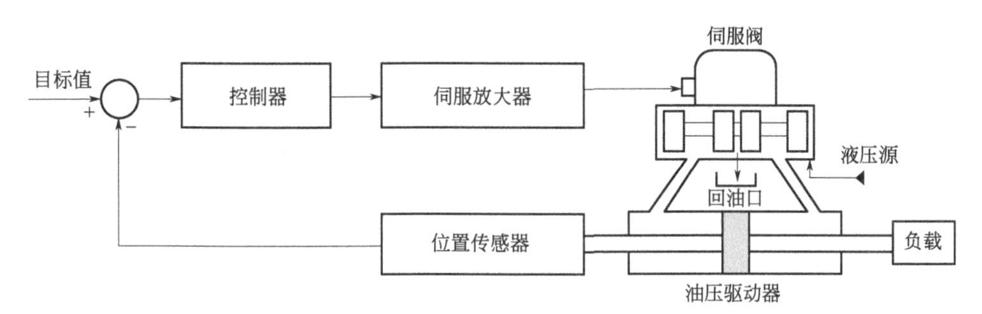

图 3-1　液压伺服系统的组成

② 液压伺服系统的工作特点。

a. 在系统的输出和输入之间存在反馈连接，组成了闭环控制系统。反馈介质可以是机械的、电气的、气动的、液压的或它们的组合形式。

b. 系统的主反馈是负反馈，即反馈信号与输入信号相反，用两者相比较得到的偏差信号控制液压能源输入到液压元器件的能量，使其向减小偏差的方向移动。

c. 系统的输入信号的功率很小，而系统的输出功率可以达到很大，因此它是一个功率放大装置，功率放大所需的能量由液压能源供给，供给能量的控制是根据伺服系统偏差大小自动进行的。

③ 液压驱动系统的类型。液压驱动系统主要类型有电液伺服系统、电液比例控制阀、摆动缸等。

电液伺服系统通过电气传动方式，用电气信号输入系统来操纵有关的液压控制元件动作，控制液压执行元器件使其跟随输入信号而动作。这类伺服系统中，电液两部分都采用电液伺服阀作为转换元器件。

电液比例控制阀是一种按输入的电气信号连续地、按比例地对油液的压力、流量或方向进行远距离控制的阀。与手动调节的普通液压阀相比，电液比例控制阀能够提高液压系统参数的控制水平；与电液伺服阀相比，电液比例控制阀在某些性能方面稍差一些，但它结构简单、成本低，所以它广泛应用于要求对液压参数进行连续控制或程序控制，但对控制精度和动态特性要求不太高的液压系统中。电液比例控制阀的构成，从原理上讲相当于在普通液压阀上装上一个比例电磁铁以代替原有的控制（驱动）部分。根据用途和工作特点的不同，电液比例控制阀可以分为电液比例压力阀（如比例溢流阀、比例减压阀等）、电液比例流量阀（如比例调速阀）和电液比例方向节流阀 3 大类。

摆动缸，即摆动式液压缸，也称摆动马达。当它通入压力油时，它的主轴输出小于360°的摆动运动。

（2）气压驱动系统

气压驱动系统结构简单、清洁、动作灵敏，具有缓冲作用。但与液压驱动器相比，功率较小、刚度差、噪声大、速度不易控制，所以多用于精度不高的点位控制机器人。气压驱动回路主要由气源装置、执行元器件、控制元器件及辅助元器件 4 部分组成。

图 3-2 所示为典型的气压驱动回路——气动剪切机系统的工作原理图。当工料由上料装置（图中未画出）送入剪切机并到达规定位置，将行程阀的按钮压下后，换向阀的控制腔通过行程阀与大气相通，使换向阀阀芯在弹簧力的作用下向下移动。由空气压缩机产生并经过初次净化处理后储藏在储气罐中的压缩空气，经过分水滤气器、减压阀和油雾器以及换向阀进入气缸的上腔。气缸下腔的压缩空气通过换向阀排入大气。这时，气缸活塞在气体压力的作用下向下运动，带动剪刀将工料切断。工料剪下后，随即与行程阀脱开，行程阀复位，阀芯将排气通道封死，换向阀的控制腔中的气压升高，迫使换向阀的阀芯上移，气路换向。压缩空气进入气缸的下腔，气缸的上腔排气，气缸活塞向上运动，带动剪刀复位，准备第二次下料。由此不难看出，剪切机构克服阻力切断工料的机械能是由压缩空气的压力能转换后得到的。同时由于在气路中设置了换向阀，根据行程阀的指令不断改变压缩空气的通路，使气缸活塞带动剪切机构实现剪切工料、剪刀复位的动作。此外，还可根据实际需要，在气路中加入流量控制阀或其他调速装置，控制剪切机构的运动速度。

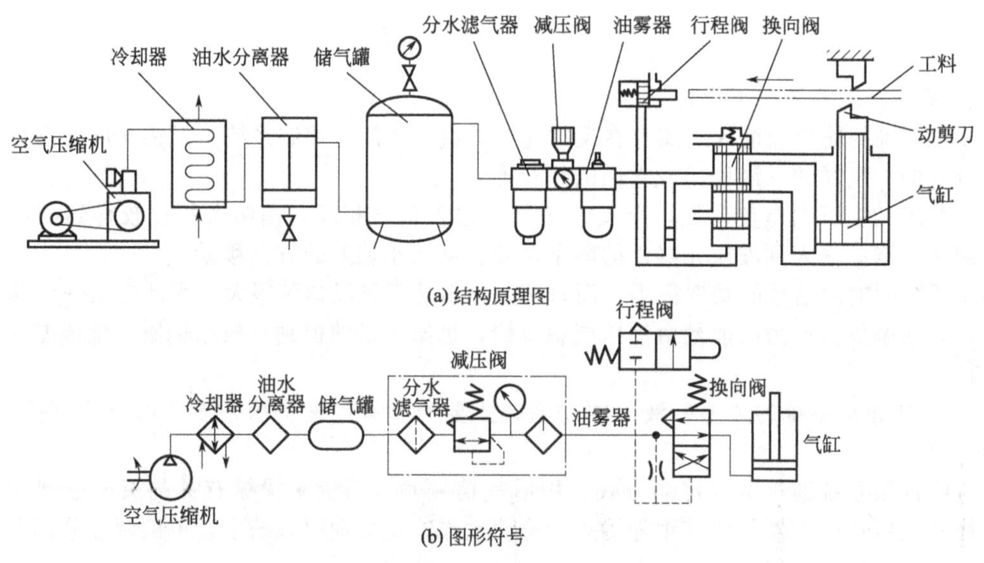

图 3-2　气动剪切机系统的工作原理图

3.3 电气驱动系统

机器人电动伺服驱动系统是利用各种电动机产生的力矩和力，直接或间接地驱动机器人本体以获得机器人的各种运动的执行机构。对工业机器人关节驱动的电动机，要求有最大功率质量比和转矩惯量比、高启动转矩、低惯量和较宽广且平滑的调速范围。特别是像机器人末端执行器（手爪）应采用体积、质量尽可能小的电动机，尤其是要求快速响应时，伺服电动机必须具有较高的可靠性和稳定性，并且具有较大的短时过载能力。这是伺服电动机在工业机器人中应用的先决条件。

机器人对关节驱动电动机的要求如下：

① 快速性：电动机从获得指令信号到完成指令所要求的工作状态的时间应短。响应指令信号的时间越短，电伺服系统的灵敏性越高，快速响应性能越好，一般是以伺服电动机的机电时间常数的大小来说明伺服电动机快速响应的性能。

② 启动转矩惯量比大：在驱动负载的情况下，要求机器人的伺服电动机的启动转矩大，转动惯量小。

③ 控制特性的连续性和直线性：随着控制信号的变化，电动机的转速能连续变化，有时还需转速与控制信号成正比或近似成正比。

④ 调速范围宽：能用于 1∶1000～1∶10000 的调速范围。

⑤ 体积小、质量小、轴向尺寸短。

⑥ 能经受得起苛刻的运行条件，可进行十分频繁的正反向和加减速运行，并能在短时间内承受过载。

目前，高启动转矩、大转矩、低惯量的交、直流伺服电动机在工业机器人中得到广泛应用，一般负载 1000N 以下的工业机器人大多采用电气伺服驱动系统。所采用的关节驱动电动机主要是交流伺服电动机、步进电动机、直接驱动电动机（DD）和直流伺服电动机。其中，交流伺服电动机、直流伺服电动机、直接驱动电动机均采用位置闭环控制，一般应用于高精度、高速度的机器人驱动系统中。步进电动机驱动系统多适用于对精度、速度要求不高的小型简易机器人开环系统中。交流伺服电动机由于采用电子换向，无换向火花，故在易燃易爆环境中得到了广泛的使用。机器人关节驱动电动机的功率范围一般为 0.1～10kW。图 3-3 所示为工业机器人电动机驱动原理图。工业机器人电动伺服系统的一般结构为三个闭环控制，即电流环、速度环和位置环。

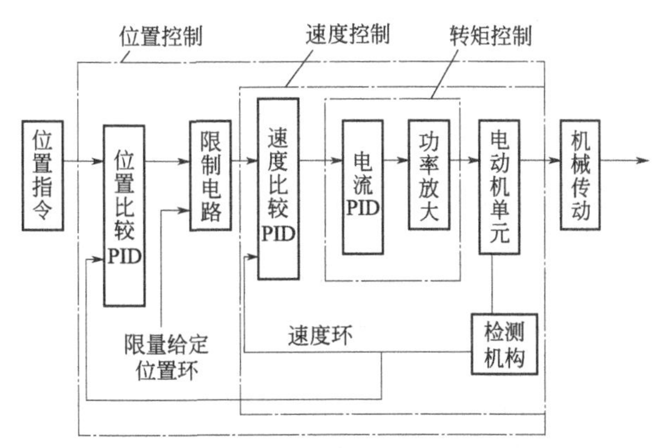

图 3-3 工业机器人电动机驱动原理图

伺服电动机是指带有反馈的直流电动机、交流电动机、无刷电动机、步进电动机。它们通过控制期望的转速（和相应的期望转矩）运动到达期望转角。为此，反馈装置向伺服电动机控制器电路发送信号，提供电动机的角度和速度。如果负荷增大，则转速就会比期望转速低，电流就会增加直到转速和期望值相等。如果信号显示速度比期望值高，电流就会相应减小。如果还使用了位置反馈，转子到达期望的角位置时，位置反馈便会发送信号，关掉电动机。图 3-4 所示为伺服电动机驱动原理框图。

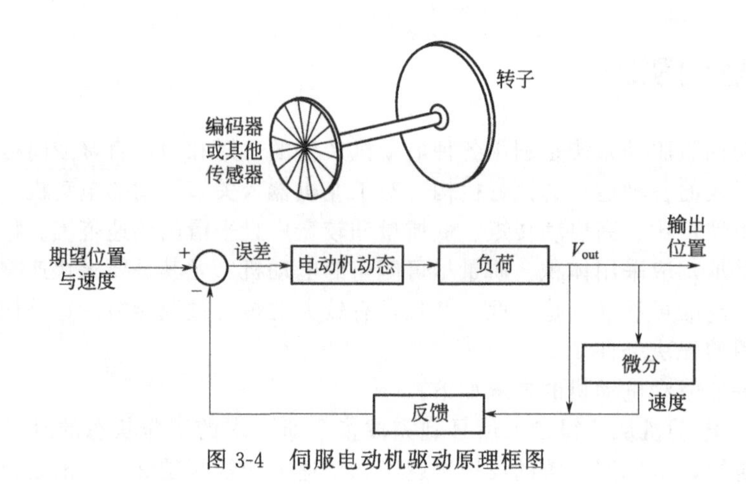

图 3-4　伺服电动机驱动原理框图

(1) *步进电动机驱动*

步进电动机是将电脉冲信号变换为相应的角位移或直线位移的元器件，它的角位移和线位移量与脉冲数成正比。转速或线速度与脉冲频率成正比。在负载能力的范围内，这些关系不因电源电压、负载大小、环境条件的波动而变化，误差不长期积累，步进电动机驱动系统可以在较宽的范围内，通过改变脉冲频率来调速，实现快速启动、正反转制动。步进电动机作为一种开环数字控制系统，在小型机器人中得到较广泛应用。但由于其存在过载能力差、调速范围相对较小、低速运动有脉动、不平衡等缺点，故一般只应用于小型或简易型机器人中。步进电动机的种类很多，常用的有以下几种：永磁式步进电动机、反应式步进电动机、永磁感应式步进电动机（混合式步进电动机）。

(2) *直流伺服电动机驱动*

机器人对直流伺服电动机的基本要求：宽广的调速范围；机械特性和调速特性均为线性；无自转现象（控制电压降到零时，伺服电动机能立即自行停转）；快速响应好。

直流伺服电动机的特点：

① 稳定性好：直流伺服电动机具有轻微下斜的机械性能，能在较宽的调速范围内稳定运行。

② 可控性好：直流伺服电动机具有线性的调节特性，能使转速正比于控制电压的大小；转向取决于控制电压的极性；控制电压为零时，转子惯性很小，能立即停止。

③ 响应迅速：直流伺服电动机具有较大的启动转矩和较小的转动惯量，在控制信号增加、减小或消失的瞬间，直流伺服电动机能快速启动、快速增速、快速减速和快速停止。

④ 控制功率低，损耗小。

⑤ 转矩大：直流伺服电动机广泛应用在宽调速系统和精确位置控制系统中，其输出功率一般为 1～600W（也有的达数千瓦），电压有 6V、9V、12V、24V、27V、48V、110V、220V 等，转速可达 1500～1600r/min。

按励磁方式，直流伺服电动机分为电磁式直流伺服电动机（简称直流伺服电动机）和永磁式直流伺服电动机。电磁式直流伺服电动机如同普通直流电动机，分为串励式、并励式和他励式。

直流伺服电动机按其电枢结构形式不同，分为普通电枢型、印制绕组盘式电枢型、线绕盘式电枢型、空心杯绕组电枢型和无槽电枢型（无换向器和电刷）。

印制绕组盘式电枢型直流伺服电动机：盘形转子、盘形定子轴向粘接柱状磁钢，转子转动惯量小，无齿槽效应，无饱和效应，输出转矩大。

线绕盘式电枢型直流伺服电动机：盘形转子、定子轴向粘接柱状磁钢，转子转动惯量小，控制性能优于其他直流伺服电动机，效率高，输出转矩大。

空心杯绕组电枢型永磁直流电动机：空心杯转子，转子转动惯量小，适用于增量运动伺服系统。

无槽电枢型直流伺服电动机：定子为多相绕组，转子为永磁式，可带转子位置传感器，无火花干扰，寿命长，噪声低。

直流伺服电动机的主要缺点：接触式换向器不但结构复杂，制造费时，价格昂贵，而且运行中容易产生火花，换向器的机械强度不高，电刷易于磨损等，需要经常维护检修；对环境的要求比较高，不适用于化工、矿山等周围环境中有粉尘、腐蚀性气体和易爆易燃气体的场合。

(3) 交流伺服电动机驱动

交流伺服电动机的主要优点：结构简单，制造方便，价格低廉；坚固耐用，惯量小，运行可靠，很少需要维护，可用于恶劣环境等。交流伺服电动机主要分为异步型和同步型两种。

异步型交流伺服电动机指的是交流感应电动机。它有三相和单相之分，也有笼型和线绕转子型，通常多用笼型三相感应电动机。其结构简单，与同容量的直流电动机相比，重量轻1/2，价格仅为直流电动机的1/3。缺点是不能经济地实现范围很广的平滑调速，必须从电网吸收滞后的励磁电流，因而令电网功率因数变坏。这种笼型转子的异步型交流伺服电动机简称为异步型交流伺服电动机，用IM表示。

同步型交流伺服电动机虽较感应电动机复杂，但比直流电动机简单。它的定子与感应电动机一样，都在定子上装有对称三相绕组。而转子却不同，按不同的转子结构又分电磁式及非电磁式两大类。非电磁式又分为磁滞式、永磁式和反应式多种。其中磁滞式和反应式同步电动机存在效率低、功率因数较差、制造容量不大等缺点。数控机床中多用永磁式同步电动机。与电磁式相比，永磁式的优点是结构简单、运行可靠、效率较高，缺点是体积大、启动特性欠佳。但永磁式同步电动机采用高剩磁感应、高矫顽力的稀土类磁铁后，可比直流电动机外形尺寸约小1/2，重量减轻60%，转子惯量减到直流电动机的1/5。它与异步电动机相比，由于采用了永磁铁励磁，消除了励磁损耗及有关的杂散损耗，因此效率高。又因为没有电磁式同步电动机所需的集电环和电刷等，其机械可靠性与感应（异步）电动机相同，而功率因数却大大高于异步电动机，从而使永磁同步电动机的体积比异步电动机小些。这是因为在低速时，感应（异步）电动机由于功率因数低，输出同样的有功功率时，它的视在功率却要大得多，而电动机的主要尺寸是据视在功率而定的。

3.4 新型驱动器

随着机器人技术的发展，出现了一些新型驱动器，如压电驱动器、静电驱动器、人工肌肉驱动器、形状记忆合金驱动器、磁致伸缩驱动器、超声波电动机、光驱动器等。

3.4.1 微型致动器

从驱动数十微米大小的光学扫描镜的致动器，到用于数毫米小型机器的致动器，微型致动器的涵盖范围非常广。一般机器人使用的致动器都是磁力电机，但这类电机不一定适用于微型致动器，而微型致动器的各种运作原理也正在研发当中。以下介绍气压式、压电式、磁力式这三种致动器。

(1) 气压式橡胶微型致动器

气压式橡胶微型致动器可利用简单的构造输出较大的动力，易实现微型化。不过这种致动器不同于普通气缸，滑动的部分（衬垫这类密封构造）会受摩擦力的影响，所以微型致动器的制造商向橡胶制构造的内部灌入气压，利用橡胶变形的方式来驱动微型致动器（气压式橡胶致动器）。不过气压式橡胶微型致动器必须具备输入空气的细管以及外部的气压来源，因此不便于打造成独立式致动器。以下为气压式橡胶微型致动器的应用实例。

① 大肠内窥镜引导致动器。要将内窥镜插入大肠并不是一件容易的事，所以开发出了能引导内窥镜进入大肠的致动器。当空气依序注入各气室时，包覆在外层的橡胶管表面就会产生弹性行波（橡胶管表面产生小型的椭圆形波），引导内视镜前进。

② 微型机械手。微型机械手（Micro Hand）在处理细胞或生物组织时，最好能顺着这些组织的形状深入内部，尽可能不对这些组织造成损伤。这种致动器的内部以中空的硅胶管制成，通过控制致动器内部的气压使致动器做出所需的动作。橡胶细管的单面被打造成蛇腹状，只要增减内部的气压就能让致动器进行弯曲动作。而通常金属制的微型机械手很难根据目标物的形状与弹性，输出适当的力量来抓取目标物。

(2) 微型超声波电机

超声波电机的动力来自压电陶瓷的振动，因为构造简单，所以低转速时，依然可产生较强的力矩，非常适合用作微型机器人的致动器。以下介绍两种微型超声波电机的试制品，一种是细径电机，另一种是薄型电机。

① 细径超声波电机。图 3-5 所示的细径超声波电机由压电振动粒子、转子、滑动轴承、滚动轴承、弹簧、外壳、磁鼓以及 GMR 传感器所构成。压电振动粒子是直径 1.4mm、长度 3.8mm 的圆筒构造，其外皮上四等分的薄膜电极在接受 90°相位差的交流电之后，压电振动体将产生弯曲振动，衔接在压电振动粒子前端的转子将开始旋转。$60V_{p-p}$ 的电压（驱动力频率为 30.6kHz）可让细径超声波电机产生 552r/min、起步力矩 2.87μN·m、编码器输出 20pulse/r 的动力，作为伺服机使用。

② 薄型超声波电机。机电整合机器搭载薄型电机的需求愈来愈强烈。图 3-6 是试制的薄型超声波电机。在内径 10mm、高 2mm 的转子中，通过预压结构将两个扇形的振子以对立的方向安装。当振子在同一频率里切换成垂直的弯曲振动模式时，振子将利用与转子的接触点（扇形振子的四个角落）沿着椭圆形轨道运行，然后接触并驱动转子。由此可知，$20V_{p-p}$（$1V_{p-p}=0.5V$）的电压（驱动力频率为 350kHz）可让电机以 680r/min、起步力矩 81.5μN·m 的状态进行运转。

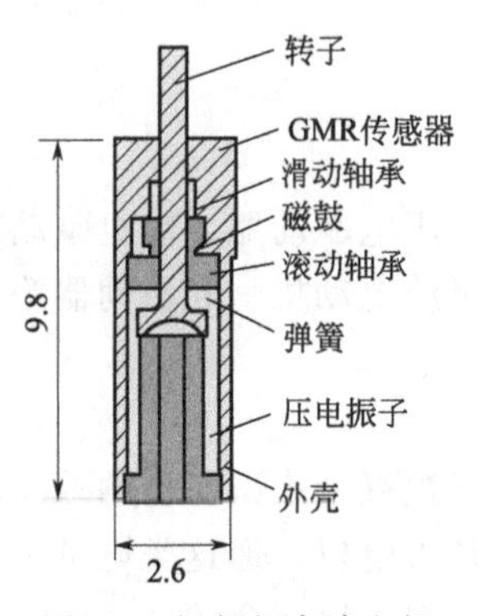

图 3-5　细径超声波电机

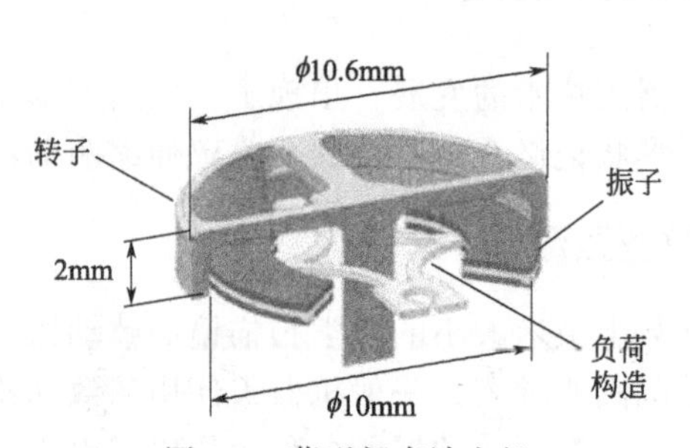

图 3-6　薄型超声波电机

(3) 磁力微型电机

普通的机器人通常会使用磁力电机，但微型机器人要面对线圈发热、微型线圈制作难度大、力量及体积密度不足等问题。因此，对于微型机器人来说，磁力驱动方式并不是最佳的驱动方式，可与其他方式的致动器进行比较之后，再决定是否使用磁力驱动。此外，磁力电机微型化之后，回转数通常会提升，但力矩会下降，所以开发出高性能的微型减速器就显得愈来愈重要。

① 细径磁力电机。适用于配管内检查机器的一款电机，外径5mm、长度8mm、起步力矩17mN·m、最大输出0.124W，是一种无炭刷式直流电电机。转子是以钐钴磁铁打造，4个电极都经过了磁化处理。定子则使用了弹性基板上的6极线圈（0.06mm铜线、35匝）。

② 薄型磁力电机。图3-7所示的电机是一种与减速器一体的振动电机。虽然该电机还称不上是微型电机，但有望通过与减速器一体成型的构造，打造出高力矩的薄型电机。图3-7所示的电机是由输出盘、输入盘以及三块电磁铁所组成的。依序驱动三块电磁铁，就能激发输入盘的振动回旋运动，而该运动所产生的动能，将以摩擦驱动的方式驱动输出盘的旋转运动。

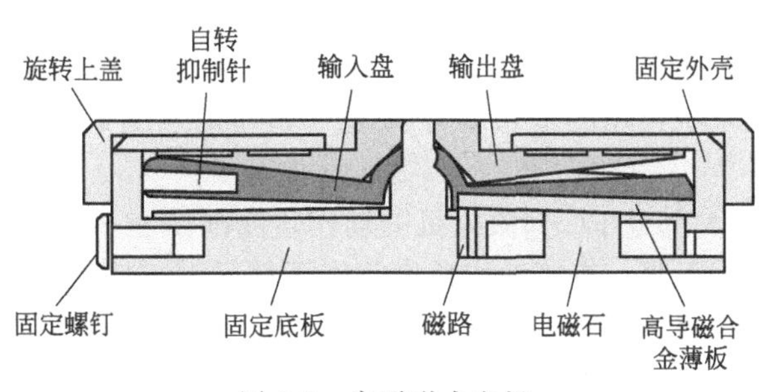

图3-7 扁平磁力电机

(4) 记忆合金

过去，记忆合金有着易变性以及微型化后回复度下降等缺点。现在，随着这些缺点的改进，记忆合金愈来愈适合作为微型致动器的材料。某款致动器是由SMA电线、光波导、不锈钢薄板打造的三层构造（宽5mm、长15mm），使用这种致动器可打造2指微型机械手。当红外线通过光纤射入光波导时，红外线将在光波导内传播，使得光波导上半部的SMA电线温度升高，此时SMA电线将开始收缩，使致动器开始弯曲。这种构造可使2指微机械手产生21mN的抓握力。此外，还有许多微型致动器以及微型机器人正在研发之中，例如：以记忆合金制作的微型机器人，以压电高分子材料打造的步行机器人，以微型超声波电机制作的微型飞行机器人等。

3.4.2 RC伺服电机

(1) RC伺服电机

RC伺服电机常作为遥控飞机或遥控车的电机来使用。将RC伺服电机这个词汇拆开，可分为RC、伺服、电机这三个部分。RC（Radio Control）指的是遥控，也就是无线控制；伺服指的是追踪目标值并自行反应的构造；电机则是将电能转换为动能的装置。因此，RC伺服机就是利用无线方式来传输指令，从而控制角度的电机。但RC伺服电机本身不具备无线传输功能，只是利用专门的接收器截取信号，再将信号转换成需要的角度而已。RC伺服电机是遥控专用装置，只需要指定角度就能控制电机的角度，可以将其当作仿人机器人的关节来使用。为了将RC伺服电机充分应用于机器人领域，开发人员正在努力开发更适合机器人使用的 RC 伺服电机。另外还有非业余型伺服电机，而这类电机通常用于产业开发，并且种类也非常多。如果 RC 伺服电机无法完全符合开发计划，可考虑应用此类产业用伺服电机。

(2) RC 伺服电机的构造

RC 伺服电机可分为四部分：电机、减速装置、角度传感器（电位计）与控制线路。图 3-8 是整套系统的运动示意图。当传感器测量出角度后，再算出该角度与目标角度之间的差距，然后就能利用反馈控制让电机的角度接近目标角度。通过反馈控制来调整电机角度，就能控制力矩输出轴的角度。输出使用的是叫作“伺服器摆臂”的 RC 伺服电机专用零件。伺服器摆臂与终传齿（Final Gear）连接的部分具有锯齿构造，通过此构造就能输出力矩。目前已有针对各种用途所开发的伺服器摆臂。

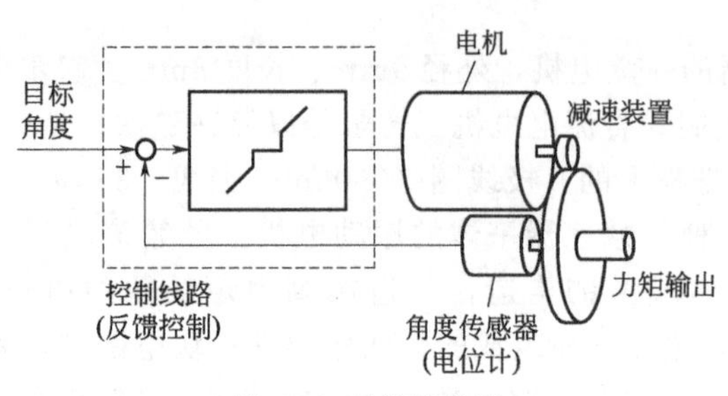

图 3-8　系统模式图

(3) RC 伺服电机的种类与特性

① 速度。RC 伺服电机使用的是 0.22s/60°这一特有的速度单位。这个值愈小，代表 RC 伺服电机的速度愈快。

② 动作角度范围。大部分 RC 伺服电机的动作角度都在 ± 60°之间。不过动作角度范围随 RC 伺服电机的种类而不同，有些动作角度范围不仅可 180°旋转，甚至能无限旋转。

③ 力矩。RC 伺服电机的力矩多表述为 48.0kgf・cm[1] 的形式。要注意的是，起步力矩与定格力矩是不同的，起步力矩是从停止状态到开始转动时的最大力矩，所以 RC 伺服电机无法输出高于起步力矩的力矩。此外，力矩与电流成正比，所以一旦持续输出起步力矩，电机与外围线路就会因瞬间发热而出现故障。为了避免这个问题，通常 RC 伺服电机会内建过载电流保护线路或是过热保护线路。而定格力矩则是能让电机连续运转的力矩。大部分的 RC 伺服电机都不会对规格进行详细说明，因此在使用之际，最好先测量一下力矩与产生的热能到底有多少。不过，过度发热将快速地缩短电机的使用寿命。

④ 零件的差异。对 RC 伺服电机进行分类时，应该关注零件的差异。大部分的 RC 伺服电机会使用 DC 电机或 AC 电机。DC 电机是直流电机，只要接上电池就会开始运转。AC 电机是交流电机，必须巧妙地切换电源的极性，这样电机才能顺利运转。由于 AC 电机没有炭刷，所以能通上较大的电流，而且使用寿命也较长。为了让这种电机运转，必须加上控制线路，以便按照转子的角度调整电流的强弱。此外，RC 伺服电机通常将电位计当成角度传感器使用，但由于电位计使用的是可变电阻，会有耐用性与噪声问题。为了提高电位计的性能，最好能导入旋转编码器。

⑤ 机器人用伺服电机。RC 伺服电机原本是用于无线电控制的电机，只是通过人们的操作来进行无线电控制，大部分的 RC 伺服电机都无法变更内部的控制参数，也无法了解电机内部的构造，这类电机不适合安装在机器人上。但近年来，各公司也开发了不少用于机器人的伺服电机。许多机器人用伺服电机能通过串行传输的方式输出、输入操作命令。

---

[1] 1kgf・cm=0.0980665N・m。

(4) 传输方式

一般而言，RC伺服电机使用的是PWM（Pulse Width Modulation，脉冲宽度调制）信号来设定目标角度。图3-9是典型的信号类型。一般的RC伺服电机是根据HIGH的脉冲幅度，以每秒50～100次的频率指定角度。之前说过，机器人用RC伺服电机使用的是串行传输，而不是PWM信号，而且是利用RS485等将各种指令传送至电机，所以能更细腻地控制电机。另外还能发出传回电机状态的指令，所以能获取电机的角度与温度。由于RS485支持多对多的传输模式，采取菊花链模式串联并以线缆连接电机，就能发送与接收指令。因为是以将ID指派给伺服机的方式来管理电机，所以对串联的电机数量没有任何限制，不过当同一条电源在线串联多个电机时，有时候会发生电力不足的问题。因此，如果需要产生较大的力矩，建议不要在同一条电源上串联过多电机。

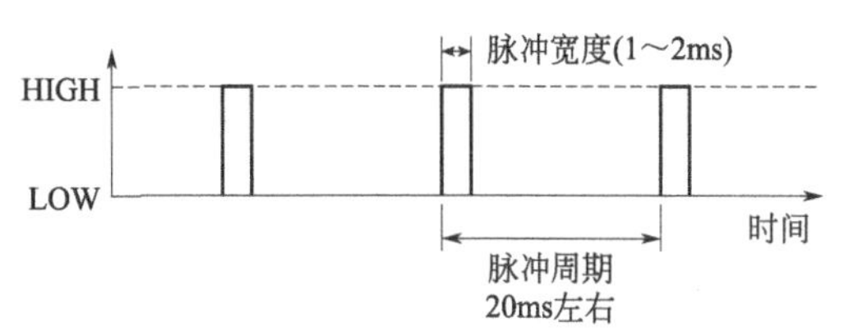

图3-9 用来指定目标角度的PWM信号

(5) 调整内部参数

具有串行传输模式的RC伺服电机通常能通过参数的设定来调整电机特性。

① 弹性斜率。RC伺服电机根据电机角度与目标角度之间的角度差，等比例输出力矩，而其中的斜率（Slope）就是输出力矩的参数（Feedback Gain，反馈增益）。因为这个参数相当于弹簧系数，所以这个参数的设定可决定输出轴是变强还是变弱。不过电机的力矩是通过减速装置传给输出轴的，通常会受到摩擦力或其他因素影响，所以输出轴不一定会完全依照参数的设定而变弱。

② 弹性区间。这是目标角度的区间，一旦进入此区间，电机就不会输入或输出力矩。

③ 爆发力（Punch）。虽然电机是根据电流多少输出力矩，但如果电流过低，输出轴就不会运作。如果想让输出轴更精确地转至目标角度，必须确保输出轴能够持续运作，此时必须调整Punch参数。但如果该参数值过大，又会使电机不停振动。

④ 角度限制。关节机器人受其构造影响，在可动范围上会有所限制。当关节超出可动范围时，零件之间就会干扰彼此的运作，导致机器人发生故障。因此需要通过设定角度限制参数来避免上述问题。图3-10所示为合规控制的参数。

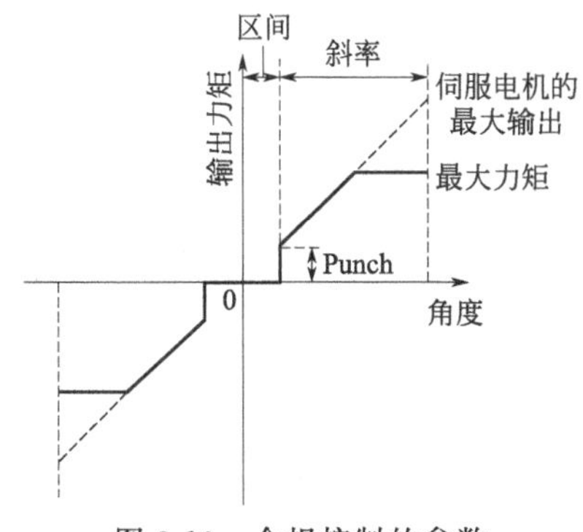

图3-10 合规控制的参数

⑤ 最高速度（移动时间）。有的RC伺服电机也能指定最高速度（或移动时间）。如果指定了最高速度，就能在需要缓速运转的情况下使用RC伺服电机。

⑥ 最大力矩（最大周期比）。如果电机产生多余的力矩，有时候会导致不可控制的结果，通过设定最大力矩就能避免这个问题。

(6) RC伺服电机的使用

将RC伺服电机作为机器人的关节使用时，尽可能避免单边使用。大部分RC伺服电机的输出轴都是伺服器摆臂，所以在这种情况下没有问题。此外，如果必须单边使用RC伺服电机，可以考虑另外使用滚珠轴承进行辅助。使用RC伺服电机时，需要注意以下两点：①温度不宜太高；②减轻冲击力。

从第①点注意事项来看，有些伺服电机具有高温警告功能，利用这项功能就可以避免温度过高的问题。虽然RC伺服电机使用的是永久磁铁，但温度过高会导致磁铁的磁性减弱，这个现象称为“退磁”，会导致电机需要更多的电流才能输出同样的力矩。之所以在ROBO-ONE比赛前给电机喷上金漆，就是为了避免磁铁产生磁性衰退问题。只要能让温度下降，电机就可暂时性地输出较强的力矩。此外，如果感觉到伺服电机的外壳发热，那就代表电机内部的温度已经比外壳的温度还要热了，此时大部分原因是基板的温度过高，而不是电机的问题。基板过热的问题有时也会出现在温度传感器上，建议大家尽早对该问题进行处理。

就第②项冲击力的问题来看，齿距变宽或齿轮、外壳的磨损都会造成冲击力过强，而电机瞬间产生较强的力矩会导致电机发热。此时，如何避免冲击力过强，是机器人能不能长时间稳定运作的关键。就避免冲击力产生的对策而言，减轻电机的重量或许是个不错的选择，而步行机器人也需要尽可能地减轻电机重量。如果无法实现伺服电机的轻型化，或许可以加入释放冲击力的构造。此外，为了进一步缓和冲击力，也可以调整弹性斜率参数，或是在机器人跌倒时，暂时关闭伺服电机。

3.4.3 ER/MR流体

(1) ER 流体

ER 流体（Electro-rheological Fluid，电流变液）与 MR 流体都是一种能控制外观黏性的功能性材料。由于机电整合装置的部分结构使用了这两种流体，进一步提升了设备的特性与功能。ER 流体可根据电场强度反复改变外观上的黏性（流变特性）。目前的 ER 流体大致可分成“粒子系”与“均一系”两种类型，而这两种类型分别拥有不同的流变特性，所以应用于不同的领域。自 19 世纪起，科学家开始研究流体的 ER 效果，但 ER 流体在机器人领域的应用则要追溯到 1940 年 Winslow 的报告。1990 年左右，这方面的研究到达巅峰，但之后却陷入了停滞不前的局面，直到现在才又开始以 Winslow 的研究为中心，探索应用粒子系 ER 流体的方法。

所谓粒子系 ER 流体就是粒子分散型的胶体溶液，一般我们提到的 ER 流体指的都是这种溶液。这种溶液可根据分散媒介及分散质进行分类，近几年较常见的分散媒介与分散质为硅油与塑料的微粒子。溶液中的粒子直径介于数微米到数十微米之间。ER 流体拥有液体随着电场影响而发生变化的特性［图 3-11(a)］，这种变化相当接近库仑摩擦定律。一般而言，流体的成分将影响变化后的结果，但 3kV/mm 的电场大概能产生 3～5kPa 的剪应力，反应时间在 3～5ms。最近也有科学家发表了一种粒子直径仅为数纳米，却能产生极高剪应力，反应时间仅为 1ms 左右的 ER 流体。

此外还有一种以单一成分组成的 ER 流体。这种 ER 流体会随截断速度的快慢产生等比例的剪应力［图 3-11(b)］，此等比例变化符合牛顿流体力学的解释。这种 ER 流体的最大特征是当电场发生变化时，黏度（图中线条的斜率）也将随之产生变化。均一系 ER 流体的主要材料为液晶材料，而目前科学家也正在研究如何将多个液晶物质结合成一个柔软的分子链，希望借此制造出高分子液晶系 ER 流体，以及相对的低分子液晶系 ER 流体。就高分子液晶流体而言，目前已开发出在电场的影响之下，黏度比无电场影响高上数十倍的流体。从高截断速度来看，这种均一性的流体虽然可以产生比粒子系 ER 流体

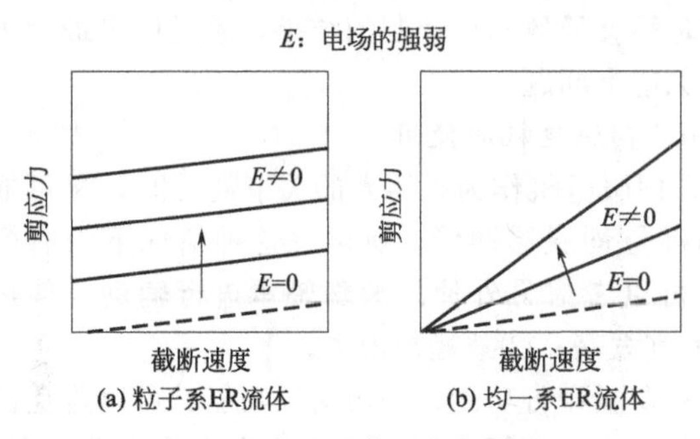

图 3-11　ER 流体的截断特性

更高的剪应力，但反应需耗费数十毫秒，比粒子系 ER 流体慢得多。

（2）ER 流体装置

均一系 ER 流体虽然可以轻易地打造出黏性系数可变的线性避振器，但并不适合用来制造离合器与刹车，而且反应时间也相对较长，所以机电整合装置较常使用粒子系 ER 流体。目前大致可将 ER 流体装置分成下列三种模式。

① 流动模式。如果将 ER 流体作为管线里的液体使用，当 ER 流体流经电场时，流动的阻力就会增加，因此不需物理驱动来进行操控，即可形成控制阀。

② 截断模式。将 ER 流体作为离合器与刹车的驱动液体时，能制作出不会随脚踏板轴方向移动的离合器。

③ 空气膜模式。该模式指的是当我们将 ER 流体密封在两块电极板之间时，ER 流体会随两块电极板之间的间隙而产生微幅振动。通常这种模式可用来作为装置的避振系统。截断模式的粒子系 ER 流体很适合来制作易于操作的离合器与刹车。如果作为避振器使用，也能根据反馈而来的速度信息控制电场强弱，借此让粒子系 ER 流体的黏性系数呈线性变化。ER 致动器的原理请参考图 3-12。ER 离合器的输入旋转圆筒可随电机以一定的速度转动。输入旋转圆筒与输出旋转圆筒之间所填充的就是粒子系 ER 流体，而这两个旋转圆筒则是电极。向两个旋转圆筒之间输入电压时，液体将根据电压的强弱产生不同的剪应力，此时输入旋转圆筒将往输出旋转圆筒输出力矩。换句话说，ER 致动器的输出力矩可根据输入电压的强弱来进行控制。但这种致动器目前还只是单方向驱动装置，如果要应用在机器人身上，还必须加上拮抗驱动。

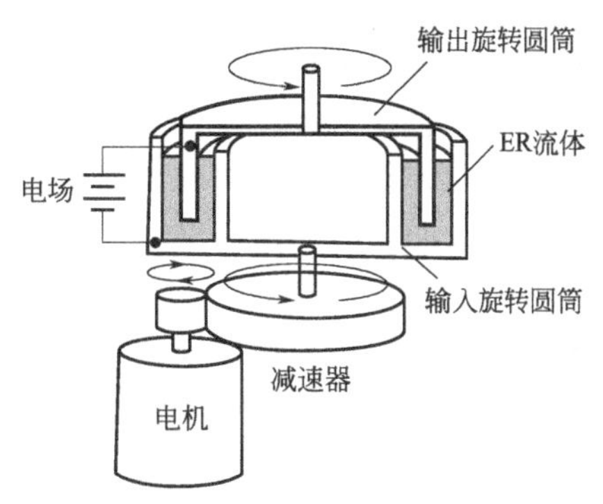

图 3-12　ER 致动器的运动原理

ER 致动器的主要优点：①输出轴的旋转速度不会高于输入轴，因此若可以限制构造的最高速度，就能避免 ER 致动器因不受控制而对人类造成危害。②输入轴电机的旋转速度无须精准地控制，因此可打造出电池驱动构造这类简单且信赖度高的装置。③一旦 ER 致动器承受过度的力矩，离合器就会滑动。因此，需要避免致动器因过热而毁损，以及给使用者带来的危险。④负重惯性不包含输入轴的惯性，因此致动器本身的惯性较低，即便负重惯性较低的小型机器人与使用者产生冲撞，冲击力也会减轻很多。⑤紧急状态时，可立刻切断电源，让 ER 致动器立刻停止输出力矩。⑥因为 ER 致动器能够以低速电机产生高力矩，所以可以将输出轴之后的减速比设定得较低。这样一来，致动器受到惯性力制约较小，背向驱动性能较佳。⑦ER 致动器的反应时间通常只有数毫秒，所以可以连续输出不同的力矩。销售 ER 流体装置的厂商有日本的 ERTech 与德国的 FLUDICON 等这几家公司。虽然 ER 流体装置的普及程度比不上后续要介绍的 MR 流体装置，但目前已用于制作车辆的避振器与老人看护设备。

（3）MR 流体

MR 流体（Magnetorheological Fluid，磁流变液）是将铁粉等直径为 10μm 的磁性粒子均匀地散布在绝缘油里的流体，拥有与粒子系 ER 流体相似的构造与特性。但两者不同的是，MR 流体只会受磁场影响，而不会因电场而产生变化，在 1T 的磁场内 MR 流体就能产生 50kPa 的剪应力，相当于 ER 流体的 10 倍。MR 流体的反应时间与 ER 流体一样，都只有数毫秒，但根据磁性线路的设计，涡电流所形成的磁场会因延迟效应而重叠。此外，针对不同强度的磁场，MR 流体多少也会产生所谓的磁滞特性，而磁性线路的设计比较容易产生磁滞特性问题，有时甚至会导致 MR 流体整体功能的恶化。另外，MR 流体的分散质是密度较大的磁粉，无法避免粒子在分散溶液里下沉这一问题，因此必须在 MR 流体初期启动时，加装一个让粒子重新均匀分布的装置。

(4) MR 流体装置

同利用 ER 流体制作致动器一样，MR 流体也能与电机、离合器一同组装成致动器。此时可通过流向磁性线路的电流来控制附加在 MR 流体上的磁场，以此控制离合器的传动力矩。如果只取出离合器，然后将输入轴固定在外部，而不是电机上，就形成了能控制载重部分制动力的刹车。此外，MR 流体装置也应用在避振器与缓振器的制作上，目前由美国 LORD、德国 BASF 等公司负责销售。法拉利、奥迪等品牌的旗舰级车以及军用车也利用 MR 流体装置来提升乘坐的舒适感、降低车辆所产生的噪声。

ER/MR 流体装置已应用于老人看护领域，而科学家也正在研究如何将其应用于家庭及医疗机器人。此外，ER/MR 流体装置也开始应用于市场广阔的汽车产业，相信不久之后，将会得到全面的普及。不过 ER/MR 流体也存在一些尚未解决的问题，ER 流体装置必须使用高速高电压放大器。例如，能以电压 3kV、电流 10mA 输出力矩，且反应时间在 1ms 以下的装置，单位时间内输出力矩的费用就高达 3 万日元。此外，MR 流体还存在粒子下沉与磁滞特性问题。ER 流体与 MR 流体还面临着密封、机械耐用性等共同问题。因为两者都拥有微粒子，所以需要特别关注密封部分的耐用性问题。有的研究者将 ER 流体制作成胶状物，以此开发了一种线性致动器。传达力矩部分使用的是 ER 胶，因此也不需要考虑密封的问题。不过 ER 胶是一种远比 ER/MR 流体还新颖的功能性材料，因此关于 ER 胶的特性以及可应用在何种机械上，还需要进行进一步探讨。

3.4.4 人工肌肉、高分子致动器

(1) 采用高分子胶的人工肌肉

生物运动的动力来自肌肉。肌肉是极为优秀的致动器，拥有与传感器一体化的反馈特性，也拥有机械阻抗控制特性，可以说是机器人最理想的致动器。高分子胶是一种含有溶剂的高分子材料，其高分子具备网眼构造。而这种高分子胶被归为介于固体与液体之间的中性物质。就功能方面来看，高分子胶是一种具备生物组织弹性的弹性材料，还拥有与外部能量、物质进行互动的开放性，而高分子胶也能与传感器、致动器、处理器建立互动，可说具备智能型材料的条件。从早期的机器人研究开始，科学家就一直利用高分子胶的互动特征，进行将化学能量转换成机械动能的研究。他们将这种化学能量直接转换成力学能量的机制称为“机械化学反应系统”。日本、美国、韩国、中国及欧洲、大洋洲等地区的国家从 20 世纪 80 年代后期开始研究高分子胶、导电聚合物、铁电聚合物、弹性体、液晶弹性体等采用了敏感性高分子材料的致动器。

(2) 采用了敏感性高分子材料的高分子致动器

表 3-2 是目前正处于研究阶段的高分子致动器。通过这些致动器可以发现，由于高分子的特性，这些致动器都拥有优异的加工性，重量十分轻盈且便于轻型化，并能轻易地与传感器或构造材料融为一体。就性能而言，高分子致动器的动力密度、反应敏捷性都远远高于传统的致动器；就材料分类而言，还可分成机械阻抗控制用材料，以及具有传感器功能的智能型材料。这些优点令人不禁对高分子致动器成为人工肌肉元素充满期待。不过目前并不是利用细微的电子信号来将肌肉这类化学能量转换成力学能量，而且也尚未打造出分子大小的阶层构造，所以上述这些材料还无法完全重现生物肌肉的特性。

表 3-2 高分子致动器的种类、材料与动力来源

种类	材料	动力来源
高分子胶	聚丙烯酸 聚乙烯醇	热能、化学物质、磁场、光能、电能
离子聚合物金属	全氟磺酸树脂/黄金、白金 全氟磺酸树脂/金属氧化物 全氟羧酸树脂/黄金	电能
导电性聚合物	聚吡咯 聚苯胺	电能
纳米碳管	单层纳米碳管 多层纳米碳管	电能
介电弹性体	多晶硅 聚丙烯 聚氨酯	电能
压电聚合物	聚偏二氟乙烯 聚偏二氟乙烯-三氟乙烯聚合物	电能
电致伸缩效应聚合物	聚偏二氟乙烯-三氟乙烯聚合物	电能
液晶弹性体		热能,电能

高分子胶以化学机械系统为方向展开了传统研究，但也因材料本身的特性与敏感度问题，高分子胶迟迟无法成为打造高分子致动器的材料。高分子胶的致动器原理是当周围环境发生变化时，高分子胶里的物质将随之移动，而这样的移动会导致高分子胶的体积产生变化。其中，对象移动的速度取决于高分子胶的大小。简单来说，以高分子胶特有长度的平方为比例，可以看出 1cm 大小的高分子经过一天的吸水膨胀之后，每微米可以轻松承受数微秒的拉扯。也就是说，将其作为真人大小的致动器使用时，高分子胶在敏感度上会出现问题，但如果将其作为微型致动器来使用，则不会有任何问题。

近年来，高分子胶的微加工技术不断进步，而且利用热能、化学能、光能驱动微型致动器的研究也在不断进行。由于不再需要电线类的配线，今后也有可能打造出智能型致动器。离子聚合物金属复合材料（Ionic Polymer Metal Composite，IPMC）也属于高分子胶致动器的一种。从图 3-13 中可以发现，这种致动器将电极接在全氟磺酸等全氟离子交换树脂这种高分子胶上，只要在电极间加入电压，电极方向的电渗透流就会使高分子胶的体积产生变化，而电极上的离子会产生浸透压与静电，此时浸透压与静电将成为扭曲电子胶的动力。对电极的制作而言，可以利用无电解镀法来熔接黄金与白金，或是在电极烤上一层金属氧化物与铅粒子的全氟磺酸树脂溶液分酸液。当高分子胶以低电压（低于 3V）驱动时，敏感性较高（100Hz 的程度），畸变的程度也较大，而驱

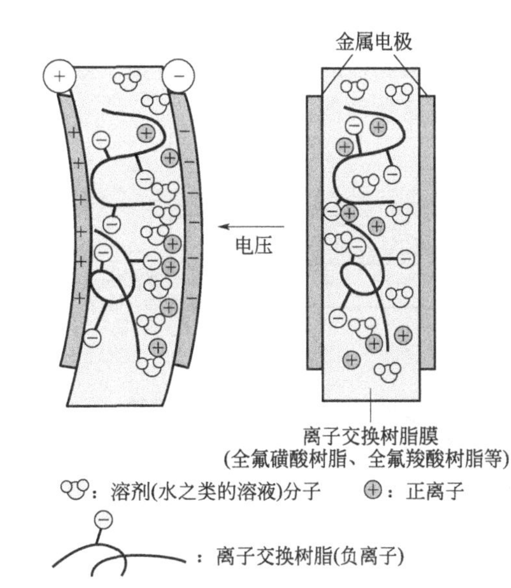

图 3-13 IPMC 致动器的结构与利用［电压使离子与溶媒移动，进而造成高分子胶变形的构造图（利用电极的渗透流让高分子胶产生体积变化）］

动特性取决于溶剂与离子的浓度，离子交换树脂也是一样。如果使用的是低挥发性的离子溶剂，高分子胶就能在空气中使用。高分子胶的基本变形为弯曲，而高分子胶的敏感度、生成力、位移等都取决于粒子的厚度。

导电性高分子的导电性是由电流通过电子、电洞等载子的双层共轭系统流动所形成的。当导电性高分子作为致动器使用时，会在电解液中进行氧化还原反应，导致载子进入电解液里，此时反离子将被植入高分子内，致使高分子的体积产生变化（图 3-14）。目前作为致动器的主要材料进行研究的是聚苯胺、聚吡咯、聚噻吩，这类材料在最佳条件下会展现出低电压驱动（<2V）、高压力（5MPa）、高畸变率（10%）等特性。为了导出其优异的性能，必须在电解液中加入电压。如何将整套设备制作成一套装置，这也是今后的研究课题之一。为了实现装置化，研发人员正在进行与凝胶电解质结合的相关研究。

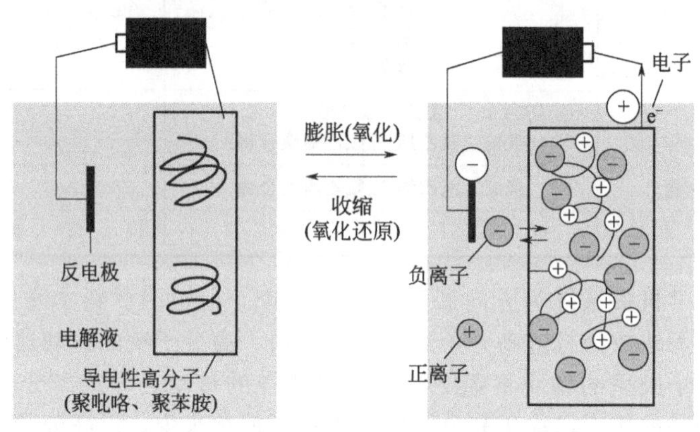

图 3-14　导电性高分子致动器的构造以及伴随氧化还原反应产生离子植入现象的发生过程（此现象令导电性高分子致动器产生膨胀收缩）

除了导电聚合物、IPMC（Ionic Polymer Metal Composite，离子聚合物金属复合材料）之外，研究人员发现，浸在电解质里的纳米碳管在加上电压之后会拥有极高的敏感度。纳米碳管拥有优异的电子、机械特性，因此研究人员也将纳米碳管当成极佳的致动器材料使用。纳米碳管与 IPMC 的相同点在于将离子液体当成电解质使用，所以也能利用纳米碳管制造空中驱动的高速致动器。

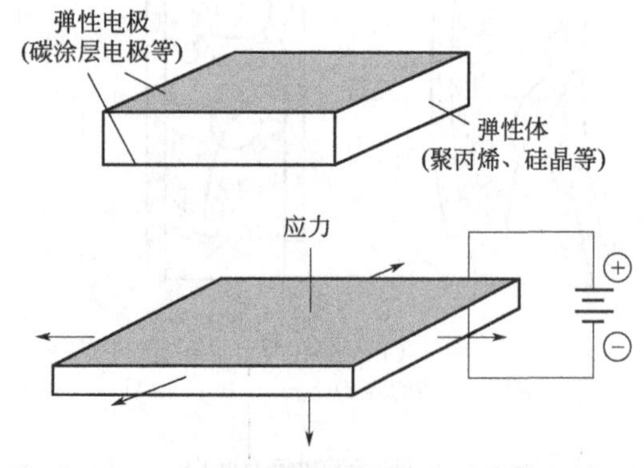

图 3-15　介电弹性体致动器的构造与电场形成时的电极间静电力［此静电力将产生压力，令介电弹性体致动器朝电极方向进行收缩，或是朝垂直方向延展变形（变形之际，弹性体的体积不变）］

介电弹性体分别在硅晶和丙烯酸酯橡胶这两面贴上具有弹性的电极，然后在电极之间加上高于千伏特的高电压。此时，介电弹性体会因电极之间的静电而产生大幅度膨胀的变形。当电压归零后，介电弹性体就会因其本身的弹力而恢复原状（图 3-15），这也是介电弹性体的基本运作方式。介电弹性体拥有极佳的致动器性能，例如对声音频率的敏感度（数千赫兹）、极大的畸变率（100%的数倍）以及高压力（数兆帕），这些特性都使介电弹性体成为极佳的人工肌肉。此外，介电弹性体也拥有阻抗转换性能，而且当电容产生极大的变化并发出电子信号时，介电弹性体就能作为传感器与发电机。虽然介电弹性体非常适合作为致动器使用，但问题在于介电弹性体需要极大的电压驱动，因此开发人员仍在研究降低驱动电压的方法。

此外，还有许多不同种类的高分子致动器，例如：应用了介电体聚合物的电压畸变现象与压电现象的致动器、应用了液晶弹性体的温度特性（液晶相变）的致动器、利用电压使液晶分子极化的致动器等。目前，正在不断推进各种高分子的机械敏感度研究及其应用。

（3）高分子致动器在机器人领域的应用

目前正在进行的机器人高分子致动器应用研究主要分为电压驱动的高分子、电子活性高分子（Electroactive Polymer，EAP）、离子聚合物金属复合材料、导电性聚合物、介电弹性体致动器。如表3-3所示，不同的高分子构造可创造不同的敏感度，而电极的组配方式则创造出不同的动作。目前，高分子致动器在机器人身上的应用相当多元化，例如：打造鱼形、蛇形的微电脑水中机器人，虫形飞行机器人这类仿生机器人，医疗、福利领域的微型主动式医疗器材、触控屏幕等，以宇宙空间应用为目的的研究，传感器、发电器研究以及传感器与致动器功能综合系统研究等。

表3-3　使用人工肌肉制作技术的应用研究

应用研究范例		使用的技术
生物科技机器人	多足步行机器人	介电弹性体
	二足步行机器人	IPMC
	鱼形水中机器人	IPMC
	蛇形水中机器人	IPMC
	微型机器人	导电性聚合物
Diaphragm型机器人		IPMC、导电性聚合物、介电弹性体
触控屏幕		IPMC、导电性聚合物、介电弹性体
微型操作器		IPMC
宇宙探索机器致动器		IPMC、介电弹性体
扩音器		介电弹性体
主动式医疗器材		IPMC
传感器、发电机		介电弹性体、IPMC

人工肌肉并不同于能量转换构造，也不像人类的肌肉一样拥有阶层构造。不过厘米大小的装置却拥有与肌肉同等甚至优于肌肉的性能，能制作出具有弹性且轻便的装置。从这个角度来看，今后的高分子致动器将更为轻薄，更具有弹性，成为家电与医疗设备所不可或缺的材料。人工肌肉开发必须注意模仿肌肉的材料和控制肌肉运动的运算这两个方面，而今后人工肌肉的研究应该会朝着这两个方向不断前进。

第4章 机器人的传感器系统

机器人是通过传感器得到感觉信息的。其中，传感器处于连接外界环境与机器人的接口位置，是机器人获取信息的窗口。要使机器人拥有智能，对环境变化做出反应，首先，必须使机器人具有感知环境的能力，用传感器采集信息是机器人智能化的第一步；其次，如何采取适当的方法，将多个传感器获取的环境信息加以综合处理，控制机器人进行智能作业，则是提高机器人智能程度的重要体现。因此，传感器及其信息处理系统，是构成机器人智能的重要部分，它为机器人智能作业提供决策依据。

4.1 机器人常用传感器

机器人是由计算机控制的复杂机器，它具有类似人的肢体及感官功能，动作程序灵活，有一定程度的智能，在工作时可以不依赖人的操纵。机器人传感器在机器人的控制中起了非常重要的作用，正因为有了传感器，机器人才具备了类似人类的知觉功能和反应能力。

4.1.1 机器人需要的感觉能力

(1) 触觉能力

触觉是智能机器人实现与外界环境直接作用的必需媒介，是仅次于视觉的一种重要感知形式。作为视觉的补充，触觉能感知目标物体的表面性能和物理特性，如柔软性、硬度、弹性、粗糙度和导热性等。触觉能保证机器人可靠地抓住各种物体，也能使机器人获取环境信息，识别物体形状和表面的纹路，确定物体空间位置和姿态参数等。一般把检测感知和外部直接接触而产生的接触觉、压觉、滑觉等的传感器称为机器人触觉传感器。

① 接触觉传感器：接触觉传感器可检测机器人是否接触目标或环境，用于寻找物体或感知碰撞。传感器装于机器人的运动部件或末端执行器（如手爪）上，用以判断机器人部件是否和对象物发生了接触，以解决机器人的运动正确性，实现合理抓握或防止碰撞。接触觉是通过与对象物体彼此接触而产生的，所以最好使用手指表面高密度分布触觉传感器阵列，它柔软易于变形，可增大接触面积，并且有一定的强度，便于抓握。

② 压觉传感器：压觉传感器用来检测和机器人接触的对象物之间的压力值。这个压力可能是对象物施加给机器人的，也可能是机器人主动施加在对象物上的（如手爪夹持对象物时的情况）。压觉传感器的原始输出信号是模拟量。

③ 滑觉传感器：滑觉传感器用于检测机器人手部夹持物体的滑移量，机器人在抓取不知属性的物体时，其自身应能确定最佳握紧力的给定值。

(2) 力觉能力

在所有机器人传感器中，力觉传感器是机器人最基本、最重要的一种，也是发展比较成熟的传感器。没有力觉传感器，机器人就不能获取它与外界环境之间的相互作用力，从而难以完成机器人在环境约束下的各种作业。机器人力觉传感器就安装部位来讲，可以分为关节力传感器、腕力传感器和指力传感器。

(3) 接近觉能力

接近觉传感器是机器人用来控制自身与周围物体之间的相对位置或距离的传感器，用来探测在一定距离范围内是否有物体接近、物体的接近距离和对象的表面形状及倾斜等状态。它一般都装在机器人手部，起两方面作用：对物体的抓取和躲避。接近觉一般用非接触式测量元器件，如霍尔效应传感器、电磁式接近开关、光电式接近觉传感器和超声波式传感器。

光电式接近觉传感器的应答性好，维修方便，尤其是测量精度很高，是目前应用最多的一种接近觉传感器，但其信号处理较复杂，使用环境也受到一定限制（如环境光度偏极或污浊）。

超声波式传感器的原理是测量渡越时间，超声波是频率 20kHz 以上的机械振动波，渡越时间与超声波在介质中的传播速度的乘积的一半即是传感器与目标物之间的距离，渡越时间的测量方法有脉冲回波法、相位差法和频差法。

(4) 视觉能力

视觉信息可分为图形信息、立体信息和运动信息。图形信息是平面图像，它可以记录二维图像的明暗和色彩，在识别文字和形状时起重要作用。立体信息表明物体的三维形状，如远近、配置等信息，可以用来感知活动空间、手足活动的余地等信息。运动信息是随时间变化的信息，表明运动物体的有无、运动方向和运动速度等信息。

视觉传感器获取的信息量要比其他传感器获取的信息量多得多，但目前还远未能使机器人视觉具有与人类完全一样的功能，一般仅把视觉传感器的研制限于完成特殊作业所需要的功能。视觉传感器把光学图像转换为电信号，即把入射到传感器光敏面上按空间分布的光强信息转换为按时序串行输出的电信号——视频信号，而该视频信号能再现入射的光辐射图像。固体视觉传感器主要有 3 大类型：第一类是电荷耦合器件（CCD）；第二类是 MOS 图像传感器，又称自扫描光敏二极管列阵（SSPA）；第三类是电荷注入器件（CID）。目前在机器人避障系统中应用较广的是 CCD 摄像机，它又可分为线阵和面阵两种。线阵 CCD 摄取的是一维图像，而面阵 CCD 可摄取二维平面图像。

视觉传感器摄取的图像经空间采样和模-数转换后变成一个灰度矩阵，送入计算机存储器中，形成数字图像。为了从图像中获得期望的信息，需要利用计算机图像处理系统对数字图像进行各种处理，将得到的控制信号送给各执行机构，从而再现机器人避障过程的控制。

(5) 听觉能力

① 特定人的语音识别系统。特定人语音识别方法是将事先指定的人的声音中的每一个字音的特征矩阵存储起来，形成一个标准模板，然后再进行匹配。它首先要记忆一个或几个语音特征，而且被指定人讲话的内容也必须是事先规定好的有限的几句话。特定人语音识别系统可以识别讲话的人是否是事先指定的人，讲的是哪一句话。

② 非特定人的语音识别系统。非特定人的语音识别系统大致可以分为语言识别系统、单词识别系统以及数字音（0～9）识别系统。非特定人的语音识别方法则需要对一组有代表性的人的语音进行训练，找出同一词音的共性，这种训练往往是开放式的，能对系统进行不断的修正。在系统工作时，将接收到的声音信号用同样的办法求出它们的特征矩阵，再与标准模式相比较，看它与哪个模板相同或相近，从而识别该信号的含义。

(6) 嗅觉能力

目前主要采用了三种方法来实现机器人的嗅觉功能：一是在机器人上安装单个或多个气体传感器，再配置相应处理电路来实现嗅觉功能，如 H. Ishida 的气体/气味烟羽跟踪机器人；二是研究者自行研制简易的嗅觉装置，例如 A. Lilienthal 等人研制的用于移动检查机器人的立体电子鼻，Kuwana 使用活的蚕蛾触角配上电极构造了两种能感知信息素的机器人嗅觉传感器；三是采用商业的电子鼻产品，如 A. Loutfi 用机器人进行的气味识别研究。

4.1.2 机器人传感器的分类

机器人按完成的任务不同，配置的传感器类型和规格也不同，一般按用途的不同，机器人传感器分成两大类：用于检测机器人自身状态的内部传感器和用于检测机器人外部环境参数的外部传感器。

(1) 内部传感器

内部传感器是用于测量机器人自身状态的功能元器件。具体检测的对象有关节的线位移、角位移等几何量；速度、加速度、角速度等运动量；倾斜角和振动等物理量。内部传感器常用于控制系统中，作为反馈元件，检测机器人自身的各种状态参数，如关节运动的位置、速度、加速度、力和力矩等。

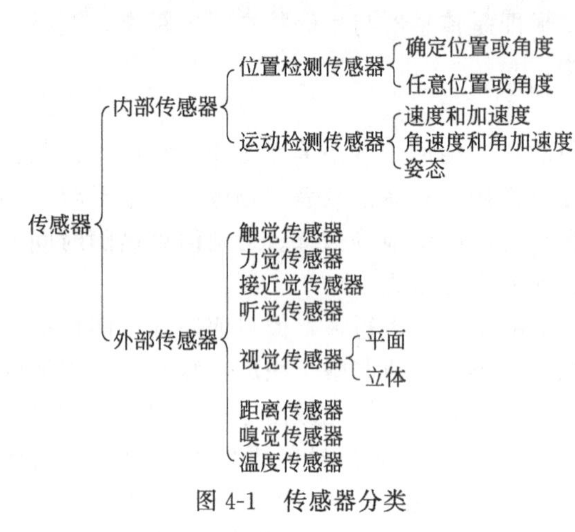

图 4-1 传感器分类

(2) 外部传感器

外部传感器是用来检测机器人所处环境(如是什么物体、离物体的距离有多远等)及状况（如抓取的物体是否滑落）的传感器，一般与机器人的目标识别和作业安全等因素有关，具体有触觉传感器、视觉传感器、接近觉传感器、距离传感器、力觉传感器、听觉传感器、嗅觉传感器、温度传感器等。图 4-1 所示是传感器的具体分类。

4.2 机器人传感器的要求与选择

机器人需要安装什么样的传感器，对这些传感器有什么要求，是设计机器人感觉系统时遇到的首要问题。选择机器人传感器应当完全取决于机器人的工作需要和应用特点，应考虑的因素包括以下几个方面。

① 成本。传感器的成本是要考虑的重要因素，尤其当一台机器需要使用多个传感器时更是如此。然而成本必须与其他设计要求相平衡，例如可靠性的保障、传感器数据的保障、准确度和寿命等。

② 重量。机器人是运动装置，所以传感器的重量很重要，传感器过重会增加机械臂的惯量，同时还会减少总的有效载荷。

③ 尺寸。根据传感器的应用场合，尺寸大小有时是最重要的。例如，关节位移传感器必须与关节的设计相适应，并能与机器人中的其他部件一起移动，但关节周围可利用的空间可能会受到限制。另外，体积庞大的传感器可能会限制关节的运动范围。因此确保给关节传感器留下足够大的空间非常重要。

④ 输出类型。根据不同的应用，传感器的输出可以是数字量也可以是模拟量，它们可以直接使用，也可能必须对其进行转化后才能使用。例如，电位器的输出量是模拟量，而编码器的输出则是脉冲量。如果编码器连同微处理器一起使用，其输出可直接传送至处理器的输入端口，而电位器的输出则必须利用模拟转换器（ADC）转变成数字信号。哪种输出类型比较合适，必须结合其他要求进行折中考虑。

⑤ 接口。传感器必须能与其他设备相连接，如处理器和控制器。倘若传感器与其他设备的端口不匹配或两者之间需要其他的额外电路，那么需要解决传感器与设备间的接口

问题。

⑥ 分辨率。分辨率指传感器在整个测量范围内所能辨别的被测量的最小变化量，或者所能辨别的不同被测量的个数。它辨别的被测量的最小变化量越小，或被测量的个数越多，则它的分辨率越高；反之，分辨率越低。无论是示教再现型机器人，还是可编程型机器人，都对传感器的分辨率有一定的要求。传感器的分辨率直接影响机器人的可控程度和控制质量，一般需要根据机器人的工作任务规定传感器分辨率的最低限度要求。

⑦ 灵敏度。灵敏度是指输出响应变化与输入变化的比值。高灵敏度传感器的输出会由于输入波动（包括噪声）而产生较大的波动。

⑧ 线性度。线性度反映了输入变量与输出变量间的关系，这意味着具有线性输出的传感器在量程范围内，任意相同的输入变化将会产生相同的输出变化。几乎所有器件在本质上都具有一些非线性，只是非线性的程度不同，在一定的工作范围内，有些器件可以认为是线性的，而其他器件可以通过一定的前提条件来线性化。如果输出不是线性的，但已知非线性度，则可以通过对其适当的建模、添加测量方程或额外的电子线路来克服非线性度。

⑨ 量程。量程是传感器能够产生的最小与最大输出间的差值，或传感器正常工作时的最小和最大之间的差值。

⑩ 响应时间。这是一个动态特性指标，指传感器的输入信号变化以后，其输出信号变化到一个稳态值所需要的时间。在某些传感器中，输出信号在到达某一稳定值以前会发生短时间的振荡。传感器输出信号的振荡，对于机器人的控制来说是非常不利的，它有时会造成一个虚设位置，影响机器人的控制精度和工作精度。所以总是希望传感器的响应时间越短越好。响应时间的计算应当以输入信号开始变化的时刻为始点，以输出信号达到稳态值的时刻为终点。

⑪ 可靠性。可靠性是系统正常运行次数与总运行次数之比，对于要求连续工作的情况，在考虑费用以及其他要求的同时应选择可靠且能长期持续工作的传感器。

⑫ 精度和重复精度。精度是传感器的输出值与期望值的接近程度。对于给定输入，传感器有一个期望输出，而精度则与传感器的输出和该期望值的接近程度有关。对同样的输入，如果对传感器的输出进行多次测量，那么每次输出都可能会不一样。重复精度反映了传感器多次输出之间的变化程度。通常，如果进行足够次数的测量，那么就可以确定一个范围，它能包含所有在标称值周围的测量结果，那么这个范围就定义为重复精度。通常重复精度比精度更加重要，在多数情况下，不准确度是由系统误差导致的，可以预测和测量，所以可以进行修正和补偿，而重复性误差通常是随机的，不容易补偿。

4.3 常用机器人内部传感器

4.3.1 机器人的位置检测传感器

机器人的位置检测传感器可分为两类：①检测规定的位置，常用 ON/OFF 两个状态值。这种方法用于检测机器人的起始原点、终点位置或某个确定的位置。给定位置检测常用的检测元件有微型开关、光电开关等。规定的位移量或力作用在微型开关的可动部分上，开关的电气触点断开（常闭）或接通（常开）并向控制回路发出动作信号。②测量可变位置和角度，即测量机器人关节线位移和角位移的传感器是机器人位置反馈控制中必不可少的元器件，常用的有电位器、旋转变压器、编码器等。其中编码器既可以检测直线位移，又可以检测角位移。下面介绍几种常用的位置检测传感器。

(1) 光电开关

光电开关是由 LED 光源和光敏二极管或光敏晶体管等光敏元件，相隔一定距离而构成的透光式开关。光电开关的特点是非接触检测，精度可达到 0.5mm 左右。

漫反射光电开关是一种集发射器和接收器于一体的传感器，当有被检测物体经过时，将光电开关发射器发射的足够的光线反射到接收器，于是光电开关就产生了开关信号。当被检测物体的表面光亮或其反光率极高时，漫反射式的光电开关是首选的检测模式。

镜反射式光电开关也是集发射器与接收器于一体的，光电开关发射器发出的光线经过反射镜反射回接收器，当被检测物体经过且完全阻断光线时，光电开关就产生了检测开关信号。

对射式光电开关包含在结构上相互分离且光轴相对放置的发射器和接收器，发射器发出的光线直接进入接收器。当被检测物体经过发射器和接收器之间且阻断光线时，光电开关就产生了开关信号。当检测物体不透明时，对射式光电开关是最可靠的检测模式。

槽式光电开关通常是标准的 U 形结构，其发射器和接收器分别位于 U 形槽的两边，并形成一光轴，当被检测物体经过 U 形槽且阻断光轴时，光电开关就产生了检测到的开关量信号。槽式光电开关比较安全可靠，适合检测高速的变化，分辨透明与半透明物体。

光纤式光电开关如图 4-2 所示，主要有遮断型、反射型、反射镜反射型等几种类型。

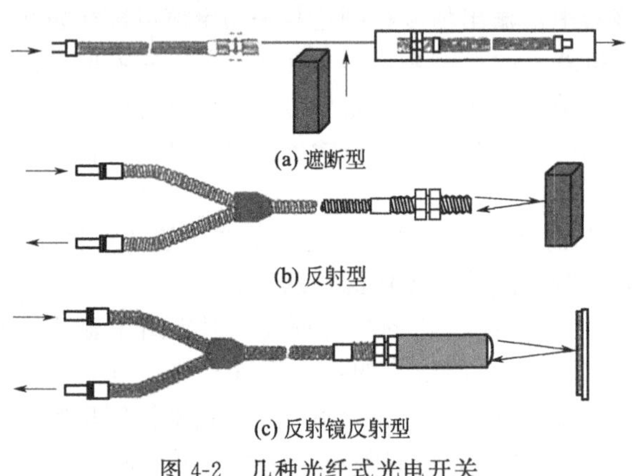

图 4-2　几种光纤式光电开关

(2) 编码器

根据检测原理，编码器可分为光电式、磁场式、感应式和电容式；根据刻度方法及信号输出形式，可分为增量式、绝对式以及混合式 3 种。其中光电式编码器最常用。光电式编码器分为绝对式和增量式两种类型。增量式光电编码器具有结构简单、体积小、价格低、精度高、响应速度快、性能稳定等优点，应用更为广泛，特别是在高分辨率和大量程角速率/位移测量系统中，增量式光电编码器更具优越性。

图 4-3 所示为增量式光电编码器结构图。在圆盘上有规则地刻有透光和不透光的线条，在圆盘两侧，安放发光元件和光敏元件。光电编码器的光源最常用的是自身有聚光效果的发光二极管。当光电码盘随工作轴一起转动时，光线透过光电码盘和光栏板狭缝，形成忽明忽暗的光信号。光敏元件把此光信号转换成电脉冲信号，通过信号处理电路后，向数控系统输出脉冲信号，也可由数码管直接显示位移量。光电编码器的测量准确度与码盘圆周上的狭缝输出波形条纹数 n 有关，能分辨的角度 α 为：

$$\alpha = 360°/n$$

$$\text{分辨率} = 1/n$$

例如：码盘边缘的透光槽数为 1024 个，则能分辨的最小角度 $\alpha = 360°/1024 = 0.352°$。为了判断码盘旋转的方向，必须在光栏板上设置两个狭缝，其距离是码盘上的两个狭缝距离的 $m + 1/4$ 倍，m 为正整数，并设置了两组对应的光敏元件，如图 4-3 中的光敏元件，有时也称为 cos、sin 元件。当检测对象旋转时，同轴或关联安装的光电编码器便会输出 A、B 两路相位相差 90°的数字脉冲信号。光电编码器的输出波形如图 4-4 所示。为了得到码盘转动的绝对位置，还须设置一个基准点，如图 4-3 中的 Z 相信号缝隙（零位标志）。码盘每转一圈，零位标志槽对应的光敏元件产生一个脉冲，称为“一转脉冲”，见图 4-4 中的 C_0 脉冲。

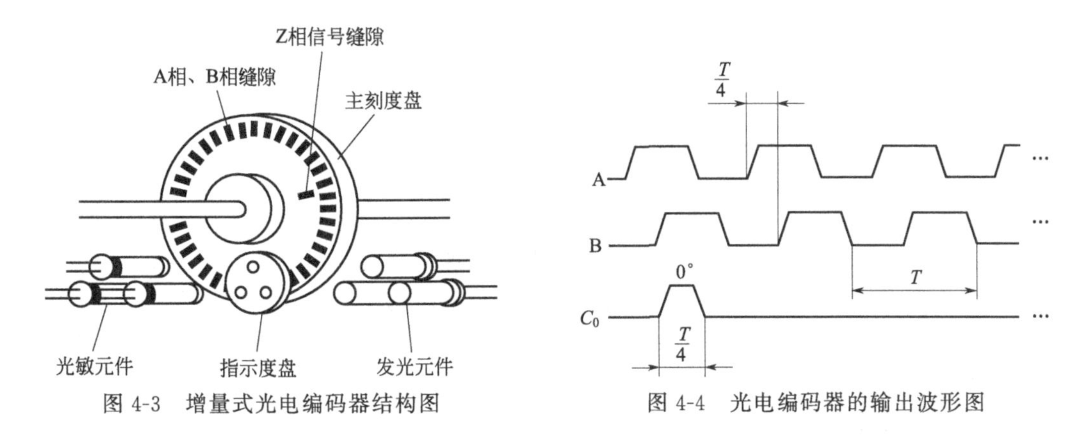

图 4-3 增量式光电编码器结构图

图 4-4 光电编码器的输出波形图

（3）旋转变压器

旋转变压器由铁芯、两个定子线圈和两个转子线圈组成，是测量旋转角度的传感器。旋转变压器同样也是变压器，它的一次线圈与旋转轴相连，并经滑环通有交变电流（如图 4-5 所示）。旋转变压器具有两个二次线圈，相互成 90°放置。随着转子的旋转，由转子所产生的磁通量跟随一起旋转，当一次线圈与两个二次线圈中的一个平行时，该线圈中的感应电压最大，而在另一个垂直于一次线圈的二次线圈中没有任何感应电压。随着转子的转动，最终第一个二次线圈中的电压达到零，而第二个二次线圈中的电压达到最大值。对于其他角度，两个二次线圈产生与一次线圈夹角正、余弦成正比的电压。虽然旋转变压器的输出是模拟量，但却等同于角度的正弦、余弦值，这就避免了以后计算这些值的必要性。旋转变压器可靠、稳定且准确。

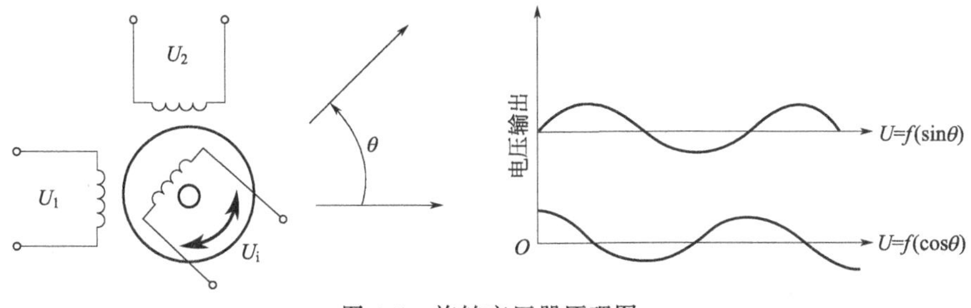

图 4-5 旋转变压器原理图

4.3.2 机器人的运动检测传感器

机器人的运动检测传感器是能够测量机器人前后移动与左右旋转的传感器。前后移动所要测量的是距离、速度与加速度。左右旋转则要测量角度（倾斜度）、角速度与角加速度。将测量前后移动的加速度传感器与测量左右旋转的陀螺仪传感器组合起来，就构成了能测量瞬间动作的动作传感器。

（1）编码器

编码器既可以测直线位移，又可以测角位移。如果用编码器测量位移，那么就没有必要再单独使用速度传感器。对任意给定的角位移，编码器将产生确定数量的脉冲信号，通过统计指定时间（ dt ）内脉冲信号的数量，就能计算出相应的角速度。dt 越短，得到的速度值就越准确，越接近实际的瞬时速度。但是，如果编码器的转动很缓慢，则测得的速度可能会变得不准确。通过对控制器的编程，将指定时间内脉冲信号的个数转化为速度信息就可以计算出速度。

(2) 测速发电机

测速发电机是一种把输入的转速信号转换成输出的电压信号的机电式信号元件，它可以作为测速、校正和解算元件，广泛应用于机器人的关节速度测量中。机器人对测速发电机的性能要求，主要是精度高、灵敏度高、可靠性好，包括以下5个方面：输出电压与转速之间有严格的正比关系；输出电压的脉动要尽可能小；温度变化对输出电压的影响要小；在一定转速时所产生的电动势及电压应尽可能大；正反转时输出电压应对称。测速发电机主要可分为直流测速发电机和交流测速发电机。直流测速发电机具有输出电压斜率大、没有剩余电压及相位误差、温度补偿容易实现等优点；交流测速发电机的主要优点是不需要电刷和换向器，不产生无线电干扰火花，结构简单，运行可靠，转动惯量小，摩擦阻力小，正、反转电压对称等。

(3) 加速度传感器

不同测量范围的加速度传感器可应用在不同领域里。机器人的加速度范围多在20g（g为重力加速度，约9.8m/s^2）以下。加速度的测量方式有很多，在机器人领域，常用的加速度传感器通常是利用压电电阻效应或是静电容量的变化来测量机器人的加速度。日本北陆电气工业生产的HAAM-346B（类比输出）与HAAM-375（数字输出）就是使用了压电电阻效应的产品，而该公司也在网页上公布了通过加速度传感器测量倾斜程度的范例。而使用静电容量测量加速度的产品也不少，例如Analog Devices的ADXL335（模拟）、ADXL345（数字），Analog Devices公司也在官网上公布了利用这类传感器测量物体落下的范例。

(4) 陀螺仪传感器

陀螺仪传感器也与加速度传感器一样，根据测量范围及精确度的不同，可应用在各个领域。机器人常用的陀螺仪通常是振动式或光学式的速率陀螺仪。

① 光学式陀螺仪。所谓的“光学式”就是利用萨奈克（Sagnac）效应进行测量的方式。这种光学式陀螺仪可按照光线的行进路线，分成光纤陀螺仪和环状激光陀螺仪。光纤陀螺仪容易受光纤变形及温度的影响，从而导致测量数据的精确度下降，但环状激光陀螺仪没有这一缺点，因此其精确度高于光纤陀螺仪。

② 振动式陀螺仪。振动式陀螺仪是通过物体移动所产生的科氏力来测量角速度的。为了测量科氏力（Coriolis Force，全称为科里奥利力）的大小，许多公司开发了不同的振动式陀螺仪。Epson的XV-3500CB在压电材料中使用了水晶，同时采用了双重T形构造（图4-6）。此外，该公司还开发了六轴传感器AH-6100LR，可同时利用加速度3轴和角速度3轴进行测量。Silicon Sensing System Japan公司的CRS、CRM系列，则采用了环状的振子（图4-7）。

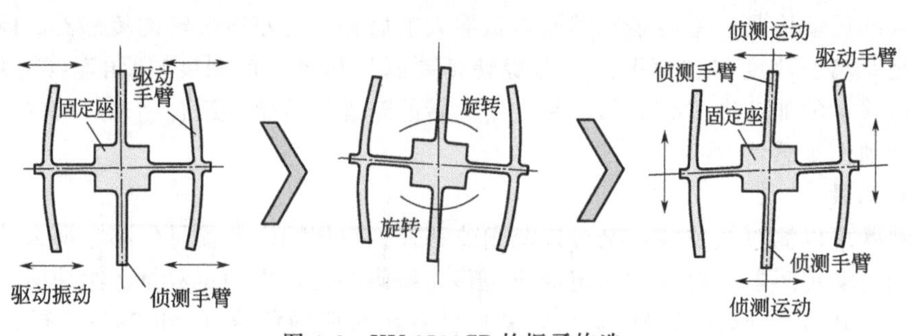

图4-6 XV-3500CB的振子构造

(5) 姿态传感器

姿态传感器是用来检测机器人与地面相对关系的传感器，当机器人被限制在工厂的地面时，没有必要安装这种传感器，如大部分工业机器人。但当机器人脱离了这个限制，并且能够进行自由移动（如移动机器人）时，安装姿态传感器就成为必要的了。

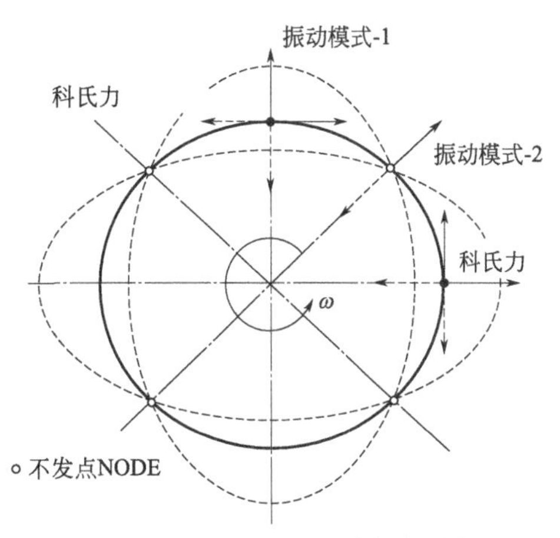

图 4-7　CRS、CRM 系列陀螺仪的构造

姿态传感器就是加速度传感器与陀螺仪传感器或地磁传感器组合而成的传感器，针对加速度与角速度的数值进行积分计算，进而输出角度、速度与位置等信息。这类产品有 Crossbow 生产的 AHRS440 以及 Inter Sense 生产的 InertiaCube3 等。一般的速率陀螺仪只能测量相对角度，但这个多轴传感器模块是通过磁力进行测量的，因此能算出绝对角度。

(6) 传感器的误差

从理论上讲，只要对加速度与角速度进行积分计算，应该就能得出速度、位置与角度等数据，但事实上传感器在输出这类数据时，会产生些许误差，导致无法得到绝对精准的物理量。为了得到精确的结果，在上述姿态传感器中有的采用了“卡尔曼滤波器”（Kalman Filter)，这类统计方式会根据多个传感器的输出结果来推测真正的角度与速度数据。导致结果产生误差的原因有很多，除了电子噪声这一主要原因之外，积分的计算、传感器的特性（对温度尤其敏感)、传感器的设置方式等都可能导致误差。

① 积分误差。近来，传感器的输出运算通常使用微电脑芯片、计算机等进行积分计算，但根据不同的计算方法，有可能会导致一定的累计误差。例如，以 ΔT 为间隔观察加速度 a_n 时，以下列公式计算积分之后，就会产生如图 4-8 中斜线面积所示的误差。

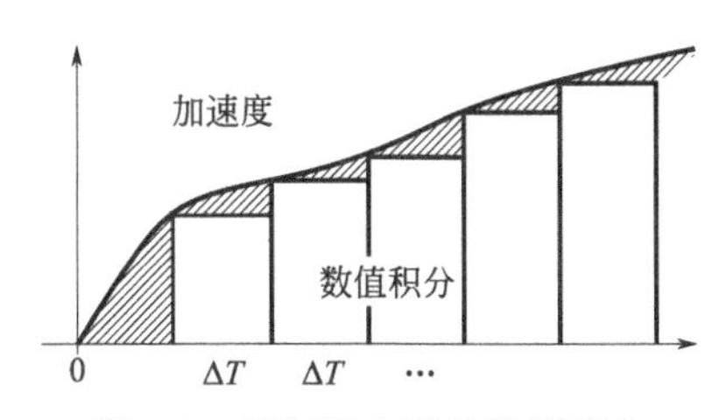

图 4-8　近似长方形的数值积分

$$\sum a_n \Delta T$$

加速度的变化愈剧烈，误差也就愈大。为了缩小误差，需要缩小 ΔT 这一观察间隔，或是利用梯形积分等来进行计算。

② 温度变化。温度变化也会影响传感器的输出结果。以 Analog Devices 的 ADXL345 为例，我们将温度变化对精确度的影响设定为每摄氏度 0.01%。当物体以 1g 的加速度移动时，我们利用积分算出该物体的移动距离，若传感器周围的温度变化高达 10℃，10s 后就会产生 50cm 以上的误差。机器人的电机、处理器、电机驱动装置都是会随机器人的动作而发热的零件，所以也会影响机器人内部传感器的精确度。如果要长时间使用传感器，就必须在机器人静止不动且环境温度一致的状况下，事先制作一张随温度变化校正传感器精确度的表格，这样才能解决因温度变化导致的误差问题。

③ 安装方式。为了测量机器人的姿态，必须建立一个稳定的基准面。尤其是在重力加速度的环境下，根据加速度传感器的安装角度不同，即使加速度传感器在水平方向上处于静止状态，依然能测量到某个方向的加速度值。以图 4-9 为例，当传感器的轴心以倾斜角 θ 来安装时，即使加速度传感器静止不同，x 轴方向仍然会测量到 $g\sin\theta$ 的加速度值。为了解决

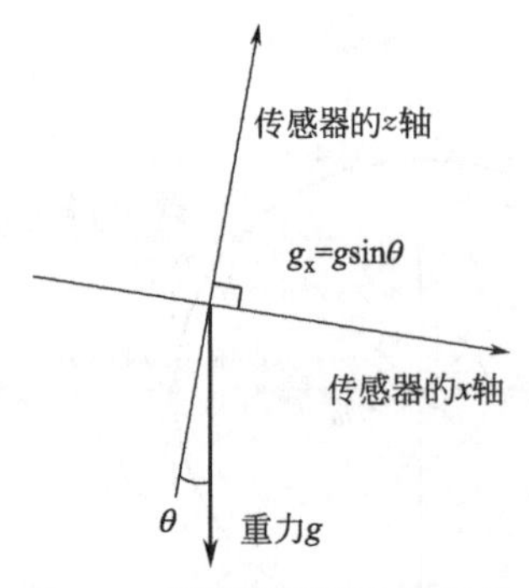

图 4-9　因倾斜而产生的误差

这个问题，必须利用传感器完全静止时的数据来对因倾斜而产生的误差进行修正，或是使用其他具有角度侦测功能的传感器来修正。

另外，多轴加速度传感器有可能因各轴彼此间的干扰，导致测量到的数值出现误差。以 ADXL345 为例，我们将两轴之间的干扰程度设定为 1%，这意味着通过加速度传感器计算 x 轴方向的速度或移动距离时，有可能会同时测量到 z 轴方向的速度或移动距离。此外，加速度传感器与陀螺仪传感器都有自己固定的振动频率，所以当测量对象位于传感器附近时，即使其动作频率发生很小的变化，也会对传感器的输出产生很大的影响。为了避免这样的影响，必须让传感器仅仅测量所指定的方向。

例如，可制作图 4-10 所示的装置，通过将加速度传感器安装在车辆上，使车辆行驶在颠簸的路面上时，依然能正确地测量出加速度值。将质量 m 的测量对象（搭载传感器的装置）安装在弹簧（弹簧系数 k ）及阻尼器（阻尼系数 c ）上，整体构造接收变位 y 之际，即可算出测量对象的变位 x 。该装置的运动方程式可整理如下。

$$m\ddot{x}+c(\dot{x}-\dot{y})+k(x-y)=0$$

在此将来自外部的振动设定为 ω ，将固定振动频率设定为 $\omega_n=\sqrt{k/m}$ ，并将损耗系数设定为 $\zeta=c/2\sqrt{mk}$ 来计算上述公式的解，算出 x 与 y 的比例后，就能得到下列公式。

$$\left|\frac{X}{Y}\right|=\sqrt{\frac{1+(2\zeta\omega/\omega_n)^2}{[1-(\omega/\omega_n)^2]^2+(2\zeta\omega/\omega_n)^2}}$$

为了简化上述公式，我们将 c 设定为 0，也就是将 ζ 当成 0，然后再将上述公式的变化绘制成图表，其结果如图 4-11 所示。从图中显示的结果得知，下调弹簧系数或增加测量对象的重量都能缩小固定振动频率的数值，也能有效降低对非测量对象的轴心所产生的影响。

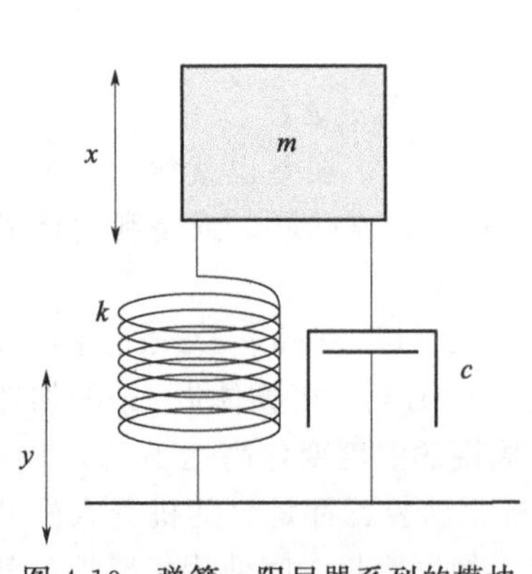

图 4-10　弹簧、阻尼器系列的模块

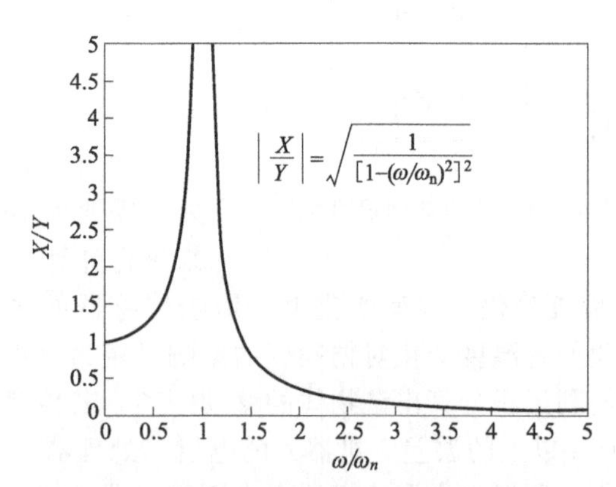

图 4-11　外部振动对测量对象的影响比例

单轴的陀螺仪传感器很难同时测量不同方向的动态，所以与加速度传感器相比，多轴的陀螺仪产品并不多，因此通常会同时使用多个单轴的陀螺仪传感器来完成多轴测量作业。不过振动式陀螺仪却不能如此使用，因为这类传感器是利用振动进行测量的，如果将多个振动式陀螺仪组合在一起，则会产生彼此干扰的问题。如果要同时使用两个以上振动频率相同的陀螺仪传感器，则必须加上滤波器，或使传感器之间空出一段距离。

如果要同时使用多个陀螺仪传感器，在测量轴的使用上，有些事项要多加注意。例如，ENC-03RC的测量轴是平行于安装平面的，因此如果测量方向是垂直于安装平面的，则必须将安装传感器的基板立起来，或是选择其他产品。但最近市面上出现了模拟系统的ADXRS450陀螺仪传感器，它能通过特殊的端子套件，同时测量与安装平面垂直或平行方向的动态，而且还能抑制因多轴所产生的互相干扰问题，因此即便将多个传感器安装在同一块基板上，也不会出现彼此干扰问题。

(7) 速度传感器及陀螺仪传感器的电路

机器人的规格对传感器的尺寸与电量也有要求，市面上很少有恰好符合需要的传感器。此时就必须为机器人量身打造专用的传感器。设计传感器时，必须注意以下几点。

① 时间。每一种传感器都因其测量方式的不同，在性能上存在着很大的差异。因此在选择传感器之前，必须先彻底地了解测量对象的特性。另外也要注意测量数据的输入方法。为了精准地测量立体的角度与位置，传感器必须利用并联3轴与旋转3轴进行测量。即便传感器能同时利用多轴测量，当传感器只具备单个电荷放大器时，有时必须利用多路复用器(Multiplexer)切换电荷放大器的输入方式(图4-12)。利用多路复用器切换电荷放大器的输入方式时，会产生一段测量上的空窗期。某些数字输出传感器能由使用者自行设定切换的周期，如果要利用这类传感器测量急停运动等变化剧烈的加速度运动，则要注意上述空窗期的问题。

除了传感器的输出之外，还要注意接收信号的微计算机等模拟数字转换器的构造。例如：瑞萨电子的SH7125的模拟数字转换器的构造如图4-13所示，单一的采样保持电路却分别被多个线路占据，导致无法同时汇入来自不同线路的资料。

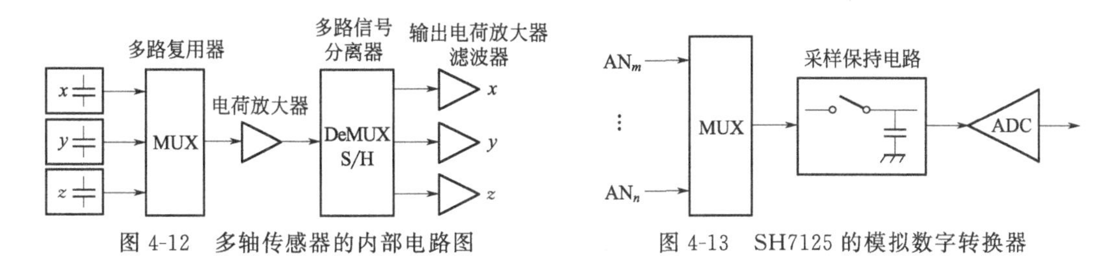

图4-12 多轴传感器的内部电路图　　图4-13 SH7125的模拟数字转换器

此外，微电脑基板上的SH7137的模拟数字转换器的构造如图4-14所示，每个模组的三个电路都拥有独立的采样保持电路，因此最多可以一次汇入6个电路的数据。

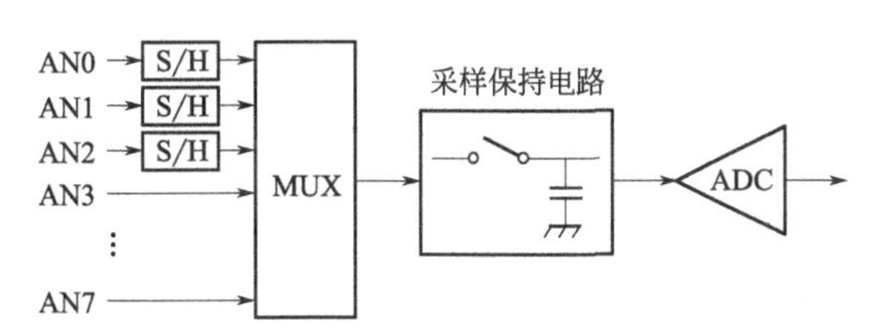

图4-14 拥有独立采样保持电路SH7137的模拟数字转换器

② 模拟电路。为了提高模拟输出传感器的精确度，必须通过电荷放大器与电阻的温度来设计电路。利用微电脑的模拟数字转换器汇入数据时，还必须注意模拟数字转换器的输入阻抗。例如：SH7125的模拟输入电阻较低，所以当传感器的输出阻抗达到3kΩ以上时，就会导致采样电容充电不足，因此无法维持A/D转换的精确度。这种情况下，为了维持其精确度，必须在模拟输入传感器上加装电压跟随器这类缓冲放大器，来进行阻

抗转换处理。

③ 数字电路。使用数字输出的传感器时，必须注意信号之间的电压。目前常见的微电脑可分成5V和3.3V两种电压。最近的加速度传感器或陀螺仪传感器则常用于电源电压低于3.3V的微电脑，有些传感器甚至不支持5V的电压信号。为了解决这个问题，必须进行变压处理。此外，使用数字输出的传感器时，在传输方式上也有几点要注意的地方。数字输出主要可分成I^2C、SPI、PULSE。

4.4 常用机器人外部传感器

为了检测作业对象及环境或机器人与它们的关系，在机器人上安装了触觉传感器、视觉传感器、力觉传感器、接近觉传感器、超声波传感器和听觉传感器等，大大改善了机器人工作状况，使其能够更充分地完成复杂的工作。由于外部传感器为集多种学科于一身的产品，有些方面还在探索之中，随着外部传感器的进一步完善，机器人的功能越来越强大，将在许多领域为人类做出更大贡献。

4.4.1 机器人触觉传感器

(1) *皮肤触觉感应装置*

制作出像人类皮肤一样柔软、具备触觉、应用范围广泛且能接收外来信息的万能人工皮肤，是从机器人工程学初创时期开始就存在的挑战。未来的目标是制作出高仿真的人工皮肤，但目前的技术只能制作出符合部分条件的人工皮肤，一切仍处于研发阶段。根据研发目的以及功能、特性的不同，大致可将目前常见的触觉装置分为以下三种类型。

第一种是覆盖机器人全身的“全身型皮肤传感器”。从实用性来看，这项装置是为了使机器人在接触人类的瞬间立刻停止动作，以确保人类安全，从而实现人类与机器人之间的正常沟通。而该类型的首要课题则是确保装置的耐用度，以及能完整包覆任意曲面的弹性。目前，最重要的任务就是提高皮肤传感器的单点感应度。今后的发展目标则是让机器人全身都有触感，并且提高传感器的分辨率与多元化。

第二种是触感传感器，也就是能准确测量触感的传感器。远程操作机器人时，要想将触感远程反馈给操作者，就必须开发出能将皮肤接触目标物时的触感转换成数据的传感器。其中，关键在于能获取与人类（最好是指尖）相同触觉信息的传感器。如果能达到这个目的，即使这种传感器无法安装在机器人全身，也没有问题。触感传感器是将工业产品的表面触感进行量化，试图通过改善触感来提高产品质量，属于技术领域。将来，触觉传感器也有可能应用于肌肉状态的测量、医师的触诊等领域，例如肿瘤、淋巴结这类检查的自动化。而且，今后随着触觉的识别与显示技术的进一步发展，以及生产成本的下降，或许人们在线购物时就能直接感受商品的触感。

第三种是机械手触觉传感器，这是一种专门为机械手臂的指尖所设计的传感器。触觉传感器最初的设计就是要安装在自动作业的机器人的指尖上，以便于机器人自行侦测抓取物体时的状态。目前还没有出现相关的实例，但已开发出了一些完成度极高的成品。在这类应用中，机器人的触觉感知功能不一定要具备和人类一样的特性，其重点在于机器人要能以向量的方式，正确地计算出压力在指尖的分布情况，对计算精确度及所需时间的要求甚至高于人类能够达到的程度。

从上述内容可以发现，虽然三种传感器都有各自必须优先处理的问题，但其目标却是一致的，而且在许多根本问题上也存在共通之处。换句话说，不管是哪一种传感器的开发，都必须先解决以下两个问题：①为了让机器人拥有与人类同级甚至优于人类的触感，必须使传感器能够准确地测量皮肤各点的变形信息，还必须了解传感器的精确度需达到何种程度才能准确进行测量。②从具有弹性且范围广泛的人工皮肤获取信息后，该如何传递信息也是一个问题。虽然目前仍有许多亟待解决的问题，但触觉硬件装置的开发似乎已看到曙光，一切都准备就绪了。因此，重要的是如何解决问题②。随着 MEMS 技术的发展，目前传感器已经能高密度安装在硬式基板上，但要将传感器装进有弹性的人工皮肤里，同时又要兼顾使用上的耐久性，确实比预想的困难很多。

(2) 输送触觉信号的方法与硬件设备的实例

图 4-15 是人工皮肤上的各粒子信号的配线图类型。

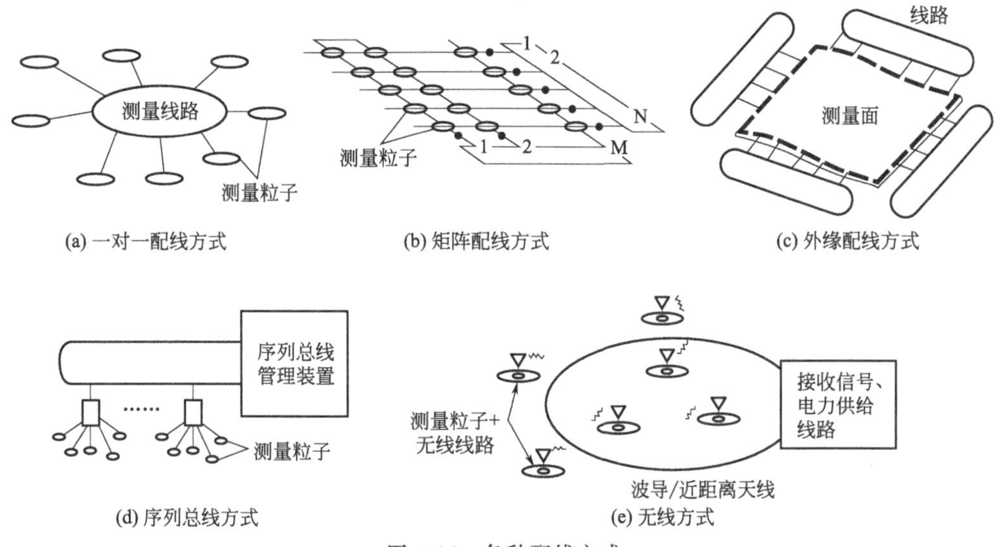

图 4-15　各种配线方式

一对一配线方式：传感器与测量器以一对一的方式配线，这是最基本的配线方式，传感器的数量与配线数量成正比。

矩阵配线方式：在垂直水平交错的配线交点上配置测量粒子，并依赖列数与行数来选择测量粒子。这种方式可利用 $m+n$ 根的配线来读取 $m\times n$ 矩阵的传感器信号。

外缘配线方式：在测量面的外缘配置电极，通过电极的测量值来推测其内部状况。具体的测量方法有很多种，例如可先测量负重面承受压力的中心位置与总负重值，再推断测量面内部的状况，或是利用导电体内部的电阻值分布状况逆推出测量面内部的状况。

序列总线方式：将测量粒子测得的数据以时间序列或频率进行分割，再利用单条信号线传递分割后的信号。另外还有采取一对一的配对方式，成对连接固定数量的测量粒子与 MPU（微处理器），然后再以序列排列的方式连接各个 MPU 构造的方法。

无线方式：利用具备各种传输功能的晶片进行无线传输信息的方法。广义的无线方式还包括将产生的应力或变形信息转换成光学图形，再利用像素进行测量的方法。

① 全身型皮肤传感器。图 4-15(b) 所示矩阵配线方式中使用的交错式电极扫描法是最古老的触觉传感器的测量方法。近年来，也有人提出以这种方式作为配线拓扑将多个传感器粒子配置在任意曲面上，以此制作出网状装置。网眼的节点将与近距离触觉传感器连接，而相当于网眼纤维的部分则当成导线使用。如此一来，即使导线不具有弹性，其所构成的面积仍具有伸缩性，也就能完全贴附在任意曲面上。虽然全身型皮肤传感器仍停留在基础的素材

研究上，但同样的配线方式已应用于使用有机薄膜电晶体的传感器，甚至有些开发机构也研发出了具有弹性的传感器。此外，有些开发机构也开始探索新的更具柔软性的配线方式——利用纳米电线的方式。

研究人员巧妙地利用光学式传感方法，让传递电子信号的构造与具有柔软性的皮肤构造分开，再依照图 4-15(d) 的序列总线方式扩充传感器构造。目前已有研究人员利用这种方法将传感器安装在了仿人机器人上。这种方法使用的是高速序列排列，所以粒子在配置方式与扩充性上都相当自由。随着该方法逐渐成熟，传输用的芯片也愈来愈容易购得，而且芯片也渐趋小型化，能直接装进相当狭小的空间里。在欧洲，推广仿人机器人的平台 iCub 也尝试以这种序列排列方法，将具有一定面积的传感器构造包覆在机器人皮肤表面。此外，这里提到的皮肤变形测量方法测量了导电性皮肤表面与深部电极之间的静电量变化。之所以能如此测量，主要是因为多频道的容量测量线路已芯片化，不再需要额外的配线就能在测量点的附近进行 A/D 转换。另外有些开发机构也开始使用相同的方法，将触觉传感器安装在机器人的手掌以及指尖上。

更进一步的是完全不需要配线的方法。图 4-15(e) 将传感器粒子制作成了无线传输模式。目前已有人提出利用传感器粒子与外部线圈的电感耦合的方法，以及根据在柔软皮肤内部传播的微波获取传感器信息的方法。虽然这类方法还没得到大规模应用，但至少证明了该方法有助于实现高性能 MEMS 传感器的大规模应用。

图 4-15(c) 使用了 EIT（Electrical Impedance Tomography）方法。该方法中，导电板的电阻会因负重而产生变化，因此可先在导电板外围配置多个电极，然后利用反问题的计算方法算出导电体内部的电阻值分布状况。虽然与扫描人体的计算机断层 CT（Computer Tomography）相比，反问题的计算方法较为困难，但这种方法却能避免使用电线，从而打造出柔软度极佳的人工皮肤。目前正在利用将电路板多层化的方式来尝试扩展传感的多样性。

② 触感传感器。触感传感器仍停留在基础实验阶段，其构造可参考图 4-15(a) 所示的使用耦合形式的小型传感器数组。原本必须利用复杂的感官构造来辨识的触感，如今已能直接将量化后的数值显示在触觉显示器上，有关触感机制的研究，目前正在发展当中。

③ 机械手触觉传感器。要想了解抓取物品时的状态，就需要获取机器人的各指尖对物品施加的压力向量、力矩以及物品与机器人指尖之间的摩擦系数。为了在保持人工皮肤柔软性的同时测量手指表面的压力向量分布，从人工皮肤的开发初期开始，就一直在尝试使用广义的无线测量方式［图 4-15(e)］，也就是所谓的光学式测量方式。尤其是随着高像素的装置日趋小型化，计算机的运算能力愈来愈强，研究人员开始能即时算出压力向量的分布状况。利用手指内部的相机拍摄附着在弹性物体表面的微小符号的移动，就能通过符号的位移推测出弹性物体表面的压力分布状况。

图 4-16 所示的传感器使用了图 4-15(c) 所示的配线方式。其中利用 4 条信号线直接测量了接触力的重心位置以及测量面所承受的压力总和。如图 4-16 所示，这个传感器以上下面状电阻层包裹住压力敏感导电橡胶层的三层构造，构成了平面的电位计。一般而言，测量力量分布的传感器必须通过力量分布数据来算出指尖在物体上施加的压力与力矩，但这种传感器却不需要力量分布数据，就可直接算出指尖接触传感器的坐标与施力的总和，传感器面积里也不需要额外的配线。如此看来，这种传感器的结构相当合理，既不需要物理性的配线，又不需进行额外的运算。由于这种传感器能在 1ms 之内测量出指尖的接触位置与施力，这代表着机器人今后可以拿着笔高速画图或做出单手打结的动作。

机械手触觉传感器的另一项重要功能就是“滑动”，尤其是测出物体即将滑出手掌时的

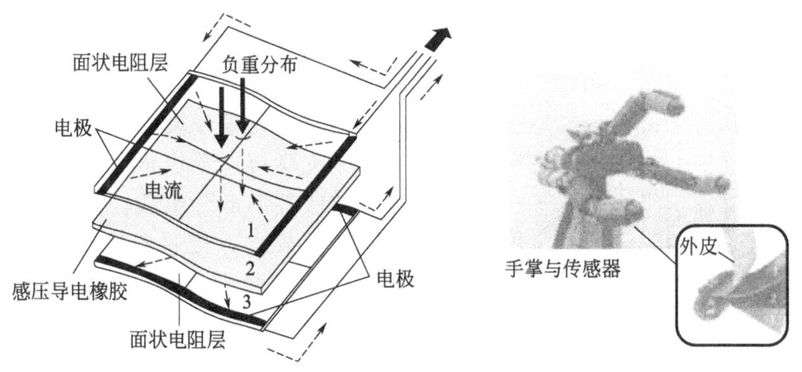

图 4-16　输出力量分布重心的触觉传感器及其构造

状态。许多开发人员为了让机械手触觉传感器测出初期滑动（物品整体开始滑动之前，物品部分已产生滑动现象的阶段），提出了许多不同的方法，例如图 4-17 所示的在表面性质和状态上下功夫，使物体在正式滑动之前会产生明显振动，借此让手指内部的传感器测出，或是利用传感器测量物品剪切变形的变化，但目前这些方法都仍未发展至实用化阶段。之所以未能实现实用化，主要是因为传感器信号的选择性不足，即传感器无法清楚地区分物品表面的振动到底是与滑动无直接关系的垂直方向上的振动，还是物品准备滑动所产生的振动。而且只要物品表面的摩擦特性略有不同，传感器接收到的信号波形就会产生极大的变化，所以无法确定物品滑动之际所产生的信号波形。

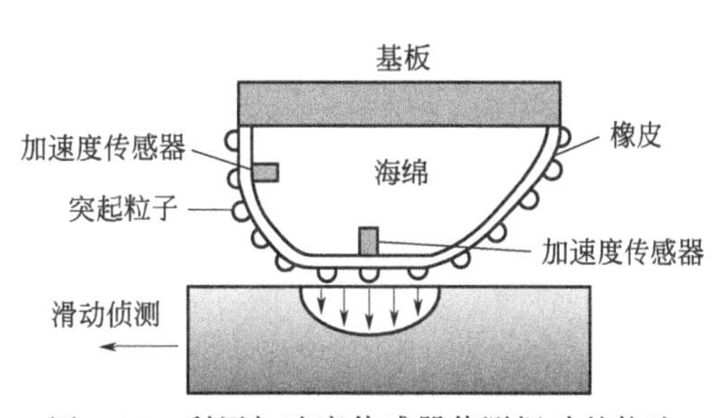

图 4-17　利用加速度传感器侦测振动的构造

不过最近几年发现，在物品滑动之际某种压力敏感导电橡胶的电阻会受高频率电波的影响而产生变化，而且能在压力范围较为广泛以及物品表面表现出不同摩擦特性等情况之下，稳定地测量出物品初期滑动的信号。虽然这种测量机制目前有些部分仍未明朗，但或许能利用这种传感器进行实验，试着让机器手在物品滑动之前，稍微加强握力，以便能够稳稳地握住物品。

目前，机器人工程学领域仍未开发出皮肤触觉装置，因为要制作实用且耐用的人工皮肤，远比预想的困难。但近年来，各种装置的功能都有了很大的提升，部分装置也开始进入实用化阶段。随着装置实用化的脚步加快，以及装置完成度的大幅提升，应用范围也将进一步扩大。因此，相信在不久的将来，就能开发出机器人专属的触觉感官。计算机接口设计领域也相当关注触觉相关技术的发展，期待机器人工程学与计算机接口设计这两个领域的研究能擦出火花，进而取得突破性进展。

4.4.2　机器人接近觉传感器

接近觉是机器人能感知相距几毫米至几十厘米内对象物或障碍物的距离、对象物的表面性质等的传感器，其目的是在接触对象前得到必要的信息，以便后续动作。接近觉传感器有许多不同的类型，如电磁式、涡流式、霍尔效应式、光学式、超声波式、电感式和电容式等。

（1）电磁式接近觉传感器

如图 4-18 所示为电磁式接近觉传感器。加有高频信号 i_s 的励磁线圈 L 产生的高频电磁

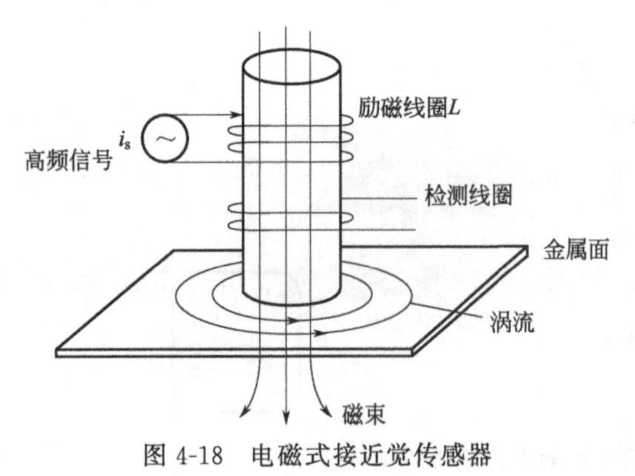

图 4-18 电磁式接近觉传感器

场作用于金属板，在其中产生涡流，该涡流反作用于线圈。通过检测线圈的输出可反映出传感器与被接近金属间的距离。

(2) 光学接近觉传感器

光学接近觉传感器由用作发射器的光源和接收器两部分组成，光源可以在内部，也可以在外部，接收器能够感知光线的有无。接收器通常是光敏晶体管，而发射器则通常是发光二极管，两者结合就形成了一个光传感器，可应用于包括光学编码器在内的许多场合。作为接近觉传感器，发射器及接收器的配置准则是：发射器发出的光只有在物体接近时才能被接收器接收。图 4-19 是光学接近觉传感器的原理图。除非能反射光的物体处在传感器作用范围内，否则接收器就接收不到光线，也就不能产生信号。

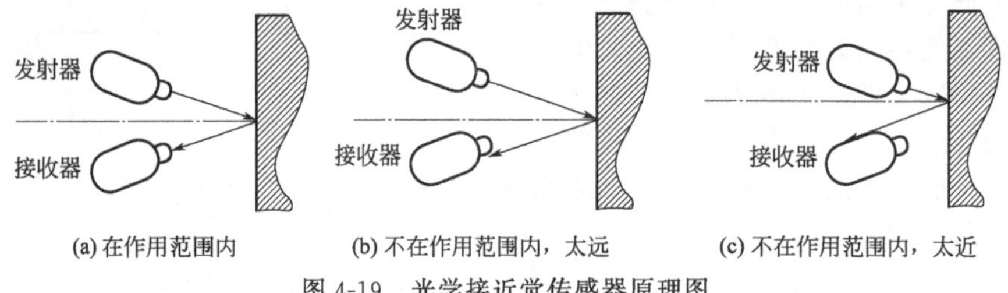

图 4-19 光学接近觉传感器原理图

(3) 超声波接近觉传感器

在这种传感器中，超声波发射器能够间断地发出高频声波（通常在 200kHz 范围内）。超声波传感器有两种工作模式，即对置模式和回波模式。在对置模式中，接收器放置在发射器对面，而在回波模式中，接收器放置在发射器旁边或与发射器集成在一起，负责接收反回来的声波。如果接收器在其工作范围内（对置模式）或声波被靠近传感器的物体表面反射（回波模式），则接收器就会检测出声波，并将产生相应信号，否则接收器就检测不到声波，也就没有信号。所有的超声波传感器在发射器的表面附近都有盲区，在此盲区内，传感器不能测距也不能检测物体的有无。在回波模式中超声波传感器不能探测表面是橡胶和泡沫材料的物体，这些物体不能很好地反射声波。图 4-20 为超声波接近觉传感器原理图。

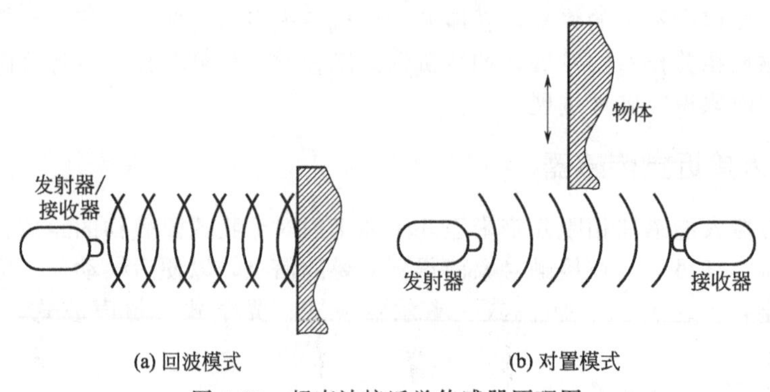

图 4-20 超声波接近觉传感器原理图

（4）感应式接近觉传感器

感应式接近觉传感器用于检测金属表面。这种传感器其实就是一个带有铁氧体磁芯、振荡器-检测器和固态开关的线圈。当金属物体出现在传感器附近时，振荡器的振幅会很小。检测器检测到这一变化后，断开固态开关。当物体离开传感器的作用范围时，固态开关又会接通。

（5）电容式接近觉传感器

电容式接近觉传感器利用电容量的变化产生接近觉，如图 4-21 所示。其本身作为一个极板，被接近物作为另一个极板。将该电容接入电桥电路或 RC 振荡电路，利用电容极板距离的变化产生电容的变化，可检测出与被接近物的距离。电容式接近觉传感器具有对物体的颜色、构造和表面都不敏感且实时性好的优点。

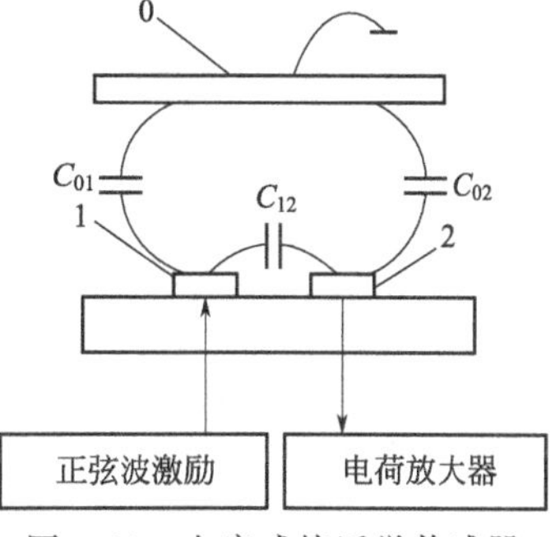

图 4-21　电容式接近觉传感器

（6）涡流接近觉传感器

当导体放置在变化的磁场中时，内部就会产生电动势，导体中就会有电流流过，这种电流叫作涡流。涡流接近觉传感器具有两组线圈，第一组线圈产生作为参考用的变化磁通，在有导电材料接近时，其中将会感应出涡流，感应出的涡流又会产生与第一组线圈反向的磁通使总的磁通减少。总磁通的变化与导电材料的接近程度成正比，它可由第二组线圈检测出来。涡流接近觉传感器不仅能检测是否有导电材料，而且能够对材料的空隙、裂缝、厚度等进行非破坏性检测。

（7）霍尔式传感器

当一块通有电流的金属或半导体薄片垂直地放在磁场中时，薄片的两端就会产生电位差，这种现象就称为霍尔效应。两端具有的电位差值称为霍尔电动势 U，其表达式为 $U=KIB/d$，其中 K 为霍尔系数，I 为薄片中通过的电流，B 为外加磁场的磁感应强度，d 为薄片的厚度。

由此可见，霍尔效应的灵敏度与外加磁场的磁感应强度成正比。霍尔元件就属于这种有源磁电转换器件，是一种磁敏元件，它是在霍尔效应原理的基础上，利用集成封装和组装工艺制作而成的，它可方便地把磁输入信号转换成实际应用中的电信号，同时又具备工业场合实际应用易操作和可靠性的要求。霍尔开关就是利用霍尔元件的这一特性制作的，它的输入端是以磁感应强度 B 来表征的，当 B 值达到一定的程度（如 B_1）时，霍尔开关内部的触发器翻转，霍尔开关的输出电平状态也随之翻转。输出端一般采用晶体管输出，和其他传感器类似，有 NPN 型、PNP 型、常开型、常闭型、锁存型（双极性）、双信号输出之分。霍尔开关具有无触电、低功耗、长使用寿命、响应频率高等特点，内部采用环氧树脂封灌成一体化，所以能在各类恶劣环境下可靠地工作。

当磁性物体移近霍尔开关时，开关检测面上的霍尔元件因产生霍尔效应而使开关内部电路状态发生变化，由此识别附近有磁性物体存在，进而控制开关的通或断。这种接近开关的检测对象必须是磁性物体。

4.4.3 测距仪

与接近觉传感器不同，测距仪用于测量较长的距离，它可以探测障碍物和物体表面的形状，并且用于向系统提供早期信息。测距仪一般是基于光（可见光、红外光或激光）和超声波的。常用的测量方法是三角法和测量传输时间法。

(1) 激光测距仪

① 激光测距仪的测量原理。在各种不同领域，常利用距离传感器来测量距离或物体的形状。在汽车产业、家电产业、测量领域、建筑领域甚至是娱乐产业，距离传感器都得到了广泛的运用。根据超声波、极高频波等不同的信号来源，可将距离传感器分成不同的类型，如表 4-1 所示。

表 4-1 使用非激光 TOF 测距方式的距离传感器

方式	超声波传感器	极高频雷达
特征	29kHz 以上的声波	30～300GHz 的电磁波
用途	生物搜寻、障碍物侦测、水中测距	车用雷达(在雨中或浓雾中特别有用)、非破坏式检查

根据激光投影方式的不同，激光测距仪可分成 1D 激光测距仪、2D 激光测距仪及 3D 激光测距仪。不管是哪一类激光测距仪，这些传感器都是先从发射器发出激光光束，等激光从物体反射回来之后，计算出激光的飞行时间（Time of Flight，TOF），然后再乘以光速来算出物体的距离。如表 4-1 所示，目前存在着不同种类的 TOF 式距离传感器，而小型的距离传感器甚至能精确到 1cm，可以测量高分解能。

图 4-22 显示的是利用 TOF 方式测量目标物距离的原理。TOF 的测量方式大致可分成相位差法与脉冲法两种。相位差法是利用发射器射出调制光波之后，再利用接收器接收回波信号，通过比较发射波与接收波的相位差来测量目标物的距离。采用此方法，只需要简单的电路就能测量到几米外的目标物。此外，脉冲法则是先输出激光的脉冲光，然后利用接收器接收反射回来的脉冲光，通过发射与接收的时间差来测量目标物的距离。即使是使用肉眼可直接观看的一类激光器，也可通过加强脉冲光的输出来测量几十米之外的目标物。激光测距仪的光源通常是近红外线反射，因为与红外线相比，近红外线输出时，能使用较大的粒子。不过如果是在水中测量目标物距离时，近红外线的光会极度地衰减，所以需要使用绿色的激光才能正确测量距离。

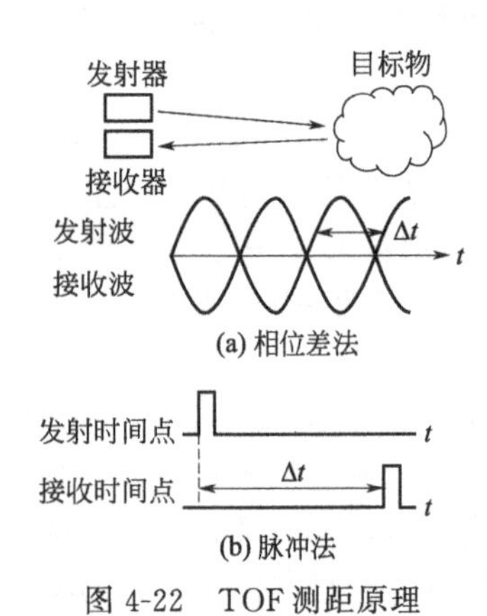

图 4-22 TOF 测距原理

② 形状测量的原理。激光最大的特征就是能利用镜子或三棱镜改变路线，而利用这一特征就能制作出可以用来测量 2D 及 3D 形状的小型激光测距仪。2D 激光测距仪的激光可利用旋转自由度为 1 的镜子来改变方向，进而测量 2D 形状。传感器可利用单轴的电机将上述 2D 激光测距仪旋转后来测量 3D 形状。传感器可利用拥有两个旋转轴的共振型 MEMS 镜来改变激光的方向，借此测量 3D 形状。2D 激光测距仪利用下方的镜子使传感器射出的激光朝水平方向照射。因为激光也将从同一方向反射回来，所以能够再利用下方的镜子让激光转向受光粒子。激光测距仪可以通过镜子来利用不同位置的光源与受光粒子，接收目标物反射回来的激光并测量激光的飞行时间（TOF）。这种传感器已实现小型化，所以是利用相位差的方式来测量 TOF。2D 激光测距仪的 2 片镜子构造是利用装在垂直旋转轴上的电机旋转，而这两片镜子的功能是用来测量水平方向的 2D 形状。

③ 激光测距仪的极限与挑战。与极高频传感器以及超声波传感器相比，激光测距仪不太适合在充满烟雾的环境里进行测量。在充满烟雾的环境里，激光测距仪所接收的反射波来自烟雾，所以连同烟雾的形状也一并测量到了，导致无法正确地辨识测量对象的形状。由此可知，在充满烟雾的环境下，激光测距仪将无法准确地测量形状。所以在使用激光测距仪的

同时，需要利用极高频或超声波来进行辅助，进行高分辨率的测量。从不同的视角观察测量而来的点状分布，就能辨识出测量到的物体到底是什么，但乍看之下，实在无法直接通过点状分布来辨识物体的种类，因此开始有人关注如何将点状分布进行分类。此外，如果希望搭载传感器的机器人能一边移动一边进行测量，就必须在利用激光进行测量的瞬间，正确地测量出传感器的位置与状态。所谓的正确指的是以下两点：a. 测量正确的位置与状态；b. 使激光测距仪测量目标物形状的时间点与测量位置及状态的时间点同步。利用爬行机器人来测量正确的位置与状态，这一设想虽然仍处于研究阶段，但也已经有了一些初步研究成果。

（2）红外测距仪

红外线是介于可见光和微波之间的一种电磁波，因此它不仅具有可见光直线传播、反射、折射等特性，而且还具有微波的某些特性，如较强的穿透能力和能贯穿某些不透明物质等。红外传感器包括红外发射器件和红外接收器件。自然界的所有物体只要温度高于 0K 都会辐射红外线，因而红外传感器须具有更强的发射和接收能力。

红外测距传感器利用红外信号遇到障碍物距离不同反射强度也不同的原理，进行障碍物远近的检测。红外测距传感器具有一对红外信号发射与接收二极管：发射管发射特定频率的红外信号，接收管接收这种频率的红外信号。当红外的检测方向遇到障碍物时，红外信号反射回来被接收管接收，经过处理之后，通过数字传感器接口返回到机器人主机，机器人即可利用红外的返回信号来识别周围环境的变化。

受器件特性的影响，一般的红外光电开关抗干扰性差，受环境光影响较大，并且探测物体的颜色、表面光滑程度不同，反射回的红外线强弱也会有所不同。

（3）超声波测距仪

超声波系统结构坚固、简单、廉价并且能耗低，可以很容易地用于摄像机调焦、运动探测报警、机器人导航和测距。它的缺点是分辨率和最大工作距离受到限制。其中，对分辨率的限制来自声波的波长、传输介质中的温度和传播速度的不一致；对最大距离的限制来自介质对超声波能量的吸收。目前，超声波设备的频率范围在 20kHz～2GHz 之间。

绝大部分的超声波测距设备采用测量时间的方法进行测距。工作原理是：发射器发射高频超声波脉冲，它在介质中行进一段距离，遇到障碍物后返回，由接收器接收，发射器和物体之间的距离等于超声波行进距离的一半，行进距离则等于传输时间与声速的乘积。当然，测量精度不仅与信号的波长有关，还与时间测量精度和声速精度有关。超声波在介质中的传播速度与声波的频率、介质密度及介质温度有关。为提高测量精度，通常在超声波发射器前 1in（1in＝25.4mm）处放置一个校准块，用于不同温度下系统的校准。这种方法只在传输路径上介质温度一致的情况下才有效，而这种情况有时能满足，有时则不能满足。

时间测量的准确性对距离的测量精度至关重要。通常，接收器一旦接收到最小阈值的信号计时就停止，该方法的最大测量误差为±1/2 个波长。所以，测距仪所用超声波的频率越高，得到的精度就越高。例如，对于 20kHz 和 200kHz 的系统，工作波长分别是 17mm 和 1.7mm，则最小测量误差分别是 0.1m 和 0.01m。采用互相关、相位比较、频率调制、信号整理等方法可以提高超声波测距仪的分辨率和测量精度。必须提到的是：虽然频率越高得到的分辨率越高，但和频率较高的信号相比，它们衰减得更快，这会严重限制作用距离；反之，低频发射器的波束散射角度宽，又会影响横向分辨率。所以在选择频率时，要协调好横向分辨率和信号衰减之间的关系。

背景噪声是超声波传感器所遇到的另一个问题。许多工业和制造设备会产生含有高达 100kHz 超声波的声波，它将会影响超声波设备的工作。所以建议在工业环境中采用 100kHz 以上的工作波段。

超声波可用来测距、成形和探伤。单点测距称为点测，这是相对于应用在三维成形技术中的多数据点采集技术而言的。在三维成形技术中，需要测量物体上大量不同点的距离，把这些距离数据综合后就可得到物体表面的三维形状。需要指出的是：因为对三维物体只能测量物体的半个表面，而物体的后部或被其他部分遮挡的区域却测不到，所以有时也称之为二维半测量。

4.4.4 机器人力觉传感器

力觉是指对机器人的指、肢和关节等运动中所受力的感知，用于感知夹持物体的状态，校正由于手臂变形引起的运动误差，保护机器人及零件不会损坏。它们对装配机器人具有重要意义。力觉传感器主要包括关节力传感器、腕力传感器等。

① 关节力传感器。用于电流检测、液压系统的背压检测等。

② 腕力传感器。可以采用应变式、电容式、压电式等，主要采用应变式，如筒式六维力和力矩传感器、十字轮六维力和力矩传感器等。

(1) 力-力矩传感器

力-力矩传感器主要用于测量机器人自身或与外界相互作用而产生的力或力矩的传感器。它通常装在机器人各关节处。刚体在空间的运动可以用 6 个坐标来描述，例如用表示刚体质心位置的 3 个直角坐标和分别绕 3 个直角坐标轴旋转的角度坐标来描述。可以用多种结构的弹性敏感元件来感知机器人关节所受的 6 个自由度的力或力矩，再由粘贴其上的应变片(见半导体应变计、电阻应变计）将力或力矩的各个分量转换为相应的电信号。常用弹性敏感元件的形式有十字交叉式、3 根竖立弹性梁式和 8 根弹性梁的横竖混合结构等。图 4-23 所示为竖梁式 6 自由度力传感器的原理图。在每根梁的内侧粘贴张力测量应变片，外侧粘贴剪切力测量应变片，从而构成 6 个自由度的力和力矩分量输出。

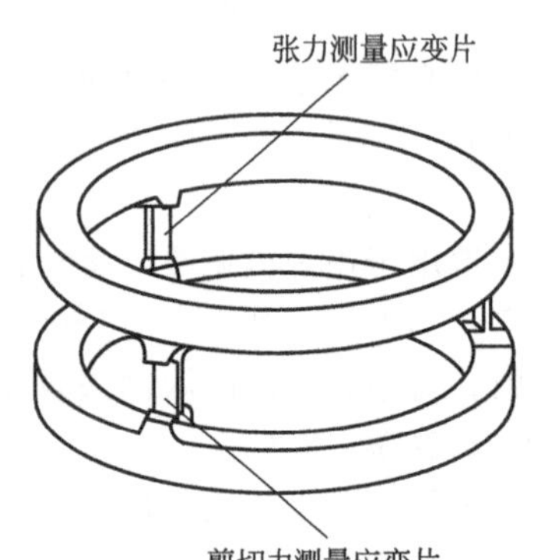

图 4-23 竖梁式 6 自由度力传感器的原理图

(2) 应变片

应变片也能用于测量力。应变片的输出是与其形变成正比的阻值，而形变本身又与施加的力成正比。于是，通过测量应变片的电阻，就可以确定施加力的大小。应变片常用于测量末端执行器和机器人腕部的作用力。例如，IBM7565 机器人的手爪端部就装有一组应变片，通过它们可测定手爪的作用力。一个简单的命令就能让用户读出力的大小，并对此做出相应的反应。应变片也可用于测量机器人关节和连杆上的载荷，但不常用。图 4-24(a) 所示是应变片的简单的原理图。应变片常用在惠斯通电桥中，如图 4-24(b) 所示，电桥平衡时 4 点和 B 点电位相等。4 个电阻只要有一个变化，两点间就会有电流通过。因此，必须首先调整电桥使电流计归零。假定 R_4 为应变片，R_1、R_2、R_3 为固定电阻，在压力作用下该阻值会发生变化，导致惠斯通电桥不平衡，并使 A 点和 B 点间有电流通过。仔细调整一个其他电阻的阻值，直到电流为零，应力片的阻值变化可由下式得到：

$$R_1/R_4=R_2/R_3$$

应力片对温度变化敏感。为了解决这个问题，可用一个不承受形变的应力片作为电桥的 4 个电阻之一，以补偿温度的变化。

(3) 多维力传感器

多维力传感器指的是一种能够同时测量两个方向以上的力及力矩分量的力传感器。在笛

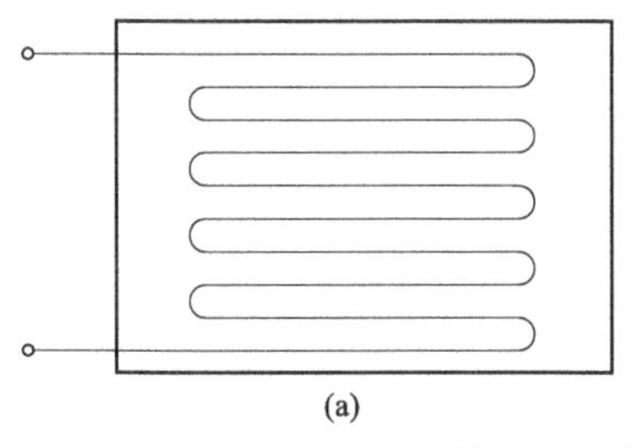
(a)

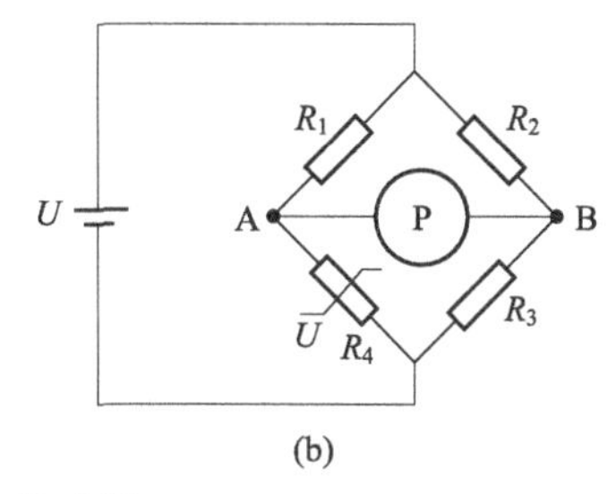

(b)

图 4-24 应变片传感器

卡儿坐标系中，力和力矩可以各自分解为 3 个分量，因此多维力最完整的形式是六维力-力矩传感器，即能够同时测量 3 个力分量和 3 个力矩分量的传感器。目前广泛使用的多维力传感器就是这种传感器。在某些场合，不需要测量完整的 6 个力和力矩分量，而只需要测量其中某几个分量，因此就有了二、三、四、五维的多维力传感器，其中每一种传感器都可能包含有多种组合形式。

多维力传感器与单轴力传感器比较，除了要解决对所测力分量敏感的单调性和一致性问题外，还要解决因结构加工和工艺误差引起的维间（轴间）干扰问题、动静态标定问题以及矢量运算中的解耦算法和电路实现等。我国已经彻底解决了多维力传感器研究中的科学问题，如弹性体的结构设计、力学性能评估、矢量解耦算法等，也掌握了核心制造技术，具有从宏观机械到微机械的设计加工能力。产品覆盖了从二维到六维的全系列多维传感器，量程范围从几牛到几十万牛，并获得弹性体结构和矢量解耦电路等方面的多项专利技术。

多维力传感器广泛应用于机器人手指和手爪研究、机器人外科手术研究、指力研究、牙齿研究、力反馈、刹车检测、精密装配、切削、复原研究、整形外科研究、产品测试、触觉反馈和示教学习，行业覆盖了机器人、汽车制造、自动化流水线装配、生物力学、航空航天、轻纺工业等。

传感器系统中力敏元件的输出是 6 个弹性体连杆的应力。应力的测量方式很多，这里采用电阻应变计的方式测量弹性体上应力的大小。理论研究表明，在弹性体上只受到轴向的拉压作用力，因此只要在每个弹性体连杆上粘贴一片应变计（如图 4-25 所示），然后和其他 3 个固定电阻器正确连接即可组成测量电桥，从而通过电桥的输出电压测量出每个弹性体上的应力大小。整个传感器力敏元件的弹性体连杆有 6 个，因此需要 6 个测量电桥分别对 6 个应变信号进行测量。传感器力敏元件的弹性体连杆机械应变一般都较小，为将这些微小的应变引起的应变计电阻值的微小变化测量出来，并有效提高电压灵敏度，测量电路采用直流电桥的工作方式，其基本形式如图 4-26 所示。

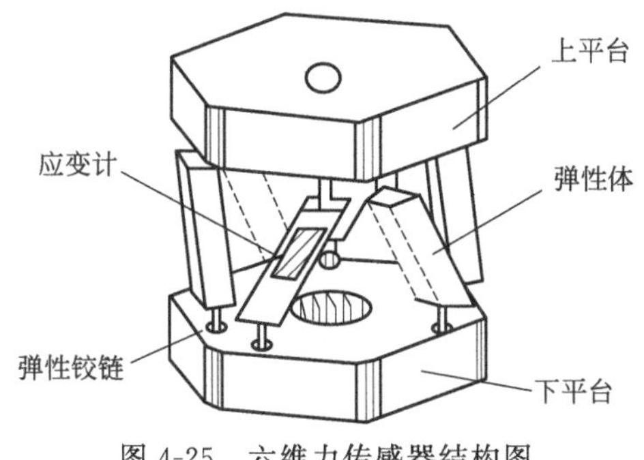

图 4-25 六维力传感器结构图

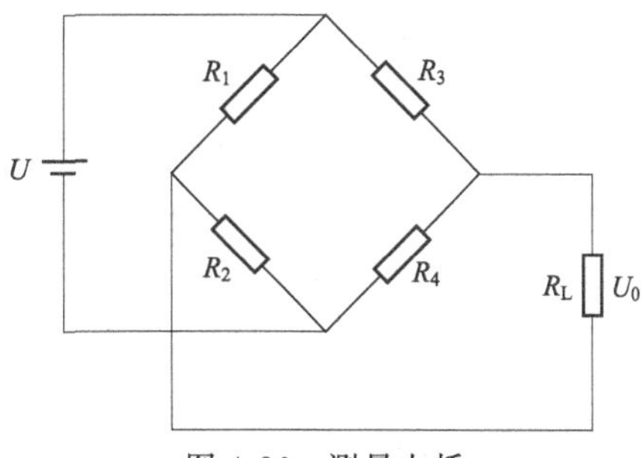

图 4-26 测量电桥

(4) 机器人腕力传感器

机器人腕力传感器测量的是 3 个方向的力（力矩），所以一般均采用六维力-力矩传感器。腕力传感器既是测量的载体，又是传递力的环节，所以腕力传感器的结构一般为弹性结构梁，通过测量弹性体的变形得到 3 个方向的力（力矩）。

① 林纯一六维腕力传感器。图 4-27 所示是日本大和制衡株式会社林纯一在 JPL 实验室研制的腕力传感器基础上提出的一种改进结构。它是一种整体轮辐式结构，传感器在十字架与轮缘连接处有一个柔性环节，因而简化了弹性体的受力模型（在受力分析时可简化为悬臂梁）。在 4 根交叉梁上总共贴有 32 个应变片（图 4-27 中以小方块表示），组成 8 路全桥输出，六维力的获得须通过解耦计算。这一传感器一般将十字交叉主杆与手臂的连接件设计成弹性体变形限幅的形式，可有效起到过载保护作用，是一种较实用的结构。

② 六维腕力传感器。图 4-28 所示为美国斯坦福大学研制的六维腕力传感器。该传感器利用一段铝管加工成串联的弹性梁，在梁上粘贴一对应变片（其中一片用于温度补偿），筒体由 8 个弹性梁支撑。

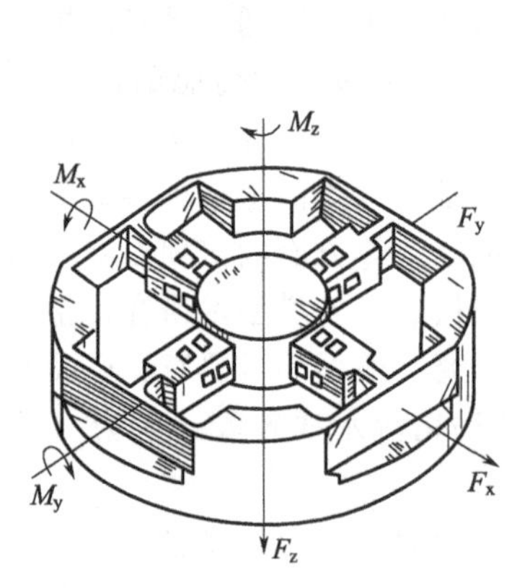

图 4-27　林纯一六维腕力传感器

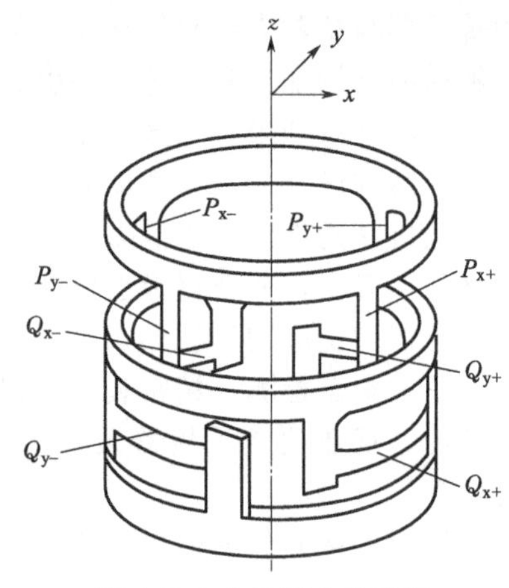

图 4-28　六维腕力传感器

机器人各个杆件通过关节连接在一起，运动时各杆件相互联动，所以单个杆件的受力情况很复杂。但根据刚体力学的原理可知刚体上任何一点的力都可以表示为笛卡儿坐标系 3 个坐标轴的分力和绕 3 个轴的分力矩，只要测出这 3 个分力和分力矩，就能计算出该点的合力。

4.4.5 机器人滑觉传感器

机器人在抓取不知属性的物体时，其自身应能确定最佳握紧力的给定值。当握紧力不够时，要检测被握紧物体的滑动，利用该检测信号，在不损害物体的前提下，考虑最可靠的夹持方法。实现此功能的传感器称为滑觉传感器。滑觉传感器有滚动式和球式，还有一种通过振动检测滑觉的传感器。物体在传感器表面上滑动时，和滚轮或环相接触，把滑动变成转动。磁力式滑觉传感器中，滑动物体引起滚轮滚动，用磁铁和静止的磁头，或用光传感器进行检测，这种传感器只能检测到一个方向的滑动。球式传感器用球代替滚轮，可以检测各个方向的滑动，振动式滑觉传感器表面伸出的触针能和物体接触，物体滚动时，触针与物体接触而产生振动，这个振动由压点传感器或磁场线圈结构的微小位移计检测。

(1) 光纤滑觉传感器

目前，将光纤传感器用于机器人机械手上的有关研究主要是光纤压觉或力觉传感器和光纤触觉传感器。有关滑觉传感器的研究仍限于滚轴电编码式和滑球电编码式传感器。

光纤传感器具有体积小、不受电磁干扰、本质上防燃防爆等优点，因而在机械手作业过程中，可靠性较高。在光纤滑觉传感系统中，利用滑球的微小转动来进行切向滑觉的转换，在滑球中心嵌入一平面反射镜。光纤探头由中心的发射光纤和对称布设的 4 根光信号接收光纤组成。来自发射光纤的出射光经平面镜反射后，被发射光纤周围的 4 根光纤所接收，形成同一光场的 4 象限光探测，所接收的 4 象限光信号经前置放大后被送入信号处理系统。传感器的滑球在有滑动趋势的物体作用下绕球心产生微小转动，由此引起反射光场发生变化，导致 4 象限接收光纤所接收到的光信号受到调制，从而实现全方位光纤滑觉检测。光纤滑觉传感系统框图如图 4-29 所示。

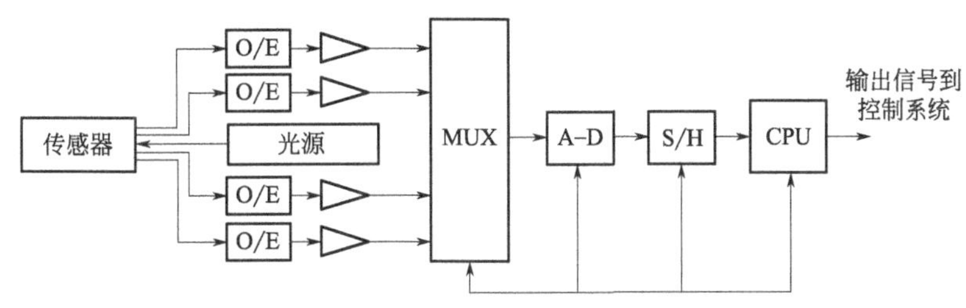

图 4-29　光纤滑觉传感系统框图

光纤滑觉传感器结构如图 4-30 所示。传感器壳体中开有一球冠形槽，可使滑球在其中滑动。滑球的一小部分露出并与乳胶膜相接触，滑动物体通过乳胶膜与滑球发生相互作用。滑球中心平面与一个内嵌平面反射镜的刚性圆板固接。该圆板通过 8 个仪表弹簧与传感器壳体相连，构成了该滑觉传感器的弹性恢复系统。

(2) 机器人专用滑觉传感器

图 4-31 所示是贝尔格莱德大学研制的球形机器人专用滑觉传感器。它由一个金属球和触针组成，金属球表面分别间隔地排列着许多导电和绝缘小格。触针头很细，每次只能触及一个格。当工件滑动时，金属球也随之转动，在触针上输出脉冲信号。脉冲信号的频率反映了滑移速度，脉冲信号的个数对应滑移的距离。接触器触点面积小于球面上露出的导体面积，它不仅可做得很小，而且可检测灵敏度。球与握持的物体相接触，无论滑动方向如何，只要球一转动，传感器就会产生脉冲输出。该球体在冲击力作用下不转动，因此抗干扰能力强。

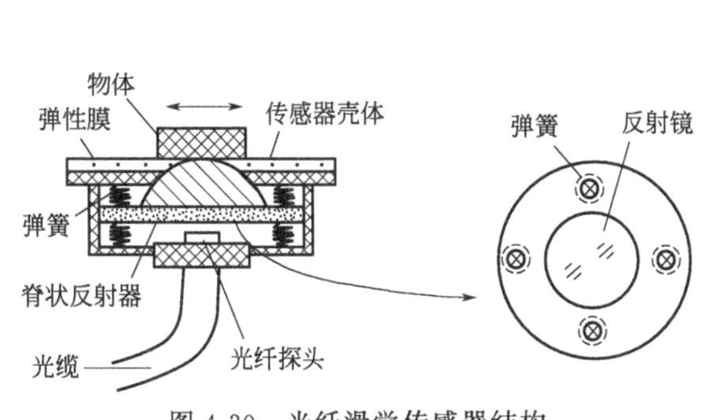

图 4-30　光纤滑觉传感器结构

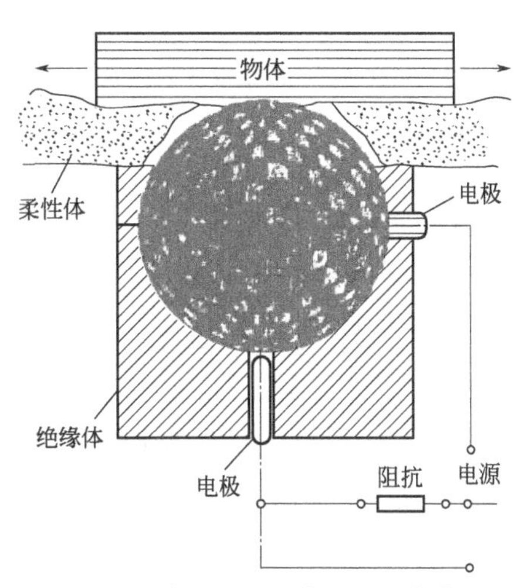

图 4-31　球形机器人专用滑觉传感器

4.4.6 机器人视觉传感器

(1) 人的视觉

人的眼睛是由含有感光细胞的视网膜和作为附属结构的折光系统等部分组成的。人眼的适宜刺激是波长 370～740nm 的电磁波。在这个可见光谱的范围内，人脑通过接收来自视网膜的传入信息，可以分辨出视网膜像的不同亮度和色泽，因而可以看清视野内发光物体或反光物体的轮廓、形状、颜色、大小、远近和表面细节等情况。人眼视网膜上有两种感光细胞：视锥细胞主要感受白天的景象；视杆细胞感受夜间景象。人的视锥细胞大约有 700 多万个。

(2) 机器人视觉

机器人的视觉系统通常是利用光电传感器构成的。机器人视觉作用的过程如图 4-32 所示。

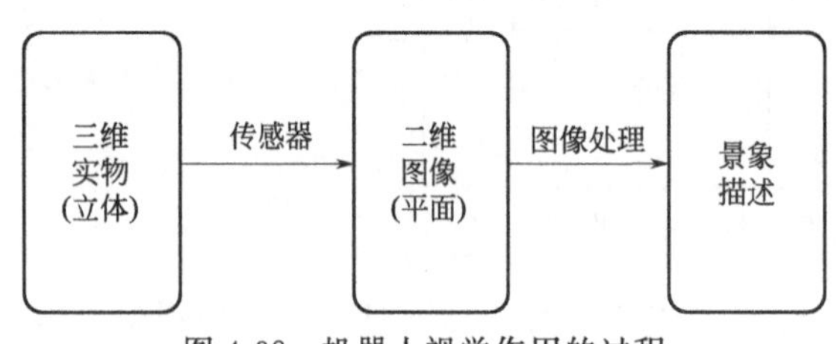

图 4-32 机器人视觉作用的过程

机器人视觉系统要能达到实用，至少要满足实时性、可靠性、有柔性和价格适中这几方面的要求。机器人传感器应用的条件是：在空间中判断物体的位置和形状一般需要距离信息和明暗信息两类信息；获得距离信息的方法可以有超声波、激光反射法、立体摄像法等；明暗信息主要靠电视摄像机、CCD 固态摄像机来获得。

(3) 机器人视觉传感器

① 人工网膜。人工网膜是用光电管阵列代替网膜感受光信号。其最简单的形式是 3×3 的光电管矩阵，多的可达 256×256 像素的阵列甚至更高。以 3×3 阵列为例：数字字符 1 得到的正、负像如图 4-33 所示；大写字母字符 I 所得正、负像如图 4-34 所示。事先将其作为标准图像存储起来。工作时得到数字字符 1 的输入，其正、负像可与已存储的 1 和 I 的正、负像进行比较。结果见表 4-2。

	0	1	0		−1	0	−1
正像	0	1	0	负像	−1	0	−1
	0	1	0		−1	0	−1

图 4-33 数字字符 1 的正、负像

	0	I	0		−I	0	−I
正像	0	I	0	负像	−I	0	−I
	0	I	0		−I	0	−I

图 4-34 大写字母字符 I 的正、负像

表 4-2 比较结果

相关值	与 1 比较	与 I 比较
正像相关值	3	3
负像相关值	6	2
总相关值	9	5

在两者的比较中，是 1 的总相关值是 9，等于阵列中光电管的总数。这表示所输入的图像信息与预先存储的图像数字字符 1 的信息是完全一致的。由此可判断输入的字符是数字字符不是大写字母字符 I，也不是其他字符。

② 光电探测器件。最简单的光探测器是光电管和光敏二极管。固态探测器件可以排列成线性阵列和矩阵阵列，使之具有直接测量或摄像的功能。目前，在机器人视觉中采用的非

接触测试的固态阵列以CCD器件占多数。单个线性阵列已达到4096个单元，CCD面阵已达到512×512及更高。利用CCD器件制成的固态摄像机有较高的几何精度、更大的光谱范围、更高的灵敏度和扫描速率，并且结构尺寸小、功耗小、耐久可靠。

（4）高速视觉系统

人们总是希望机器人能更快速地完成复杂的任务，因此超高速的影像传感被视为不可或缺的技术。在开发各种高速机器人系统的过程中发现，1kHz的传感速度可以让机器人完成大部分任务。能同时实现高速成像与图像处理的传感系统被称为高速视觉系统。打造一套高速视觉系统，需要将摄影功能与图像处理功能结合成一块视觉处理芯片。也就是说，这块芯片同时搭载了数据处理模块和光检测器，并具备加强像素传输的处理机制，因此从摄影模块到处理模块的影像传送，完全可以同时进行。在发明视觉处理芯片之前，开发人员已研究出许多视觉处理设备，例如：由模拟式固定电子线路所打造的视觉芯片、具有可编程化处理功能的通用数字芯片、具有追踪处理功能的系统、具有影像动态运算功能的系统。此外，还有将视觉芯片功能一分为二，分别用于提高分辨率与扩充图像处理功能的系统。之所以将芯片的功能分成两部分，是希望镜头在拍摄影像之后，可将影像依序传送至完全平行的可编程处理模块，以便提升数据传输与数据处理的速度。除此之外，为了进一步提升影像传输与图像处理速度，研究人员还开发了一种新的视觉系统，该系统可将从摄影像头向外部传输影像的区域限定在特定的狭小范围内。一般认为，这是一套能对单一对象进行影像追踪，或是将镜头对焦在影像特定部分的视觉系统。

另外还有将进行特定处理的模块直接以一对一的方式安装在高速摄像机里的视觉系统，以便实现高速影像传感。例如，用于物品检查等产业领域的酒用型高速图像处理板，以及机器人影像实时处理专用的单板图像处理系统，都属于这类视觉系统的开发成果之一。另外，开发人员开发了一种采用专用架构的数据平行协处理器，并将该协处理器搭载在个人计算机上，打造出了一套能兼顾图像处理速度及图像处理功能多元化的视觉系统。这套系统能够以每秒1000次的速度运算1000个以上不同区块的影像动态，并同时对其进行影像分析。此外，为了能在高速传感时控制对焦的位置，研究人员开发了一种以液体接口作为折射面的液态变焦镜头。这款液态变焦镜头也被称为“变形透镜”。

（5）使用高速影像系统的传感处理

高速传感处理系统能对以不规则路线高速行进的物体进行正确的传感处理，例如：球体旋转时，高速传感处理系统能算出球体的旋转轴心与旋转速度。同样的计算方式还可应用在高速图像处理上，同时追踪多个高速行进的物体。目前已能针对1000个对象同时进行高速图像处理。研究人员还利用这项处理系统开发了能实时辨识液体状态的传感器。在此之前，传感器都无法实时辨识液体的状态。此外，还开发了一套能以每秒1000次的频率实时辨识运动物体形状的系统。在此之前都是利用3D传感器来辨识静止的物体，但这种传感器却难以应用在机器人系统上。这项技术采用的原理是通过一次性摄影来获取完整的3D形状，以及独立的平行图像处理机制。

（6）高速视觉反馈系统与动态视觉系统

用于控制机器人动作的伺服控制器的采样速率通常为1kHz，而大部分机器人的视觉是以影格速率30Hz的影像信号运作的。因为运动系与感觉系的反馈线路的运作周期相差30倍以上，所以导致了视觉信息处理的速度过慢，机械的运动能力无法得到充分发挥。为了弥补视觉信息处理的延迟，虽然已经通过利用不充分的视觉信息进行预测或学习这种复杂的处理运算法来弥补这点，但目前机器人仍无法应对高速移动的物体以及以不规则路径移动的生物。在机器人身上安装高速视觉反馈系统是解决上述问题的最佳途径，而且能让机器人在接受视觉信息之后，立刻产生相应的反应。

驱动高速摄像机的动态驱动机制中的动态视觉系统，能够更高效地处理影像。这套系统除了能进行广角拍摄之外，因其具备高速拍摄功能，所以还有两个显著特征。第一个特征是，当该动态视觉系统拥有足够的时间分辨性能，能够时刻追踪拍摄对象时，其追踪精确度就不受限于视觉传感器的像素，而是根据动态机制里的编码器精确度来设定。一般的电机编码器拥有很高的分辨性能，因此与固定式摄像机相比，所获取的空间精密度更高。另一个特征则是一旦图像处理的速度提升，移动中的物体会在单一影格内呈静止状态。这样一来，追踪物体移动时，就可将搜寻区域限定在前一影格的物体附近，从而达到简化运算的效果，换句话说，就是能缩减运算时间。利用两台动态视觉系统就能以立体画的原理，捕捉物体的立体形状。

(7) 在机器人控制领域的应用

目前许多研究都以机械手臂为中心，探讨机器人控制上高速视觉系统的应用。为了追求速度的极限，开发人员研发出可以投/打棒球的机器人。投球机器人投球之后，击球机器人能在 0.2s 内挥棒。与人类不同的是，机器人能配合球体的立体位置，每 1ms 调整一次挥棒的轨道，所以只要球体通过球带，机器人就能准确地将球打出去。

开发人员利用高速视觉系统与高速多指手掌，还开发出了一种能抓住空中动态物体的捕捉系统。当物体在计划领域之外落下时，该系统可给予物体瞬间的冲击力，让物体落入计划领域，这一流程称为“动态捕捉”。在接触物体之前，就控制基于假象的弹簧-质量-阻尼系统的阻抗，降低机械手臂接触物体的冲击力，而这个动作则称为“柔性捕捉”。也可以在物体被抛至空中时，瞬间调整机械手臂抓取物品的姿态，而这抓取动作的调整称为“动态重新抓取”。

在医疗领域，已开发出了用于减轻外科医生手术负担的外科手术辅助机器人。这套搭载高速视觉系统的机械手臂，可利用高速摄像机观测心脏跳动等脏器运动，然后通过屏幕影像将信息传递给医生。此外，手持手术器具的机器人可通过同步追踪脏器的方式让医生专心在手术上，此时医生可将脏器视为静止的器官，以确保手术的准确性。

前面介绍了许多有关高速视觉系统机械手臂的例子，今后若能进一步搭载移动功能或沟通功能，将有望开发出能实时适应环境的智能机器人。期待今后的机械手臂，能如同高速视觉系统一般超越人类的处理能力。研究者将继续挑战机器辨识度的极限，进一步追求机械的运动性能，让这类系统能有更多元的发展。

4.4.7 味觉与嗅觉传感器

(1) 五感传感器

传感器就是要重现人类五感的装置，但所谓的五感却是一种超越质与量的抽象感觉。长度是有关视觉的数值，声音是有关听觉的信息，重量则属于触觉信息。只要能接收光线、声波，视觉与听觉传感器就可达成需求。但实际上，镜头与麦克风的输出结果还是要由人类解释之后才算是达成目的。此外，味觉与嗅觉这两种感官的知觉与一般的感觉不太一样。化学物质虽然也有形状与重量，却没有味道与气味，因为所谓的味道与气味必须经过“人类”体验才能定义。换句话说，传感器虽然能检测出化学物质，却无法根据结果重现味道与气味，这样就失去检测意义了。这个事实要求味觉与嗅觉的传感器在本质上是“智慧型感应装置”。

(2) 味觉传感器与眼觉传感器的原理

味觉传感器以脂质与高分子混合而成的膜（高分子脂质体膜）作为接收味道物质的构造

（图 4-35），从多层脂质膜构成的电位输出量化（数字化）五种基础味道以及涩、浓等味道。科学家对舌头进行研究后发现，其中的细胞生物膜是由脂质与蛋白质构成的，因此才会使用脂质来打造味觉传感器。

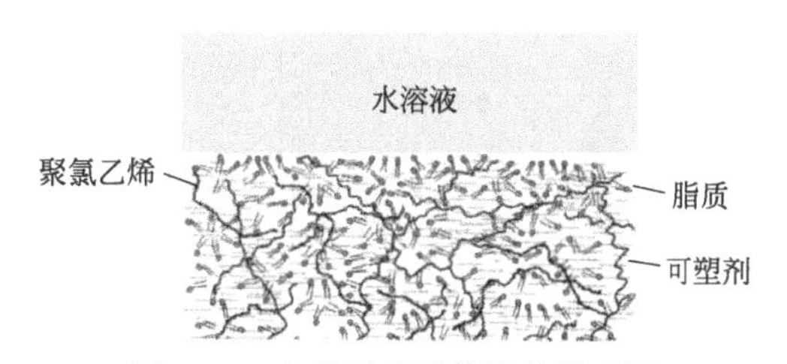

图 4-35　高分子脂质体膜的模式图

脂质膜电极的构造是在聚氯乙烯的中空棒中放入 KCl 溶液与银线，然后在中空棒两端的洞上贴附高分子脂质体膜。准备多张特性各异的高分子脂质体膜，测量脂质膜电极与参考电极之间的电位差。在特性各异的高分子脂质体膜之中，有些对苦味较敏感，有的则对鲜味敏感，因此可测量各种味道。要提醒的是，这种味道辨识机制，并不是利用多层脂质膜的电位输出状况来辨识味道的。

嗅觉有一项特别值得说明的部分，那就是这项感官能以超高感度的方式测量单一的化学物质。狗的鼻子相当敏锐，经过嗅觉训练，即便地雷深埋在地底，也能直接从地表嗅出从地雷外泄的 TNT 炸药的味道。因此开发人员就模仿狗的鼻子，制作出能嗅出炸药位置的电子狗鼻。目前，开发人员将炸药的分子视为抗原，然后为炸药的分子制作抗体，以采用具有抗原抗体反应的表面等离子体共振法（Surface Plasmon Resonance，SPR），表面等离子体是一种经过金属与导电体之间接口的电子纵波（图 4-36）。所谓 SPR 现象指的是当光线以某种入射角照射金属薄膜时，金属薄膜的表面等离子体被光线激化，进而产生共振，结果致使反射光强度下降。SPR 里的入射角称为共振角度，取决于距离接口数百纳米位置附近的折射率。测出共振角度的变化，就能算出界面附近的折射率的变化，所以也就能通过共振角度的变化来测量因抗原抗体融合所引起的折射率变化。

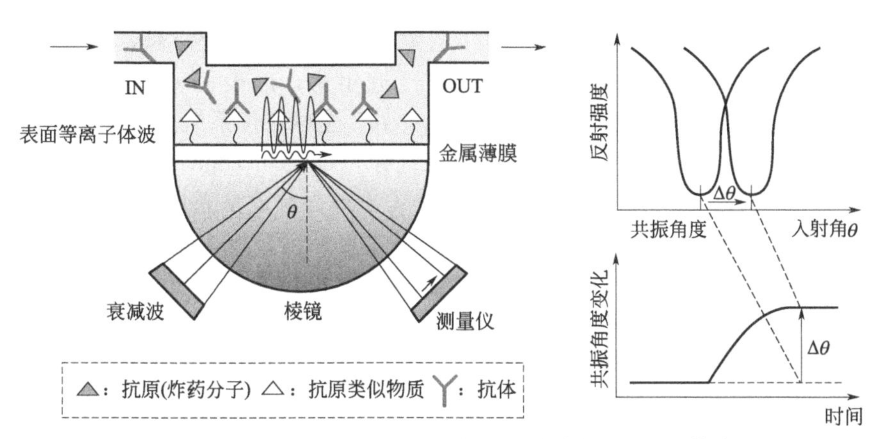

图 4-36　利用抗原抗体反应制成的表面等离子体共振（SPR）传感器的原理

（3）测量味道与气味

味觉传感器能将多种食品的味道量化，例如：啤酒、发泡酒、日本酒、烧酒、红酒、果汁、高汤、清汤、酱油、牛奶、酸奶、白米、面包、蔬菜、水果、肉制品等。图 4-37 将苦味（麦芽味）、酸味（干涩感）画成坐标轴，然后再标出啤酒、发泡酒、利口酒以及其他酿造酒（第三代啤酒）的坐标。从图中可以看出早期开发的惠比寿啤酒的全麦系列拥有极强的苦味。而随着朝日 Super Dry 啤酒的问世，啤酒的苦味开始变得缓和，酸味带来的干涩感则变得较为明显。随后诞生的第三代啤酒则有继续抑制苦味的趋势。图 4-37 告诉我们，啤酒的味道正在往干涩的方向发展。目前的测量技术已能让我们以“眼见为凭”的方式观察味道的变化。

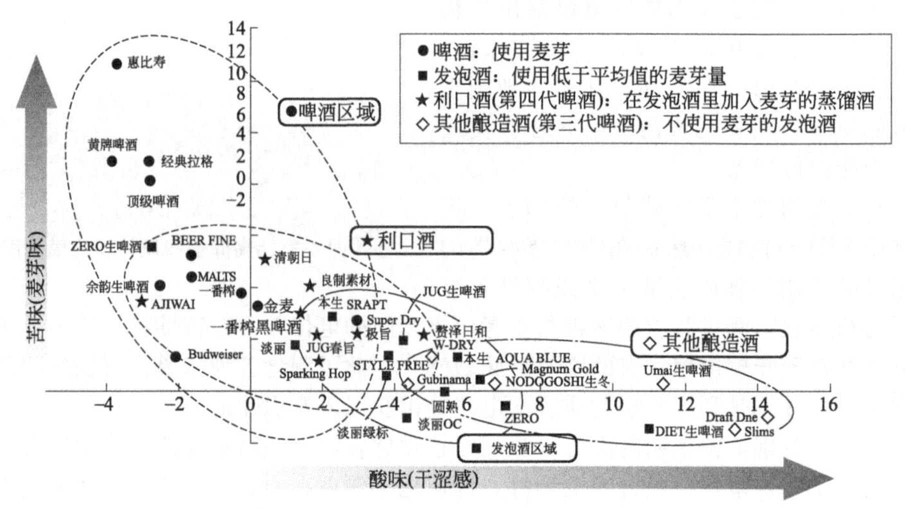

图 4-37　啤酒、发泡酒、利口酒、其他酿造酒（第三代啤酒）的味道图

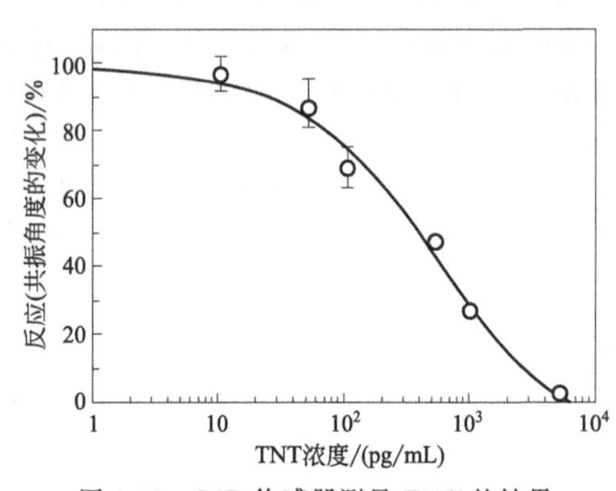

图 4-38　SPR 传感器测量 TNT 的结果

图 4-38 是利用 SPR 气味传感器测量 TNT 的结果。即便浓度只有 50pg/mL，传感器依然能准确地进行测量。基于此测量结果所制作的携带式气味传感器，已能简易而迅速地测量出附着在塑料盒子上的 TNT 炸药分子。

4.4.8　GPS 与 GNSS

（1）GPS 与 GNSS 的基本知识

近年来，以美国 GPS（Global Positioning System，全球定位系统）为代表的卫星定位系统统称为 GNSS（Global Navigation Satellite System，全球导航卫星系统），主要应用于机器人控制、汽车导航、精密测量（地震与火山活动）、移动电话等领域。GPS 系统大致可分成宇宙部分（Space Segment）、控制部分（Control Segment）、使用者部分（User Segment）。宇宙部分由在 GPS 系统的既定轨道上运行的卫星构成；控制部分则是地面上的工作人员对 GPS 进行管理和控制的部分；使用者部分如图 4-39 所示。移动物体这一方的 GPS 接收器能利用卫星信号计算位置。GPS 可利用精密控制的卫星群的电波到达时间，算出卫星与接收器之间的距离，然后再算出接收者的位置，3 颗卫星可算出 2D 定位（纬度、经度），4 颗卫星可算出 3D 定位（纬度、经度、高度）。不论接收者的位置是在陆地、海洋还是在空中，只要接收者位于世界的某个角落，就有可能全天候实时掌握接收者的位置。

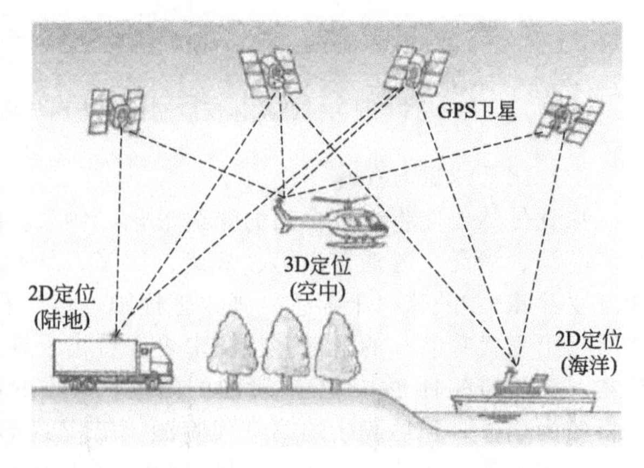

图 4-39　卫星定位的原理

当空中没有任何遮蔽物时，GPS 接

收器就能直接接收卫星信号，从而避免多重路径传播效应，这是使用卫星定位的最佳环境。不过，如果在容易受干扰的环境下使用卫星定位，可使用 GNSS 接收器，由于 GNSS 能够接收除 GPS 以外的所有卫星的信号，今后应该会成为主流。除 GPS 以外其他卫星定位系统包括 GLONASS（俄国）、GALILEO、COMPASS（中国）、QZSS（日本）、GAGAN（印度），此外还有作为辅助系统使用的 WAAS、MSAS、EGNOS。上述所有的系统统称为 GNSS。

（2）实测位置与推测位置

就 GNSS 与 INS（Inertial Navigation System，惯性导航系统）的基本差异而言，GNSS 定位每秒的测量点都是“实测位置”，而 INS 则是利用航位推算法（Dead Reckoning）推算位置。因此 INS 容易产生时间性的位置推算误差。一般来说，GNSS 无法覆盖的范围，就会交由 INS 航位推算法来计算，而 GNSS 所测得的值则被视为正确的位置，以纠正 INS 算法所产生的误差。就常见的机器人控制系统而言，在收不到卫星信号时，也常使用 INS 航位推算法作为辅助，所以目前有许多产品都采用了 GPS 与 INS 的混合式运算法，例如在美国每年举办的 DARPA（Defense Advanced Research Projects Agency，美国国防部先进研究项目局）超级挑战赛中，就有许多挑战队伍都采用了 GPS 加 INS 的混合式传感器。DARPA 超级挑战赛是美国国防高等研究计划局为了研究先进的防卫系统而举办的机器车竞赛，每年都吸引着世界各地的大学、研究机构与民间企业前来参加。

（3）卫星定位系统在传感器领域的应用

① 导航。卫星定位系统主要应用于机器人、车辆、船舶、飞机这几类陆海空移动装置的导航，也是这套系统最基本的应用方式。

② 高精密度测量。以测量、地图绘制、GIS（地理信息系统）的制作等为目的，卫星定位系统主要应用于地壳变动、地震、火山等需要运用高精密测量技术的科学技术研究领域。利用两台信号接收器计算载波之间的相位差（信号干扰定位），可进行精准的定位，10km 范围内的误差仅为 1～2cm，即便物体正在移动，仍可精准定位。

③ 3D 动态控制。卫星定位系统可在 1 台信号接收器上安装 3 或 4 个接收信号的天线，并以毫米精准度实时比较各天线信号之间的相对变化，再利用算出的平面或立体信息，来侦测船体摇晃，控制行进方向以及 3D 动态。这种运算方式的原理同样是比较各天线之间载波的相位差。

（4）基本的测位方式

使用 GPS/GNSS 进行定位的方式基本上可分成两种，一种是单点定位（Point Positioning），另一种则是相对定位（Relative Positioning）。所谓的单点定位就是利用 GPS/GNSS 信号接收器单机来计算某一点的位置，而相对定位则是利用多台信号接收器计算某一定点的位置。一般而言，单点定位会利用一台信号接收器观测 4 台以上的卫星，然后利用 C/A 码或是 P(Y) 码来进行模拟距离计算（有关信号的详细内容，请参考图 4-40）。相对定位则是利用两台信号接收器定出一处已知位置（已知点），接着再传送未知位置的校正信息，借此算出未知位置的相对坐标。

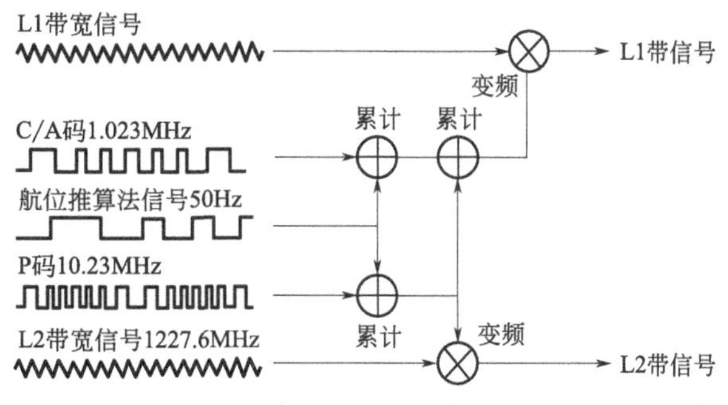

图 4-40　来自卫星的信号内容

相对定位的方式有两种，一种是 DGPS（Differential GPS）方法，是将已知位置的误差信息加入未知位置的计算数据里，然后再传送两者整合之后的信息；另一种则是利用载波之间的相位差信息进行干扰定位。干扰定位可分成静态定位与动态定位两种，而动态定位之中，又有一种在实际测量时间之内，利用移动物体所发出的载波相位差进行高精密度相对定位的 RTK-GPS（Real-time Kinematic GPS）方法。除了上述的定位方式之外，研究者们还在开发新的定位方式，部分已经应用于室内定位。

(5) 精确度校正技术（DGPS 与 RTK）

一般而言，以单台 GPS 信号接收器进行定位时，精确度为数米至数十米。可用于提升其精确度的技术为 DGPS 与 RTK（Real-time Kinematic）。上述两种方式都是在已知位置设立基准站，然后实时计算实际定位的误差，再将计算结果，也就是将校正信息传送给其他位置的信号接收器。

利用上述误差校正可完成高精密度的定位计算。DGPS 的误差范围基本上在 1 米之内，而 RTK 则可在数厘米之内。两个系统的特征在于移动基地台的定位精确度将随着已知位置基准站所输出的校正信息而改变。

4.5 多传感器信息融合

传感器信息融合又称数据融合，是对多种信息的获取、表示及其内在联系进行综合处理和优化的技术。传感器信息融合技术从多信息的视角进行处理及综合，得到各种信息的内在联系和规律，从而剔除无用的和错误的信息，保留正确的和有用的成分，最终实现信息的优化。它也为智能信息处理技术的研究提供了新的观念。

(1) 定义

多传感器信息融合是将经过集成处理的多传感器信息进行合成，形成一种对外部环境或被测对象某一特征的表达方式。单一传感器只能获得环境或被测对象的部分信息段，而多传感器信息经过融合后能够完善地、准确地反映环境的特征。经过融合后的传感器信息具有信息冗余性、信息互补性、信息实时性、信息获取的低成本性等特征。

(2) 信息融合的核心

① 信息融合是在几个层次上完成对多源信息的处理过程，其中各个层次都表示不同级别的信息抽象；

② 信息融合处理包括探测、互联、相关、估计以及信息组合；

③ 信息融合包括较低层次上的状态和身份估计，以及较高层次上的整个战术态势估计。

(3) 多传感器信息融合过程

图 4-41 所示为典型的多传感器信息融合过程框图。

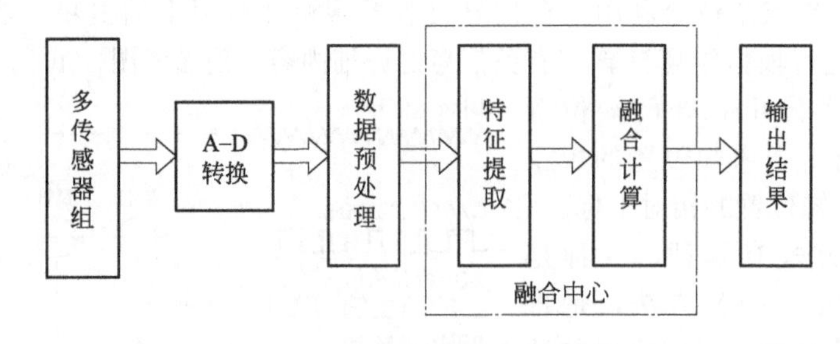

图 4-41　多传感器信息融合过程框图

(4) 信息融合的分类

① 组合。组合是由多个传感器组合成平行或互补方式来获得多组数据输出的一种处理

方法，是一种最基本的方式，涉及的问题有输出方式的协调、综合以及传感器的选择，在硬件这一级上应用。

② 综合。综合是信息优化处理中的一种获得明确信息的有效方法。例如在虚拟现实技术中，使用两个分开设置的摄像机同时拍摄到一个物体的不同侧面的两幅图像，综合这两幅图像可以复原出一个准确的有立体感的物体的图像。

③ 融合。融合是将传感器数据组之间进行相关或将传感器数据与系统内部的知识模型进行相关，而产生信息的一个新的表达式。

④ 相关。通过处理传感器信息获得某些结果，不仅需要单项信息处理，而且需要通过相关来进行处理，获悉传感器数据组之间的关系，从而得到正确信息，剔除无用和错误的信息。信息融合相关处理的目的是对识别、预测、学习和记忆等过程的信息进行综合和优化。

(5) 信息融合的结构

信息融合的结构分为串联、并联和混合3种，如图4-42所示。$C_1, C_2, \cdots, C_n$ 表示 n 个传感器；$S_1, S_2, \cdots, S_n$ 表示来自各个传感器信息融合中心的数据；$Y_1, Y_2, \cdots, Y_n$ 表示融合中心。

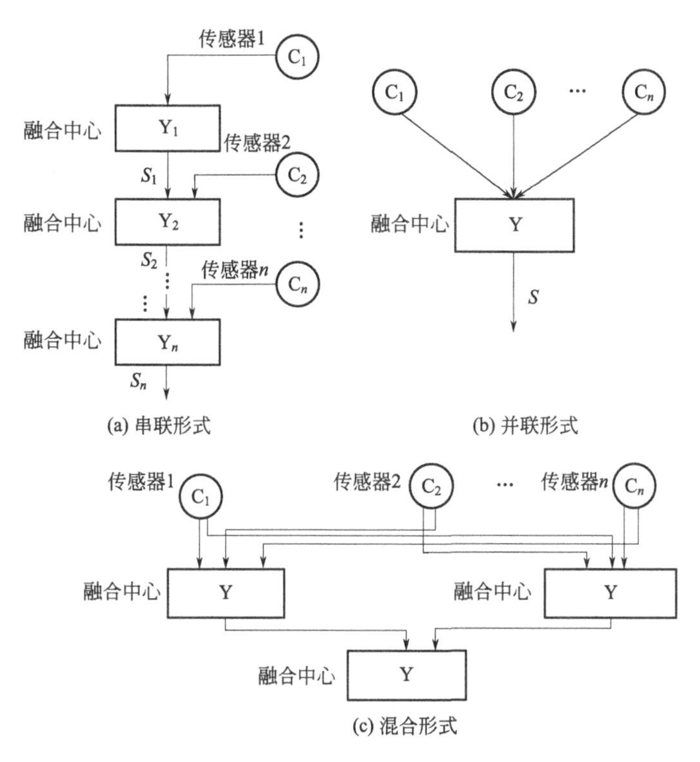

图4-42 信息融合的结构

(6) 融合方法

融合处理方法是将多维输入数据根据信息融合的功能，在不同融合层次上采用不同的数学方法，对数据进行综合处理，最终实现融合。多传感器信息融合的数学方法很多，常用的方法可概括为概率统计方法和人工智能方法两大类。与概率统计有关的方法包括估计理论、卡尔曼滤波、假设检验、贝叶斯方法、统计决策理论以及其他变形的方法；而人工智能类则有模糊逻辑理论、神经网络、粗集理论和专家系统等。

(7) 多信息融合的典型应用

信息融合的重要应用领域为机器人，目前主要应用在移动机器人和遥操作机器人上，因为这些机器人工作在动态、不确定与非结构化的环境中，这些不确定的环境要求机器人具有高度的自治能力和对环境的感知能力，采用多传感器信息融合技术可以使机器人具有感知自身状态和外部环境的能力。实践证明，采用单个传感器的机器人不具有完整、可靠地感知外部环境的能力。

智能机器人应采用多个传感器，并利用这些传感器的冗余和互补特性来获得机器人外部环境动态变化的、比较完整的信息，并对外部环境变化做出实时的响应。移动机器人主要利用距离传感器（如超声波、激光等测距传感器）、视觉（如手眼视觉、场景视觉、立体视觉、主动视觉等）、触觉、滑觉、热觉、接近觉、力与力矩等多种传感器以实现如下的功能：机器人自定位、环境建模、地图与世界模型的建立、导航、避障或障碍物检测、路径规划或任务规划等。如图 4-43 所示为多传感器信息融合自主移动装配机器人。

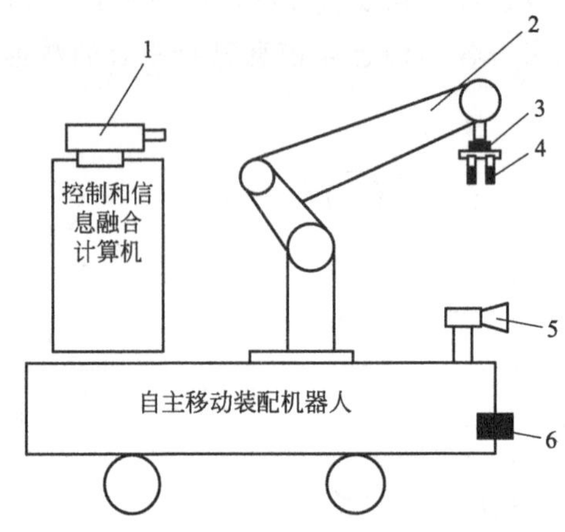

图 4-43　多传感器信息融合自主移动装配机器人

1—激光测距传感器；2—装配机械手；3—力觉传感器；4—触觉传感器；5—视觉传感器；6—超声波传感器

第5章 机器人的控制系统

5.1 控制系统概述

5.1.1 机器人控制系统的基本功能

机器人控制系统是机器人的大脑，是决定机器人功能和性能的主要因素。工业机器人控制技术的主要任务就是控制工业机器人在工作空间中的运动位置、姿态和轨迹、操作顺序以及动作的时间等，具有编程简单、软件菜单操作、友好的人机交互界面、在线操作提示和使用方便等特点。机器人控制系统一般由控制计算机、驱动装置和伺服控制器组成。控制计算机根据作业要求接收编程发出的指令控制和协调运动，并根据环境信息协调运动。伺服控制器控制各关节的驱动器使其按一定的速度、加速度和轨迹要求进行运动。

机器人控制系统有集中控制、主从控制和分布式控制3种结构。集中控制是将几种控制通过一台功能较强的计算机实现全部控制功能，这是早期的机器人控制系统采用的结构，因为当时的计算机造价较高，当时的机器人的功能不多，所以实现容易，也比较经济，但控制过程中需要许多计算，因此这种结构控制速度较慢。随着计算机技术的进步和机器人控制质量的提高，集中式控制不能满足需要，取而代之的是主从式控制和分布式控制结构。现代机器人控制系统中几乎无一例外地采用分布式结构，即上一级主控制计算机负责整个系统管理以及坐标变换和轨迹插补运算等，下一级由许多微处理器组成，每一个微处理器控制一个关节运动，它们并行地完成控制任务，因而提高了工作速度和处理能力。各层级之间的联系通过总线形式的紧耦合来实现。

机器人控制系统是机器人的重要组成部分，用于对操作机进行控制，以完成特定的工作任务，其基本功能如下：

① 记忆功能。可存储作业顺序、运动路径、运动方式、运动速度和与生产工艺有关的信息。

② 示教功能。可离线编程、在线示教、间接示教。在线示教包括示教盒和导引示教两种。

③ 与外围设备联系功能。有输入和输出接口、通信接口、网络接口、同步接口。

④ 坐标设置功能。有关节、绝对、工具、用户自定义4种坐标系。

⑤ 人机接口。有示教盒、操作面板、显示屏。

⑥ 传感器接口。有位置检测、视觉、触觉、力觉等接口。

⑦ 位置伺服功能。可实现机器人多轴联动、运动控制、速度和加速度控制、动态补偿等功能。

⑧ 故障诊断安全保护功能。运行时系统可实现状态监视、故障状态下的安全保护和故障自诊断。

5.1.2 机器人控制系统的组成

① 控制计算机。控制计算机是控制系统的调度指挥机构。一般为微型计算机，微处理

器有 32 位、64 位等，如奔腾系列 CPU 以及其他类型 CPU。

② 示教盒。示教盒示教机器人的工作轨迹和参数设定，以及所有人机交互操作，拥有自己独立的 CPU 以及存储单元，与主计算机之间以串行通信方式实现信息交互。

③ 操作面板。操作面板由各种操作按键、状态指示灯构成，只完成基本功能操作。

④ 硬盘和软盘存储。硬盘和软盘是存储机器人工作程序的外围存储器。

⑤ 数字和模拟量输入/输出。数字和模拟量输入/输出是指各种状态和控制命令的输入/输出。

⑥ 打印机接口。打印机接口用于记录需要输出的各种信息。

⑦ 传感器接口。传感器接口用于信息的自动检测，实现机器人柔性控制，一般为力觉、触觉和视觉传感器。

⑧ 轴控制器。轴控制器用于完成机器人各关节位置、速度和加速度控制。

⑨ 辅助设备控制。辅助设备控制用于和机器人配合的辅助设备控制，如手爪变位器等。

⑩ 通信接口。通信接口用于实现机器人和其他设备的信息交换，一般有串行接口、并行接口等。

⑪ 网络接口。Ethernet 接口可通过以太网实现数台或单台机器人的直接 PC 通信，数据传输速率高达 10Mbps，可直接在 PC 上用库函数进行应用程序编程之后，支持 TCP/IP 通信协议，通过 Ethernet 接口将数据及程序装入各个机器人控制器中。Fieldbus 接口支持多种流行的现场总线规格，如 Device NET、AB Remote I/O、Interbus-s、Profibus-DP、M-NET 等。

5.1.3 机器人控制的主要技术

(1) 关键技术

机器人控制的关键技术包括以下方面：

① 开放性模块化的控制系统体系结构。采用分布式 CPU 计算机结构，分为机器人控制器（RC）、运动控制器（MC）、光电隔离 I/O 控制板、传感器处理板和编程示教盒等。RC 和编程示教盒通过串口/CAN 总线进行通信。RC 的主计算机完成机器人的运动规划、插补和位置伺服以及主控逻辑、数字 I/O、传感器处理等功能，而编程示教盒完成信息的显示和按键的输入。

② 模块化与层次化的控制器软件系统。软件系统建立在基于开源的实时多任务操作系统上，采用分层和模块化结构设计，以实现软件系统的开放性。整个控制器软件系统分为硬件驱动层、核心层和应用层 3 个层次。这 3 个层次分别面对不同的功能需求，对应不同层次的开发，系统中各个层次内部由若干功能相对独立的模块组成，这些功能模块相互协作共同实现该层次所提供的功能。

③ 机器人的故障诊断与安全维护技术。通过各种信息，对机器人故障进行诊断，并进行相应维护，是保证机器人安全性的关键技术。

④ 网络化机器人控制器技术。目前，由于机器人的应用工程由单台机器人工作站向机器人生产线发展，使机器人控制器的联网技术变得越来越重要。控制器上具有串口、现场总线及以太网的联网功能，可用于机器人控制器之间和机器人控制器同上位机的通信，便于对机器人生产线进行监控、诊断和管理。

(2) 机器人示教

用机器人代替人进行作业时，必须预先对机器人发出指示，规定机器人进行应该完成的动作和作业的具体内容。这个过程就称为对机器人的示教或对机器人的编程。对机器人的示教有不同的方法。要想让机器人实现人们所期望的动作，必须赋予机器人各种信息：第一是机器人动作顺序的信息及外围设备的协调信息；第二是机器人工作时的附加条件信息；第三是机器人的位置和姿态信息。前两个方面在很大程度上与机器人要完成的工作以及相关的工艺要求有关，所以本书重点介绍有关机器人位置和姿态的示教。位置和姿态的示教大致有以下两种方式：

① 直接示教。直接示教就是人们常说的手把手示教，由人直接搬动机器人的手臂对机器人进行示教，如示教盒示教或操作杆示教等。在这种示教中，为了示教方便及获取信息快捷而准确，人们可选择在不同的坐标系下示教，可在关节坐标系、直角坐标系以及工具坐标系、工件坐标系或用户自定义的坐标系下示教。

② 离线示教。离线示教是指不对实际作业的机器人直接进行示教，而是脱离实际作业环境生成示教数据，间接地对机器人进行示教。在离线示教法（离线编程）中，通过使用计算机内存储的模型（CAD 模型），不要求机器人实际产生运动，便能在示教结果的基础上对机器人的运动进行仿真，从而确定示教内容是否恰当及机器人是否按人们期望的方式运动。早期工业机器人的控制主要是通过示教再现方式进行的，控制装置由凸轮、挡块、插销板、穿孔纸带、磁鼓、继电器等机电元器件构成。20 世纪 80 年代以来的工业机器人则主要使用微型计算机系统综合实现上述控制功能。本章介绍的工业机器人控制系统都是以计算机控制为前提的。因此，从控制系统的角度看，工业机器人是一个微机控制系统。典型的微机控制系统框图如图 5-1 所示。图中的输入量一般由程序给定，也可以由输入装置给定。

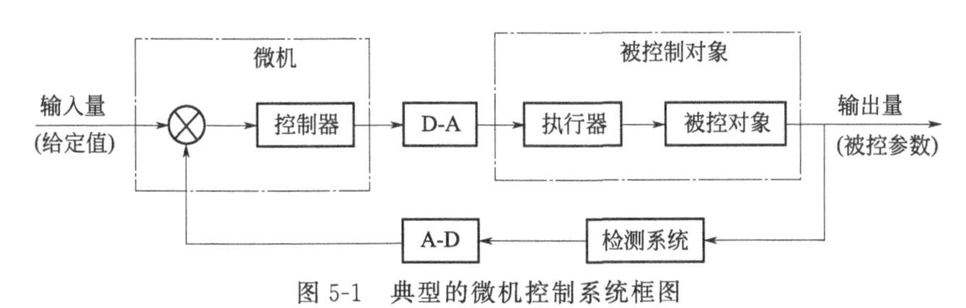

图 5-1 典型的微机控制系统框图

图 5-1 中的检测系统和 A-D 构成微机控制系统的输入通道，其详细内容如图 5-2 所示。

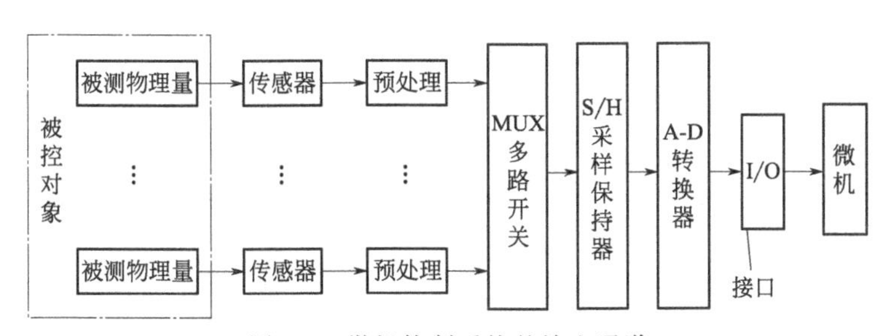

图 5-2 微机控制系统的输入通道

图 5-1 中的 D-A 和被控制对象之间的内容构成微机控制系统的输出通道，其详细内容如图 5-3 所示。

在工业机器人控制中，进行轨迹规划等需要完成大量的计算工作，因此一般采用监督控制系统（Supervisory Computer Control，SCC），其组成框图如图 5-4 所示。在这类系统中，机器人某个关节驱动器的自动控制是依靠模拟调节器或 DDC（Direct Digital Control）计算机来完成的，SCC 计算机的输出作为模拟调节器或 DDC 计算机的给定值。这一给定值将根

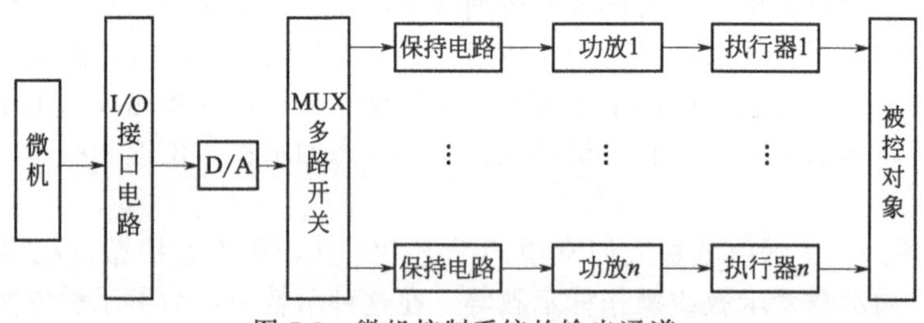

图 5-3　微机控制系统的输出通道

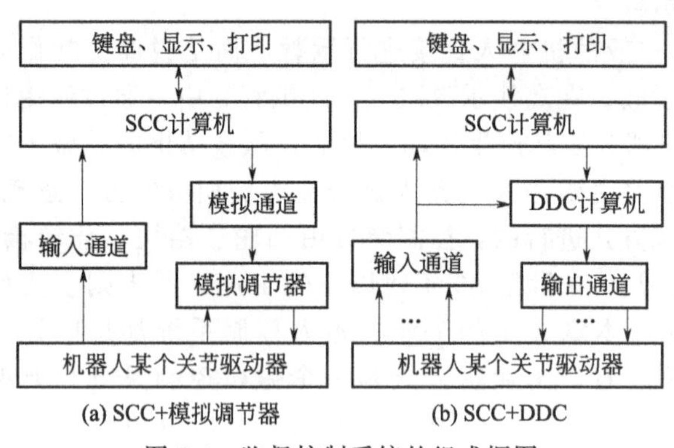

图 5-4　监督控制系统的组成框图

据采样到的数据，按照轨迹规划的要求进行修正。SCC 计算机一般采用从市场上采购的工控机，要求其计算速度比较快。DDC 计算机一般可以采用一个单片机控制系统。SCC 计算机面向模拟调节器或 DDC 计算机，模拟调节器或 DDC 计算机直接面向机器人某个关节驱动器，SCC 计算机给后两者发出指令。含有 SCC 的系统至少是一个两级控制系统。一台 SCC 计算机可以监督控制多台 DDC 计算机或模拟调节器。这种系统具有较高的运行性能和可靠性。当 DDC 计算机出现故障时，SCC 计算机可以代替其工作。

5.1.4　工业机器人控制的特点

工业机器人的控制技术与传统的自动机械控制相比，没有根本的不同之处。然而，工业机器人控制系统一般是以机器人的单轴或多轴运动协调为目的的控制系统，其控制结构要比一般自动机械的控制复杂得多。工业机器人控制系统是一个与运动学和动力学原理密切相关的、耦合的、非线性的多变量控制系统。根据实际工作情况的不同，可以采用各种不同的控制方式，例如从简单的编程自动化、微处理机控制到小型计算机控制等。与一般的伺服系统或过程控制系统相比，工业机器人控制系统有如下特点：

① 传统的自动机械是以自身的动作为重点，而工业机器人的控制系统则更着重本体与操作对象的相互关系。

② 工业机器人的控制与机构运动学及动力学密切相关。根据给定的任务，经常要求解运动学的正问题和逆问题，而且还因工业机器人各关节之间惯性力、科氏力的耦合作用以及重力负载的影响使问题复杂化，所以也使工业机器人的控制问题变得复杂。

③ 每个自由度一般包含一个伺服机构，多个独立的伺服系统必须有机地协调起来，组成一个多变量的控制系统。

④ 描述工业机器人状态和运动的数学模型是一个非线性模型，随着状态的变化，其参数也在变化，各变量之间还存在耦合。因此，仅仅是位置闭环是不够的，还要利用速度、甚至加速度闭环。系统中还经常采用一些控制策略，比如使用重力补偿、前馈、解耦、基于传感信息的控制和最优 PID 控制等。

⑤ 工业机器人还有一种特有的控制方式——示教再现控制方式。当要求工业机器人完成某作业时，可预先移动工业机器人的手臂来示教该作业的顺序、位置以及其他信息。这些

信息被机器人控制器存储起来，在执行时，依靠工业机器人的动作再现功能，可重复进行该作业。示教过程也可以用示教盒来完成。由于示教再现方式简单，容易掌握，在实际生产中得到了较普遍的应用。

5.2 工业机器人控制的分类

工业机器人控制结构是由工业机器人所执行的任务决定的，对不同类型的机器人已经发展了不同的控制综合方法。工业机器人控制的分类没有统一的标准。如按运动坐标控制的方式来分，有关节空间运动控制、直角坐标空间运动控制；如按控制系统对工作环境变化的适应程度来分，有程序控制系统、适应性控制系统、人工智能控制系统；如按同时控制机器人数目的多少来分，可分为单控系统、群控系统。通常，还按运动控制方式的不同，将机器人控制分为位置控制、速度控制、力控制（包括位置与力的混合控制）3 类。下面按运动控制方式的不同，对工业机器人控制方式作具体分析。

5.2.1 位置控制方式

工业机器人位置控制又分为点位控制和连续轨迹控制两类，如图 5-5 所示。

（1）点位控制

这类控制的特点是仅控制离散点上工业机器人末端执行器的位姿，要求尽快而无超调地实现相邻点之间的运动，但对相邻点之间的运动轨迹一般不做具体规定。例如，在印制电路板上安插元件、点焊、搬运及上下料等工作，都采用点位控制方式。要尽快而无超调地实现相邻点之间的运动，就要求每个伺服系统为一个临界阻尼系统。点位控制的主要技术指标是定位精度和完成运动所需的时间。

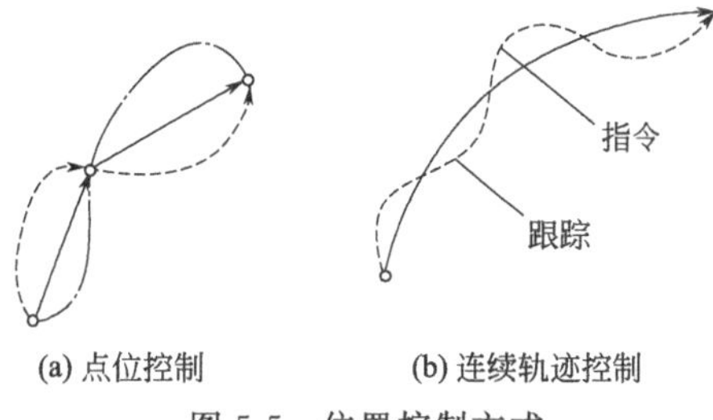

图 5-5　位置控制方式

（2）连续轨迹控制

这类运动控制的特点是连续控制工业机器人末端执行器的位姿，使某点按规定的轨迹运动。例如，在弧焊、喷漆、切割等场所的工业机器人控制均属于这一类。连续轨迹控制一般要求速度可控、轨迹光滑且运动平稳。连续轨迹控制的技术指标是轨迹精度和平稳性。

5.2.2 速度控制方式

对工业机器人的运动控制来说，在位置控制的同时，有时还要进行速度控制。例如，在连续轨迹控制方式的情况下，工业机器人按预定的指令，控制运动部件的速度和实行加、减速，以满足运动平稳、定位准确的要求，如图 5-6 所示。由于工业机器人是一种工作情况（行程负载）多变、惯性负载大的运动机械，要处理好快速与平稳的矛盾，必须控制启动加速和停止前的减速这两个

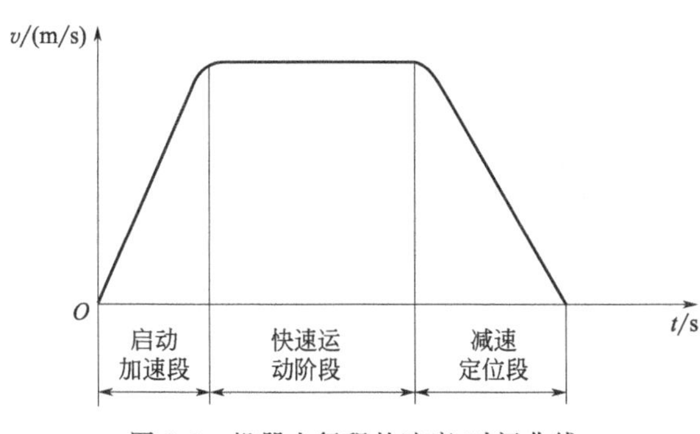

图 5-6　机器人行程的速度-时间曲线

过渡运动区段。

5.2.3 力（力矩）控制方式

在进行装配或抓取物体等作业时，工业机器人末端操作器与环境或作业对象的表面接触，除了要求准确定位之外，还要求使用适度的力或力矩进行工作，这时就要采取力（力矩）控制方式。力（力矩）控制是对位置控制的补充，这种方式的控制原理与位置伺服控制原理也基本相同，只不过输入量和反馈量不是位置信号，而是力（力矩）信号，因此系统中有力（力矩）传感器。

5.3 工业机器人的位置控制

工业机器人位置控制的目的就是使机器人各关节实现预先所规划的运动，最终保证工业机器人终端（手爪）沿预定的轨迹运行。实际中的工业机器人，大多为串接的连杆结构，其动态特性具有高度的非线性。但在其控制系统的设计中，往往把机器人的每个关节当成一个独立的伺服机构来处理。伺服系统一般在关节坐标空间中指定参考输入，采用基于关节坐标的控制。通常工业机器人模型的每个关节都装有位置传感器，用以测量关节位移；有时还用速度传感器检测关节速度。虽然关节的驱动和传动方式多种多样，但作为模型，总可以认为每一个关节是由一个驱动器单独驱动的。应用中的工业机器人几乎都是采用反馈控制，利用各关节传感器得到的反馈信息，计算所需的力矩，发出相应的力矩指令，以实现要求的运动。图 5-7 所示为机器人本身、控制器和轨迹规划器之间的关系。图中的轨迹规划器由监督计算机来完成，控制器则由模拟调节器或 DDC 计算机来完成。工业机器人接收控制器发出的关节驱动力矩矢量 $\boldsymbol{\tau}$，装于机器人各关节上的传感器测出关节位置矢量 $\boldsymbol{\theta}$ 和关节速度矢量 $\boldsymbol{q}$，再反馈到控制器上。因此，工业机器人每个关节的控制系统都是一个闭环控制系统。

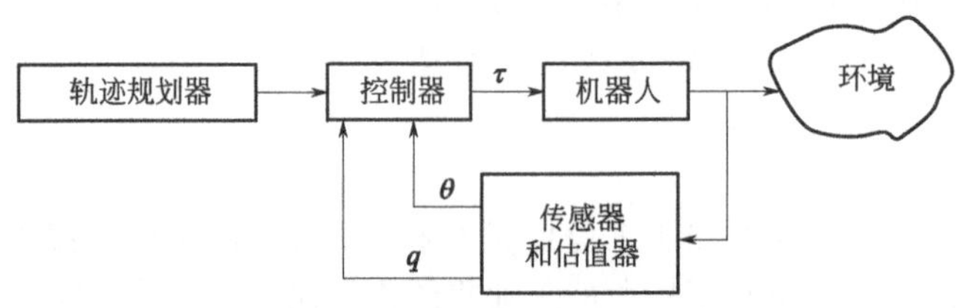

图 5-7　机器人控制系统框图

设计这样的控制系统，其中心问题是保证所得到的闭环系统满足一定的性能指标要求，它最基本的准则是系统的稳定性。其中“系统是稳定的”是指它在实现所规划的路径轨迹时，即使在一定的干扰作用下，其误差仍然保持在很小的范围之内。在实际中，可以利用数学分析的方法，根据系统的模型和假设条件判断系统的稳定性和动态品质，也可以采用仿真和实验的方法判别系统的优劣。对于更高性能要求的工业机器人控制，则必须考虑更有效的动态模型、更高级的控制方法和更完善的计算机体系结构。总之，与其他控制系统相比，机器人控制是相当复杂的。对工业机器人实施位置控制，位置检测元器件是必不可少的。检测是为进行比较和判断提供依据，是对工业机器人实行操作和控制的基础。

5.4 工业机器人的运动轨迹控制

由机器人的运动学和动力学可知，只要知道机器人的关节变量，就能根据其运动方程确定机器人的位置，或者已知机器人的期望位姿，就能确定相应的关节变量和速度。路径和轨迹规划与受到控制的机器人从一个位置移动到另一个位置的方法有关。研究在运动段之间如何产生受控的运动序列，这里所述的运动段可以是直线运动或者是依次的分段运动。路径和轨迹规划既要用到机器人的运动学，又要用到机器人的动力学。轨迹规划方法一般是在机器人初始位置和目标位置之间用多项式函数来“内插”或“逼近”给定的路径，并产生一系列“控制设定点”。路径端点一般是在笛卡儿坐标中给出的。如果需要某些位置的关节坐标，则可调用运动学的逆问题求解程序，进行必要的转换。在给定的两端点之间，常有多条可能的轨迹。而轨迹控制就是控制机器人末端沿着一定的目标轨迹运动。因此，目标轨迹的给定方法和如何控制机器人手臂使之高精度地跟踪目标轨迹的方法是轨迹控制的两个主要内容。

5.4.1 路径和轨迹

路径是机器人位姿的序列，而不考虑机器人位姿参数随时间变化的因素。对于点位作业，需要描述它的起始状态和目标状态，对于曲面加工，不仅要规定操作臂的起始点和终止点，而且还要指明两点之间的若干中间点（称路径点）、必须沿特定的路径运动（路径约束），这类称为连续路径运动或轮廓运动。路径——机器人以最快和最直接的路径（省时省力）从一个端点移到另一个端点。通常用于重点考虑终点位置，而对中间的路径和速度不做主要限制的场合。实际工作路径可能与示教时不一致。轨迹是指操作臂在运动过程中的位移、速度和加速度。轨迹——机器人能够平滑地跟踪某个规定的路径。

对于路径点控制通常只给出机械手末端的起点和终点，有时也给出一些中间经过点，所有这些点统称为路径点。应注意这里所说的“点”，不仅包括机械手末端的位置，而且包括方位，因此描述一个点通常需要 6 个量。通常希望机械手末端的运动是光滑的，即它具有连续的一阶导数，有时甚至要求具有连续的二阶导数。不平滑的运动容易造成机构的磨损和破坏，甚至可能激发机械手的振动。因此规划的任务便是要根据给定的路径点规划出通过这些点的光滑的运动轨迹。

对于轨迹控制的机械手末端的运动轨迹是根据任务的需要给定的，但是它也必须按照一定的采样间隔，通过逆运动学计算，将其变换到关节空间，然后在关节空间中寻找光滑函数来拟合这些离散点。最后，还有在机器人的计算机内部解决如何表示轨迹，以及如何实时地生成轨迹的问题。

5.4.2 轨迹规划

（1）轨迹规划目的

轨迹规划的目的是将操作人员输入的简单的任务描述变为详细的运动轨迹描述。例如，对一般的工业机器人来说，操作员可能只输入机械手末端的目标位置和方位，而规划的任务便是要确定出达到目标的关节轨迹的形状、运动的时间和速度等。图 5-8 所示是一个工业机器人的任务规划器。

（2）轨迹规划的过程

轨迹规划的过程如下：①对机器人的任务、运动路径和轨迹进行描述；②根据已经确定的轨迹参数，在计算机上模拟所要求的轨迹；③对轨迹进行实际计算，即在运行时间内按一定的速率计算出位置、速度和加速度，从而生成运动轨迹。

在规划中，不仅要规定机器人的起始点和终止点，而且要给出中间点（路径点）的位姿及路径点之间的时间分配，即给出两个路径点之间的运动时间。轨迹规划既可在关节空间中进行，即将所有的关节变量表示为时间的函数，用其一阶、二阶导数描述机器人的预期动

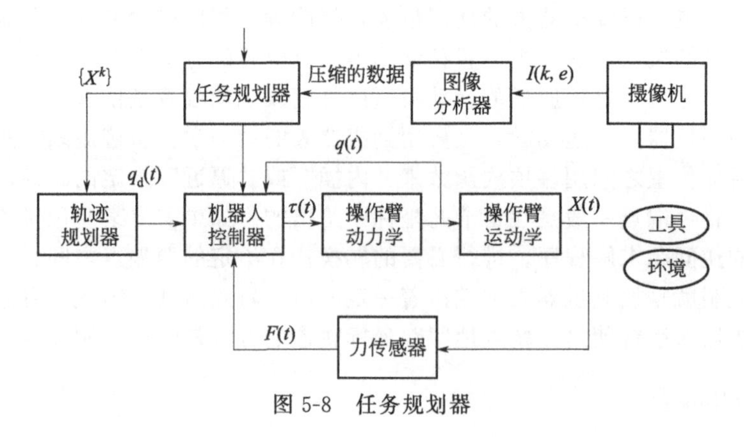

图 5-8　任务规划器

作，又可在直角坐标空间中进行，即将手部位姿参数表示为时间的函数，而相应的关节位置、速度和加速度由手部信息导出。

轨迹规划器可被看作黑箱，其输入包括路径的“设定”和“约束”，输出是操作臂末端手部的“位姿序列”，表示手部在各个离散时刻的中间形位。操作臂最常用的轨迹规划方法有两种：第一种方法要求用户对于选定的轨迹节点（插值点）上的位姿、速度和加速度给出一组显式约束（如连续性和光滑程度等），轨迹规划器从一类函数（如 n 次多项式）中选取参数化轨迹，对节点进行插值，并满足约束条件；第二种方法要求用户给出运动路径的解析式，如直角坐标空间中的直线路径，轨迹规划器在关节空间或直角坐标空间中确定一条轨迹来逼近预定的路径。第一种方法中，约束的设定和轨迹规划均在关节空间进行。由于对操作臂手部（直角坐标形位）没有施加任何约束，用户很难弄清手部的实际路径，因此可能会与障碍物相碰。第二种方法的路径约束是在直角坐标空间中给定的，而关节驱动器是在关节空间中受控的。因此，为了得到与给定路径十分接近的轨迹，首先不许采用某种函数逼近的方法将直角坐标路径约束转化为关节坐标路径约束，然后确定满足关节路径约束的参数化路径。

轨迹规划既可在关节空间中进行，又可在直角空间中进行，但是作为规划的轨迹函数都必须连续和平滑，使操作臂的运动平稳。在关节空间进行规划时，是将关节变量表示成为时间的函数，并规划它的一阶和二阶时间导数；在直角空间进行规划是将手部位姿、速度和加速度表示为时间的函数。而相应的关节位移、速度和加速度由手部的信息导出。通常通过运动学反解得出关节位移，用逆雅可比求出关节速度，用逆雅可比及其导数求解关节加速度。

用户根据作业给出各个路径结点后，确定规划器的任务。规划器的任务包含：解变换方程、进行运动学反解和插值运算等；在关节空间进行规划时，大量工作是对关节变量的插值运算。简言之，机器人的工作过程，就是通过规划将要求的任务变为期望的运动和力，由控制环节根据期望的运动和力的信号，产生相应的控制作用，以使机器人输出实际的运动和力，从而完成期望的任务。这一过程的表述如图 5-9 所示。机器人实际运动的情况通常还要反馈给规划级和控制级，以便对规划和控制的结果做出适当的修正。

图 5-9 中，要求的任务由操作人员输入给机器人。为了使机器人操作方便、使用简单，允许操作人员给出尽量简单的描述。图 5-9 中，期望的运动和力是进行机器人控制所必需的输入量，它们是机械手末端在每一个时刻的位姿和速度，对于绝大多数情况，还要求给出每一时刻期望的关节位移和速度，有些控制方法还要求给出期望的加速度等。

关节轨迹的插值：为了在关节空间形成所要求的轨迹，首先运用运动学反解将路径点转换成关节矢量角度值，然后对每个关节拟合一个光滑函数，使之从起始点开始，依次通过所

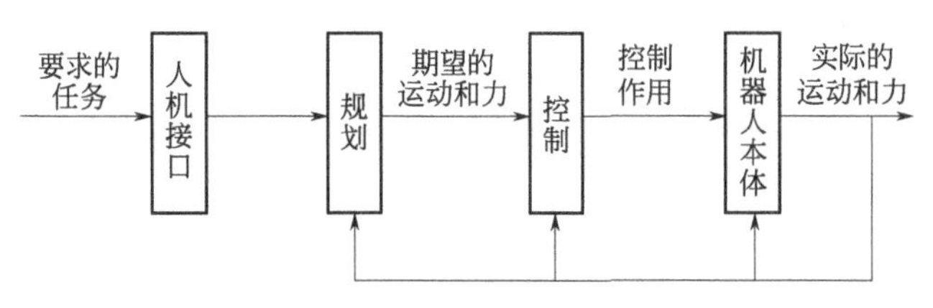

图 5-9　轨迹规划框

有路径点，最后到达目标点。对于每一段路径，各个关节的运动时间均相同，而这样可保证所有关节同时到达路径点和终止点，从而得到工具坐标系应有的位置和姿态。尽管每个关节在同一段路径中的运动时间相同，而各个关节函数之间却是相互独立的。

总之，关节空间法是以关节角度的函数来描述机器人的轨迹的。关节空间法不必在直角坐标系中描述两个路径点之间的路径形状，计算简单，容易。再者，关节空间与直角坐标空间之间不是连续的对应关系，因而不会发生机构的奇异性问题。

在关节空间中进行轨迹规划，需要给定机器人在起始点、终止点手臂的形位。对关节进行插值时，应满足一系列约束条件。在满足所有约束条件下，可以选取不同类型的关节插值函数，生成不同的轨迹。插值方法有三次多项式插值、过路径点的三次多项式插值、高阶多项式插值、用抛物线过渡的线性插值和过路径点的用抛物线过渡的线性插值。

假设机器人的初始位姿是已知的，通过求解逆运动学方程可以求得机器人期望的手部位姿对应的形位角。若考虑其中某一关节的运动开始时刻 t_i 的角度为 θ_i，希望该关节在时刻 t_f 运动到新的角度 θ_f。轨迹规划的一种方法是使用多项式函数以使得初始和末端的边界条件与已知条件相匹配。这些已知条件为 θ_i 和 θ_f 及机器人在运动开始和结束时的速度，这些速度通常为 0 或其他已知值。这 4 个已知信息可用来求解下列三次多项式方程中的 4 个未知量：

$$\theta(t)=c_0+c_1t+c_2t^2+c_3t^3 \tag{5-1}$$

这里初始和末端条件是：

$$\begin{cases}\theta(t_i)=\theta_i\\ \theta(t_f)=\theta_f\\ \dot{\theta}(t_i)=0\\ \dot{\theta}(t_f)=0\end{cases} \tag{5-2}$$

对式（5-1）求一阶导数得到：

$$\dot{\theta}(t)=c_1+2c_2t+3c_3t^2 \tag{5-3}$$

将初始和末端条件代入式（5-1）和式（5-3）得到：

$$\begin{cases}\theta(t_i)=c_0=\theta_i\\ \theta(t_f)=c_0+c_1t_f+c_1t_f^2+c_3t_f^3\\ \dot{\theta}(t_i)=c_1=0\\ \dot{\theta}(t_f)=c_1+2c_2t_f+3c_3t_f^3=0\end{cases}$$

通过联立求解这 4 个方程，得到方程中的 4 个未知的数值，便可算出任意时刻的关节位置，控制器则据此驱动关节到达所需的位置。尽管每一关节都是用同样步骤分别进行轨迹规划的，但是所有关节从始至终都是同步驱动。

(3) 笛卡儿空间规划法

① 物体对象的描述。相对于固定坐标系，物体上任一点用相应的位置矢量表示，任一方向用方向余弦表示，给出物体的几何图形及固定坐标系后，只要规定固定坐标系的位姿，便可重构该物体。

② 作业的描述。在这种轨迹规划系统中，作业是用操作臂终端抓手位姿的笛卡儿坐标节点序列规定的，因此节点是指表示抓手位姿的齐次变换矩阵。相应的关节变量可用运动学反解程序计算。

③ 两个节点之间的“直线”运动。操作臂在完成作业时，抓手的位姿可以用一系列节点 P 来表示。因此，在直角坐标空间中进行轨迹规划的首要问题是如何在由两节点 p_i 和 p_{i+1} 所定义的路径起点和终点之间生成一系列中间点。两节点间最简单的路径是在空间的一个直线移动和绕某轴的转动。若运动时间给定之后，则可产生一个使线速度和角速度受控的运动。

④ 两段路径之间的过渡。为了避免两段路径衔接点处速度不连续，当由一段轨迹过渡到下一段轨迹时，需要加速或减速。

⑤ 运动学反解的有关问题。有关运动学反解的问题主要涉及笛卡儿路径上解的存在性(路径点都在工作空间之内与否)、唯一性和奇异性。

a. 第一类问题：中间点在工作空间之外。在关节空间中进行规划不会出现这类问题。

b. 第二类问题：在奇异点附近关节速度激增。PUMA 这类机器人具有两种奇异点，即工作空间边界奇异点和工作空间内部奇异点。在处于奇异位姿时，与操作速度（笛卡儿空间速度）相对应的关节速度可能不存在（无限大）。可以想象，当沿笛卡儿空间的直线路径运动到奇异点附近时，某些关节速度将会趋于无限大。实际上，所容许的关节速度是有限的，因而会导致操作臂偏离预期轨迹。

c. 第三类问题：起始点和目标点有多重解。问题在于起始点与目标点若不用同一个反解，这时关节变量的约束和障碍约束便会产生问题。

因为笛卡儿空间轨迹存在这些问题，现有的多数工业机器人的控制系统具有关节空间和笛卡儿空间的轨迹生成方法。用户通常使用关节空间法，只是在必要时，才采用笛卡儿空间方法。

5.5 机器人动作

5.5.1 二足步行

(1) 二足步行与仿人机器人

20 世纪 90 年代后半期，随着仿人机器人研究的兴盛，二足步行作为仿人机器人的移动构造，其研究也大行其道。由于仿人机器人的外形类似人类，故相关研究多以提高其在人类活动环境以及人类协作作业中的亲和度为目的。从亲和度的角度来看，二足仿人机器人在与人类共处时，会因外形酷似人类而容易被人接纳，人类也更容易理解其行动。面对人类活动环境，与车轮型或多足型相比，仿人机器人对高低路面、斜坡、狭小处的适应能力较强，这意味着人类能走到哪里，它就能走到哪里。另外，人形的足部与车轮型机器人的相比需要更多的可动关节，因此结构更为复杂。从本质上来说，二足步行结构容易跌倒，所以需要复杂的控制系统，这是仿人机器人制作中的难点。但是，如果除去户外路况较差的情况，在家中线路不连贯且面积较小的可接触地面上，二足步行还是可以发挥作用的。二足结构拥有多个自由度，可用于改变上身的姿势或高度等，所以从形态上说其可以在任何地方行走。目前，最大的课题就是如何赋予其可在任何地方行走的移动能力。

(2) 自主移动

制定了目标后，下一步就要考虑如何让机器人自主移动到目的地。以二足步行为例，处理该问题的典型架构如图 5-10 所示。首先，以摄影机或激光测距仪等传感器观测外围环境，并利用 SLAM 等技术绘制周围的地图。然后，再根据所获取的地图制定移动计划，以移动的目的地为目标，生成力学上可实现的轨迹，也就是机器人的运动轨迹。至于传感器的反馈控制，则使用地板反作用力（Floor Reaction Force）传感器或姿态角传感器等获取的信息来修正重新产生的轨迹，这是为了解决由环境观测所得的地形误差，以及机器人力学模式的误差问题。最后，通过控制电机来执行之前预设好的运动。在这一架构中，运动轨迹的生成与传感器反馈控制成为了二足步行研究的主要课题。

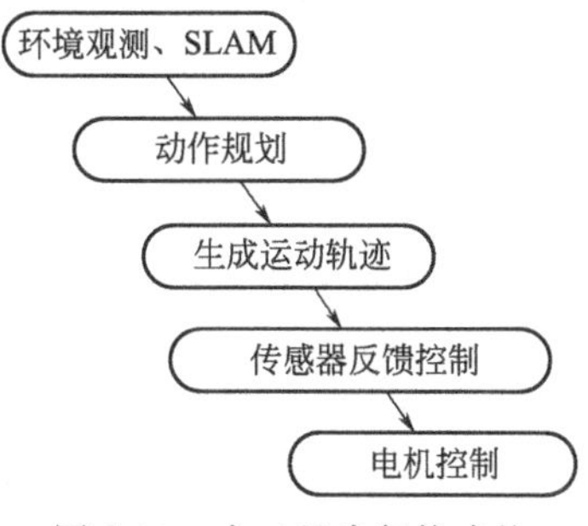

图 5-10　由二足步行构成的自动移动系统

(3) 步行的平衡

由机器人的重心沿着垂直方向向下延伸，与地面的交叉点，称为重心的地面投影点［图 5-11(a)］。如果这个点落在接地多边形内的话，即为静态稳定，也就是说机器人若以此姿势静止不动，就能持续保持静止状态。在这里，接地多边形是指包含接地领域的凸包区域［图 5-11(b)］。满足此静态稳定条件的步行称为“静态步行”。在静态步行的各个瞬间，虽然能保持静止且不会跌倒的姿势，但随着步行速度加快，会产生来自加速、减速及重心周围旋转部分的力量。这时若仅能满足静态稳定，机器人会有跌倒的危险。因此，还必须考虑动态平衡。动态平衡包含因加减速或刚体（Rigid Body）旋转所产生的惯性力。在这一点上，应用最广的指标为 Vukobratovic 等人所提出的 ZMP（Zero Moment Point，零力矩点）。

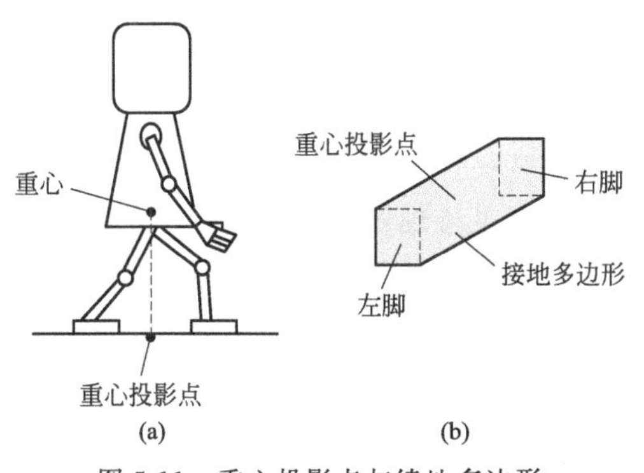

图 5-11　重心投影点与续地多边形

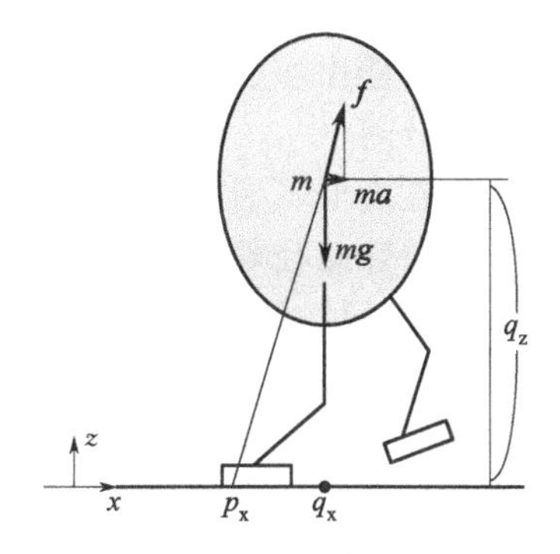

图 5-12　在某一刚体模式中的重心与 ZMP

机器人是连接多个刚体而成的链接系统，但在本章则将它简化为单一的刚体来考虑（从侧面观看的样子如图 5-12 所示），也就是说假设可以忽略足部的质量，且重心的周围不会旋转。以矢量 $\ddot{\boldsymbol{q}}$ 表示重心的加速度时，此加速度由地板反力与重力的合力而产生，故设地板反力矢量为 $\boldsymbol{f}$，重力加速度矢量为 $\boldsymbol{g}$ 时，则以下公式成立。

$$\boldsymbol{f}+m\boldsymbol{g}=m\boldsymbol{a}$$

此地板反作用力 f 的作用点 p 即为 ZMP。由于脚底未接触地面，故作用点 p 无法发挥在接地多边形外侧的力量。在此，点 p（ZMP）为动态平衡，也就是说此运动状态是能否实现力量均衡的指标。相对于静态步行，当重心投影点停留在接地多边形外部时，称为动态步行。

（4）步行轨迹的生成

动态步行各瞬间的姿势中，含有不满足静态平衡的姿势。也就是说，为了决定目前的运动，需要一个将来的目标点。这时，可以利用长远的运动目标来生成运动轨迹。在此可根据所给的脚步来设定目标 ZMP 轨迹，并通过计算能实现 ZMP 轨迹的重心轨道来生成运动轨迹。

我们将重心的位置设为 $q=(q_x, q_y, q_z)$，ZMP 的位置设为 $p=(p_x, p_y, 0)$，而重心在上下方向不加速，即 $\ddot{q}=(\ddot{q}_x, \ddot{q}_y, 0)$，如图 5-12 所示，这样 ZMP 的 x 成分 p_x 为 $p_x=q_x-(\ddot{q}_x/g)q_z$，其中 g 为重力加速度。p_y 也可以同样的方式求得。在简化模式中，生成重心轨道的方式不外乎当 $p_x(t)$、$p_y(t)$ 给定时，设定初始条件，再解出这些微分方程式。但实际上，重心 q_x 存在隐藏的制约条件，如不能离脚的接地区域内的点 p_x 太远等。另外，目标点 ZMP 则并不一定要严格满足条件。考虑到这些因素，如果要追踪目标点 ZMP 来生成运动轨迹，推荐下列方法：根据步行的周期性，对质点分布模式使用 FFT 来生成轨迹；利用预见控制理论来生成轨迹等。如果需要生成轨迹后步行、停止，然后再生成下一个轨迹，这一过程不但复杂，也无法应对周边环境的变化。对此，目前正在开发包含上述两种方式，联机生成轨迹的方法。

（5）传感器反馈控制

路面会有变形的地方，机器人在行进的同时以毫米级精确度侦测周边环境的形状确实比较困难。而且，也很难完全等同地制定机器人的力学模式。因此在力学模拟环境中，即使对机器人成功步行的轨迹进行原样复制，在现实世界中也很可能会跌倒。所以，利用传感器信息修正轨迹，也就是使用传感器反馈控制非常重要。

在步行控制上有两个重要的传感器：测量来自地面反作用力的力量传感器，以及测量重力方向姿态的姿态角传感器。力量传感器的部分是在足部设置传感器，以测量足部的六个分力或是其中三个分力，直接控制或以 ZMP 位置间接控制地板反作用力。姿态角方面，有能在测量加速度的同时推测重力方向的加速度传感器，以及测量旋转角速度的陀螺仪。两者并用的话，就能构建出在加减速运动中依然能精确地测量出姿态角的系统。

（6）步态计划

二足步行在高低不平或斜坡路况下能发挥其特长，但在这种路面上移动，下脚的位置非常重要。作为特殊路径规划问题，已经有了相关的足迹规划研究。例如，某款机器人每走一步，就有数种移动模式可供选择，只要根据地形来限定脚的落地位置，朝着目标摸索前进，就能找出动作模式配合上的问题所在。根据地形来限制脚的摆放位置等，就可以将探索范围缩小，以实现高速化，从而能够在每一步移动中进行一次联机规划。

二足步行机器人的发展有两点需要关注：第一点是与环境辨识功能相结合。先让脚踏上去后再适应环境，这一方法明显存在局限性，作为环境辨识、规划、运动控制的系统，提升步行控制的稳定性非常重要。第二点是需要明确处理动力学以外的制约条件，也就是说为了适应各种地形，如何联机处理运动学逆解、关节角速度界限等问题，也应该列入与力学平衡同等重要的位置。

5.5.2 被动步行与基于动态控制

（1）被动步行

所谓被动步行（被动的动态步行），是指无致动器或传感器的某种多链接机械走下平缓斜坡的现象。这一现象很早以前就存在了。1888 年，某专利书籍中所描绘的被动步行人偶表明，只要适当地建构出身体，即使不加装电机或控制器，也可实现自然地步行。从机器人学的观点来看，这一现象也颇具趣味。实际上早在 1990 年，T. McGeer 就制作了被动步行机（图 5-13），其动态步行公布之后，吸引了众多研究者的关注。

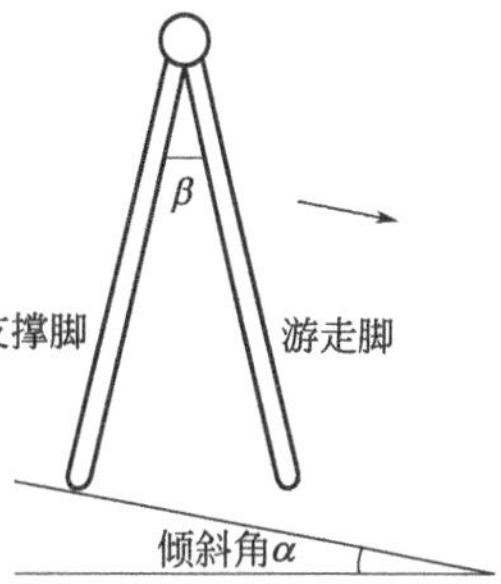

图 5-13 T. McGeer 的被动步行机的模型

（2）被动步行及控制

被动步行机未加装致动器或传感器，当然也就没有控制规则，然而它却能平顺自然地行走，似乎完全体现了“没有控制就是最好的控制”，这一现象非常有趣。在被动步行现象中，即使行走状态有点紊乱，仍能恢复到正常的状态，或者是能根据倾斜角恒定步行，而且步行结束后也可恢复到机体的初始状态。也就是说其具有某种稳定性，且被动步行机会根据倾斜面角度或身体参数来改变行走状态。

（3）基于动态控制与隐性控制

如果不将被动步行看作是“步行”这一拟人现象的话，也可以将其视为一种非线性力学现象，即仅依靠振子系统的运动。如果兴趣仅停留在被动步行上，这的确也是正确的看法，但我们的兴趣在于给被动步行机加装适当的控制规则，以实现更稳定、更坚固、适应性更强的步行状态。在这种情况之下，如果系统内含可视为控制规则的要素的话，应当尽量使其明确化，以便为控制规则的设计提供有用的信息。根据具体情况，也有可能设计出简单的控制规则。曾有报告指出利用延迟反馈这一简单的控制规则，可提高步行的稳定性。这意味着设计控制规则时，能够巧妙地利用控制对象的特性，设计出简单的控制规则。实际上，如果能在操控器的控制上利用“被动性”这一性质，各轴独立的 PD 控制就会颇为有效，这一方法称为基于动态（Dynamic Based）控制。动态控制近年来非常盛行，不仅可以利用控制对象的性质设计控制规则，而且有人提出了控制对象与场所的相互作用产生了控制规则这一想法。在这种相互作用下产生的控制规则称为隐性控制法，本来就存在的控制规则称为显性控制法，图 5-14 是结合这两种方法设计而成的控制规则。当控制对象与场所产生相互作用时，隐性控制规则的性质才会呈现，没有产生相互作用时则消失。总之，设计控制规则时，如果能充分利用隐性控制法的话，显性控制法则会成为非常单纯的控制规则。

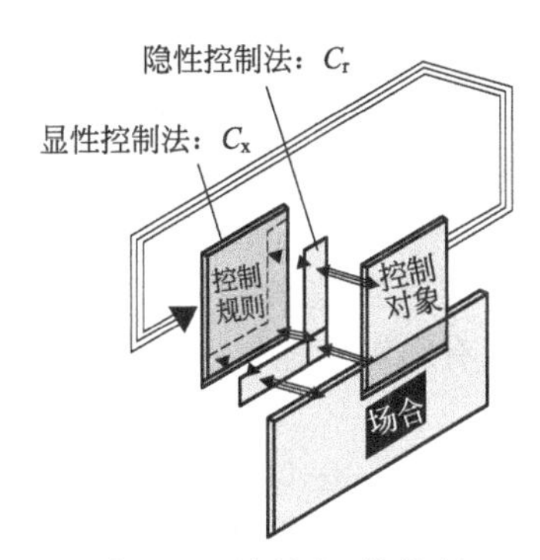

图 5-14 隐性/显性控制规则的想法

5.5.3 机器学习与统计决定行动

（1）基于机器学习的机器人行动学习

机器学习是指利用计算机等使机械能够像动物或人类一样，具备基于经验进行学习并能根据新情况实时调整行动的能力。下面介绍几种重要的机器学习方法。

① 强化学习。强化学习一词由动物心理学者斯金纳（Skinner）命名，用来表示操作性条件反射（Operant Conditioning）下的动物所拥有的自然学习能力。斯金纳有一个经典实验：把小白鼠放进特制的笼子里，只要老鼠按压食物盘上方的杠杆就能得到一粒食物，通过试错老鼠掌握了杠杆和食物的关系，于是学会了不断地按压杠杆以获取食物。有人提出可以将这一原理应用在机器人学习上，并给出了相关的数理模式。在强化学习中，将输入的传感

器信息所建构出的状态空间定为 S，应采取的行动选项所建构出的行动空间定为 A，将在状态 s 下采取行动 α 所得到的报酬定为 r，以此为前提来进行学习。强化学习就是将连续行动时从所选择的结果中得到的报酬加以最大化，属于优化问题的范畴。为了解决这一优化问题，已提出了多种算法。在这里介绍的是常用的 Q 学习法。将在某状态 s 下采取某行动 α 的价值设为 $Q(s, \alpha)$，以错误的行动结果下所得到的报酬 r 来更新以下公式中 $Q(s, \alpha)$ 的值。

$$Q(s_t, \alpha_t) \leftarrow (1-\alpha)Q(s_t, \alpha_t) + \alpha[r_{t+1} + r\max_{\alpha} Q(s_{t+1}, \alpha)]$$

此处 α 称为学习率，r 称为折扣率。根据所得报酬来调整以往的价值观，以 α 表示其调整的程度，以 r 来表示目前的报酬以及将来的报酬的改变幅度，必须根据应用与具体状况选择适当的 α 与 r。强化学习的应用范围很广，其中著名的例子是 RoboCup 中的行动战略学习。假设球或敌我方的位置为状态空间 S，踢出球的方向或传球、运球的动作为行动空间 A，通过比赛得分（获得报酬）而学习 Q 值，即可自动地学习适当的行动战略。

② 通过 RNN 来学习并生成动作。典型的多层感知器（Multi-layer Perceptron，MLP）的缺点为无法处理时序信息，但 RNN（Recurrent Neural Network，递归神经网络）能解决这个问题，因此在机器人动态行动的学习、预测以及行动决定中，RNN 为常用方法。如图 5-15 所示，RNN 的构造可使多层感知器的输出层重新输入输入层与中间层，机器人感知到的传感器信息（s_t）与应输出的电机指令（m_t）同输入、输出层相对应。其特点为配置了用来表示“状况”c_t 的节点，称为 Context Node。能在狭窄走廊中行进的移动机器人最常遇到的困难就是即使在不同的场所，距离传感器等感测到的信息却是一样的，也就是所谓的假信号问题（Aliasing Problem）。在 RNN 中，通过使其学习时序的感觉运动信息，即使传感器信息相同，只要所呈现的值能使 Context Node 自主且有组织性地识别动态状况，就能够避免感知上的假信号问题。

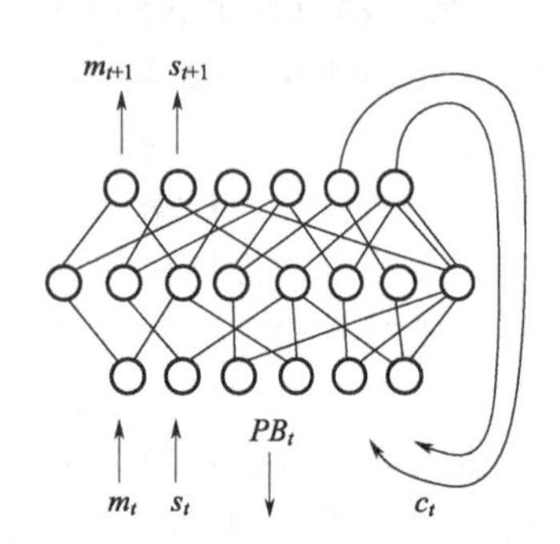

图 5-15　RNNPB 的网络构造

另外，Tani 等人对此 RNN 进行了扩充，提出了能够使 Context Node 以参量来呈现并学习状况的 RNNPB（Recurrent Neural Network with Parametric Bias，递归神经网络的参数偏差）。为了解决假信号问题，可以通过 PB（Parametric Bias）在参数空间中记述“状况”表现。机器人根据 RNNPB 所输入的传感器信息，将状况识别的结果以 PB 形式输出。反过来，通过将 PB 输入为 RNNPB，与该状况对应的感觉运动信息被输出，机器人即可依据此信息决定行动。通过此方法来构筑研究的基础，以实现感觉运动信息与符号信息间的相互转换。近年来该方法也应用于机器人基于经验的语言获取等方面的研究。

（2）通过统计来决定行动

对于在现实世界中行动的机器人来说，传感器所取得的外界信息中含有噪声，这是影响机器人行动的重要因素之一。为了解决该问题，近年来通过统计来进行信息处理的研究取得了很大进展。下面将以贝叶斯网络（Bayesian Network）为中心介绍其研究动向。

① 通过贝叶斯网络来决定行动。贝叶斯网络是根据有限的不确定的信息来源来推测某命题的值的方法。如图 5-16 所示，现象是由节点来呈现的，而现象间的概率性关系则是以节点间的弧形来呈现的。各现象具有几个分散状态，分别分配了意味着取得各状态可能性的概率变量。弧形意味着现象间的因果关系，以使用该概率变量的条件概率来呈现。将传感器信息输入到证据节点，通过推测假设节点的命题的值来决定行动，这是基本形式。

图 5-16 以条件概率表示了因地震或入侵者引起警铃声响起，邻居 John、Mary 闻声打电

话报警的状况。推论时，根据表示各现象间关系的条件概率，以及所观测到的证据现象（例如 John、Mary 在打电话这一现象），来计算成为推论目的现象（例如小偷入侵的现象）的概率。

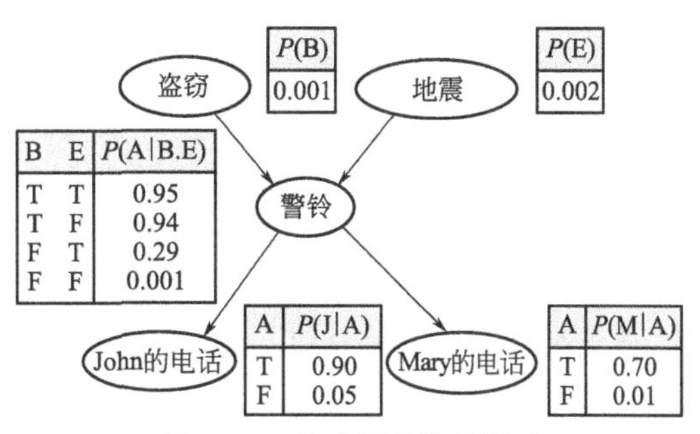

图 5-16　贝叶斯网络的例子

虽然基本的贝叶斯网络无法处理动态时序信息，但在机器人的应用上，学习并预测朝时间轴方向进行的现象变迁非常重要。这时会经常使用到如图 5-17 所示的动态贝叶斯网络（Dynamic Bayesian Network）。将承担某短时间区间的贝叶斯网络按时间方向进行排列，通过连接时刻 $t-1$ 节点与时刻 t 节点，即可进行时间方向的推论。例如，按照机器人巡检线路的节点进行动态贝叶斯网络故障诊断模型的搭建，假设机器人巡检的第一条线路中有 3 个节点，则可以巡检的顺序为依据得出初始贝叶斯网络模型。接着以初始网络为基础向外扩展，便可以得出转移网络和部分贝叶斯网络故障诊断模型的示意图，如图 5-17 所示。利用动态贝叶斯网络对巡检线路的故障诊断方法进行设计，可以发现工作中存在的问题，并依据诊断结果进行故障修复，可以最大限度地保证机器人巡检工作的执行效率。动态贝叶斯网络与隐马尔可夫模型（Hidden Markov Model，HMM）非常相似（图 5-18）。其实，在数学上，HMM 是包含在动态贝叶斯网络内的模型。

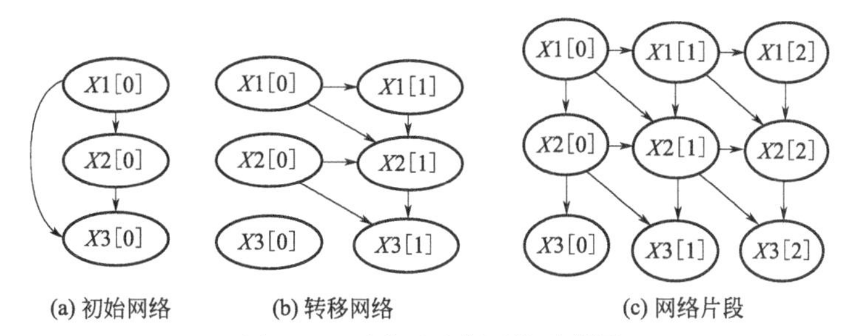

(a) 初始网络　(b) 转移网络　(c) 网络片段

图 5-17　动态贝叶斯网络示意图

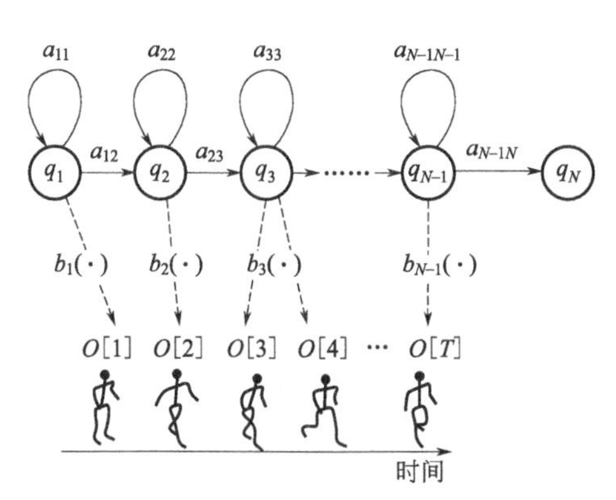

图 5-18　隐马尔可夫模型下的运动形态的抽象化与辨识

② 统计性行动决定与对话管理。贝叶斯网络是用来呈现现象间不确实的因果关系的模型，因此不仅用于判断状况或决定行动，在其他各种信息处理上应用也很广泛。其一为自然语言处理以及语言对话管理。研究人员利用贝叶斯网络，从没有实际输入的文章中输出适当的文章，建构出对话系统。

③ 统计性行动表现与模仿学习。学习某动作时，除了采用前节所说的强化学习外，在呈现时间性推移的行动上，也常使用 HMM 或高斯混合模型（Gaussian Mixed Model，GMM）。我们用以下关于概率的参数来定义 HMM：有限的几个状态间迁移的状态迁移概率、表示在状态迁移之际所输出的特征向量分布的输出概率，以及表示状态迁移开始处的初期状态概率等。高斯混

合模型经常用于输出概率，这样可将复数的运动形态抽象化为统计性符号，也可将运动形态作为记号来进行辨识处理，或反过来由符号产生运动形态。也有人提出利用此性质来模仿运动系统，以期应用在机器人运动学习领域。

单就行动的生成程序来说，如何产生与感知相对应的行动这种对状况的判断及对行动的决定，今后将成为更加重要的课题。根据所感知到的信息来辨识目前状况，这一领域称为传感器融合，对于在现实世界中行动的机器人来说是最重要的功能之一。另外，在决定行动方面，事先准备很多重要且可再利用的行动 Primitive，即行动的最小单位要素，将统计决定行动的结果与此要素相结合来生成行动，这是近年来常用的方式。

5.5.4 运动规划

(1) 运动规划研究的趋势

机器人在进行目的作业时，根据环境的不同，可能必须改变状态，由现在位置移动到目标位置，计划这种动作的课题就称为运动规划，也可称为动作计划或动作规划。其正式研究开始于 20 世纪 80 年代，当时结构空间的概念被提出，潜在法等决定论性的计划方法非常盛行。20 世纪 90 年代，研究者提出了抽样计划，动作规划理论与应用研究取得了进展。2000 年后，随着计算机性能的提高，动作规划广泛应用于机器人、医疗、生物信息学等领域，目前仍在持续发展之中。

(2) 结构空间与抽样计划方法

相对于进行实际作业的作业空间，决定机器人的位置、姿势（结构）q 的变量所形成的空间称为结构空间（以下简称 C-空间）。使用 C-空间的优势在于 C-空间上能用一个点来表示以某位置或姿势在作业空间占有一定体积的机器人。例如，具有两个关节的机器人手臂的姿势［图 5-19(a)］可以成为 C-空间 2D 圆环面上的一点［图 5-19(b)］。图 5-19(a) 中的圆形障碍物在 C-空间上变成另外一种复杂的形状，称为 C-障碍物。

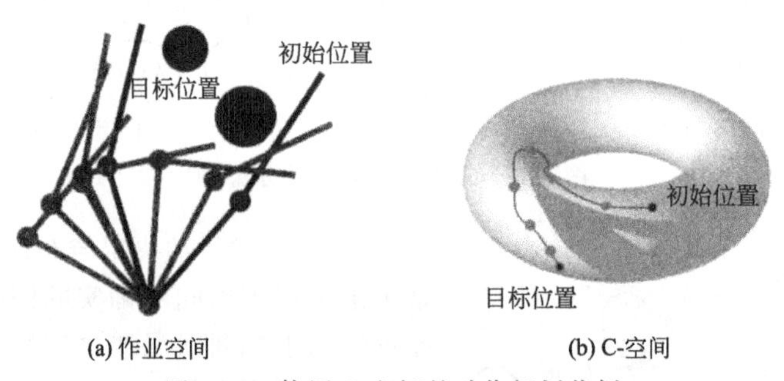

图 5-19　使用 C-空间的动作规划范例

计划问题可归纳为：C-空间中在不碰触 C-障碍物的情况下，将初始姿势与目标姿势结合，求出如图 5-19(b) 所示的路径。如果可以明确地求出 C-障碍物，那就只需在 C-空间上计划出不碰触到 C-障碍物的路径即可。但从图 5-19 中可看出，要做到这一点通常来说较为困难。这里建议使用抽样计划方法，在 C-空间上随机抽样，将抽样结果当作节点，建构出不会碰触到障碍物的途径网络，即路径图。然后利用图形探索算法推算出自初始位置到目标位置的路径。在此方法中，只需确认在 C-空间上取样到的姿势与所连成的局部路径是否会触碰到障碍物即可，而不必计算出 C-障碍物的形状。

针对容易记述其行动的全方位移动机器人等，也可在网格空间中记述环境，直接使用 A^* 探索算法等较为有效的方式。对此，抽样计划多用于多自由度机器人或形状与环境较复杂的情况。针对不同计划问题的特性需要采用合适的方法。以下介绍代表性的抽样计划方法：PRM（Probabilistic Road Map）法与RRT（Rapidly-exploring Random Tree）法。

PRM法是由前处理与计划这两个阶段所构成的方法（图5-20）。前处理阶段，在C-空间上对姿势进行随机抽样，选择不碰触C-障碍物的姿势，然后将一定范围内与此接近的节点增加到局部路径，构成路径图［图5-20(a)］。如此重复，直到节点达到一定数目，可由路径图看出环境已被覆盖至某种程度为止［图5-20(b)］。在计划阶段，增加初始姿势、目标姿势与路径图所连接的局部路径，并通过图形探索高速求得路径［图5-20(c)、(d)］。

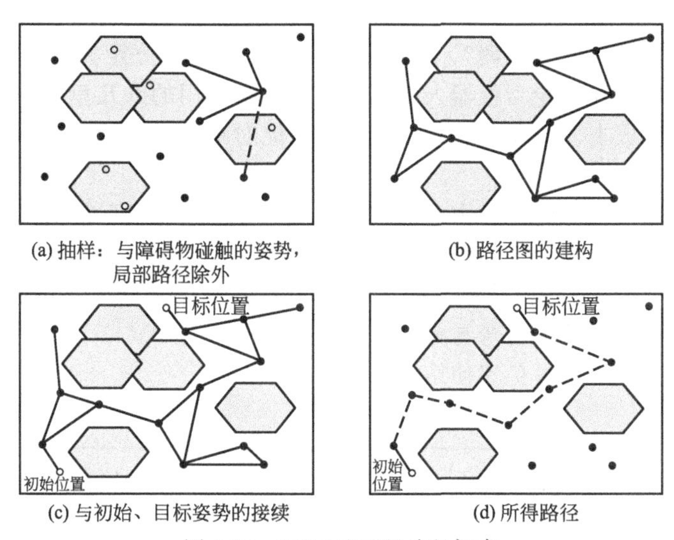

图5-20　PRM法下的路径探索

如图5-21所示，q_{init}为初始姿态，RRT法是在C-空间上产生姿势q_{rand}，从此姿势上延伸出树形图，计算从最近的姿势q_{near}向q_{rand}移动所需的单位距离ε，生成姿势q_{new}，计算出连接它们的局部路径（图5-21）。该路径如果没有碰触到C-障碍物，则加入路径图。重复此操作，并展开树形图，从路径图上找出可到达目标位置的局部路径，就能得到答案。与PRM不同，RRT无须经过前处理阶段，只需一次探索（Single-query）即可计划路径。

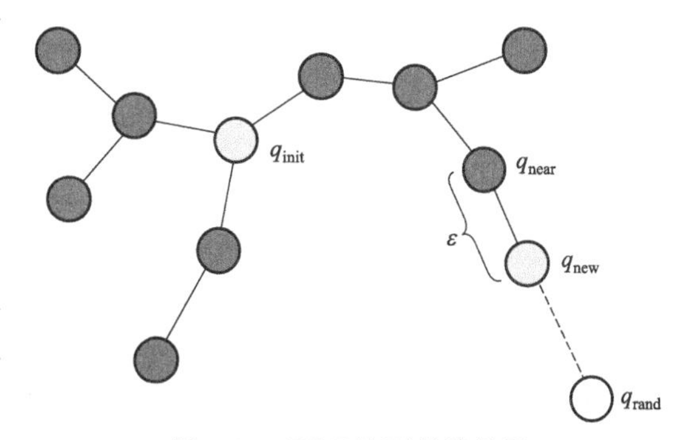

图5-21　RRT法下的路径图

一般认为，即使有许多障碍物存在，自由空间仍较大时，使用PRM法较有利；在有可能碰触到障碍物的严峻环境（如零件的分解等）下，则RRT法较有利。在抽样计划方法中，从初始姿势到目标姿势间存在完全不会碰到障碍物的路径时，由于抽样数接近无限，此时求得的概率接近1，可保证概率上的完整性（Probabilistic Completeness）。不过在实际操作中不可能花费无限的时间，因此要根据所处理的问题，适当考虑能提高计划效率的相关组件技术与参数。

(3) 抽样计划的组件技术

抽样计划方法在路径探索算法之外，还加入了以下几个主要的基本组件技术：①局部路径与障碍物间的碰触侦测；②连接任意位置或姿势的局部移动法的定义；③位置或姿势间的距离计算；④路径平滑化。为了使技术①的碰触侦测在采取抽样计划对姿势做抽样时，或在每次连接局部路径时发挥作用，提高其效率非常重要。近年来，关于CG领域的研究颇为盛行，通过与图形处理器（GPU）并联计算等方式大幅提升了其效率。技术②考虑机器人的机械性制约，定义如何连接机器人的两个位置或姿势。具体而言，就是在 $t \in [0, 1]$ 中将某局部路径加以正规化时，在任意的 t 中求出机器人姿势的方法，常用于与路径障碍物之间的碰触侦测上。对此进行高速计算，有利于提高计划效率。以无法侧面移动的车轮型机器人为例，根据由直线与一定半径的圆弧组合而成的曲线（含后退），可利用 Reeds and Shepp 曲线局部移动法［图 5-22(a)］计算任意位置或姿势于最短时间所连接的路径。技术③用来定义机器人位置与姿势间的“距离”，并评估其路径的成本。此距离的定义与技术②的局部移动法也有密切关联。在车轮型机器人的例子中，比起常用的欧几里得距离，利用局部路径更能恰当地评估路径成本。与局部路径同理，如果能对距离进行解析计算，则能做出更有效的计划。

在利用抽样计划所计算的路径中，存在因随机的姿势选择所引起的冗长部分，而技术④路径平滑化则能去除这一部分。如图 5-22 所示，针对根据 Reeds and Shepp 曲线而移动的机器人，可利用 RRT 法计划路径并将其平滑化（图 5-22)。一开始规划的轨道［图 5-22(b)］急转弯较多，加以平滑化后急转弯与路径长都减少了［图 5-22(c)］。运动规划的安装，除了市售的函数库以外，也有可免费使用的软件。

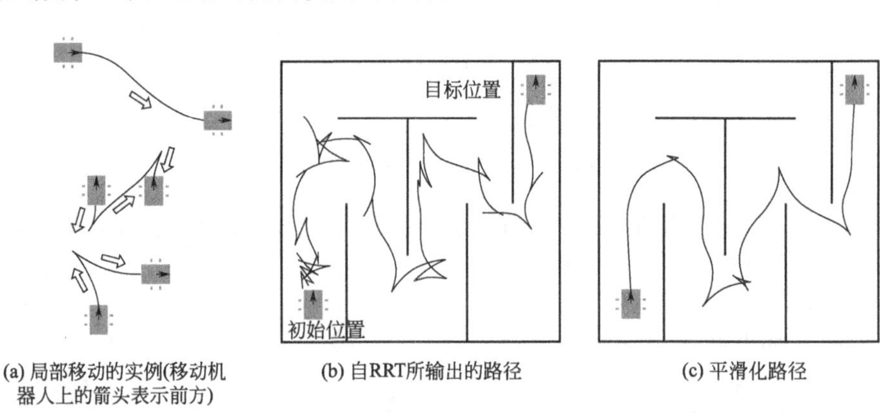

图 5-22 Reeds and Shepp 移动法下的路径计划与平滑化

抽样计划适用于设置后一段时期内不会变化的生产线机器人的轨迹规划，或是零件设计的可动空间评估等静态环境中机器人的几何性或运动学规划。不过，最近针对由动力学等微分制约的机器人或是存在变化的环境，正在不断地提高抽样计划在多自由度结构中的探索效率，以及安装的便利性。首先，在涉及动力学特性的相关动作中，局部路径终点上的机器人位置或姿势不仅取决于起点，也与机器人之前的状态息息相关。基于这一点，以及用来表示机器人状态的速度或加速度，有人提出了名为 Kinodynamic Planning 的方法。不过，由于探索空间会依据这些参数的数目呈指数性地增加，很难适用于进行动态运动的多自由度机器人。为了解决该问题，有人提出了二阶段重复计划方法。此方法首先要计划出几何性或运动学上无碰触的路径，然后将其转换为可实现的动态运动。另外，针对变化的环境，目前也正在进行相关的研究。最近关于运动规划的热门话题在生物信息学领域中，将由多个原子所构成的分子视为多自由度机器人，认为“动作的代价就是能量”，研究蛋白质与酵素的亲和性等。另外，仿人机器人能通过手足或身体与环境的接触来支撑全身，因此充分利用以往鲜有涉及的环境碰触来计划动作的相关研究也正在进行中。目前运动规划也应用在内脏器官动作的模型化或手术支持等医疗领域中。此外，利用GPU功能的抽样计划也备受瞩目。然而这些课题中仍存在许多待解决的问题，期待今后运动规划技术能有更大的进展。

5.6 机器人知觉

5.6.1 同步定位与建图

(1) 同步定位与建图

机器人要想在实际环境中行动，行动的区域或地标、周围物体的情况以及场所或空间等信息不可或缺。这样的信息称为地图，制作地图需要庞大的人力，而环境稍有变化，地图也应随之更新，因此人工制作机器人使用的地图有一定的限制。让机器人拥有自己制作地图的能力，已成为机器人学中重要的研究课题。同步定位与建图（Simultaneous Localization and Mapping，SLAM）便是整合机器人自我定位与地图建构的技术。机器人内部传感器建构地图时，可以通过与机器人一起移动的传感器来获取坐标系的相关数据。因此要制作地图，必须由传感器坐标系转换为地图坐标系。

图5-23为机器人在移动中测量数据的状态。将这些数据转换为坐标，即可得到地图（地标集合）。例如，地标 L_2 在地图坐标系中的位置为 $\boldsymbol{q}_2$，$\boldsymbol{q}_2$ 可根据测量数据 $\boldsymbol{z}_2$、机器人的位置 $\boldsymbol{r}_1$，利用式（5-4）计算出来。$\boldsymbol{R}_1$ 为 $\boldsymbol{r}_1$ 上根据机器人方向计算出的旋转矩阵。而且其位置可以用包含了方向 $\boldsymbol{\theta}$ 的 $(x, y, z)^{\mathrm{T}}$ 来表示，但为了简化公式，我们先忽略其方向。

$$\boldsymbol{q}_2=\boldsymbol{R}_1\boldsymbol{z}_2+\boldsymbol{r}_1 \tag{5-4}$$

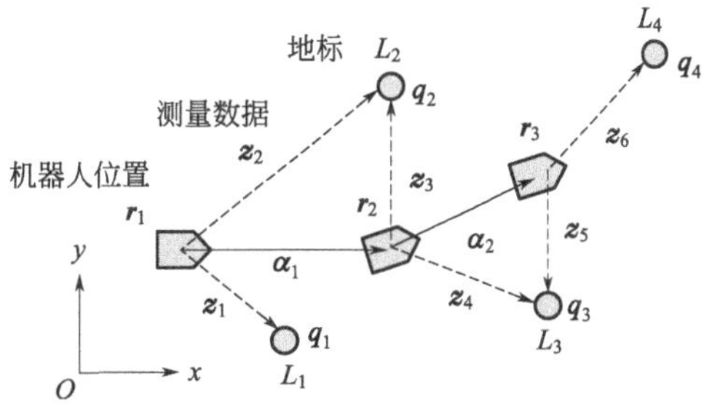

图5-23 机器人位置与地标位置的关系

航位推算法是机器人定位的有效方法之一，这是将初始位置的微小变位加以积分，从而求得当前位置的方法。例如，在车轮型机器人中常用测程法通过车轮旋转数求得速度或移动量。假设图5-23中以测程法所得的移动量为 $\boldsymbol{\alpha}_1$，则机器人位置 $\boldsymbol{r}_2$ 如式（5-5）所示。

$$\boldsymbol{r}_2=\boldsymbol{r}_1+\boldsymbol{\alpha}_1 \tag{5-5}$$

不过航位推算法存在一个问题，那就是长距离行走时，机器人会因误差的累积而产生位置偏移。此时可以通过地图上的地标来修正航位推算法的误差。如图5-23所示，如果地标 L_2 在地图坐标系中的位置为 $\boldsymbol{q}_2$，通过测量数据 $\boldsymbol{z}_3$ 即可得到机器人位置 $\boldsymbol{r}_2$ 的范围。

$$\boldsymbol{q}_2=\boldsymbol{R}_2\boldsymbol{z}_3+\boldsymbol{r}_2 \tag{5-6}$$

式（5-5）与式（5-6）是冗长的联立方程式，求出 $\boldsymbol{r}_2$ 的最小平方就能修正测程法的误差。制作地图需要确定机器人位置，但要精确求得机器人位置又需要地图。也就是说，建构地图与自我定位无法分离，必须同时求解才行。同步定位与建图（SLAM）最初由Smith与Cheeseman等人提出。后来，Durrant-Whyte、Thrun等人进一步推进了该研究。

(2) SLAM的方法

同步定位与建图的要点为多次观测相同的地标。如图5-23所示，通过对地标 L_2 进行两次观测，就能修正测程法的累积误差。

① 概率模式法。基于概率模式的SLAM中将机器人同步定位与建图等同于根据外界传

感器测量数据的时间序列 $z_{1:t}$ 与机器人动作的时间序列 $\alpha_{1:t}$，来推测时刻 t 机器人的位置 r_t 与地图 m 的同时概率密度 $p(r_t, m|z_{1:t}, \alpha_{1:t})$。

基于贝叶斯滤波器（Bayesian Filter），$p(r_t, m|z_{1:t}, \alpha_{1:t})$ 可分解为动作模式 $p(r_t|r_{t-1}, \alpha_t)$ 与测量模式 $p(z_t|r_t, m)$ 来求解。动作模式为通过动作 α_t 移动后的机器人位置的概率密度，相当于前述的航位推算法。测量模式为给定机器人位置与地图时，所得到的测量数据的概率密度。SLAM 会重复以下步骤来进行处理：a. 通过动作模式预测机器人位置；b. 关联测量数据与地标位置（数据关联）；c. 通过测量模式更新机器人位置与地标位置。

贝叶斯滤波器是针对数据的不确实性来加权整合数据，以此达成最佳定位。贝叶斯滤波器分为卡尔曼滤波器（Kalman Filter）、粒子滤波器（Particle Filter）等，可分别对其进行 SLAM 定型化处理。图 5-24 展示了通过扩展卡尔曼滤波器进行的 SLAM 的模拟。机器人由 S 行走到 G。行走路径描绘了其值与推测值两条。椭圆为机器人位置以及地标位置之间的推测误差。到地标 $L_1 \sim L_7$ 之间的直线表示机器人所做的观测。地标 L_3 到 L_4 之间，仅仅采用了测程法，使得机器人位置出现了累积误差，之后再通过对 L_5 等地标的再次观测来修正误差。

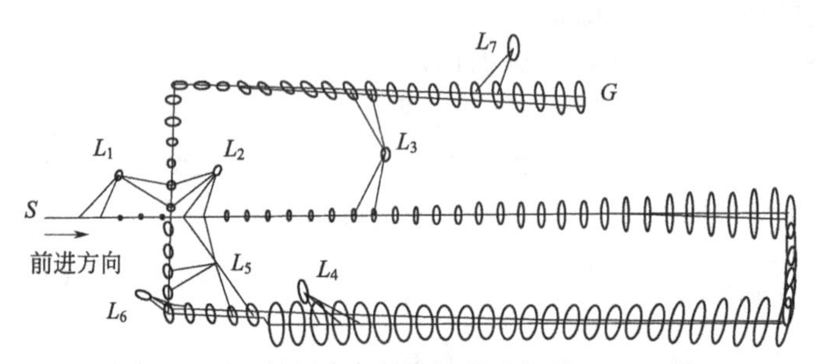

图 5-24　通过扩展卡尔曼滤波器进行的 SLAM 模拟

SLAM 的基本构造为式（5-4）～式（5-6）所示的联立方程式。贝叶斯滤波器对此进行了逐次处理，所以机器人可以在移动中收集数据，从而制作地图。另外，也有收集全部数据后再一次解联立方程式的方法，这种方法称为 Graph SLAM，常用于回路的关闭处理(Loop Closure)。

② 形状匹配法。若外界传感器可以一次测量到大量数据，我们可以通过其形状来核对位置。例如，通过对激光扫描仪在不同位置 $\boldsymbol{r}_1$ 与 $\boldsymbol{r}_2$ 所取得的测量资料（扫描）进行匹配，将其共同部分重叠，以此求出 $\boldsymbol{r}_1$ 与 $\boldsymbol{r}_2$ 的相对位置（平行与旋转）。使用各扫描反复进行这一操作，即可同时生成机器人轨迹与地图。其代表性方法有 ICP（Iterative Closest Points，迭代最近点）和相关法。

(3) 3D SLAM

虽然 SLAM 的研究是从制作供机器人行走于平面的 2D 地图开始的，但近年来 3D SLAM 的研究也渐渐盛行起来。3D SLAM 中机器人的最大自由度为 6，与 2D SLAM 中的自由度 3 相比，机器人自我定位的稳定性与计算量成为了难题。而且 3D 的测量数据一次可能取得数千点至数万点，因此如何将信息从如此庞大的数据中抽出并进行计算，也是一大难点。

① 使用激光扫描仪的 3D SLAM。机器人行走于地面（平面）时，从 2D SLAM 得知机器人位置，再以 3D 来制作地图是最简单的方法。例如，利用 2D 激光扫描仪，沿垂直方向获取机器人行进方向的剖面图，再沿着机器人轨迹排列，即可生成 3D 地图。通过 3D 激光

扫描仪直接取得数据的话，即可制作更详细的3D地图。最近市面上已经出现了可搭载于机器人并能实时取得3D数据的产品。将2D激光扫描仪固定到某个平面，再以电机旋转或移动此平面，即可将所得的2D扫描整合制作为3D扫描。机器人以6自由度运动时，必须使用3D数据来推测机器人的位置。3D扫描的数据量庞大，若将每个点都作为地标以符合贝叶斯滤波器，效率很差。所以常用的方法是以3D扫描为单位，通过扫描匹配来核对位置。也可使用匹配时所获取的协方差矩阵来构成测量模式，以适用于卡尔曼滤波器。

② 使用摄像机的3D SLAM。摄像机的图像分辨率高且具有亮度信息，所以对3D SLAM很有用。图像的好处在于，可通过丰富的特征来对数据进行定位。例如：如果是连续拍摄的图像，可以利用规一化相关系数，如果是远离视点的图像则利用SIFT等局部特征值与精确特征点进行关联。所以即使用测程法或陀螺仪等动作传感器，仅依靠图像也可推测出机器人的位置。

角落点、边缘线段及边缘点（边缘线段上的各点）常作为图像特征。角落点的识别性高，容易关联，所以也最为常用。但只用角落点不能充分表示环境状态，也无法充分检测纹理较少的环境。而边缘的识别性较弱，要取得关联则颇费功夫，但它可详细表示环境状态，也适用于纹理较少的环境。

使用了立体摄像机的3D SLAM可以在每格中取得3D点群，所以它跟激光扫描仪一样，可通过3D点群的匹配来推测摄像机的移动量。另外，通过3D-2D来推测摄像机移动量的方法也经常使用。将$t-1$时所生成的3D点群映射到t时的影像上，使影像上特征点的误差最小，进而推测摄像机的移动量。沿着这种方法所得的摄像机轨迹配置3D点群，即可产生3D地图。

使用单反摄像机的3D SLAM，是利用摄像机移动所产生的视差进行3D复原。Davison等人首先用扩展卡尔曼滤波器实现了单镜头SLAM，之后也有人提出采用光束法平差（Bundle Adjustment）的方法。光束法平差属于计算机视觉领域的研究手法。有报告指出，为了处理大量的特征点，相比采用贝叶斯滤波器的SLAM，采用扩展卡尔曼滤波器的单眼SLAM，在多数情形下精确度更佳。

经过许多研究，SLAM的架构已日趋完备，但在应用层面上仍有很多问题。另外，也不能忽略以SLAM为基础的其他可能的发展形式。首先，扩大对象环境非常重要。尤其是各式各样的户外环境，未铺设的道路、农田、森林、水下，以及气候、季节等因素，还有很多尚未成为充分研究对象的环境或条件。传感器与移动装置会因环境不同而产生变化，所以需要进行各种研究。经常在户外环境中活动的自主式机器人需根据环境变化来更新地图。要想将环境变化恰当地反映在地图上，需要强大的环境辨识功能，这些都是非常有趣的研究课题。目前，地图的使用目的大多是为了移动，而且多为记录地标或障碍物区域的地图。但是，若要进行物体的操作或搬运，就需要使用抽象度高的地图，以记录相关的对象物体。近年来，这种附带信息的地图建构（Semantic Mapping）备受瞩目。地图建构涉及测量学、计算机视觉、增强现实技术、机械学习等领域。机器人学对自主性、鲁棒性、实时性要求较高。地图建构技术，是关系到机器人环境辨识功能的根本性技术，希望此领域能有进一步的发展。

5.6.2 动作识别理解

（1）可辨识人类的机器人学

若要实现与智慧行为主体——人类间的交互，机器人就必须具备动作辨识（Recognition）功能以及行动理解（Understanding）功能。人主要是通过眼睛识别外物，如果是机器人，理所当然也应该以视觉，即图像输入为基础。基于视觉的动作识别理解，不仅可以通过自然而然的观察来掌握人类的行为，还可以用于手势（Gesture）界面、仿人机器人或动态影像的动作数据库构建，以及基于动作特征的个人识别等。

对人类动作的识别与理解大多是建立在人体自由度的多寡与动作轨迹之上，这就是所谓的时序点。虽然看似复杂且困难，但考虑身体阶层构造、力学上的限制、动作的前后关系与相关性等，我们可以考虑在机器人身上实际执行的可能性。其有望作为交互的基础发挥功效，因此除了增加吞吐量（Throughput）之外，我们也应该试着减少延迟时间（Latency）。

进行人类动作识别理解的方法主要有两种：一种为自下而上法（Bottom-up Approach），即先建立对人脑功能的计算模式，再逐次从运动数据中学习并自动获取动作样式；另一种为自上而下法（Top-down Approach），设计者将动作模式以数学方式明确地写下来，从而顺畅地进行识别。采取自上而下法时，需对处理状况和任务进行限定之后才能识别。自上而下与人工智能研究、机器人组装研究相对应，而自下而上与人类学习过程方法相关，也涉及心理学、脑科学等领域。

对机器人而言，动作识别理解是观察人类行为，产生对人类有用的机器人行动的基础。有人说这个基础也包含了“模仿”。正如从镜像神经元（Mirror Neurons）的研究中可知，模仿是理解与语言能力等人类智能的基础。在模仿时，与动作识别理解相关的行为者与观察者的身体、环境状况以及行动控制也有所不同，若单单只讨论位置、动作的变化或轨迹则稍显不足，这一点经常被人提出。不过，即使其他因素有差异，还是会有不变的部分，如动作单位，表示雏形（Primitive）概念的记述，物与物之间的接触、拘束关系变化、轨迹的特征点等，而这些构成了动作的基本要素。但是，在我们下定义的瞬间，这些低层信息就会被隐藏或放弃。所以如果机器人的动作识别理解以自上而下方法为雏形，则会碰到适用范围被强加限制的问题。因此，在机器人的动作识别理解技术上，需要融合自上而下法与自下而上法，目前很多研究者都在挑战此项研究。

（2）动作识别理解——识别位置、姿势的连续变化

与动作相关的词语，除了行动、行为、动作、移动之外，还有姿态、举止、模样、运动等。在此根据其目的，依序分为 4 类。①行动（Act）：具有具体的目的或动机，经思考、选择、决定之后有意识的行动。与条件反射或本能、睡眠等无意识的行动不同。行动是行动理解（Act Comprehension）的对象。②行为（Behavior）：包含反射性行为或本能性行为，整体而言就是具有某些意义、可以理解的身体动作。行为是行为理解（Behavior Understanding）的对象。③动作（Action）：身体的运动。是可识别、可分段（Segmentation）的物理运动。动作是动作识别（Action Recognition）的对象。④运动（Motion）：物理性的体位活动、变动、变化。运动是运动测量（Motion Measurement）的对象。

即使对于同一个行为，着眼点不同，辨识理解也有所不同。为了把握其他行为主体的意图，必须具备理解他人与自身行动的功能。在这种意义上，观察并掌握物理性动态，测量运动并将其作为动作加以识别理解，是机器人与人类之间协调的关键。

对输入图像进行动作辨识时，最重要的是先抽出人物领域。图像中人的位置或朝向、形态会随着时间而变化。目前掌握的方法多为从瞬间的人物图像中抽出亮度、颜色或轮廓等相关特征，对其进行时序数据识别（Sequential Data Discrimination）来加以辨识。这是为了避免光线等环境条件，身体大小等个体差异，或是同一人因不同状况而产生的速度或轨迹差异等因素的影响。要想从图像中识别出动作中的人类，大致可采用两种方法：其一为建构以某种形式来表现人类的模型；其二为建构表现背景的模型，背景以外的事物即为人类。前一种方法，要避免服装的差异、姿态的复杂变化、光线的变动等因素的影响，是相当困难的。目前正在尝试使用的方法为利用时间差，或者以图像制作人的模型并时常更新。后者也会因光线的变动而受到很大的影响。

从图像中取得的关于动作的时序数据，可以视为表现人类特征的参数空间中的轨迹。此轨迹可以获取空间中的点及代表向量的某种编码化，或可以曲线拟合或用回归来表现。将此轨迹储存为动作模板，再与重新输入取得的动作图像轨迹相互对照，进行基本识别。

实现动作辨识的方法，与识别时间变化数据的方法类似，经常会参考声音输入界面的先行研究——声音辨识领域的相关方法。常用的有连续 DP 匹配、隐马尔可夫模型（Hidden Markov Model，HMM）、动态贝叶斯网络（Dynamic Bayesian Networks）等。例如：从像素亮度或图像边缘得到的特征值多含有噪声，可以利用这一点将特征空间通过向量量化加以离散，并将此作为编码，通过离散 HMM 来加以辨识。但是，与声音中有音素存在不同，手势及动作中并没有相对的动作素或雏形存在，只有类似于语言中单词的辞典这种限定性因素。虽然动作或行动中存在时间顺序、阶层关系等构造，但并未整理成如语言一般的语法，或是在整理上有困难。采用这种方法，要事先限制动作或行动的种类与数量，只有将动作限定在一定的条件内，才能够加以辨识，因此目前的普及程度还比较低。

(3) 从动作识别到行为理解、行为把握

机器人必须充分利用其识别与理解功能，积极主动地行动。与人类这种智慧主体共存时，必须拥有与人相同的视觉能力。不仅需要识别人脸、身体动作，还要能够识别环境或物体的状态。其中的关键就在于改进对其所获取的全部信息加以储存与利用的统计性学习方法。另外，如何能够跟人一样实时将一连串动作分段，并将其作为行动赋予意义并理解也是一个课题。在声音辨识技术领域，超越隐马尔可夫模型的、基于概率模式的时序数据处理法正不断取得进展。不论采用何种方法，注视点控制以及注意控制都将是关键所在。

不管是时间方向还是空间方向都存在因果关系或依存关系，要想高效地辨识多维多自由度且复杂的运动数据，无法采用某种单一的方法，必须结合多样的特征值以及多种辨识、统计方法，对其进行复合处理。要想避免光线、方向变化以及姿势变化给动作辨识带来的影响，必须事先制作涵盖了以上所有因素的模型，但要做到这一点非常困难，因此建立好在线学习的架构不可或缺。图像输入处理与动作辨识理解处理密不可分，但通过动作捕捉（Motion Capture）装置获取运动数据输入，再根据它来进行辨识处理的框架制作也需要投入相关的研究开发。

5.6.3 人脸识别

(1) 实现人类与机器共处的人脸识别技术

为了实现人类与机器人之间的相互配合，必须使机器人能够识别并理解人类。对人类而言，脸部传递的信息最多。人类的脸部通常是外露的，而通过脸就能得到各种信息，比如：何处有多少人、如果是认识的人那么他是谁、他的表情看起来是生气还是微笑、他的性别或大概的年纪、他现在累了还是困了、他正看着哪里等。这些信息都可以通过脸部获取。机器人通过识别人脸，掌握人的位置或数量，判定他是谁，推测其表情、性别、年龄，感知其视线，从而根据他的个人属性或状态来提供最适当的服务、支持或对话。

随着 CPU 与 IT 技术的进步以及图像识别技术与机器学习技术的发展，2000 年以后，脸部辨识技术开始搭载于各种机器之上。尤其是数码相机或手机的照相功能等已具备脸部自动对焦、脸部自动光圈、微笑快门等功能，这些能完美地自动拍摄脸部的功能作为事实功能安装在很多机器上。另外，数码相机、计算机或网络上也有类似的功能，可在大量的图像中，以特定脸部为关键词检索脸部图像。人脸识别技术甚至可以运用于商业营销上，例如：根据性别、年龄，对入场者的人数加以统计；在服务行业，应用笑容度推测技术来对接待人员进行培训。随着这些功能的普及，人脸识别技术也将愈加精密化、小型化、高速化、整合化，并广泛应用于服务型机器人上。

(2) 人脸识别技术概要

机器人通过视觉来识别人脸的技术主要有三种：①从图像中高速侦测出多个脸部位置的技术，以及脸部追踪技术；②在侦测出的脸部范围内，进一步侦测眼、鼻、口等主要器官的位置及形状，再根据这些信息，追踪眨眼、视线、口的开合等脸部器官活动的技术；③对识别对象进行个人认证，或是通过推测性别、年龄、表情等来识别脸部或脸部的状态。依据以上三种技术，人脸识别的流程如图 5-25 所示。

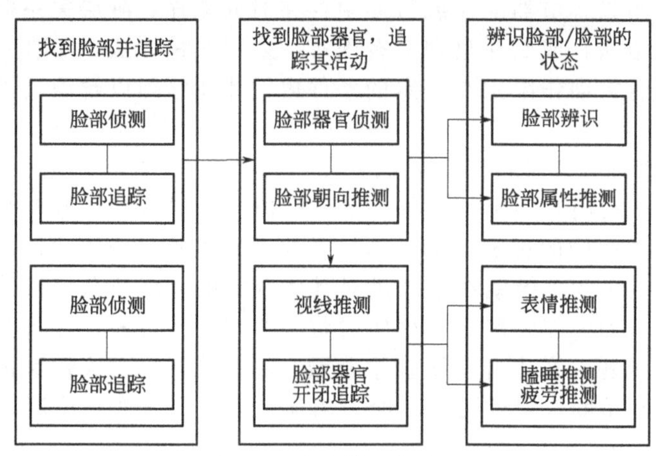

图 5-25 人脸辨识的流程

(3) 可以辨识出人脸的人脸识别技术

机器人识别人脸，首先要能从摄像机所输入的图像中，高速并正确地辨识出人脸。人脸会因个体或属性、眼镜等装饰品、照明环境、摄影环境、脸部朝向、表情等因素的变化而呈现出较大差异。可以说，从图像中找出发生变化的脸部是难度很高的技术。自从 Viola 等人提出高速人脸识别方法后，已经催生出了许多以此为基础的人脸识别方法，这些方法速度更快、精确度更高，并且已成功搭载于各种机器上。这些方法着眼于各式各样的脸部中也会存在某些共同特征这一点，并且具有以下两大特征。

第一个特征是将人脸局部范围的多个明暗差作为特征值，将其组合后制成侦测器。着眼于脸部明暗差的特征值有哈尔（Haar-like）特征值（图 5-26）。将白设为 1、黑为－1，同张图中的黑白权重系数的乘积和就是输入图像某个部分的哈尔特征值。将此应用于人脸图像上，着重于眼睛的话就会有两个共同点：①眼部本身比眼部下方暗；②眼部较其两边暗。如果着重于嘴巴则共同点为：嘴巴本身比嘴巴下面暗。人脸各个部位都存在着同样的明暗差。哈尔特征值仅需要将着重的两个区域的明暗差作为必要信息，就像以颜色信息侦测脸部那样，不需要脸部的所有信息，因此能够以少量信息表现出脸

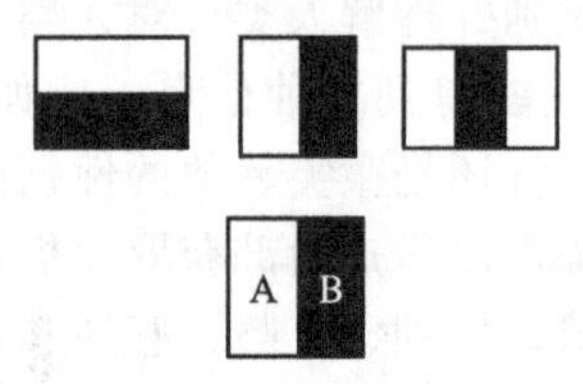

图 5-26 哈尔特征值的示例

部特征。

这样的特征值是具有庞大数量的组合。将其中能用于脸部侦测的特征值事先挑出，然后制作出脸部侦测器，方法有 Ada Boost。先通过一个弱识别器找出有助于脸部识别的一个有效特征，再使用 Ada Boost 挑选出多种弱识别器的组合，以达到学习人脸侦测的效果。

第二个特征是将侦测器作成阶层式构造，并加以高速化。脸部以外的图像占了整张图像的大半区域，大致掌握脸部特征之后，将其配置于阶层构造的最上层，一开始就将与脸部相异的区域排除在外，就能实现高速化。另外，若能掌握脸部的细节特征，并将其配置在阶层构造的深处，这样一来，与脸部相似的部分才会成为判断对象，最后再进行详细判断，从而提高其精确度。

(4) 脸部器官侦测与追踪技术

为了识别并推测人类的表情、性别、年龄等，必须侦测出眼睛、嘴巴等脸部器官的位置、形状，并追踪它们的动态变化。其中，代表性的方法为基于 3D 模型的人脸识别技术。通过侦测多个人脸图像的立体形状，建构出脸部的 3D 模型，该模型可以匹配脸部器官的位置、形状、姿态等，并可以移动调整。依据眼睛、嘴巴等明暗特征的相似度，将此 3D 模型加以旋转、放大、缩小、平行移动，使其与 2D 图像上的脸部器官的位置、形状相匹配。然后，进一步详细辨识眼睛或嘴巴的轮廓，使眼睛或嘴巴的模型与此轮廓相匹配，以此精确地侦测出眼睛或嘴巴的形状、动态以及视线等。

(5) 识别人脸与人脸状态的技术

首先介绍可以分辨出“他是谁”的人脸认证技术。此技术是将所识别的人脸与事先已经注册的特定人脸资料进行对照，判断是否为同一人。如果事先注册的是多张人脸数据的话，则可以判断所识别的人脸是其中的哪个人还是没有输入过脸部数据的人。人脸认证技术的处理流程如图 5-27 所示。侦测人脸后，确定脸部器官的位置再根据其结果进行脸部范围的正常化与初期处理。接着，再抽出能够用于人脸认证的特殊特征值。用于人脸认证的特征值中，常使用的有哈尔特征值、Gabor 特征值、PCA、LDA 等。人的脸部会因年龄增加而老化，也会因表情、眼镜等装饰物、化妆、照明条件或脸部朝向而有所变化，差异极大，因此研究者们提出了很多针对脸部变化的识别方法。

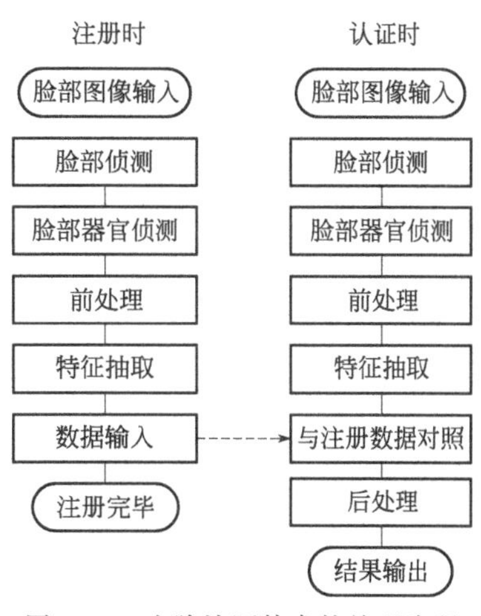

图 5-27 人脸认证技术的处理流程

关于表情推测技术，目前数码相机的微笑快门，以及用于服务人员培训的笑容度推定技术已实现实用化。这些技术大多使用了静态图像与统计性学习方法。此种方法可以让识别器学习将脸部图像区分为“笑容”与“笑容以外”两类。事先准备好“笑脸”与“正经脸”的大量学习图像，并对其进行边缘过滤，Gabor 特征值、哈尔特征值等特征值抽取，挑出眼、嘴形状以及皱纹等信息。线性判别分析（Linear Discriminant Analysis，LDA）是识别器所采用的基本算法。脸部特征可达数百到数千维，因此为了实现小型化、高速化，可利用相关向量机（Relevance Vector Machine，RVM）、稀疏概率回归（Sparse Probit Regression，SPR）等方法，学习对识别所需的特征值进行取舍。RVM、SPR 为基于贝叶斯定理的概率性识别方法，因此识别函数的输出会成为后验概率（笑容的概率），此值可直接作为“笑容的程度”输出。

人脸识别技术以前面临的最大问题在于不良的照明环境以及大幅度的脸部转向等。近年来已提出了相应的解决方案，人脸识别技术的适用环境也将逐渐扩大。以往的表情推测技术仅能通过脸部识别来推测物理信息，今后随着个体模型化，以及基于时序数据的心理模型化，推测人类内心感情的技术将有望得到进一步发展。仅依靠脸部信息还是有一定的局限性的，今后的技术将结合全身、手足、服装等其他信息，进一步提高识别的精确度，甚至可能对人的行动、意图进行推测。这样，机器人与人类之间的协调性将得到进一步提高。

5.6.4 粒子滤波器

(1) 逐次的贝叶斯推断

将时刻 k 上的系统状态方程式定义为

$$x_k = f_k(x_{k-1}, v_k) \tag{5-7}$$

将观测方程式定义为

$$z_k = g_k(x_k, w_k) \tag{5-8}$$

式中，v_k 、w_k 分别为系统噪声、观测噪声，为了简化而省略了控制输入；z_k 为时刻 k 时的观测值，将时刻 $1 \sim k$ 的观测值写成 $z_{1:k}$ 。

我们的目的在于取得观测值 $z_{1:k}$ 时，推测内部状态。对此，如果噪声遵循高斯分布，在线性系统之下可利用卡尔曼滤波器，在非线性系统之下可微分的话，则可利用扩展卡尔曼滤波器，通过观测值来逐次推断其内部状态的最大似然值。另外，假设噪声的产生概率按任意概率分布，则根据贝叶斯定理来逐次推断其内部状态的概率分布。也就是说，一切都可归结为一个问题，那就是当时刻 $1 \sim k$ 的所有观测值 $z_{1:k}$ 都给定时，求以下后验概率分布。

$$p(x_k \mid z_{1:k}) \tag{5-9}$$

根据逐次的贝叶斯推断，这点可通过重复预测（Prediction）与更新（Update）两个进程来实现。

① 预测　假设时刻 $k-1$ 的后验概率分布 $p(x_{k-1} \mid z_{1:k-1})$ 已经推断完毕，预测观测值 z_k 给定前的状态 x_k 的先验概率 $p(x_k \mid z_{1:k-1})$ 。不过，以下内容存在的前提是假定系统具有马尔可夫性。

$$p(x_k \mid x_{1:k-1}, z_{1:k-1}) = p(x_k \mid x_{k-1}) \tag{5-10}$$

$$p(z_k \mid x_{1:k}, z_{1:k-1}) = p(z_k \mid x_k) \tag{5-11}$$

如此，已知时刻 $k-1$ 时可取得的所有状态 x_{k-1}，根据下式计算 $p(x_k \mid z_{1:k-1})$ 。

$$p(x_k \mid z_{1:k}) = \int p(x_k \mid x_{k-1}, z_{1:k-1}) p(x_{k-1} \mid z_{1:k-1}) \mathrm{d}x_{k-1} \tag{5-12}$$

$$= \int p(x_k \mid x_{k-1}) p(x_{k-1} \mid z_{1:k-1}) \mathrm{d}x_{k-1} \tag{5-13}$$

此处右边第一项 $p(x_k \mid x_{k-1})$ 为先验迁移概率，可由式（5-7）所示的系统状态方程式求得。

② 更新　由贝叶斯定理可知：

$$p(x_k \mid z_{1:k}) = \frac{p(z_k \mid x_k) p(x_k \mid z_{1:k-1})}{p(z_k \mid z_{1:k-1})} \tag{5-14}$$

$$= \frac{p(z_k \mid x_k) p(x_k \mid z_{1:k-1})}{\int p(z_k \mid x_k) p(x_k \mid z_{1:k-1}) \mathrm{d}x_k} \tag{5-15}$$

$$= a p(z_k \mid x_k) p(x_k \mid z_{1:k-1}) \tag{5-16}$$

以此计算时刻k的状态x_k的后验概率$p(x_k \mid z_{1:k-1})$。右边分子第一项$p(z_k \mid x_k)$为观测概率，可由式（5-8）所示的系统观测方程式求得。

(2) 基于抽样的概率分布的离散表现

通过基于抽样的离散型状态推测来实现上述逐次贝叶斯推断法。首先，我们来分析后验概率$p(x_k \mid z_{1:k})$已知时（实际上不可能）的情况。此后验概率$p(x_k \mid z_{1:k})$以有限的N_s个样本$x_k^i(i=1 \sim N_s)$来表现。也就是说，假定样本x_k^i为已知时，根据事后概率$p(x_k \mid z_{1:k})$来抽样。

$$x_k^i \sim p(x_k \mid z_{1:k})$$

如此，概率变量x_k进入区间A的概率

$$\int_{x_k \in A} p(x_k \mid z_{1:k}) \mathrm{d}x_k = \frac{1}{N_s} \sum_{i=1, x_k^i \in A}^{N_s} U(x_k = x_k^i) \tag{5-17}$$

表现为离散型。但是，$U(x)$是事件x为真则返回1，为假则返回0的函数。另外，函数$f(x)$的期望值如下所示。

$$\int_{x_k} f(x) p(x_k \mid z_{1:k}) \mathrm{d}x_k = \frac{1}{N_s} \sum_{i=1}^{N_s} Uf(x_k^i) \tag{5-18}$$

但实际上，后验概率$p(x_k \mid z_{1:k})$为未知。若无法由所期望的概率分布直接进行抽样，则根据已知的概率分布进行抽样，适当设定各个样本的权重，以离散形式呈现原来的概率分布。这一方法称为IS（Importance Sampling，重要性采样）法。

该方法首先遵循某个已知的概率分布$q(x)$（建议分布），从样本x_k^i中进行抽样，并赋予每个样本不同的权重w^i，以表现概率分布$p(x)$（目的分布）。

$$x_k^i \sim q(x) \tag{5-19}$$

$$\int_{x_k \in A} p(x_k) \mathrm{d}x_k = \sum_{i=1, x_k^i \in A}^{N_s} w^i U(x_k = x_k^i) \tag{5-20}$$

但是，权重w^i设定为

$$\tilde{w}^i = \frac{p(x^i)}{q(x^i)} \quad w^i = \tilde{w}^i \Bigg/ \sum_{i=1}^{N_s} \tilde{w}^i \tag{5-21}$$

使用该方法，可以调整样本选择概率和每个样本的权重，以表现任意的概率分布。同样地，函数$f(x)$的期望值如下式。

$$\int_{x_k} f(x_k) p(x_k) \mathrm{d}x_k = \sum_{i=1}^{N_s} w^i f(x_k^i) \tag{5-22}$$

此处使用IS法来表现后验概率$p(x_k \mid z_{1:k})$。首先根据某建议分布$q(x_k^i \mid z_{1:k})$，对保持时刻k的状态推测值的N_s个样本$x_k^i(i=1 \sim N_s)$进行抽样。但是，各个样本要依照下式保持其样本权重w_k^i。

$$\tilde{w}_k^i = \frac{p(x_k^i \mid z_{1:k})}{q(x_k^i \mid z_{1:k})} \quad w_k^i = \tilde{w}_k^i \Bigg/ \sum_{i=1}^{N_s} \tilde{w}_k^i \tag{5-23}$$

使用此样本来表现后验概率分布$p(x_k \mid z_{1:k})$。

$$p(x_k \mid z_{1:k}) \backsimeq \{x_k^i, w_k^i\} (i=1 \sim N_s) \tag{5-24}$$

另外，若建议分布$q(x_k \mid z_{1:k})$，可如下式分解，则导入SIS（Sequential Importance Sampling，序贯重要性采样）法，逐次更新IS法的各样本权重。

$$q(x_k|z_{1:k})=q(x_0)\prod_{j=1}^{k}q(x_j|x_{j-1},z_{1:j}) \tag{5-25}$$

$$=q(x_k|x_{k-1},\ z_{1:k})q(x_{k-1}|z_{1:k-1}) \tag{5-26}$$

如此，可根据下式逐次计算权重。

$$\begin{aligned}
w_k^i&=\frac{p(x_k^i|z_{1:k})}{q(x_k^i|z_{1:k})}\\
&\propto\frac{p(z_k|z_{1:k-1},x_k^i)p(x_k^i|x_{k-1}^i)p(x_{k-1}^i|z_{1:k-1})}{q(x_k^i|x_{k-1}^i,z_{1:k})q(x_{k-1}^i|z_{1:k-1})}\\
&=\frac{p(z_k|z_{1:k-1},x_k^i)p(x_k^i|x_{k-1}^i)}{q(x_k^i|x_{k-1}^i,z_{1:k})}\times\frac{p(x_{k-1}^i|z_{1:k-1})}{q(x_{k-1}^i|z_{1:k-1})}\\
&=\frac{p(z_k|x_k^i)p(x_k^i|x_{k-1}^i)}{q(x_k^i|x_{k-1}^i,z_k)}w_{k-1}^i
\end{aligned} \tag{5-27}$$

不过，还使用了以下公式。

$$\begin{aligned}
p(x_k|z_{1:k})&=\frac{p(z_{1:k}|x_k)p(x_k)}{p(z_{1:k})}\\
&=\frac{p(z_k|z_{1:k-1},x_k)p(z_{1:k-1}|x_{k-1})p(x_k|x_{k-1})p(x_{k-1})}{p(z_k|z_{1:k-1})p(z_{1:k-1})}\\
&=\frac{p(z_k|z_{1:k-1},x_k)p(x_k|x_{k-1})}{p(z_k|z_{1:k-1})}\times\frac{p(z_{1:k-1}|x_{k-1})p(x_{k-1})}{p(z_{1:k-1})}\\
&=\frac{p(z_k|z_{1:k-1},x_k)p(x_k|x_{k-1})}{p(z_k|z_{1:k-1})}p(x_{k-1}|z_{1:k-1})\\
&\propto p(z_k|z_{1:k-1},x_k)p(x_k|x_{k-1})p(x_{k-1}|z_{1:k-1})
\end{aligned}$$

此外，建议分布可自由设定，但应尽可能地接近目的分布，如此能以较少的样本呈现目的分布，抽样效率较高。当然，理想中的状态是使建议分布与目的分布 $p(x_k^i|x_{k-1}^i,\ z_k)$ 一致，实际上可使用前一时刻的状态 x_{k-1}^i，由于装设较为容易，常用先验迁移概率 $p(x_k^i|x_{k-1}^i)$ 。

$$q(x_k^i|x_{k-1}^i,z_k)=p(x_k^i|x_{k-1}^i) \tag{5-28}$$

因此，式(5-27) 可简化为

$$w_k^i=p(z_k|x_k^i)w_{k-1}^i \tag{5-29}$$

当建议分布与目的分布大不同时，要想表现期望的概率分布，IS、SIS 法可能效率较低。即相对于遵循建议分布进行抽样的样本，目的分布之下的产生概率较小时，根据式（5-23）计算得出的权重会变得极小，此等样本几乎无法表现目的分布。此时为了实现较有效的抽样，常采用 SIR（Sequential Importance Resampling，序贯重要性重新采样）法，将权重小的样本换成权重大的样本。具体来说，就是依照式（5-29）计算各样本的权重 w_k^i，根据与权重成比例的概率，抽出 N_s 个样本，然后将所有样本的权重以 $1/N_s$ 进行初始化。如此，舍弃权重低的样本，保存权重高且重要的样本，即可以较少的样本数有效地表现目的分布。

（3）粒子滤波器

粒子滤波器（Particle Filter）是指根据多样本分布以及各样本权重，对系统状态进行概率性推定的方法。粒子滤波器适用于含有非高斯噪声的非线性系统等多种系统，并因装设极为容易，近年以机器人学或计算机视觉为中心，应用于很多领域。不过，根据状态的维数与所推测的分布形状，该方法需要大量样本，因此计算量非常庞大。一般的粒子滤波器［或凝聚，顺序蒙特卡洛方法（Condensation，Sequential Monte-Carlo Method）］使用上述 SIR 法。具体计算过程如下所示（图 5-28）。

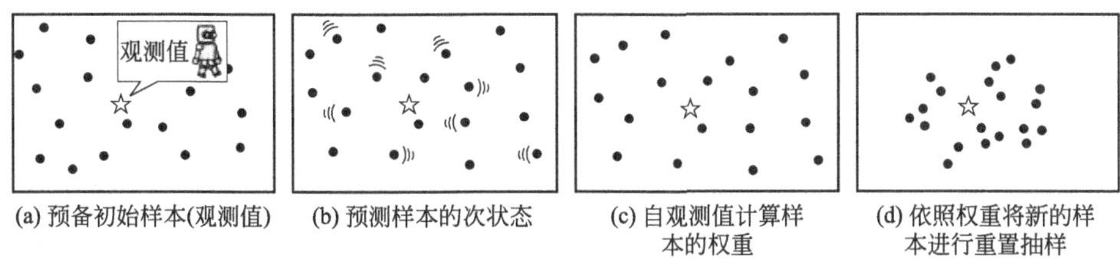

图 5-28　粒子滤波器

初始化［图 5-28(a)］：

① 预备 N_s 个样本 $s_k^i(i=1\sim N_s)$。s_k^i 保持与式（5-24）相对应的各个样本的状态与权重 $\{x_k^i, w_k^i\}$。

② 将初始样本 x_0^i 自任意初始分布（例如均匀分布）加以抽样。

③ 将初始权重设为 $w_0^i=1/N_s$。

执行时：

① 将样本 s_{k-1}^i 的状态 x_{k-1}^i 依照先验迁移概率 $p(x_k^i|x_{k-1}^i)$ 进行更新，预测新的状态 $\hat{x}_{k-1}^i$［图 5-28(b)］。

② 针对新的样本状态 $\hat{x}_k^i$，自观测值 z_k 计算 $\tilde{w}_k^i$，得到正常化的权重 w_k^i［图 5-28(c)］。

③ 根据与权重 w_k^i 成比例的概率，自样本 $\hat{x}_k^i$ 重置抽样抽出新的样本 x_k^i［图 5-28(d)］。

④ $k\rightarrow k+1$，返回步骤①。

5.6.5　动作捕捉

(1) 动作捕捉的原理

动作捕捉（Motion Capture）就是使用 3D 位置、姿势推测法来记录人类的动作。原本为生物力学运动解析领域的应用技术，但软硬件的进步使数据的获取更加容易，因此最近也应用于游戏与动画制作上。动作捕捉有多种方法，各有利弊，此处介绍几种已经产品化的方法。

① 光学式动作捕捉。光学式动作捕捉是用多个摄像机拍摄捕捉对象身体上的标记，然后以三角测量的原理求得标记的 3D 位置。捕捉人体全身的运动时，一般使用 30～40 个球形标记与 6 台以上的摄像机。大规模捕捉时，有时也会使用数十台摄像机对多位测试者进行动作捕捉。图 5-29 为光学式动作捕捉的原理。各摄像机的位置、姿势、焦距等已事先校准，只要知道各摄像机图像上的标记位置，就能将各摄像机标记连接成直线，而这些交点就成为 3D 空间中的标记位置。通过使用标记，可使图像处理变得简单，能够在多个图像的对应位置上发挥效果。光学式动作捕捉可再分为使用

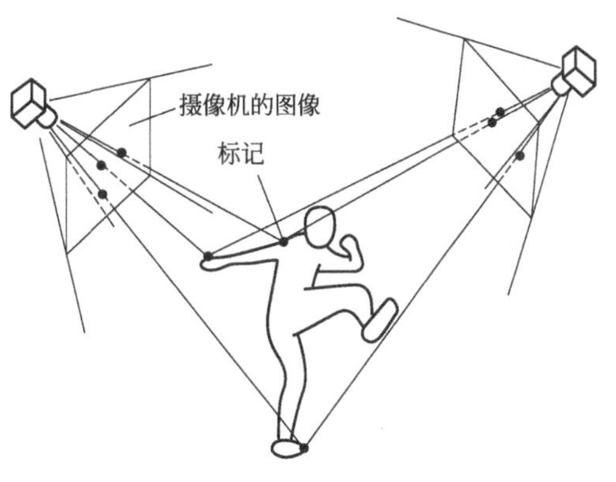

图 5-29　光学式动作捕捉的原理

反射性标记，并在摄像机附近装设光源的被动光学式，以及标记本身为LED等发光物的主动光学式两种。被动光学式只要将对身体的拘束控制在最小限度即可，但必须利用软件取得与标记间的对应位置，而使用了大量标记的正规测量要想完全达到实时化较为困难。因此大多数情况下，只会即时预览测量结果，最后的数据则是脱机处理。主动光学式需要用到LED电源、控制用的配线，但通过错开发光时机等细节处理，可以使匹配变得较容易。

与其他方式相比，光学式系统的价格较高，但对身体的限制较少，因此广泛应用于生物力学、动画等领域。近年来，随着摄像机分辨率的提高，精确度也不断提升，有些系统甚至能达到毫米级的精确度。光学式系统的缺点为标记会因身体、物体而显得较为隐蔽，导致无法测量，此时可增加摄像机，但是像格斗、搏击这类身体与身体、身体与环境间紧密接触的动作，在测量时仍较困难。再者，在运动解析与动画中，一般是用骨骼模型的关节角度来表现测试者及角色的运动，因此必须以逆运动学计算，将标记位置数据转换为关节角度。

被动光学式系统可配置多个小标记，因此不仅能测量全身运动，而且能测量脸部表情与手部动作。尤其在重视数据质量的电影与游戏中，大规模的被动光学式系统俨然成为主流，常作为可同时测量演员全身、脸部与手部运动的性能捕捉（Performance Capture）的一个部分来使用。

② 机械式动作捕捉。此种方法是在身体上加装具有编码器等的连接设备，直接测量关节角度。其缺点为对运动动作有较多的限制，优点是可即时取得关节角度。

③ 磁性式动作捕捉。在测量领域内架设磁场产生装置，测量装在身体上的磁性传感器的位置及姿势。其特点为可同时测量位置、姿势，因此使用少量传感器即可，且受隐蔽的影响较小。但是在测量领域内不能放置磁性物体。

④ 加速度传感器。使用机器人姿势测量用的加速度传感器来测量身体各部位的加速度，并加以二次积分来测量运动，这样的系统最近已实现了产品化。之后若能进一步无线化，测量范围将不再受限。但是对应伴随积分的漂移则需要做信号处理。

⑤ 其他。市面上也出现了不使用标记，根据侧面影像来测量动作的系统。另外，作为广义的动作捕捉，可将使用加速度传感器或图像测量的运动作为游戏输入使用的装置近年来也正逐步实现产品化。

（2）动作捕捉的应用

动作捕捉可应用于机器人学、生物力学、动画等领域。在游戏与虚拟现实中也广泛用作输入设备。

① 机器人学。在模仿学习（Learning by Demonstration）中，要取得用于机器人动作学习及动作生成的数据，需要使用某种动作捕捉系统。另外，在以人类与机器人的交互为目标的研究中，为了识别人类的动作，也会事先使用动作捕捉来获取人类的动作模型数据。

若仿人机器人与人类的构造几乎相同，则会因为关节数多而难以运动，这时可有效地使用动作捕捉数据。不过，即使是人类能做到的运动，以机器人的运动学与动力学参数也会有做不到的时候，尤其是对可能会摔倒的仿人机器人而言，这样的应用并不简单，对此正在进行各种研究。

② 生物力学、体育科学、复健。常见的用法是根据所测量的数据与某种人体模型进行运动学、动力学计算，以求关节角度、关节转矩、肌肉张力等。其主要用在生物力学运动控制机制的说明、体育科学训练法的开发、复健中运动能力的评价等领域。测量时，也会并用测量肌肉活动度的肌电仪（Electromyogram，EMG）或地面反作用力计。

③ 动画。常见的用法是制作出包含格斗游戏中所能想到的全部动作的函数库，再从中选取动作与玩家的输入动作相匹配。动画中动作捕捉的利用很多。例如，对群众等背景角色使用的动作捕捉，以及对所有角色（包含主角）的动作使用的动作捕捉。最近出现了大规模的真人动作捕捉系统，应用动作捕捉系统来测量全身运动、脸部表情与手的动作等。这样，即使有多名角色也可由同一个演员担任。

不需要随时测量数据，而是建构动作捕捉数据库来生成新动作的相关研究正在以动画领域为中心展开。初期研究的重点在于使运动数据能适用于体格迥异的角色，或对大量动作捕捉数据进行补间（Interpolation）。在此之后，由于大量捕捉动作数据变得容易，研究便转向了新技术的开发，使用称为运动图像（Motion Graphs）的大型数据库来实时生成各种运动。运动图像为图像结构，由表示特定姿态的节点，以及用来连接可转换姿势的边缘（Edge）所构成，依照边缘可以创造无数的新运动。最近，正在结合控制理论与二足步行机器人的平衡控制，不断推进通过力学模拟产生角色运动的相关研究。这样，可以期待角色对外力的反应等能够产生原本未被捕捉到的运动，进而提高游戏的真实性。

动作捕捉的发展可分为几个方向。首要目标为开发可以不使用标记的动作捕捉系统。使用侧面影像的系统虽然目前已实现商品化，但要达到标记式的精确度尚有困难，目前正以计算机视觉领域为中心进行研究。另一个目标为要能不限定场所，可在任意地点捕捉动作。要想捕捉动作，在现实中就必须设置摄像机或磁场产生装置等，但对于户外体育等这些在广大场地移动的运动，会产生测量数据不足等情况。有研究通过组合加速度传感器与距离传感器的方法来捕捉自行车、滑雪等运动动作。

5.7 机器人软件

随着机器人的构造与其承担的任务愈加复杂，用于机器人控制及仿真的软件的开发规模也越来越大，研究者很难单独进行开发。因此，目前正在进行的基本上都是机器人通用操作系统（OS）及函数库开发的。这种软件大多为开源代码，并由社区开发，其支持体制的完善程度甚至优于市售的软件。

（1）软件平台

为了高效地开发复杂的机器人软件，近年来学者们纷纷开始研究软件平台。软件平台一般是由软件的模块化框架、支持开发作业的各种工具套件、函数库及模块群等构成的。这些技术的发展可以提升开发效率与灵活性，并降低成本，从而推进服务型机器人的实用化，创造出新的产业领域。根据机器人的特殊性，机器人软件平台具有以下特征：①支持分散系统；②提供仿真环境；③支持实时执行。现在的机器人机体内外均具有网络，为了使多个CPU节点联合作业，多数用分散系统来建构。在机器人开发中，打造不需实际运行就可验证设计与控制程序的仿真环境至关重要。另外，在机器人系统中，伺服控制等程序的实时运行功能也是不可或缺的。目前已开出多种机器人软件平台，下面介绍其中具有代表性的几种。

Player/Stage是将传统的移动机器人特殊化的平台之一，这是一个由南加大（University of Southern California，USC）主导开发，目的是让移动机器人具有主从式结构的平台。OROCOS是由欧盟基金所研发的用于机器人控制的函数库。ORCA则是从OROCOS中衍生出的组件定向软件平台，它提供了基本框架，可使机器人系统成为软件组件的集合体。ROS为美国机器人企业家Willow Garage所开发的机器人软件平台。此外还有YARP、CARMEN、MSRDS、OPRoS等多种机器人软件平台。

综合了符合国际标准的组件框架的 RT 中间件 OpenRTM-aist，以及在人形机器人的动力学仿真上十分优秀的 OpenHRP3 等软件，能够为机器人系统的设计及开发提供必要工具群的综合软件平台——OpenRT 平台，是日本新能源产业技术综合开发机构（NEDO）“新一代机器人智能化技术开发计划”的项目之一。OpenRT 平台的目标在于，通过利用多种工具来支持模块化零件的设计、安装、测试，以及机器人系统的设计、仿真、测试等，以提升开发效率。

(2) 物理引擎

物理引擎是指提供仿真物理现象的软件函数库。物理引擎是随着计算机与游戏机的发展，顺应游戏产业与电影产业的需要而产生的。随着 3D 计算机绘图（3DCG）技术的进步，以及今后 3D 电影与 3D 电视的普及，影像愈加趋于真实，对影像中物体动作真实度的要求也会越来越高。因此，不仅要对刚体进行动力学计算，还需高速计算其周边所发生的物理现象，这时，物理引擎至关重要。今后，物理引擎的规模会愈来愈大，若仅由少数人负责开发会十分困难，因此需要由资金充裕的大企业进行开发，或是由像 Linux 这样公开源代码的社区来开发。对于机器人研发来说，高性能的物理引擎是非常重要。

针对游戏所开发的 Open Dynamics Engine（ODE）、PhysX、Havok 等物理引擎，现在广泛应用于 Gazebo、USARSim、Webots、Robotics Studio 等机器人仿真器与机器人技术的研究和教育上。物理引擎的历史可追溯到 20 世纪 90 年代后半期。1997 年，英国数学家兼程序设计师 Milosevic 成立了 MathEngine，其物理引擎于 1999 年问世。1998 年，都柏林圣三一学院（Trinity College Dublin）的教员 Reynolds 与 Collins 成立了 Telekinesys Research，并于 2000 年发布了 Havok 物理引擎。MathEngine 于 2001 年发布了游戏专用的物理引擎 Kannao。2002 年，瑞士联邦理工学院发布了 Novodex，该引擎于 2005 年被美国的 Ageia 收购，改名为 PhysX 物理引擎，Ageia 又于 2008 年被美国的 NVIDIA 收购。另外，2007 年，开发了 Havok 的 Telekinesys Research 成为了 Intel 的子公司。目前 PhysX 与 Havok 平分商用物理引擎市场，约有 150 种品牌的 PC 及家庭游戏主机使用这两个引擎。

上述为商用物理引擎，因此源代码并不公开。开源物理引擎的先驱者为 ODE，开发者是原 MathEngine 的工程师 Smith。2001 年该引擎取得 LGPL 与 BSD 许可证，随后公开其源代码。ODE 具备商用水准的品质，示例程序很多，安装简单，可用 C 语言编写程序。因为其使用简单，所以多用于研究或教育领域。最近（2011 年），Coumans 从 2003 年开始持续开发的 Bullet Physics 引擎备受瞩目。他原是 Novodex 的工程师，现在就职于美国索尼电脑娱乐公司。最近设计的物理引擎融入了最新功能，擅长碰撞检测计算。另外，可借由 GPU 计算也是一大优点。该物理引擎以 Zlib 公开了源代码，不仅能用于 PC、家庭游戏主机，甚至适用于好莱坞电影的特效制作。根据 Game Developer Magazine（2009 年 8 月）的调查，在职游戏开发者（约 100 人）中，上述几种引擎的用户比例为：PhysX 用户占 26.8%，Havok 用户占 22.7%，Bullet 用户占 10.3%，ODE 用户占 4.1%。

最近，使用计算机高速进行多刚体系统动力学计算的研究开始兴起。多刚体系统动力学是指像机器人仿真这样将多个刚体用关节结合，通过频繁与地面或其他物体进行碰撞与接触来研究运动规律的科学。物体的运动受其他物体或某种条件限制时，我们将限制其运动的力量称为约束力。约束力的计算方法可分为处罚法（Penalty）、冲击力法（Impulse-based）、约束法（Constraint-based）三种。相对于精确度，Open Dynamics Engine（ODE）更加追求高速与稳定。Open Dynamics Engine（ODE）的计算方法主要有约束力计算、积分法、固定步长、摩擦模型、碰撞检测函数库。

物理引擎种类繁多，选用何种引擎进行模拟，是一件极为苦恼的事。Boeing 与 Braunl

比较了 PhysX、Bullet、Jiglib、Newton、ODE、Tokamak、True Axis 等引擎。根据测试，没有哪种引擎所有的测试结果都是最好的，各项测试中成绩最好的引擎也各不相同。PhysX 为积分器的计算精确度最佳，ODE 为约束力的计算精确度最佳（dWorldStep 函数时），Bullet 与 Jiglib 为碰撞检测做得最佳。源代码公开的引擎中，综合来说 Bullet 最佳，足以超越几个商用引擎。ODE 与 Bullet 相比，在约束力的计算上，由于 Bullet 是基于 ODE 的 LCP 处理器开发的，故不相上下。不过在碰撞检测方面，Bullet 则更为优秀。ODE 与 Bullet 二者的源代码都是开放的，并无对立的关系，应取长补短以促进物理引擎的发展。

（3）Open CV

在图像处理、图像辨识、计算机视觉等研究领域中，至今已提出并安装了多种算法。而且，在机器人领域中，以机器人视觉领域为开端，也提出了多种视觉处理方法。目前，随着低价 USB 接口摄像机（通称 Web Camera）的普及，专业领域之外也在积极地开展采用静止图像或动画的研发工作，以及应用软件的构建。OpenCV（Open Source Computer Vision Library）是一个开源代码且跨平台的计算机视觉函数库，以 C＋＋的方式高效安装了计算机视觉与图像处理、通用数学处理等领域的 500 多个函数。目前支持 Windows、MacOS、Linux，也可利用 C、C＋＋、Python 等开发语言，基于 BSD 许可证发行。OpenCV 最初由 Intel 公司开发，现在由 Willow Garage 继续开发，于 2009 年 10 月推出 2.0 版，2010 年 4 月推出 2.1 版，2010 年 12 月推出 2.2 版，2011 年 7 月推出 2.3 版，以大约每半年一次的频率持续升级。2.0 版之后，函数库的构建采用了 CMake，可在各种开发环境中使用，并且可以与 OpenMP、Intel TBB（Threading Building Priocks）、Intel IPP（Integrated Perfonnance Primitives）等组合使用，使部分函数高速化。

如图 5-30 所示，OpenCV 由 CXCORE、CV、ML、HighGUI 四个模块构成，各模块的简介如表 5-1 所示。另外 OpenCV 还具备 CVAUX 实验性（或补助性）函数群。OpenCV 以 Mat 类与 IplImage 结构体来表现图像数据。2.0 版之后，C＋＋下的实现一般会使用 Mat 类，也可使用 IplImage 结构体。而且，Mat 类不仅用于图像，而且可通用于矩阵与 optical flow map 等二维数组。关于数组内的彩色图像数据，需注意其排列顺序为蓝绿红（BGR）。OpenCV 可通过调用若干函数来轻松使用计算机的视觉功能，例如图像过滤与几何变换，图像变换与柱状图，特征提取，动作解析与物体追踪，构造解析、平面细分与物体检测，摄像机标定与 3D 重建。

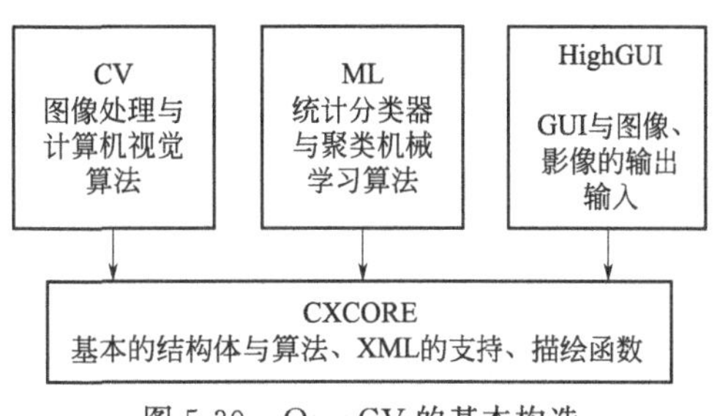

图 5-30 OpenCV 的基本构造

表 5-1 OpenCV 各模块的功能

CXCORE	基本的结构体定义与数组操作、统计处理、线性代数等基本的数学函数，动态构造体，描绘函数与 XML 支持，聚类，错误处理，系统函数等
CV	图像过滤与几何变换：边缘提取与特征抽样，各种过滤器，轮廓提取，图像的几何变换 图像变换与柱状图：颜色变换或图像区域分割，柱形图处理 特征提取：LK 法，霍夫转换，MSER、SURF 等各种特征提取 动作解析与物体追踪：物体追踪或光流，卡尔曼滤波器或粒子过滤器等函数 构造解析、平面细分与物体检测：来自轮廓信息的图像构造解析，平面细分等函数，物体检测，图案辨识 摄影机标定与 3D 重建：摄影机标定，立体图像处理等函数

续表

ML	单纯 Bayesian 分类器，K 最近邻法，支持向量机，判定树，Boosting，随机树，EM 算法，神经网络等机械学习的相关函数
HighGUI	窗口的产生，图像显示，滑动条或鼠标，键盘控制等 GUI 文件 I/O，影响像装置输出输入等的相关函数

（4）ROS（机器人 OS）

ROS 为机器人操作系统或机器人开源代码的简称，由美国斯坦福大学的学生首创，硅谷的顶尖软件工程师与全世界的机器人研究者共同开发。据统计，到 2010 年 11 月，短短 3 年间全世界 52 处储存函数库中超过 1640 种软件包开发并公开了 ROS。不论是企业、政府还是学术界，世界上使用 ROS 的研究机构与日俱增。自 CTurtle 发布（2010 年 8 月）之后，ROS Wiki 内安装网页的引用次数已经超过 15000 次。

个人机器人虽已是独立的学科，但仍涉及机器人工程学的许多方面。例如，机器人的移动使用的是 SLAM、导航等技术，而它们是过去 20 年中移动机器人领域的研究成果；计算机视觉系统等机器人的感知及辨识功能对了解机器人周围的环境至关重要；为了计算机械手臂与末端执行器的安全轨道，需要制定运动规划；为了操作物体，需要对抓握方法进行分析与规划，并对物体属性进行推论（例如杯子要使之保持直立的状态、鸡蛋不能抓得太紧等）。由此可见，个人机器人的研发需要有优秀的软件和设计，所涉及的专业领域众多，已远远超越了个体研究者的能力范围，因此，必须将多个研究机构所公开的函数库整合为同一系统。而且，机器人的知觉、辨识及规划等计算负荷非常繁重，所以需要能够支持多个处理器。机器人工程学需要许多工具来处理繁多复杂的计算，并且需要将这些复杂的处理整合成系统。机器人的软件必然会越来越复杂，因此需要使用连续性自动测试、整合等尖端的信息工程学技术。最后，机器人是在现实世界中活动，因此还需要机器人各组件间的高效率通信，需要实时控制的组件提供支持。ROS 针对以上这些问题提供了相应的策略。

ROS 是一个层次较少，以信息通信与工具为基础，供移动机械手或机器人使用的系统。该系统通过众多设计好的函数库而独自运行，这些函数库被用于信息通信的薄层包裹着，与其他的 ROS 节点相互利用。信息以点对点的技术形式传达，不受特定程序语言的限制。除了 C＋＋、Python、Java、C、Lisp、Octave 之外，ROS 节点也可用 ROS Wrapper 所在的社区内的语言来编写。和 UNIX 操作系统一样，ROS 也可开发很多能相互利用的小工具。以函数库与 ROS 节点为要素，构成数据包、堆栈、应用程序。数据包可以包含任何内容，例如函数库、节点、信息的定义与工具等。为了确保其实用功能需要包含必要的内容，不过也应避免文件过大。堆栈则是将这些数据包汇总，提供有用的功能。

应用程序与堆栈类似，是集合了数据包以供机器人使用的程序，但为可执行文件（可执行的二进制文件），而堆栈则作为可重复利用的函数库被提供，两者在这一点上有所差别。此外，ROS 持续增加着很多有用的工具。其中，rostopic 用于显示节点间通信主题上公开信息的内容与时间，另外也有用来寻找数据包、创建数据包、解决依存关系，进行编译、监视运行中的系统与节点输出并将数据可视化的工具。在机器人如何辨识环境上，以 Ogre 为基础进行 3D 绘制的可视化工具拥有强大的功能，另外也有能够利用摄像机、传感器数据及电动机控制指令等，将机器人内所有的信息转为 log 数据并重现的工具。

为了使研究者与工程师能共同利用在网站上公开的代码，ROS 的构成采取联邦制。只要在自己的储存函数库公开代码，其他的研究者们便可以将所公开的代码纳入自己的研究中。ROS 的基本工具能找出代码，对其进行下载与编译，可轻松将社区内其他人开发的代码整合到自己的项目中。大规模且分散的软件项目为了避免因指数增加所带来的复杂性，需要严格遵守规则，但这与开放社区及灵活的软件开发理念背道而驰。ROS 通过测试与发布这两种工程技术，尽量降低了这种复杂性。一旦涉及代码的变更，即可进行自动测试，变更不合适的话系统会自动通知。若某部分的改善对系统的其他部分造成了意想不到的影响，则会影响系统整体的稳定性。如此一来，使用者可选择是使用已发布的稳定 ROS 还是使用较不稳定的最新代码。

世界顶尖的 16 个研究机构正在使用的 PR2 机器人是充分利用了 ROS 的产物（PR2 适用于社区或机器人研究所）。除此之外，以下机器人也利用了 ROS。①机器人类：PR2（Willow Garage）、HRP-2V（东京大学/川田工业）、TUM-Rosie（慕尼黑工业大学）、Shadow Hand（Shadow Robotics）、HERB（Intel/CUM）、STAIRI（斯坦福大学）、Care-O-bot3（FraunhoferlPA）、Bosch RTC（Bosch）、ELE&Cody（佐治亚理工学院）、B2lr（圣路易斯华盛顿大学）。②飞行类：CoaX 直升机（Skybotix）、Pelica&Humming bird Quad-helicopter（Ascending Technologies）、Penn Quadhelicopter（宾夕法尼亚大学）。③车辆、船舶类：Junior（斯坦福大学）、Marvin（Austin Robot Technology）。④教育、兴趣类：LEGO MINDSTORMSNXT（Lego）、Nao（Aldebaran）、Robotino（飞斯妥股份有限公司）、CK Bots（宾夕法尼亚大学）、ERRATICs（Videre）、Create（iRobot）、Qbo（Thecorpora）、Prairie Dog（科罗拉多大学）、iSobot（TakaraTomy）。

第6章 机器人的设计与应用

6.1 焊接机器人

（1）点焊机器人

点焊机器人是用于点焊自动作业的工业机器人。世界上第一台点焊机器人于1965年开始使用，是美国Unimation公司推出的Unimate机器人，中国在1987年自行研制成第一台点焊机器人——华宇-I型点焊机器人。在工业生产中使用机器人，会取得下述效益：改善多品种混流生产的柔性；提高焊接质量；提高生产率；把工人从恶劣的作业环境中解放出来。

① 点焊机器人的组成。点焊机器人由机器人本体、计算机控制系统、示教盒和点焊焊接系统几部分组成。为了适应灵活动作的工作要求，通常点焊机器人选用关节式工业机器人，一般具有6个自由度：腰转、大臂转、小臂转、腕转、腕摆及腕捻。其驱动方式有液压驱动和电气驱动两种。其中电气驱动具有保养维修简便、能耗低、速度高、精度高、安全性好等优点，因此应用较为广泛。点焊机器人按照示教程序规定的动作、顺序和参数进行点焊作业，其过程是完全自动化的，并且具有与外部设备通信的接口，可以通过这一接口接收上一级主控与管理计算机的控制命令进行工作。

② 点焊机器人的应用范围。汽车工业是点焊机器人的典型应用领域。通常装配一台汽车车体需要完成3000～4000个焊点，而其中的60%是由机器人完成的。在某些大批量汽车生产线上，服役的机器人数甚至高达150台。

③ 点焊机器人的性能要求。最初，点焊机器人只用于增焊作业（往已拼接好的工件上增加焊点）。后来，为了保证拼接精度，又让机器人完成定位焊作业。这样，点焊机器人逐渐被要求具有更全面的作业性能，具体来说有：安装面积小，工作空间大；快速完成小节距的多点定位（例如每0.3～0.4s移动30～50mm节距后定位）；定位精度高（±0.25mm），以确保焊接质量；持重量大（50～100kg），以便携带内装变压器的焊钳；示教简单，节省工时；安全可靠性好。

④ 点焊机器人的分类。表6-1列举了生产现场使用的点焊机器人的分类、特征和用途。在驱动形式方面，由于电机伺服技术迅速发展，液压伺服在机器人中的应用逐渐减少，甚至大型机器人也在朝电机驱动方向过渡。随着微电子技术的发展，机器人技术在性能、小型化、可靠性以及维修等方面的进步日新月异。在机型方面，尽管主流仍是多用途的大型六轴垂直多关节型机器人，但出于机器人加工单元的需要，一些汽车制造厂家也在开发立体配置的3～5轴小型专用机器人。

表6-1　点焊机器人的分类、特征和用途

分类	特征	用途
垂直多关节型(落地式)	工作空间与安装面积之比大，持重多为100kg左右，有时还可以附加整机移动自由度	主要用于增焊作业
垂直多关节型(悬挂式)	工作空间均在机器人的下方	车体的拼接作业

续表

分类	特征	用途
直角坐标型	多数为三、四、五轴，适合于连续直线焊缝，价格便宜	车身和底盘
定位焊接用机器人（单向加压）	能承受500kg加压反力的高刚度机器人，有些机器人本身带有加压作业功能	车身底板的定位焊

⑤ 典型点焊机器人的规格。以持重100kg、最高速度4m/s的六轴垂直多关节机器人为例，其规格性能如图6-1及表6-2所示，这是一种典型的点焊机器人，可胜任大多数车体装配工序的点焊作业。其在使用中几乎全部用来完成间隔为30～50mm的打点焊接作业，运动中很少能达到最高速度，因此，改善最短时间内频繁短节距启动、制动的性能是本机追求的重点。为了提高加速度和减速度，在设计中注意减轻手臂的重量，增加驱动系统的输出力矩。同时，为了缩短滞后时间，得到高的静态定位精度，该机采用低惯性、高刚度减速器和高功率的无刷伺服电机。由于在控制回路中采取了加前馈环节和状态观测器等措施，控制性能得到大大改善，50mm短距离移动的定位时间被缩短到0.4s以内。表6-3是控制器控制功能的一个例子。该控制器不仅具备机器人所应有的各种基本功能，而且与焊机的接口功能也很完备，还带有焊接条件的运算和设定功能以及与焊机定时器的通信功能。最近，点焊机器人与CAD系统的通信功能变得重要起来，这种CAD系统主要用来离线示教。

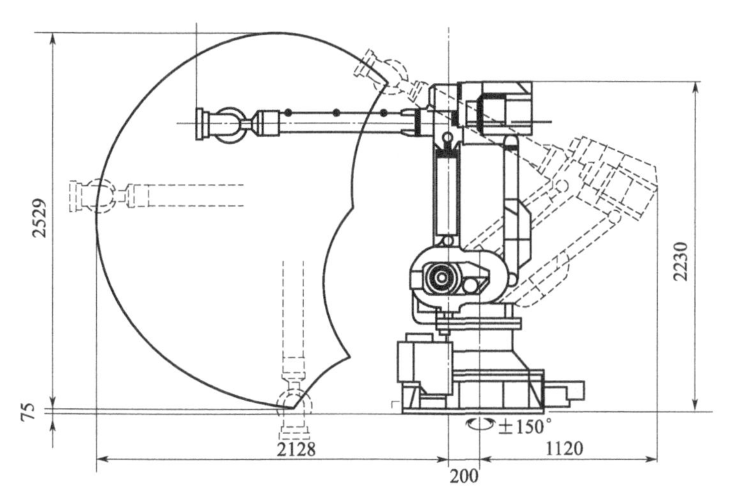

图6-1 典型点焊机器人主机简图

表6-2 点焊机器人主机规格

自由度	六轴	
持重	100kg	
最大速度	腰回转	100(°)/s
	臂前后	
	臂上下	
	腕前部回转	180(°)/s
	腕弯曲	110(°)/s
	腕根部回转	120(°)/s
重复定位精度	±0.25mm	

续表

驱动装置	无刷伺服电机
位置检测	绝对编码器

表 6-3　控制器的控制功能

驱动方式与控制轴数	晶体管 PWM 无刷伺服，六轴、七轴
动作形式	各轴插补、直线、圆弧插补
示教方式	示教盒离线示教、磁带、软盘输入离线示教
示教动作坐标	关节坐标、直角坐标、工具坐标
存储装置	IC 存储器(带备用电池)
存储容量	6000 步
辅助功能	精度和速度调节、时间设定、数据编辑、外部输入输出、外部条件判断
应用功能	异常诊断、传感器接口、焊接条件设定、数据交换

⑥ 技术特点。

a. 技术综合性强。工业机器人与自动化成套技术，集中并融合了多种学科，涉及多项技术领域，包括工业机器人控制技术、机器人动力学及仿真、机器人构建有限元分析、激光加工技术、模块化程序设计、智能测量、建模加工一体化、工厂自动化以及精细物流等先进制造技术，技术综合性强。

b. 应用领域广泛。工业机器人与自动化成套装备是生产过程的关键设备，可用于制造、安装、检测、物流等生产环节，并广泛应用于汽车整车及汽车零部件、工程机械、轨道交通、低压电器、电力、IC 装备、军工、烟草、金融、医药、冶金及印刷出版等众多行业，应用领域非常广泛。

c. 技术先进。工业机器人集精密化、柔性化、智能化、软件应用开发等先进制造技术于一体，通过对过程实施检测、控制、优化、调度、管理和决策，实现增加产量、提高质量、降低成本、减少资源消耗和环境污染，是工业自动化水平的最高体现。

d. 技术升级。工业机器人与自动化成套装备具备精细制造、精细加工以及柔性生产等技术特点，是继动力机械、计算机之后，出现的全面延伸人的体力和智力的新一代生产工具，是实现生产数字化、自动化、网络化以及智能化的重要手段。

⑦ 点焊机器人技术的发展趋势。目前有一种新的点焊机器人系统，它的概念如图 6-2 所示。点焊机器人最先大规模使用的区域出现在发达地区。随着产业的转移，发达地区的制造业需要提升。基于工人成本不断增长的现实，点焊机器人的应用成为最好的替代方式。未来我国点焊机器人的大范围应用将会集中在广东、江苏、上海、北京等地，其点焊机器人拥有量将占全国一半以上。日益增长的点焊机器人市场以及巨大的市场潜力吸引着世界著名机器人生产厂家的目光。当前，我国进口的点焊机器人主要来自日本，但是随着诸如“机器人”类似的具有自主知识产权的企业不断出现，越来越多的点焊机器人将会由中国制造。

(2) 弧焊机器人

弧焊机器人是用于进行自动弧焊的工业机器人。弧焊机器人的组成和原理与点焊机器人基本相同，在 20 世纪 80 年代中期，哈尔滨工业大学的蔡鹤皋、吴林等教授研制出了中国第一台弧焊机器人——华宇-Ⅰ型弧焊机器人。

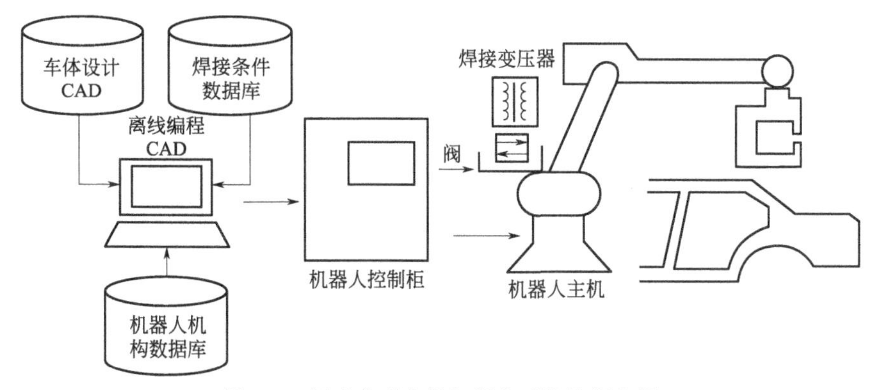

图 6-2　新型典型点焊机器人系统的概念图

1）弧焊机器人的组成。一般的弧焊机器人由示教盒、控制盘、机器人本体及自动送丝装置、焊接电源等部分组成，可以在计算机的控制下实现连续轨迹控制和点位控制，还可以利用直线插补和圆弧插补功能焊接由直线及圆弧所组成的空间焊缝。弧焊机器人主要有熔化极焊接作业和非熔化极焊接作业两种类型，具有可长期进行焊接作业、保证焊接作业的高生产率、高质量和高稳定性等特点。随着技术的发展，弧焊机器人正向着智能化的方向发展。图 6-3 为焊接系统的基本组成。

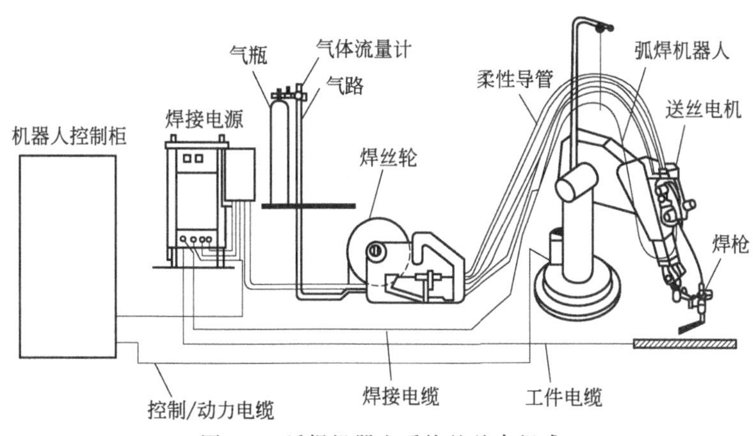

图 6-3　弧焊机器人系统的基本组成

2）弧焊机器人的应用范围。弧焊机器人的应用范围很广，除汽车行业之外，在通用机械、金属结构等许多行业中都有应用。弧焊机器人应是包括各种焊接附属装置在内的焊接系统，而不只是一台以规划的速度和姿态携带焊枪移动的单机。图 6-4 为适合机器人应用的弧焊方法。

3）弧焊机器人的性能要求。在弧焊作业中，要求焊枪跟踪工件的焊道运动，并不断填充金属形成焊缝，因此，运动过程中速度的稳定性和轨迹精度是两项重要的指标。一般情况下，焊接速度取 5～50mm/s，轨迹精度为±(0.2～0.3) mm。焊枪的姿态对焊缝质量也有一定影响，因此希望在跟踪焊道的同时，焊枪姿态的可调范围尽量大。还有其他一些性能要求，如设定焊接条件（电流、电压、速度等）、抖动功能、坡口填充功能、焊接异常检测功能（断弧、工件熔化）、焊接传感器的接口功能等。作业时，为了得到优质焊缝，往往需要在动作的示教以及焊接条件（电流、电压、速度）的设定上花费大量的精力，所以除了上述功能方面的要求外，如何使机器人便于操作也是一个重要课题。

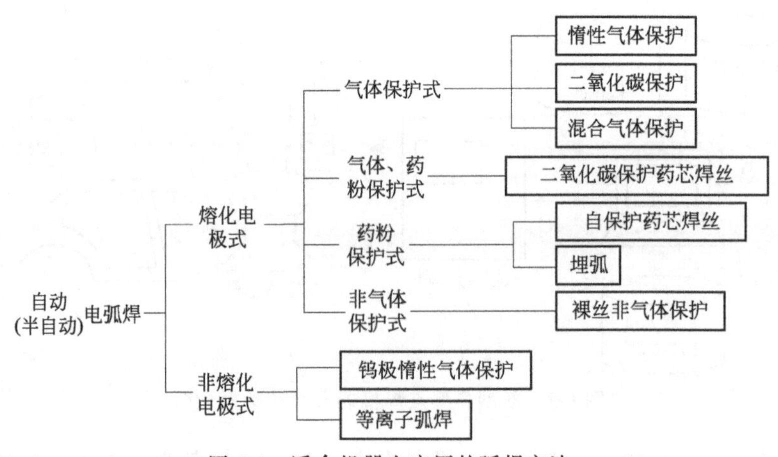

图 6-4　适合机器人应用的弧焊方法

4）弧焊机器人的种类。从机构形式看，既有直角坐标型的弧焊机器人，也有关节型的弧焊机器人。对于小型、简单的焊接作业，具有四五个自由度的机器人就可以完成任务，对于复杂工件的焊接，采用六自由度机器人对调整焊枪的姿态比较方便。对于特大型工件焊接作业，为加大工作空间，有时把关节型机器人悬挂起来，或者安装在运载小车上使用。图 6-5 和表 6-4 分别是某个典型的弧焊机器人主机的简图和规格。

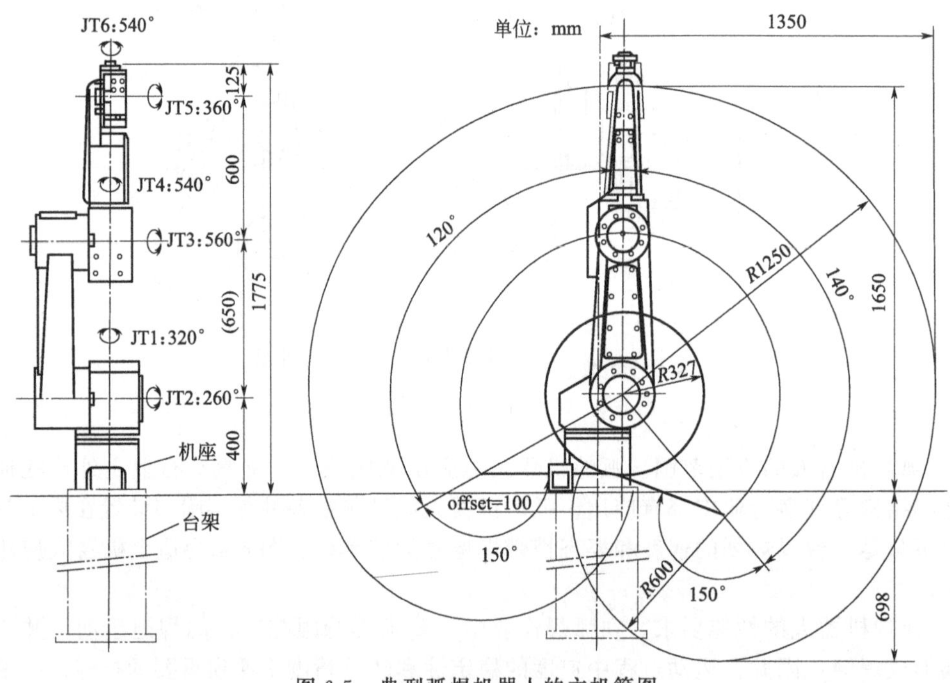

图 6-5　典型弧焊机器人的主机简图

表 6-4　典型弧焊机器人的规格

持重	5kg，承受焊枪所必需的负荷能力
重复位置精度	±0.1mm，高精度
可控轴数	六轴同时控制，便于焊枪姿态调整

续表

动作方式	各轴单独插补、直线插补、圆弧插补、焊枪端部等速控制(直线、圆弧插补时)
速度控制	快进给 6～1500mm/s,焊接速度 1～50mm/s,调整范围广(从极低速到高速均可调)
焊接功能	焊接电流、电压的选定,允许在焊接中途改变焊接条件,断弧、粘丝保护功能,焊接抖动功能(软件)
存储功能	IC 存储器,128KB
辅助功能	定时功能,外部输入输出接口
应用功能	程序编辑、外部条件判断、异常检查、传感器接口

5）焊接机器人的传感器系统。焊接机器人所用的传感器要求精确地检测出焊口的位置和形状信息，然后传送给控制器进行处理。在焊接的过程中，存在着强烈的弧光、电磁干扰及高温辐射、烟尘等因素，并伴随着物理化学反应，工件会产生热变形，因此，焊接传感器也必须具有很强的抗干扰能力。弧焊用传感器分为电弧式、接触式、非接触式，按用途分为用于焊缝跟踪、用于焊接条件控制的传感器，按工作原理分为机械式、光纤式、光电式、机电式、光谱式等。日本焊接技术学会所做的调查显示，在日本、欧洲各国及其他发达国家，用于焊接过程的传感器有 80%是用于焊缝跟踪的。

6）弧焊机器人技术的发展趋势。

① 光学式焊接传感器。当前最普及的焊缝跟踪传感器为电弧传感器。但在焊枪不宜抖动的薄板焊接或对焊场合，上述传感器有局限性。因此检测焊缝采用下述三种方法：a. 把激光束投射到工件表面，由光点位置检测焊缝；b. 让激光透过缝隙然后投射到与焊缝正交的方向，由工件表面的缝隙光迹检测焊缝；c. 用 CCD 摄像机直接监视焊接熔池，根据弧光特征检测。目前光学传感器有若干课题尚待解决，例如，光源和接收装置（CCD 摄像机）必须做得很小很轻才便于安装在焊枪上，又如光源投光与弧光、飞溅、环境光源的隔离技术等。

② 标准焊接条件设定装置。为了保证焊接质量，在作业前应根据工件的坡口、材料、板厚等情况正确选择焊接条件（焊接电流、电压、速度、焊枪角度以及接近位置等）。以往的做法是按各组件的情况凭经验试焊，找出合适的条件。这样时间和劳动力的投入都比较大。最近，一种焊接条件自动设定装置已经问世并进入实用阶段。它利用微机事先把各种焊接对象的标准焊接条件存储下来，作业时用人机对话形式从中加以选择即可。

③ 离线示教。大致有两种离线示教的方法：a. 在生产线外另安装一台所谓主导机器人，用它模仿焊接作业的动作，然后将制成的示教程序传送给生产线上的机器人；b. 借助计算机图形技术，在 CRT 上按工件与机器人的配置关系对焊接动作进行仿真，然后将示教程序传给生产线上的机器人。但后一种方法还遗留若干课题有待今后进一步研究，如工件和周边设备图形输入的简化，机器人、焊枪和工件焊接姿态检查的简化，焊枪与工件干涉检查的简化等。

④ 逆变电源。在弧焊机器人系统的周边设备中有一种逆变电源，它靠集成在机内的微机来控制，因此能极精细地调节焊接电流。它将在加快薄板焊接速度、减少飞溅、提高起弧率等方面发挥作用。

6.2 装配机器人

装配机器人是工业生产中，用于装配生产线上对零件或部件进行装配的工业机器人，它属于高、精、尖的机电一体化产品，是集光学、机械、微电子、自动控制和通信技术于一体的高科技产品，具有很高的功能和附加值。与一般工业机器人相比，装配机器人具有精度高、柔顺性好、工作范围小、能与其他系统配套使用等特点，主要用于各种电器的制造行业。

（1）装配机器人的系统组成

装配机器人由主体、驱动系统和控制系统三个基本部分组成。主体即机座和执行机构，包括臂部、腕部和手部。大多数装配机器人有3～6个运动自由度，其中腕部通常有1～3个运动自由度；驱动系统包括动力装置和传动机构，用于使执行机构产生相应的动作；控制系统是按照输入的程序对驱动系统和执行机构发出指令信号，并进行控制。常用的装配机器人主要有可编程通用装配操作手（Programmable Universal Manipulator for Assembly，PUMA）和平面双关节型机器人（Selective Compliance Assembly Robot Arm，SCARA）两种类型，如图6-6、图6-7所示。

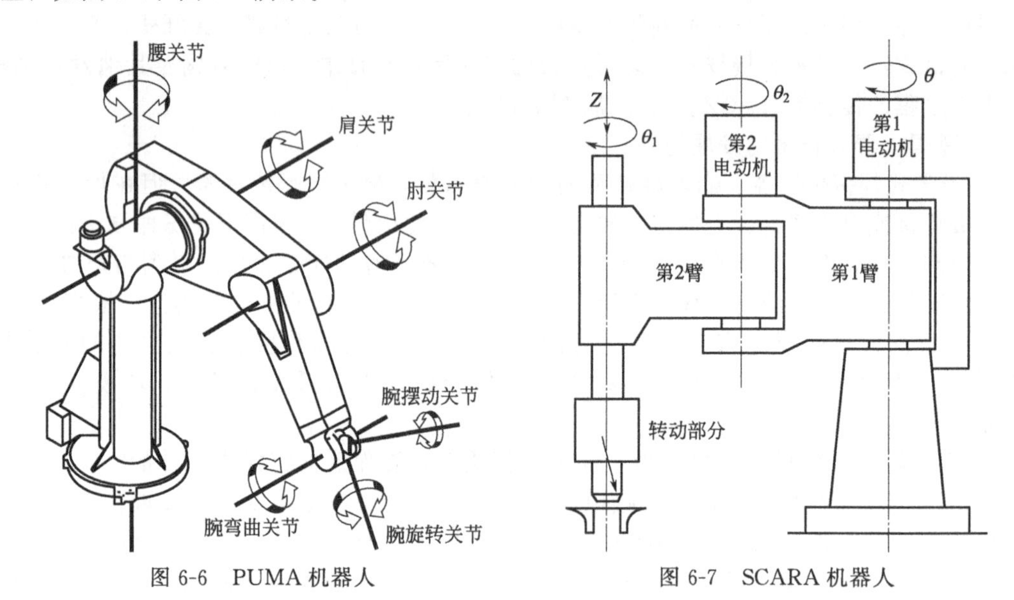

图6-6　PUMA机器人　　图6-7　SCARA机器人

垂直多关节型装配机器人大多具有6个自由度，这样可以在空间上的任意一点确定任意姿势。因此，这种类型的机器人所面向的往往是在三维空间的任意位置和姿势的作业。

水平关节型机器人是装配机器人的典型代表。它共有4个自由度：两个回转关节，上下移动以及手腕的转动。最近开始在一些机器人上装配各种可换手，以增加通用性。手爪主要有电动手爪和气动手爪两种形式：气动手爪相对来说比较简单，价格便宜，因而在一些要求不太高的场合用得比较多。电动手爪造价比较高，主要用在一些特殊场合。

带有传感器的装配机器人可以更好地顺应对象物进行柔软的操作。装配机器人经常使用的传感器有视觉传感器、触觉传感器、接近觉传感器和力传感器等。视觉传感器主要用于零件或工件的位置补偿，零件的判别、确认等。触觉和接近觉传感器一般固定在指端，用来补偿零件或工件的位置误差，防止碰撞等。力传感器一般装在腕部，用来检测腕部受力情况，一般在精密装配需要力控制的作业中使用。

（2）装配机器人的周边设备

机器人进行装配作业时，除机器人主机、手爪、传感器外，零件供给装置和工件搬运装置也至关重要。无论从投资额的角度还是从安装占地面积的角度，它们往往比机器人主机所占的比例大。周边设备常用可编程控制器控制，此外一般还要有台架和安全栏等设备。

① 零件供给器。零件供给装置主要有给料器和托盘等。给料器是用振动或回转机构把零件排齐，并逐个送到指定位置。大零件或者容易磕碰划伤的零件加工完毕后一般应放在称为“托盘”的容器中运输，托盘装置能按一定精度要求把零件放在给定的位置，然后由机器人一个一个取出。

② 输送装置。在机器人装配线上，输送装置承担把工件搬运到各作业地点的任务，输送装置中以传送带居多。输送装置的技术问题是停止精度、停止时的冲击和减速振动。减速器可用来吸收冲击能。

（3）装配机器人的柔顺性

装配机器人的大量作业是轴与孔的装配，为了在轴与孔存在误差的情况下进行装配，应使机器人具有柔顺性。主动柔顺性是利用传感器反馈的信息，而从动柔顺性则利用不带动力的机构，控制手爪的运动以补偿其位置误差。例如，美国 Draper 实验室研制的远心柔顺装置 RCC（Remote Center Compliance Device），一部分允许轴做侧向移动而不转动，另一部分允许轴绕远心（通常位于离手爪最远的轴端）转动而不移动，分别补偿侧向误差和角度误差，实现轴孔装配。图 6-8 所示为 RCC 工作原理图。

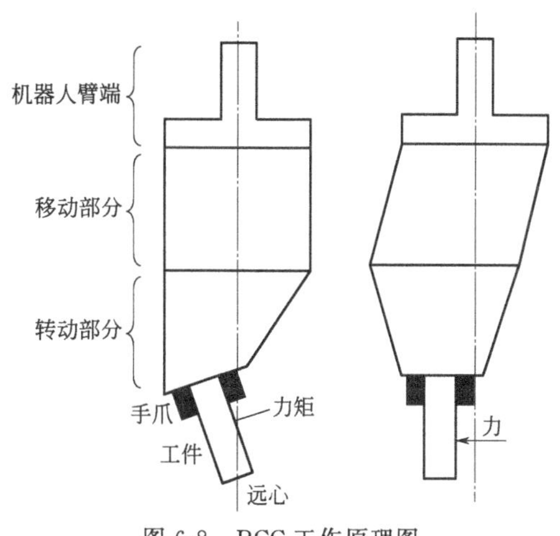

图 6-8　RCC 工作原理图

（4）装配机器人生产线

自动装配机器零部件的流水作业线：在大批量生产中，加工过程的自动化大大提高了生产率，保证了加工质量的稳定。为了与加工过程相适应，迫切要求实现装配过程的自动化。装配过程自动化的典型例子是装配自动线，它包括零件供给、装配作业和装配对象的传送等环节的自动化。装配自动线主要用于批量大和产品结构的自动装配工艺性好的工厂中，如电机、变压器、汽车、拖拉机和武器弹药等工厂中，以及劳动条件比较恶劣或危险的场合。装配作业的自动化程度需要根据技术经济分析结果确定。装配自动线一般由 4 个部分组成：

① 零部件运输装置：可以是输送带，也可以是有轨或无轨传输小车。

② 装配机械手或装配机器人。

③ 检验装置：用以检验已装配好的部件或整机的质量。

④ 控制系统：用以控制整条装配自动线，使其协调工作。自动化程度高的装配自动线需要采用装配机器人，它是装配自动线的关键环节。图 6-9 所示为装配机器人的工作情况。

装配机器人主要用于各种电器制造（包括家用电器，如电视机、洗衣机、电冰箱、吸尘器等）、小型电机、汽车及其部件、计算机、玩具、机电产品及其组件的装配等方面。特别是在汽车装配线上，几乎所有的工位（如车门的安装、仪表盘的安装、前后挡板的安装、车灯的安装、汽车电池的安装、座椅的安装以及发动机的装配等）均可应用机器人来提高装配作业的自动化程度。此外，在汽车装配线上还可以利用机器人来填充液体物质，这些液体物质包括刹车油、离合器油、热交换器油、助力液、车窗清洗液等，机器人可以精确地控制这

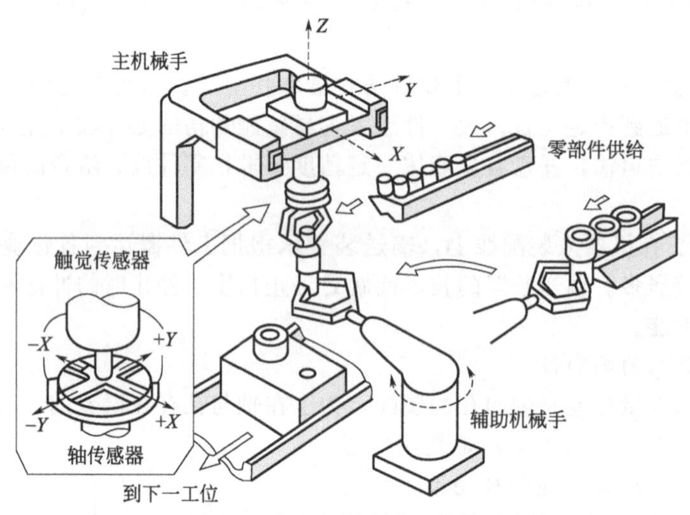

图 6-9　装配机器人的工作情况

些液体物质的填充量，并能减少污染物的排放。

6.3　喷漆机器人

喷漆机器人广泛用于汽车车体、家电产品和各种塑料制品的喷漆作业。与其他用途的工业机器人比较，喷漆机器人在使用环境和动作要求上有如下的特点：工作环境包含易爆的喷漆剂蒸气；沿轨迹高速运动，途经各点均为作业点；多数被喷漆件都搭载在传送带上，边移动边喷漆，所以它需要一些特殊性能。喷漆机器人主要由机器人本体、计算机和相应的控制系统组成，液压驱动的喷漆机器人还包括液压油源，如油泵、油箱和电机等。多采用 5 或 6 自由度关节式结构，手臂有较大的运动空间，并可做复杂的轨迹运动，其腕部一般有 2～3 个自由度，可灵活运动。较先进的喷漆机器人采用柔性手腕，既可向各个方向弯曲，又可转动，其动作类似人的手腕，能方便地通过较小的孔伸入工件内部，喷涂其内表面。喷漆机器人一般采用液压驱动，具有动作速度快、防爆性能好等特点，可通过手把手示教或点位示数来实现示教。喷漆机器人广泛用于汽车、仪表、电器、搪瓷等的工艺生产部门。下面介绍两种典型的喷漆机器人。

(1) 液压喷漆机器人

下面以浙江大学研制开发的液压喷漆机器人为例，如图 6-10 所示。该机器人由本体、控制柜、液压系统等部分组成。机器人本体又包括基座、腰身、大臂、小臂、手腕等部分。腰部回转机构采用直线液压缸为驱动器，将液压缸的直线运动通过齿轮齿条机构转换为腰部的回转运动。大臂和小臂各由一个液压缸直接驱动，液压缸的直线运动通过连杆机构转换为手部关节的旋转运动。机器人的手腕由两个液压摆动缸驱动，实现腕部两个自由度的运动，这样提高了机器人的灵活性，可以适应形状复杂工件的喷漆作业。

图 6-10　液压喷漆机器人

该机器人的控制柜由多个 CPU 组成，分别用于：伺服及全系统的管理；实时坐标变换；液压伺服系统控制；操作面板控制。示教有两种方式：直接示教和远距离示教。后一种示教方式具有较强的软件功能，如可以在直线移动的同时保持喷枪头姿态不变，改变喷枪的方向而不影响目标点等。还有一种所谓的跟踪再现动作，指允许在传送带静止的状态示教，再现时则靠实时坐标变换连续跟踪移动的传送带进行作业。这样，即使传送带的速度发生变动，也总能保持喷枪与工件的距离和姿态一定，从而保证喷漆质量。

为了便于在作业现场实地示教，出现了一种便携式操作面板，它实际就是把原操作面板从控制柜中取出来自成一体。这种机器人系统配备丰富的软硬件来实现条件转换、定时转移等联锁功能，还配有周边设备和机器人的联动运行的控制系统。现在，喷漆机器人所具备的自诊断功能已经可以检查出高达 400 种的故障或误操作项目。

① 高精度伺服控制技术。众所周知，多关节型机器人运动时，随手臂位姿的改变，其惯性矩的变化很大，因此伺服系统很难得到高速运动下的最佳增益，液压喷漆机器人当然也不例外，再加上液压伺服阀死区的影响，使它的轨迹精度有所下降。图 6-10 所示的液压机器人靠 16 位 CPU 组成的高精度软件伺服系统解决了该问题。它的控制功能如下：a. 在补偿臂姿态、速度变化引起的惯性矩变化的位置反馈回路中，采用可变 PID 控制。b. 在速度反馈系统中进行可变 PID 控制，以补偿作业中喷漆速度可能发生的大幅的变化。c. 实施加减速控制，以防止在运动轨迹的拐点产生振动。由于采取了上述三项控制措施，机器人在 1.2m/s 的最大喷漆速度下也能平稳工作。

② 液压系统的限速措施。用遥控操作进行示教和修正时，需要操作者靠近机器人作业，为了安全起见，不但应在软件上采取限速措施，而且在硬件方面也应加装限速液压回路。具体地，可以在伺服阀和油缸间设置一个速度切换阀，遥控操作时，切换阀限制压力油的流量，把臂的速度控制在 0.3m/s 以下。

③ 防爆技术。喷漆机器人的主机和操作面板必须满足本质防爆安全规定。这些规定归根结底就是要求机器人在可能发生强烈爆炸的危险环境也能安全工作。在日本是由产业安全技术协会负责认定安全事宜的，在美国是由 FMR（Factory Mutual Research）负责安全认定事宜的。要想进入国际市场，必须经过这两个机构的认可。为了满足认定标准，在技术上可采取两种措施：一是增设稳压屏蔽电路，把电路的能量降到规定值以内；二是适当增加液压系统的机械强度。

④ 汽车车体喷漆系统应用举例。图 6-11 是汽车车体喷漆系统的应用。两台能前后、左右移动的台车，各载两台液压机器人组成该系统。为了避免在互相重叠的工作空间内发生运动干涉，机器人之间的控制柜是互锁的。这个应用例子中，为了缩短示教的时间，提高生产线的运转效率，采用离线示教方式，即在生产线外的某处示教，生成数据，再借助平移、回转、镜像变换等各种功能，把数据传送到在线的机器人控制柜里。

(2) 电动喷漆机器人

如前所述，喷漆机器人之所以一直采取液压驱动方式，主要是考虑它必须在充满可燃性溶剂蒸气环境中安全工作。近年来，由于交流伺服电机的应用和高速伺服技术的进步，在喷漆机器人中采用电驱动已经成为可能。现阶段，电动喷漆机器人多采用耐压或内压防爆结构，限定在 1 类危险环境（在通常条件下有生成危险气体介质的可能）和 2 类危险环境（在异常条件下有生成危险气体介质的可能）下使用。由川崎重工研制的电动喷漆机器人的工作空间如图 6-12 所示。该机器人和前述液压机器人一样，也有 6 个轴，但工作空间大。在设计手臂时注意了减轻重量和简化结构，结果降低了惯性负荷，提高了高速动作的轨迹精度。

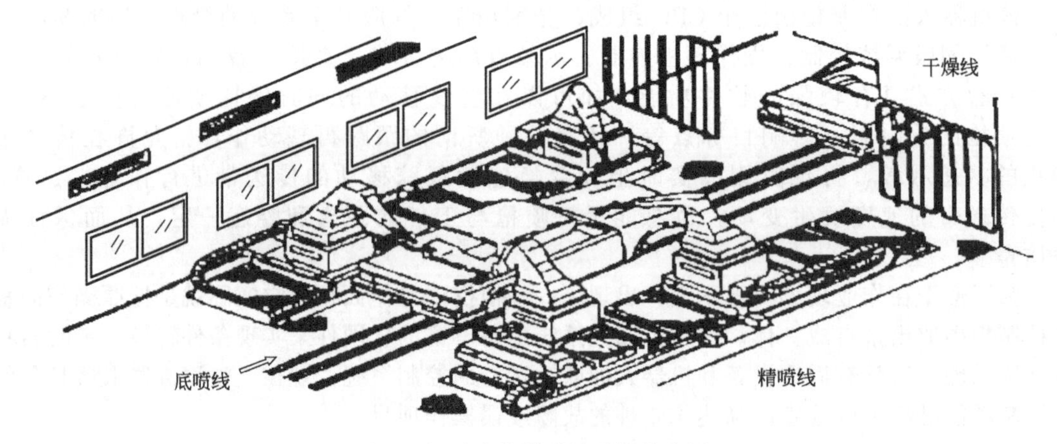

图 6-11　汽车车体喷漆系统的应用

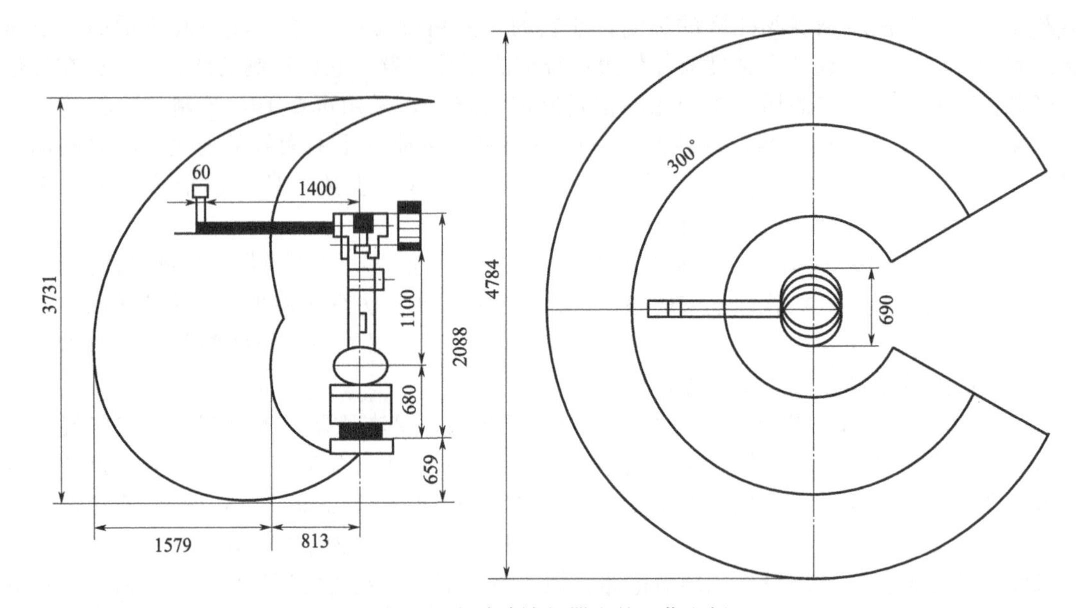

图 6-12　电动喷漆机器人的工作空间

该机具有与液压喷漆机器人完全一样的控制功能，只是驱动改用交流伺服电机和相应的驱动电路，维修保养十分方便。

① 防爆技术。电动喷漆机器人采用内压防塌方式，这是指往电气箱中人为地注入高压气体（比易爆危险气体介质的压力高）的做法。在此基础上，如再采用无火花交流电机和无刷旋转变压器，则可组成安全性更好的防爆系统。为了保证绝对安全，电气箱内装有监视压力状态的压力传感器，一旦压力降到设定值以下，它便立即感知并切断电源，停止机器人工作。

② 办公设备喷漆系统的应用举例。喷漆系统由图 6-13 所示的两台电动喷漆机器人及其周边设备组成。喷漆动作在静止状态示教，再现时，机器人可根据传送带的信号实时地进行坐标变换，一边跟踪被喷漆工件，一边完成喷漆作业。机器人具有与传送带同步的功能，因此当传送带的速度发生变化时，喷枪相对工件的速度仍能保持不变，即使传送带停下来，也可以正常地继续喷漆作业直至完工，所以涂层质量能够得到良好的控制。

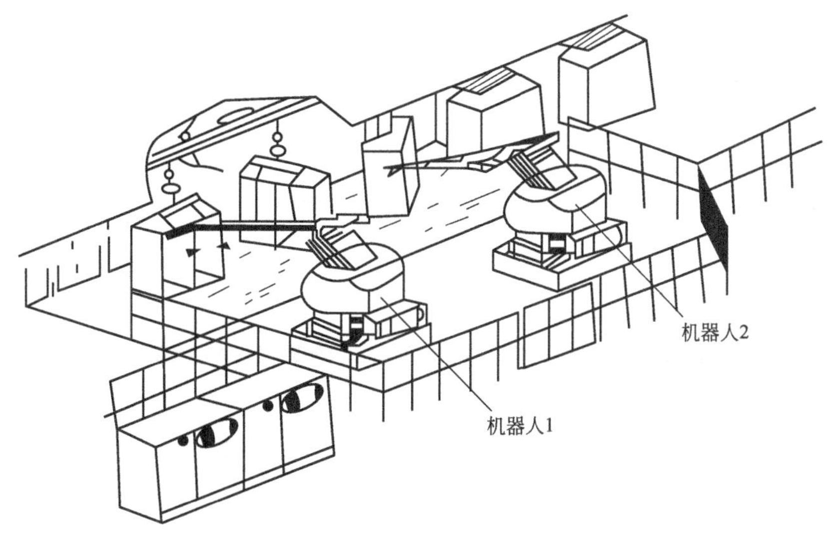

图 6-13　两台电动喷漆机器人及其周边设备

6.4　移动式搬运机器人

在工厂使用的移动式搬运机器人（Transfer Robot）、无人搬运车（Unmanned Transfer Vehicle）、无人台车（Unmanned Carriage）、自动导引小车（Autonomous Guided Vehicle，AGV），均为电池供电并由橡胶轮胎传动，通过路径引导的方式在无人驾驶的状态下，装载工件或其他物品，自动移动于工厂装配工位或加工工位之间，到达目标位置。移动式搬运机器人既与传统流水线大批量生产的传送带加搬运机器人的概念不同，也有别于传统柔性的概念，是一种针对路径多岔、搬运对象多变、中批量生产规模的运输手段。在工厂自动化（Factory Automation，FA），柔性制造系统（Flexible Manufacturing System，FMS）中，移动式搬运机器人是不可缺少的。

（1）自动导引小车系统的组成

① AGV 车载控制器（AGV Vehicle Controller）。AGV 控制器使用国际著名工控品牌研发成熟的前接线系列主机作为处理器核心，配合各种功能模块，实现 AGV 控制器的通用性与模块化，各功能模块性能稳定可靠且分工明确，保证了 AGV 整体性能的灵活配置，又便于不同系统功能的扩充与维护。

② AGV 驱动系统（AGV Drive System）。AGV 驱动轮使用欧洲进口的 AGV 专用全方位驱动轮。该种车轮集成了行驶与转向两个单元，该种 AGV 专用车轮外层使用树脂橡胶材料做成，具有强度高、耐磨损、稳定性高、一定的弹性等优点，非常适合 AGV 系统使用。转向单元使用一个独立的伺服电机装有旋转编码器及高精度位置检测电位计，转向单元可在±90°的范围内转动，控制驱动电机的驱动轴向，配合驱动单元的正反转，可使车轮沿任意方向运动。车轮单独组成一驱动机械系，在一个轮支架内安装有直流伺服电机、同轴减速器、抱闸、旋转编码器及测速机等，车轮结构紧凑、空间占用少、可控性高、性能可靠、维护简单。在装配型 AGV 中装有两个独立控制的驱动轮。

③ 导航系统（Navigation System）。装配型 AGV 使用磁导航，在 AGV 下方装有磁传感器专业公司为 AGV 专门设计的磁导航传感器，该传感器结构紧凑、使用简单、导航范围宽、导航精度高、灵敏度高、抗干扰性好。AGV 地标传感器使用同一系列的横向产品，安

装尺寸更小，可与导航传感器使用相同的信号磁条。

AGV 的地面磁导航系统是 AGV 在运行过程中所能达到的路径，主要由以下几部分构成：运行路径导航线、地标导航线和弯道导航线。采用磁导航的方法，运行路径导航线由长 500mm、宽 50mm、厚 1mm 的磁性橡胶铺设而成，根据路径的具体要求可以进行适当的裁剪。地标导航线由长 150mm、宽 50mm、厚 1mm 的磁性橡胶铺设而成，在地图上地标是各个站点的标志。弯道导航线由路径导航线和地标导航线构成，如图 6-14 所示。

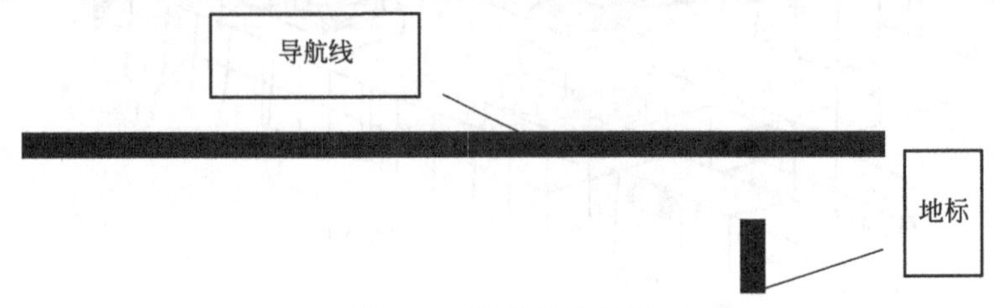

图 6-14　导航线及地标

AGV 在弯道的运行分成下述几个步骤：a. 找到地标；b. 按一定的转弯半径，AGV 靠码盘的位置编程来完成圆弧的轨迹；c. 寻找导航线，按导航线的路径行走。

④ 在线自动充电系统（Online Automatic Charge System）。AGV 使用高容量镍镉充电电池作为供电电源。该种电池一方面在短时间内可提供较大的放电电流，在 AGV 启动时可提供给驱动系统以较大的加速度，另一方面，该种电池的最大充电电流可达到额定放电电流的 10 倍以上，使用大电流充电即可减少电池的充电时间，AGV 的充电运行时间比可达到 1∶8，AGV 可利用在线停车操作的时间进行在线充电，快速补充损失的电量，使 AGV 在线连续运行成为可能。

在 AGV 运行路线的充电位置上安装有地面充电连接器，在 AGV 车底部装有与之配套的充电连接器，AGV 运行到充电位置后，AGV 充电连接器与地面充电连接器的充电滑触板连接，最大充电电流可达到 200A 以上。

⑤ 无线局域网通信系统（Wireless LAN Communication System）。AGV 控制台与 AGV 间采用无线通信方式，控制台和 AGV 构成无线局域网。控制台依靠无线局域网向 AGV 发出系统控制指令、任务调度指令、避碰调度指令。控制台同时可接收 AGV 发出的通信信号。AGV 依靠无线局域网向控制台报告各类指令的执行情况、AGV 当前的位置、AGV 当前的状态等。无线局域网使用工业级专业通信电台，车载电台与系统通信接入点之间使用多频点跳频数字通信，系统具有 60 多个频点可选，通信速度高、抗干扰性好，且通信电台支持多主无缝方式漫游，在较大的应用空间内有非常好的区域扩展能力。

⑥ 驱动控制系统（Drive Control System）。AGV 驱动控制器采用美国专业生产厂家生产的产品，根据驱动电机的功率可选择不同型号的驱动器，同时该驱动器的输入电压适应范围比较宽，适应电池供电系统的应用。该产品连接简洁，便于安装，调试方便。

⑦ 非接触防碰装置（Non-contact Bumper Device）。在 AGV 前后除了安装接触式防碰装置外，还安装有非接触防碰装置。非接触防碰装置是由一对长距离宽区域光电传感器及防护装置组成的，该传感器为进口器件，可通过其正面的灵敏度调节器进行灵敏度调节，还可使用开关选择适合 AGV 行驶路线路况的检测领域。该传感器具有自动防干扰功能，但对颜色敏感。

(2) 自动导引小车的导引方式

自动导引小车（AGV）之所以能按照预定的路径行驶是依赖于外界正确导引的。对

AGV 进行导引的方式可分为两大类：固定路径导引方式和自由路径导引方式。

① 固定路径导引方式。固定路径导引方式是在预定行驶路径上设置导引用的信息媒介物，运输小车在行驶过程中实时检测信息媒介物的信息而得到导引。按导引用的信息媒介物不同，固定路径导引方式主要有电磁导引、光学导引、磁带导引、金属带导引等，如图 6-15 和图 6-16 所示。

如图 6-15(a) 所示，电磁导引是工业用 AGV 系统中使用最为广泛、最为成熟的一种导引方式。它需在预定行驶路径的地面下开挖地槽并埋设电缆，通以低压低频电流。该交流电信号沿电缆周围产生磁场，AGV 上装有两个感应线圈，可以检测磁场强弱并以电压的形式表示出来。比如，当导引轮偏离到导线的右方时，左侧感应线圈可感应到较高的电压，此信号控制导向电机使 AGV 的导向轮跟踪预定的导引路径。电磁导引方式具有不怕污染、电缆不会遭到破坏、便于通信和控制、停位精度较高等优点。但是这种导引方式需要在地面上开挖沟槽，并且改变和扩充路径也比较麻烦，路径附近的铁磁体可能会干扰导引功能。

如图 6-15(b) 所示，光学导引方式是在地面预定的行驶路径上涂以与地面有明显色差的具有一定宽度的漆带，AGV 上光学检测系统的两套光敏元件分别处于漆带的两侧，用以跟踪 AGV 的方向。当 AGV 偏离导引路径时，两套光敏元件检测到的亮度不等，由此形成信号差值，用来控制 AGV 的方向，使其回到导引路径上。光学导引方式的导引信息媒介物比较简单，漆带可在任何类型的地面上涂置，路径易于更改与扩充。

如图 6-15(c) 所示，以铁氧磁体与树脂组成的磁带代替漆带，AGV 上装有磁性感应器，形成了磁带导引方式。

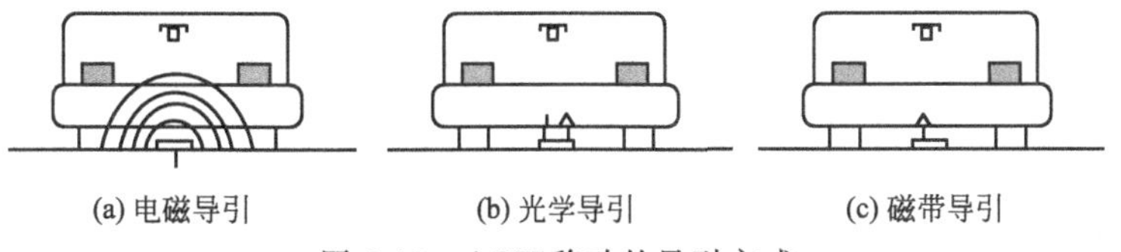
(a) 电磁导引　　(b) 光学导引　　(c) 磁带导引

图 6-15　AGV 移动的导引方式

金属带导引如图 6-16 所示，在地面预定的行驶路径上铺设极薄的金属带，金属带可以用铝材，用胶将其牢牢地粘在地面上。采用能检测金属的传感器作为方向导引传感器，用于 AGV 与路径之间相对位置改变信号的检测，通过一定的逻辑判断，控制器发出纠偏指令，从而使 AGV 沿着金属带铺设的路径行走，完成工作任务。作为检测金属材料的传感器，常用的有涡流型、光电型、霍尔型和电容型等。涡流型传感器对所有金属材料都起作用，对金属带表面要求也不高，故采用涡流型传感器检测金属带为好，如图 6-17 所示。图 6-18 表示一组方向导引传感器，由左、中、右三个涡流型传感器组成，并用固定支架安装在小车的前部。金属带导引是一种无电源、无电位金属导引，既不需要给导引金属带供给电源信号，又不需要将金属带磁化，金属带粘贴非常方便，更改行驶路径也比较容易，同时在环境污染的

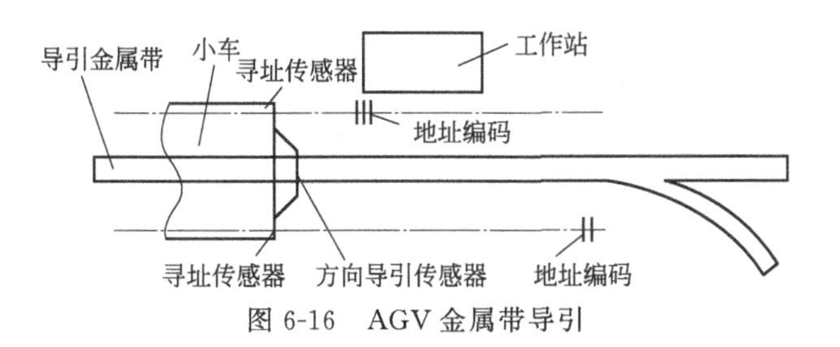

图 6-16　AGV 金属带导引

情况下，导引装置对金属带仍能有效地起作用，并且金属带极薄，并不造成地面障碍。所以，与其他导引方式比较，金属带导引是固定路径导引方式中可靠性高、成本低、简单灵活，适合工程应用的一种 AGV 导引技术。

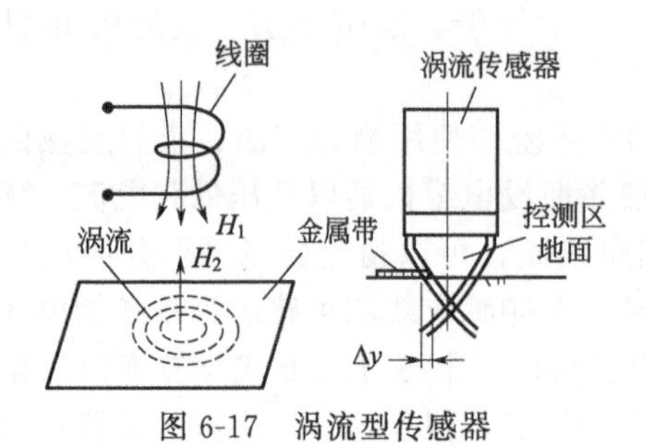

图 6-17 涡流型传感器

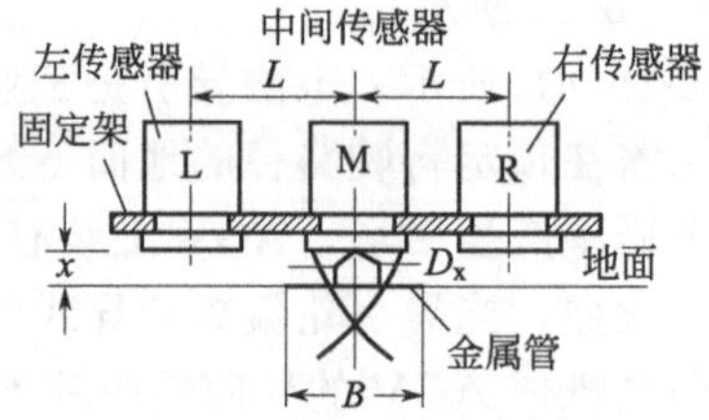

图 6-18 金属带导引传感器探头

② 自由路径导引方式。自由路径导引方式是在 AGV 上储存着行驶区域布局的尺寸坐标，通过一定的方法识别车体的当前方位，运输小车就能自主地决定路径而向目标行驶。自由路径导引方式主要有路径轨迹推算导引法、惯性导引法、环境映射导引法、激光导航导引法等。

a. 路径轨迹推算导引法。安装于车轮上的光电编码器组成差动仪，测出小车每一时刻车轮转过的角度以及沿某一方向行驶过的距离。在 AGV 的计算机中储存着距离表，通过与测距法所得的方位信息比较，AGV 就推算出从某一参数点出发的移动方向。其最大的优点在于改动路径布局时，只需改变软件即可，而其缺点在于驱动轮的滑动会造成精度降低。

b. 惯性导引法。在 AGV 上装陀螺仪，导引系统从陀螺仪的测量值推导出 AGV 的位置信息，车载计算机算出 AGV 相对于路径的位置偏差，从而纠正小车的行驶方向。该导引系统的缺点是价格昂贵。

c. 环境映射导引法。也称为计算机视觉法。通过对周围环境的光学或超声波映射，AGV 周期性地产生其周围环境的当前映像，并将其与计算机系统中存储的环境地图进行特征匹配，以此来判断 AGV 自身当前的方位，从而实现正确行驶。环境映射导引法的柔性好，但其系统价格昂贵且精度不高。

d. 激光导航导引法。在 AGV 的顶部放置一个沿 360°按一定频率发射激光的装置，同时在 AGV 四周的一些固定位置上放置反射镜片。当 AGV 行驶时，不断接收从三个已知位置反射来的激光束，经过运算就可以确定 AGV 的正确位置，从而实现导引。

e. 其他方式。在地面上用两种颜色的涂料涂成网格状，车载计算机存储着地面信息图，由摄像机探测网格信息，实现 AGV 的自律性行走。

6.5 医疗机器人

(1) 医疗机器人的角色与分类

自从伦琴 (Rontgen) 发现了 X 射线以来，人们无须手术就能观察到人体内部的情况，医学影像已成为诊断与治疗时不可或缺的利器。随着 CT (Computed Tomography，计算机断层扫描)、MRI (Magnetic Resonance Imaging，核磁共振成像)、超声波断层扫描、PET (Positron Emission Tomography，正电子断层扫描) 以及内窥镜等医学影像技术的进步，医生开始使用一双新的“眼睛”来进行诊疗。而且，自 20 世纪 90 年代起，机械技术，特别是机器人技术也开始进入医疗领域。从此，这些技术成为医生新的“双手”，代替或辅助医生执行一些在过去看来非常困难的治疗工作。而这类成为医生新的“手”与“眼”的技术开发领域就称为“计算机外科”。治疗机器人的应用领域日益多元化，主要包括两大类：一是根据术前影像对患者实施影像引导治疗，以期优化治疗方式的机器人；二是在病患体内模仿医师动作，实施手术的主从式机器人。

① 影像及信息引导型手术机器人。20 世纪 80 年代，开始出现了根据 CT 影像的坐标信息，以针穿刺颅内肿瘤的脑定位手术，接着又出现了自动定位脑针的机器人，这种根据影像的定量坐标信息，对手术器械进行精确定位的机器人，就是治疗机器人的起点。率先实现商品化的全髋关节置换手术机器人——ROBODOC，就是根据术前的 CT 影像决定骨头切削范围再进行切除手术的，也属于影像引导型手术机器人。之后，MRI、超声波影像也被用来获取坐标信息，并陆续开发出许多可同时摄影与定位治疗器械的影像引导型机器人。尤其是 MRI，对于水分子含量高的脏器具有绝佳的造影能力，也是血管造影与功能性造影的利器，且具有无须暴露于放射物之下的优点，因而应用范围非常广泛。为了配合 MRI 的普及，目前正在开发可在强磁环境下运作的医疗机器人。现有的机器人技术多使用电磁金属或磁性金属，但配合 MRI 所使用的机器人必须处于强磁环境下，因此现有的机器人技术都派不上用场。而目前正在开发的是运用超声波电机等非磁性电机技术或空压机电机技术的非金属机器人。超声波影像的特征是能够拍摄实时影像。利用这一优点，目前正在开发一项通过运用超声波影像的视觉反馈功能，准确地将针头穿刺至目标位置的技术。不管是哪种机器人系统，都必须结合医学影像技术才能发挥功能，因此影像信息的获取与筛选、坐标系统的整合方法、整合精度的提升等因素将成为机器人系统能否普及的关键。

② 主从式机器人。20 世纪 90 年代初期出现了内窥镜手术，90 年代后期，辅助执行内窥镜手术的机器人陆续问世。所谓内窥镜手术，是指在患者腹壁切开几个孔洞，放入带有长柄的钳子与硬性内窥镜，一边观看内窥镜传出的影像，一边用长柄钳子进行治疗的手术方法，是一种伤害性低的治疗方法。最早开发出来的是代替手术助理来持握并操作内窥镜的机器人。之后，内窥镜机器人技术进一步延伸，主刀医师手上的钳子也实现了机器人化。接着，开始有人研发用于远距离操作内窥镜的手术机器人。远距离操作的架构大多采用主从式机器人。主刀医师操作主机器人（Master Robot），驱使已置入患者体内的从属机器人（Slave Robot）随之产生动作。钳子的前端通常备有可弯曲装置，利用此技术，可在观看内窥镜影像的同时实施切剖或结扎等手术。目前，主从式机器人已能在洲际间进行通信，可通过显微镜的放大影像执行细微的动作，缝合直径 1mm 以下的微细血管。

(2) 尖端医疗机器人简介

目前，有一种介于影像及信息导引型手术机器人与主从式机器人之间的目标追踪型机器人，可在手术中有效利用医学影像及其他生理信息，依情况所需变更路径。另外，微创手术方面也出现了新的治疗方法，辅助这些治疗法的机器人也在开发之中。目前，有运用软性内窥镜与钳子的经自然腔道内镜手术（Natural Orifice Translumenal Endoscopic Surgery，NOTES)，以及单一切口腹腔镜手术（Single Port Surgery）等治疗方法。这些方法仅在患者的胃壁或体表切开一个小孔供内窥镜进入，因此造成的伤害较低。但该手术相比以往的手术更为复杂。目前正在研发体积更小，内部装有钳子与内窥镜，可进入软性内窥镜工作通道，在患部附近执行手术的主从式机器人，用以辅助执行此类手术。另外，一种可改变工作通道软硬度的内窥镜也正在开发当中，该技术是利用空气压力保持通道的形状，让机器人可以顺利进入患部执行治疗工作。

(3) 医疗机器人所面临的挑战

医疗机器人的开发与普及面临着许多挑战，在此就以下问题进行说明：安全问题、技术问题（以触觉反馈装置为例）以及商品化问题。

① 医疗机器人的安全性。医疗机器人与工业机器人等其他用途的机器人相比，最大的不同点在于对安全性的考虑。此外，机器人的动作会因患者不同而有所差异，一旦执行便无法重来以及便于医疗从业人员能方便地掌握操作方法这几个事项也是考虑的重点。再者，接触到病患或置入患者体内的器械都必须经过消毒杀菌，因此在设计机械结构或系统时也必须将杀菌考虑在内。内窥镜机器人的任务在于将视野改变至所希望的方向，有研究运用棱镜以光学原理来改变视野，因此不需移动内窥镜本身就能安全地获得手术所需的视野。

② 触觉反馈技术。利用内窥镜手术远距离治疗时，由于主刀医师无法直接碰触到患部或周围脏器，会面临无法把握脏器的软硬度以及表面特性等问题。因此，运用触觉传感器、力觉传感器等触觉反馈技术来获取并反馈手术部位的触觉信息备受期待。特别是通过内窥镜影像执行治疗作业时，由于视野有限，常会发生钳子等器具不小心接触到小肠、胰脏等脏器，引发术后出血或腹膜炎等情况。因此，若能侦测钳子尖端所受到的力或接触到物体时的反作用力，将可提升手术安全性。此外，学习拿捏缝合的力道也非常重要。目前的触觉反馈技术已大量应用于内窥镜手术训练设备之中。虽然目前的技术水准离期待还有一段差距，但预期未来能够实现更加精确的触觉反馈技术的应用。

③ 商品化及开发方针。虽然一台机器从研发到实现商品化的开发程序取决于每种产品的特性，但一般都会依循下述阶段：a. 基础研究阶段；b. 非临床研究阶段（如动物实验）；c. 临床研究阶段；d. 治疗试验阶段。尤其是当从 b 进入 c，以及从 c 进入 d 时，必须遵循药事法规及各机构的伦理规范、审查、许可程序等多项社会要求，因此需要进行产学研合作。再者，以治疗为目的的研发，基本上都需将商品化纳入考虑，然而也必须充分地评估机器开发及引进所带来的效益，以及可能产生的副作用。而用以科学地实施前述评估的法规科学研究也正在进行当中。

目前，由于术中影像获取环境的进步以及传感器功能的优化，在手术中进行局部定位诊断已开始成为可能。未来，治疗与诊断同步进行不再是梦想。再者，生物学研究领域中正在进行研究的药物传递系统（Drug Delivery System）的功能性药剂，也可以通过精准定位将药物直接传递到患部，这样就可提高治疗效果。此外，还可运用机器人技术将再生医疗技术引入患部或目标部位，达到早期治愈的目的。最近也有研究在分析标准手术的手术流程，并将其步骤化，通过标准化步骤，机器人可以适当地执行动作，而这将有助于打造出一个更为先进的治疗辅助系统。医生运用至今为止最好的技术，给予患者最佳的治疗，这是古今不变的道理，获取技术的本领可以说是上天赐予人类的进化礼物。近年来，随着机器人技术的不断创新，医疗机器人开始崭露头角，而未来将以机器人技术为中心横向地融合各项技术，使得医疗进一步向低伤害性、高精密性迈进。

6.6 看护机器人

(1) *看护机器人*

看护机器人就是“以照料为目的的机器人”。所谓的照料是“以自立及提升生活质量为目标的一种协助手段”，而看护机器人的开发也应该意识到这一点。此外，从看护人的立场来看，将看护人的负担减轻到极限后的结果，就是被看护人不再需要照料，也就是实现被看护人的自立。从机器所执行的工作来看，辅助照料的机器和辅助自立的机器并没有明确的界限，若硬要找出两者的差异，就在于“机器所执行的工作是出于看护人的意愿还是本人的意愿”这一点上。

（2）看护机器人的研发

看护机器人的服务范围涵盖了日常生活中的所有方面，在此将以移动用看护机器人作为看护机器人的典型例子，说明迄今为止的研究过程及开发现状。移动对于看护人员来说是一项负担极大的工作。而在德田等人针对日本全国的养老院所做的调查当中，进一步将移动的看护分为六个动作元素，其中体力负担最重的动作元素是将病人从轮椅移动至床铺、从床铺移动至轮椅，这类动作占了大多数。上述工作给看护人员的身体带来了沉重负担，该问题早从 30 多年前就开始提出来讨论，也曾尝试从工程学的角度来寻求解决方案。日本工业技术院机械技术研究所（现今日本产业技术综合研究所）于 1978～1988 年间致力于开发辅助移动设备 MELKONG，用来辅助长期卧床病患的移动。当时，作为一个可以抱起卧床患者并协助其移动的机器人，MELKONG 的研发领先于全球。

MELKONG 一号机配备了双腕型油压驱动菱形连杆机械手臂，以及万向移动装置，能抱起重达 100kg 的人。MELKONG 二号机则是牺牲了移动功能，将功能集中在抱起患者的动作上。与此同时，为了打造一个更加安全的系统，二号机采用气压驱动来取代油压驱动。MELKONG 二号机的设计能够抱起体重 80kg 的人。但不管是一号机还是二号机，都不是采用直接将人抱起的方法，而是先移动床铺，再将机械手臂前端的手指插入床铺侧面的孔洞，将人和床一起抱起来。

除了 MELKONG，另有三洋电机开发的简易型残障人士辅助移动装置，日本东海大学与 Amada 株式会社共同开发的“纳希”，最近则有松下开发的移动辅助机器人。目前虽然已开发出上述移动用看护机器人，但尚未达到可实际应用的阶段。要将人抱起并进行移动，机器人必须具备足以支撑人类体重的力量，以及较宽的支撑基座以免翻倒，如此一来机器人势必会变得庞大而笨重。因此，安全性和收纳将成为一大问题。此外，由于将人抱起的时候，机器人必须将手臂伸入人与床铺或人与轮椅椅面间狭窄的缝隙当中，此时如何确保人与机器人在接触时的安全也是一大问题。因此，另有研究是将目标放在开发看护人员使用的强化服上，而非利用独立的看护机器人来辅助执行移动作业，以此来避免上述问题的发生。

最近，研究人员也在移动看护机器人实用化方面展开了新的尝试。RI-MAN 是由日本理化学研究所开发，以“能执行抱起人类这个动作的机器人”为最终目标的研究平台。RI-MAN 配备了耦合驱动式双臂，以及车轮式移动机构。同时，考虑到安全性，做了防卷入、防夹入、防翻覆等设计。而同一研究团队延续 RI-MAN 的研究成果，正在研发能直接抱起人类的双臂机器人 R1BA，并连续举办示范表演会，实际展示机器人如何将人抱起。由日本 Logic Machine 株式会社开发、出售的居家型看护机器人百合菜（YURINA）是一个已经商品化的机器人。百合菜具备双臂与移动功能，是用来辅助移动的居家型看护机器人。百合菜利用安装在板状手掌上的输送带，执行从床上抱起病患的动作。单只手臂末端的部分可负重 80kg，双手则可负重 120kg。可见，移动看护机器人的研究已经持续进行了 30 多年，但是真正运用到实际生活中来还只是刚起步而已。

6.7 救援机器人

（1）灾害问题

对于人类生活来说，安全是最重要的事情。在这个大前提之下，才有可能去讨论生活质量等话题。在过着高质量生活的同时，却时刻担心灾害的发生，这样的生活并不是真正的幸福生活。同样的道理也适用于经济活动。面对灾难，有必要事先做好充足的准备工作，但仅凭民间的经济力量是无法肩负起如此重任的。研发新一代机器人的目的就是保障安全的生活，具体包括：防范灾害的发生，在灾害发生时将损害降到最低，以及协助日后的复原与重建工作。出于此目的而研发的机器人有很多，在此要介绍的是灾害发生时，灾害应变专家用来抢救生命的救援机器人。

(2) 机器人技术应实现的功能

灾害应变必须涵盖下述流程：①灾害预警（例如，灾害侦测）；②救灾计划（人员与队伍的安排、救灾顺序等）；③搜集并共享信息（掌握受灾概况、锁定遇难者的位置等）；④降低伤害（清除瓦砾、污染等）；⑤紧急医疗（诊断、急救措施等）；⑥后勤（人员、物资的运送等）。针对上述每个环节，有望通过机器人技术，特别是野外机器人技术来提供多种协助。救援现场多为户外环境，即便是室内环境也是一片狼藉，我们不可能为了方便机器人作业，事先将环境整顿好。在此必须指出的一点是，机器人并不是必需的，若有其他更加便宜且快速的方法，就应该优先采用。另一个需要注意的点是，救灾时应使用常用的工具或器材。之前未接触过的先进设备，还需在实践中改良，并让救灾人员熟练掌握其操作技巧。

(3) 大型城市大型地震灾害控制特别计划（简称“大大特计划”）

“大大特计划”是日本文部科学省在2002～2006年期间执行的计划，目标是将机器人技术综合应用于大规模的地震灾害中。当时展开了许多机器人及救灾系统的研究。例如，开发了可在灾害发生当下立刻起飞，从低空调查受灾情况的小型自动直升机；在高空定点观测灾情的热气球；像火灾警报器般事先安装在住宅内，可在灾害发生时搜集受困者信息的分布式传感器等用来掌握受灾情况的技术。针对救援设备，当时也进行了许多研究，包括：可潜入倒塌建筑物，深入瓦砾堆中搜寻受困者的蛇形机器人与救援工具；进入半毁的地下街及大楼内搜寻受困者，调查受灾状况的移动机器人；运用远距离操作技术从瓦砾外部搜寻受困者的超宽带（Ultra Wideband）电磁波探测设备；用来管理救援行动的电子卷标（IC tag）应用等研究。为了累积、共享、运用、加工处理所搜集到的信息，研究者们还开发了数据库，并制定了通信协议。

当时也积极地实施各种以实际应用为目的的实证实验、训练、示范展示等活动，包括打造模拟倒塌住宅的实验设施以用来改良技术研发，设立由现役消防队员组成的志愿部队RS-U，以及运用日本消防救援机动部队与FEMA（美国联邦紧急事务管理署）等的训练基地进行实验，此计划带来了显著的效应。致力于救灾机器人开发的研究人员在日本全国范围内迅速增长，各项技术得到了广泛的应用。同时也促进了消防等灾害应变专家与机器人研发人员之间的跨领域合作，研发出了几项具有实用价值的机器人及相关技术。

(4) 主动式管道摄像机

主动式管道摄像机是“大大特计划”中的开发项目，最初用于瓦砾下的信息收集。比起一般的工业用内窥镜，此机器人多了推进的功能。通过振动布满缆线表面的纤毛，以获得推进的动力。运用分散驱动原理，该机器人能进入口径窄小的缝隙（开口直径约3cm）并深入至瓦砾堆深处（约8m），执行搜寻被困者、进行结构检查等任务。尽管即使是在最佳条件之下，机器人最大爬坡角度仅有20°，最高仅能跨越20cm的落差，但和以往的光纤摄像机相比，可搜索的范围却扩大了许多。此外，还能沿着障碍物改变行进方向，在开放空间内可控制左右旋转。主动式管道摄像机曾用于调查2007年12月在美国Jacksonville所发生的Berkman Plaza Ⅱ停车场工地坍塌事故。当时机器人深入混凝土瓦砾堆内部7m处，搜集诸如建筑结构裂缝的形状与方向、断瓦残垣的形状与切面、支撑梁柱的建造方式等建筑物结构信息，显示出了相对于光纤内窥镜及其他机器人的优势。

(5) 地下街及大楼内的搜索机器人

日本新能源产业技术综合开发机构（NEDO）于2006～2010年间执行“战略性尖端机

器人关键技术开发计划”，开发出了能代替救援人员执行任务，进入高度危险的环境，诸如因地震倒塌的建筑物，或因瓦斯外泄、恐怖攻击等原因遭受封锁的环境等，搜集被困人员及受灾状况等信息的机器人。开发出来的机器人 Kenaf 与地面接触的部分整个被履带包覆住（主履带），备有四个副履带，并采用低重心机身设计。通过这些设计，Kenaf 在布满瓦砾、地形崎岖的环境中，展现出了杰出的越野能力。2008 年，在美国 FEMA TX-TF1 的训练基地 Disaster City 所进行的实证实验当中，Kenaf 成功通过了基地内的都市灾害救援训练设施——边长 40m 的方形混凝土瓦砾堆的考验，在远距离操作下从场地的一侧穿越至另一侧，也在 RoboCup 的越野性能大赛中，获得两次世界冠军。

Kenaf 具备半自主动作功能，因而降低了远距离操作的复杂度。在瓦砾堆上行进时，能感测与瓦砾间的距离、副履带与瓦砾接触的位置，并基于前述信息自主地进行判断，控制行进的速度以及副履带的上下动作。因此救难人员可将注意力集中在搜索任务上，不需费心移动的问题。为了实现狭窄、复杂环境的远距离操纵，Kenaf 配备了 3D 扫描仪，来测量机器人周围障碍物或落差的立体形状。操作人员可通过画面掌握障碍物与机器人间的位置关系，避免发生碰撞或调整行进的速度与方向。此外它还能绘制大范围的 3D 地图，以帮助救难人员正确掌握被困者等相关位置信息与现场的状况。

救灾机器人技术在阪神大地震之后有了飞跃式的发展，其中部分技术即将进入实用化阶段。然而，仍存在以下技术难题：

① 移动能力、作业能力等问题：机器人的结构及控制问题、操作人员对周围情况的掌控能力不足、远距离操作功能不完善、定位精度不足等。

② 远距离操作及信息传递界面问题：信息呈现方式（用以协助操作人员掌握状况）、半自主功能（辅助操作）等。

③ 通信问题：如何将来自多台机器人的影像数据等大容量数据，没有中断与延迟地同步传输至远距离操作人员手中等问题。

④ 定位与数据绘图问题：无法使用 GPS 环境下的定位问题，为运用 GIS 进行资料绘图，构建一套标准化的理论系统以及通信协议的标准化等。

⑤ 多个系统进行协调整合作业时的架构。

⑥ 灾害发生时系统的可靠性。

⑦ 确定需求规格与试验评价的标准。

⑧ 提升基本性能：加大致动器出力，提高机械结构刚度，小型化轻型化等问题，动力问题（电池、节电等），提升传感器性能，耐用性、防水性、耐热性、防尘性、防爆性等。

6.8 建筑机器人

(1) 建筑机器人

因为搬运、装卸等工程规模浩大，所以土木建造领域很早就开始推动机械化，广泛地使用反铲挖掘机、推土机等普通施工机械。建筑工程所需的机器与技术可分为两种，除了反铲挖掘机、自卸车等普通重型施工机械之外，另有如同用于隧道施工的盾构机一样，需与现场施工方法密切配合的单件生产机械。不过，在建筑施工现场有许多工作很难实现机械化，有些工作则是人工操作更具效率。因此，建筑机器人主要有两个研发趋势：一为以无人化施工为目标，实现现有施工机械的机器人化；二为开发新型机器人，取代传统的人工操作。

首次以远距离方式操作施工机械是在 20 世纪 60 年代末期。后来，以日本云仙普贤岳火山重建工程为契机，在技术上有了很大的进展。再加上近年来 GPS 等定位技术的使用，无线及激光测量技术的进步等，利用机器人进行施工的环境日趋完备。作为综合技术开发计划的一环，日本国土交通省于2003～2007年间，启动了“机器人等IT施工系统开发”项目，试图通过普通施工机械的自动化，并结合信息通信技术来提高施工效率，降低施工成本。该计划旨在实现机器人施工这一目标，在次生灾害发生概率高的灾害现场等伴随高度危险与艰辛的施工环境中，以机器人代替人类来执行各项作业。目前，利用该项目中的技术而研发的施工方法，运用在日本各地的灾区重建现场，取得了丰硕的成果。

此外，有少数施工机械不是直接用于建筑施工作业，而是改装成扫雷机器人在柬埔寨等执行地雷排除工作。自20世纪80年代后期起，开始开发用于高楼等施工现场的自动起吊装置、地面施工机器人等自动化施工机械。20世纪90年代，各建筑承包商推出了各自的全自动大楼施工系统，并出现了几个施工案例。然而由于成本过高，之后并没有真正普及开来。最近则正在开发进行老旧大楼拆除以及装修等内部装潢施工时，用以辅助处理石棉或协助工人施工的机器人。新技术方面包括尝试利用水刀（Water Jet）拆除天花板等新施工系统。这些新型的施工方法与施工组合也能提升现有的以人工操作的施工方法的效率，所以今后的发展也备受期待。此外，近年来，建筑领域也开始研究强化服的应用。

（2）无人化施工

无人化施工就是在施工现场仅依靠施工机械来完成工程，最初的尝试始于20世纪60年代末期。之后，出现了几个引进远距离操作型施工机械进行施工的案例，日本云仙普贤岳火山灾害重建工程之后，技术日渐成熟。当时，云仙普贤岳火山仍有岩浆喷发的危险，在这种情况下，使用了当时的日本建设省所设立的“实验田野制度”来进行紧急清运工程，有许多企业参与其中，致力于引进新技术。在那之后，诸如运用RCC（Roller Compacted Concrete，碾压混凝土）施工法来修筑挡土墙等无人化施工工程，相关的重建及防灾工程也在持续进行，无人化施工技术日益成熟。在进行无人化施工的时候，从地形测量到竣工测量的一连串工程，都必须通过远距离控制来进行。因此，仅仅实现对施工机械的远距离操作是不够的，有必要针对涵盖施工方法在内的整套系统进行整体的设计。在那之后，有珠山、三宅岛等日本各地的灾害现场也开始应用无人化施工，成果喜人。上述灾害现场分属不同的环境类型，有珠山属于超远距离操作，三宅岛则处于火山喷发气体的威胁当中，而在当时也根据各个环境的特性开发出了相应的技术。

目前，无人驾驶的施工机械几乎都是采用操纵杆来进行远距离操作的，因此如何能有效地将当下现场以及机器的监控信息呈现给作业人员就成了重点研究对象。举个特殊的案例，那就是水中挖土机的远距离控制系统。该系统尝试从陆地上进行远距离控制，来执行海中防波堤建设的填平工程。由于污浊或悬浮物等原因，无法用激光扫描仪来测量海底地形。而且挖土机的动作会卷起海底的泥沙，遮蔽操作人员的视野。因此该系统增加了利用挖掘臂的末端追踪海底地形，再通过主从式系统将该信息呈现给操作人员的功能。此外，还有另一种常见的重型施工机械的操作方法，不是通过远距离操作直接控制机械本身，而是操纵安装在机械座位席上的机器人来操作施工机械。也有通过自主控制，而非远距离操作来控制重型施工机械的机器。目前，有矿坑已经开始使用通过自主控制来驾驶的自卸车。另外，挖土机、装载机等专门用来处理形状不规则土石的重型施工机械，由于必须具备挖掘砂石的功能，因此目前的技术尚未达到实际应用的程度。

（3）轮式装载机的自主控制

轮式装载机自主控制的目标是将轮式装载机从挖掘砂石到堆放至自卸车的一系列动作，全部通过自主控制来执行。在此系统中，轮收到从砂石挖掘处到自卸车置物台之间的大致位置信息。此外，自卸车也配备了GPS通信功能。首先，轮式装载机会先移动到土石堆附近，通过配备的两台 CCD 摄像机进行立体视觉测量，获取土石堆的立体形状。另外，还会与自卸车通信以获取其位置与状态信息，以此为根据，实时产生从砂石挖掘处移动至自卸车置物台之间的行驶路径。轮式装载机采用了关节式转向机构（Articulated Steering），因此可以运用克罗梭曲线（Clothoid Curve）设计此机构在物理上可达成的移动路径。在路径追踪上则是同时使用 RTKGPS 以及里程计，里程计是运用车轮的旋转角度来计算位移的。和里程计取得的信息相比，来自 GPS 的定位信息取样时间间隔较长，因此采取以下方法来应对：一边利用里程计所获取的信息进行反馈控制，一边利用来自 GPS 的定位信息来修正自身的位置。装卸载机所配备的 3D 激光扫描仪测量出土石堆与自卸车之间的相对距离，在定位时进行微调整。上述从挖掘到装卸土石之间的一系列动作每连续进行四次，轮式装载机会逐渐错开堆置在置物台上的位置，让土石可以平均地堆放于自卸车上。

（4）拆除作业的机器人化

目前研究人员正在尝试将机器人技术应用在建筑物的拆除工程上。在进行拆除作业时，必须对拆除物进行分类处理，而且，石棉拆除等作业的施工环境极为恶劣，因此实现机器人化已刻不容缓。近几年开发出来的、利用水刀高速切断天花板的机器人是一套将拆除荧光灯、取下螺栓、回收拆除物等不同专业的工作结合在一起的系统，目标是超越目前人工操作的效率。某款拥有双臂的新一代建筑施工用机械手，在一般机械手的基础上加装了小型机械臂，该机械臂末端的工具可以配合拆除作业进行更换。通过这样的设计，多出来的机械臂可用来切割拆除建筑物时产生的水泥块，将水泥与金属等其他材料分离开来。

（5）建筑机器人在扫雷作业上的应用

据说目前地球上的反步兵地雷超过了一亿颗。为清除这些地雷，开发出了一批改造自机械手、推土机的机器人，在柬埔寨等执行扫雷工作。地雷分为反步兵地雷和反坦克地雷，两者的威力大相径庭。而日本仅具备清除反步兵地雷的能力。其方法都是通过转动表面附有凸起物的滚轮，在行进的同时用该凸起物敲击地面，来一一引爆埋设的地雷。

（6）其他

足式移动型机器人是用来执行高速公路等坡面工程的机器人，研究人员研发出了能够在斜坡上稳定移动的控制方法。此外，为防止机器人从斜坡翻落，另有从坡面上方利用钢索进行拖曳的机型。不管哪一种机器人，其目的都是确保现场人员的安全，并且已在灾后重建工程中展现出了一定的成果。另外，除了安全因素，建筑施工也很重视成本效益，因此在实际使用上很难说已经实现了真正的实用化。不只是建筑方面，在与机器人应用相配套的基础设施尚未完善的环境之下，目前的技术还不能超越人工操作。今后，为了让建筑机器人更具实用性，我们需要打造一套更高效的施工系统，通过机器人的自动化达到精简人力的目的，同时还要敢于创新，研发出新的运用方法。

6.9 洁净与真空机器人

半导体制造或电子元器件装配等行业的特点是超精密化和微细化，环境与产品质量的优劣直接相关，用于这些环境的机器人称为洁净机器人。如何抑制尘埃粒子的大小和数量是洁净机器人的主要问题。另一个发展趋势是半导体制造过程的许多工序将转移到真空环境中进行。下面将对洁净机器人和真空机器人做一些介绍。

（1）洁净环境和真空环境

洁净等级以单位 ft^3（1ft=0.3048m）中的粒子数表示，依次称为 100 级或 10 级等。按照现行的设计准则，半导体 IC 制造过程中对尺寸的要求为 0.8μm 的数量级，而且这个指标今后有越来越细小的倾向。因此，在标记净化等级的同时，也要标记对粒子直径的限制，统称为级。目前洁净机器人多数划分为 10 级（0.1～0.3μm）。真空机器人在 10^{-5}Pa 的真空度下从事硅片的搬运，在设计时除考虑真空条件外，还应同时满足洁净环境。

（2）洁净机器人

可以按上述环境的净化等级，对洁净机器人进行分类，也可以从驱动的角度分类，即按关节驱动电机加以划分，其中多数属于直流或交流伺服电机附加减速的驱动方式。但也有用直接驱动方式，不用减速器的。在此举两个直接驱动洁净机器人的例子，因它们与真空机器人也有关，所以有代表意义。

图 6-19 是四自由度直接驱动洁净机器人的外观，表 6-5 为其主要规格。该机器人的设计用途为在洁净间内中速运动。该机器人的各关节采用直接驱动。与传统方式比较，它的优点是从根本上减少了润滑零部件的数量，而润滑油正是洁净间内主要的污染源。减少污染的另一措施是限制整机零件的总数量。该机在削减重心惯量变化方面的设计也独具匠心，做到无论机器人的姿态如何，对电机输出功率以及折算到电机轴的惯量的影响很小。而且电机选用转子惯量较大的轴隙式步进电机，避免了负载惯量与转子惯量相差过于悬殊。

表 6-5　直接驱动洁净机器人的主要规格

形式	四自由度圆柱坐标
持重	2kg
总重	45kg
重复精度	0.03mm
电机	回转：PM 型轴隙式步进电机 移动：PM 型圆柱式直线步进电机
净化等级	100 级（无真空排气装置） 10 级（有真空排气装置）

该机在移动轴的设计上也有特点。由于选用圆柱式直线步进电机，提高了移动体表面积的利用效率，使推力与体积比增大，并且通过电机的磁力与配重巧妙组合，取得机械损失为零和无重力化的效果。所选用电机的单位空隙面积的力输出达到 0.58 ～ 0.75kgf/ cm^2（1kgf/ cm^2 ＝0.098MPa）。

图 6-20 为第二个例子，它是四自由度关节直接驱动型洁净机器人。驱动电机与前例相同。该洁净机器人采用开环步进电机，而非通常的带编码器的闭环伺服电机，理由是所需的零件少，有利于减少尘埃的产生。表 6-6 给出了该机器人的规格。机器人的第 1 臂到第 3 臂的轴间距很短，各臂又设计成运动互不干涉结构，所以适合在空间较小的洁净间里工作。由于机器人以搬运硅片为主要用途，故设计成持重 200g，在无真空排气系统条件下满足 10 净化等级。

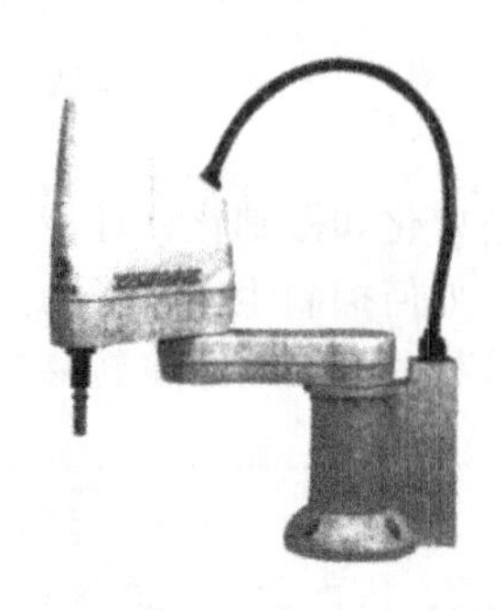

图 6-19　直接驱动洁净机器人（1）

图 6-20　直接驱动洁净机器人（2）

表 6-6　直接驱动洁净机器人规格

驱动方式	步进电机驱动	最大速度	1.8m/s
第 1 臂长度	127mm	持重	500g
第 2 臂长度	127mm	机器人主机自重	45kg
第 3 臂长度	127mm	示教方式	示教再现
第 1 臂动作范围	360°	控制方式	PTP,CP 控制
第 2 臂动作范围	360°	存储容量	1000 点
第 3 臂动作范围	360°	外部输入输出通道	输入输出各 10 通道
Z 轴行程范围	125mm	控制柜体积	177mm×440mm×600mm
重复位置精度	±30μm	控制柜质量	31kg
净化等级	10 级	供电电源	AC 100V

设计直接驱动型洁净机器人时，应着重注意以下两点：如何抑制尘埃粒子的发生；在搬运硅片的过程中如何产生平滑的加减速运动，防止振动。对于第一点，设计上采取的措施是尽量减少摩擦部分，并在轴承部分加装防止油性成分飞逸的结构。直接驱动方式传动系统没有减速器，相应轴承就少，符合抑制污染的目标。至于第二点，有数据表明，当电机以低于5r/min 的速度搬运硅片时，运动是平稳的，并不产生振动。带减速器驱动方式在这样低速状态下容易起振，而直接驱动方式则很安全，但这时需把电机的力矩脉冲调整得很小。

(3) 真空机器人

半导体制造工艺过程多数要求在真空环境下完成，这是因为在大气压条件下，即使是洁净环境也很难做到让尘埃粒子少到指定的等级。以 4M 位容量的随机存储器为例，它的加工精度已达 0.8μm 左右，可见尘埃粒子的存在对元件特性的影响将十分显著。因此真空机器人一般都有洁净防尘的要求。图 6-21 为真空中搬运硅片机器人的结构简图，表 6-7 列出了它的规格。

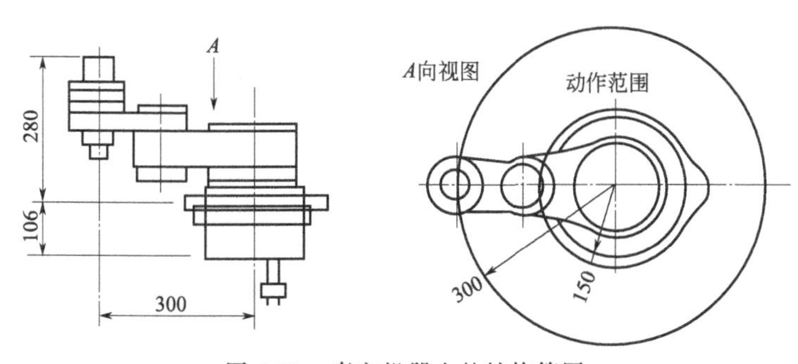

图 6-21　真空机器人的结构简图

表 6-7　真空机器人规格

驱动方式	步进电机	最大速度	1.8m/s
第 1 臂长度	175mm	持重	500g
第 2 臂长度	125mm	机器人主机自重	32kg
S 轴动作范围	360°	示教方式	示教再现
R 轴动作范围	270°	控制方式	PTP,CP 控制
W 轴动作范围	360°	存储容量	1000 点

续表

Z 轴移动行程	40mm	外部输入输出通道	输入输出各 8 通道
重复位置精度	±30μm	供电电源	AC 100V
耐真空度	10^{-6}Pa		

真空机器人首先必须注意解决脱气效应，这是洁净机器人中未曾遇到的新问题。机器人主机摆放在真空中时，散布在金属内部以及吸附在金属表面的气体分子将向环境飞逸。为了克服飞逸，必须认真选择金属材料。通常不锈钢铝合金材料较合适。图 6-19 中的机器人用的是铝合金，轴承为不锈钢，而电机线圈的绝缘采用陶瓷材料。其次温升问题也是一个重要的研究课题。在大气环境下，产生的热量较容易向外部排放，而真空条件下的传热效果很差。

综上所述，设计真空机器人时需要对传热做专门的考虑。虽然部分热量可以靠辐射方式转移，但由于温差不大，效果不会很显著。机器人的安装面可能是较为有效的传热通道。应先设法让电机产生的热量有效地传到安装面上，安装面具有良好的导热性能，可让热量顺利地传导出去。此外，对供电和耐热也得做特殊的处理。应采用密封方式，将供电部分的真空侧和大气侧分割开。对耐热需做特殊考虑的理由是，在抽真空工序中，为了缩短作业时间，往往需加温烘烤，所以机器人应按耐热 120℃的条件来设计。真空机器人也是采用直接驱动方式，这样便无须对减速器及其检测装置做抽真空处理，因而机器人的耐真空性能好。一般而言，有时步进电机会出现开环失控。但就机器人来说，由于动作按示教要求重复循环，电机的载荷变化规律是一定的，无须担心失控的发生。

6.10 清洁机器人

(1) 清洁机器人

清洁机器人主要针对商用写字楼、机场等场所，专门用于清扫大楼走廊及电梯大厅等公共区域的地面。为了开发出能够投入实际应用的清洁机器人，投资主要集中在以下技术：确保清洁彻底、完备的直线移动控制技术，用以扩大每台机器人可清洁范围的电梯自动搭乘技术，可实现垃圾回收的清扫设备等。设计之初，是想让该机器人拥有多样化的功能，然而参照了使用者意见和人工操作成本后，设计者决定舍弃障碍物回避等非必要的功能，转为开发简单、可靠、价格低廉的机器人。使用此标准下的实用清洁机器人，对于 15 层以上的大楼而言，可为用户带来高于成本的效益。

(2) 办公室公共区域清洁机器人

公共区域清洁机器人可以采用直线前进与急转弯作为基本移动方式，从而将构造简化，并且可通过陀螺仪校正角度误差保持直线前进的高稳定性。一般机器人清洁作业程序当中的电梯操作方式通常有两种：若是新建大楼，机器人通过与安装在电梯上的光纤通信设备进行通信，就能像人类搭乘电梯一样，按下电梯按钮，上下电梯；若是现有的建筑，在机器人执行清洁任务期间，将接收型致动板安装在电梯操作按钮面板上，机器人再通过 PHS 通信网发送数据来驱动致动器，以操作电梯。清洁技术中还可以运用 3D 流程分析技术开发高效率吸嘴构造及鼓风机设备，同时针对制药公司无尘室及医院等场所，也在不断推进高性能滤器的开发及实用化。

(3) 办公室专用区域清洁机器人

公共区域清洁机器人的使用对象是大型写字楼，这类大楼拥有走廊、电梯大厅等广阔的公用区域，引进清洁机器人的成本效益最高。而专用区域清洁机器人则将办公区也涵盖进清洁范围内，目标是使中等规模的写字楼也能提高清洁机器人的成本效益。机器人执行任务的环境和公用区域大为不同。办公桌之间的走道狭窄，办公桌、垃圾桶位置的变动，导致机器人移动的环境经常产生变化，还必须面对和办公室内的工作人员共处等问题。因此，研究人员对该机器人进行了以下改良：①开发适合在办公区执行清洁任务的小巧机身；②加装回避控制，在执行清洁任务时自行避开办公桌、垃圾桶等障碍物；③新增空气清洁滤净器；④推进激光三角测量移动控制技术的实际应用。机器人顶端可以安装激光三角测量传感器，利用设置在办公室墙壁及柱子上的反射器，找出自己的位置与方向。

(4) 服务区厕所清洁机器人

NEXCO 中日本公司长期致力于将高速公路服务区的厕所打造成“美丽洗手间”这一理想，并以精简清洁作业、提升清洁质量为目标，厕所清洁机器人是解决上述问题的方法之一。因此，富士重工业与 NEXCO 中日本结合彼此的强项，即结合前者的清洁机器人研发技术与后者所拥有的清洁以及维护管理方面的经验，共同开发出了厕所清洁机器人。他们根据厕所的作业环境，开发了以下功能，并将其推向了实用化：①开发出干式清洁（真空吸尘器）与湿式清洁（将清洁剂滴入拖把后拖地）模式并用的清洁功能。②男用小便池周边清洁功能。将清洁剂滴入配置在机器人侧面的边刷中（湿式清洁），用来清洁小便池四周。③在安全方面，机器人要与清洁人员一同执行任务，因此需要设计自动停止功能。利用激光障碍传感器侦测周边 4m 范围内是否有人或障碍物，一旦发现距离小于 30cm 即自动停止。④开发与臭氧除臭杀菌设备相配套的机器人架构。如图 6-22 所示，备有吸尘设备与拖把用来清洁厕所地板，可执行真空吸尘与拖地作业，另配备了外挂型边刷，即使碰触到了小便池，依然能轻易伸入，用来清洁污迹较重的男用小便池周边。

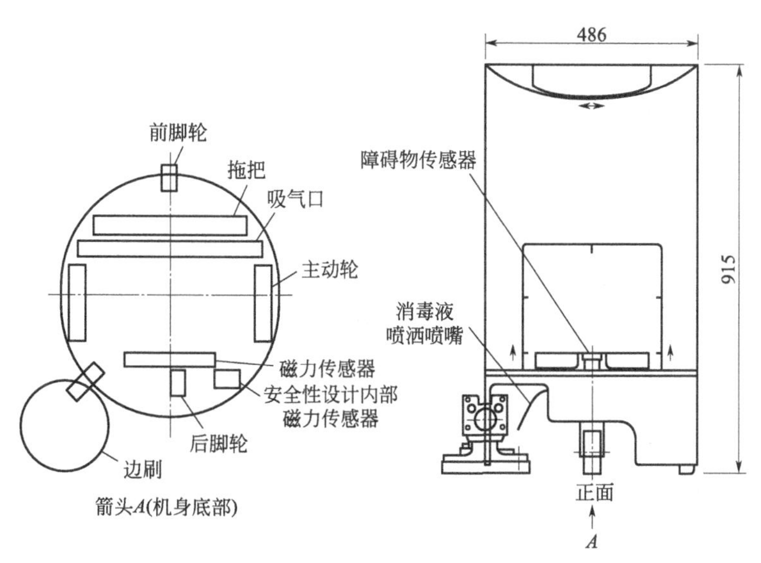

图 6-22 厕所用清洁机器人结构图

(5) 户外清洁机器人

图 6-23 所示的户外清洁机器人底盘前端可以设有侧边清洁刷，可将垃圾扫入；中央设有主清洁刷，可将垃圾扫起；扫起的垃圾则存放在后端的收纳袋中。此外，侧边清洁刷、主清洁刷由安装在底盘上的清洁刷驱动电机来提供动力；机器人前端装有脚轮、后端装有左右各自独立的 DC 伺服电机；转弯时利用左右两边的驱动电机的转速差来进行转向。

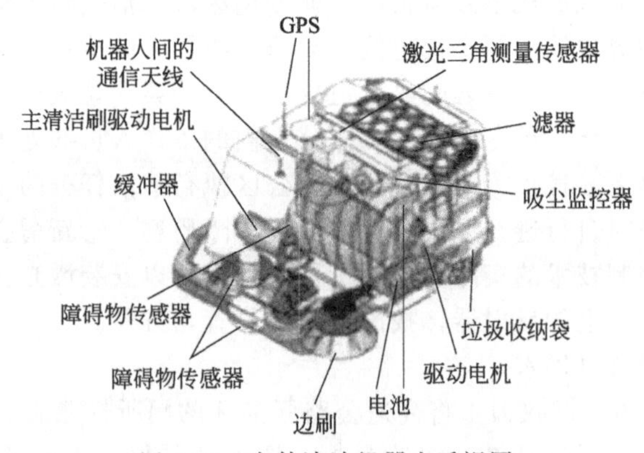

图 6-23　户外清洁机器人透视图

6.11　农业机器人

（1）农业机器人

20 世纪 80 年代，人们开始探索如何将机器人技术应用在农业上，之后便有了各式各样的研究。研究对象种类繁多，果实类、叶菜类、花卉、家畜等相关报告陆续出炉。其中，接枝机器人、移栽机器人、具备简易控制功能的病虫害防治机器人、蔬果分类机器人等已经进入了实用化阶段，另外还有许多机器人尚在开发当中。20 世纪，农业机器人的主要目的是取代人工劳动，实现农产品的高质量化与标准化。21 世纪，农业机器人需要具备感测功能及大容量记忆功能，准确地记录农事作业的相关信息，以便能提供农产品信息追溯，满足各式消费者的喜好及对饮食安全的要求。另外，未来的农业机器人或许也能为地方上的环保工作做出贡献。最后，以一句话来描述农业机器人实用化的困难与意义所在的话，那就是我们要解决的难题是在复杂的自然环境下，以多样化的生物为对象，开发能减轻高龄生产者劳动负荷且价格低廉的机器人。

（2）育苗机器人

育苗工作包含播种、育苗、间苗、接枝、插枝等作业。关于播种方面，蔬菜、水稻等作物从自动排盘到填装培养土、压实整平、覆土、洒水等作业都已实现自动化。针对南瓜等大颗粒种子，目前已开发出可一粒粒吸附种子，使种子的方向甚至发芽位置保持一致的播种机。此外，牵引式播种机从很早以前开始就进入了实用化阶段。针对种子发芽之后的补植、移植等作业，荷兰等国家很早就开始使用采用了电视摄像机与光电传感器技术的穴盘种苗补植机。由于这类作业的处理对象为较大粒的种子，相对于其他农事作业而言，比较容易实现标准化及自动化作业。

实际上，最早用来处理不规则形状植物的机器人是葫芦科蔬菜嫁接机器人。通过用刀具分别斜切剪取穗木与砧木（砧木上会留下一片子叶），再将两者的切口接合，该机器人可以自动执行上述嫁接作业。起初这项设备是半自动化，需要两名作业人员提供植物苗。近几年已开发出植物苗提供机，目前已实现全自动化。不仅如此，在荷兰，针对主茎比葫芦科植物更细、易弯折的植物苗，也开发出了通过机器视觉系统辨识出植物苗，再进行嫁接作业的机器人。

虽然也曾研发出将芽苞或插穗插入穴盘来增殖种苗的机器人，但由于品种以及栽培方法的变化，目前尚未普及。在进行农业生产自动化时，必须将随时都在变化的农业技术、工业技术，甚至是生产者的经营方针等作为打造农业生产系统的要素加以掌握。换言之，随着栽培技术、基因技术的发展，农业及植物的特性也在不断地发生变化，甚至是培育出了新的作物。根据不同的情况，有时也必须将机器人技术等技术的发展、即将遭淘汰的作业、消费者的喜好等要素列入考虑。如果目的是开发出实用的机器人，那么我们必须根据打造新农业生产系统的时机，以及正在发展中的周边技术来设定目标。

在植物工厂或大型温室，环境设施本身具有规格化、标准化的特点，再加上之前也采用了一些自动化设备，例如将暖气管作为轨道使用的喷药机等，因此很容易引进自动化装置。过去也曾开发出全自动植物工厂，配置了苗栽植机器人、间隔（株距）调节机器人，以及连同整个栽培床一起采摘的设备。未来，随着植物工厂的实用化，将会有很多机器人等着上场一展身手。

（3）采摘机器人

虽然学者们很早就开始研究果实采摘机器人等各种采摘机器人，但研发尚未进入实用化阶段。其主要原因可归结如下几点：①作业速度慢，效率低；②必须改变栽培的样式、方法；③必须确立一个买方能够承担的价格。此外，还有很多其他影响因素，例如阳光的照度及色温的变化、农作物品种的多样性、农作物形状不规则且分支复杂、农业栽培规模扩大所带来的土地流动性、栽培设施的标准化等，这些问题都尚待解决。现阶段，日本农林水产省相关的研究项目中包括西红柿采摘机器人和草莓采摘机器人，正在不断推进这两种机器人的实用化。

（4）蔬果分级拣选机器人

蔬果分级拣选方面，很早就引进了机器视觉系统、蔬果装箱机器人等机器人技术。最近几年，专门用来处理苹果、梨、水蜜桃等水果，具备机械手臂的蔬果分级拣选机器人已实现了实用化，韩国也引进了该机器人。目前，最新机型的蔬果分级拣选机器人采用的是以下工作模式：搬运车中的蔬果进入输送带，吸附盘抓起蔬果，继而取得蔬果底部及侧面共四张影像，再将蔬果放回原来的搬运车中。蔬果顶端的影像由安装在生产线的摄像机获取，甜度等内部质量的检测则是运用近红外线检测设备测量。和旧型的机器人（所有的摄像机都安装在生产线上）相比，该机器人甚至能正确掌握蔬果底部的状况。再者，也可运用同一设备输入生产者的作业履历等信息，并能综合其他各种信息，如此一来，这些信息将构成农作物的信息来源，向消费者、销售商等公开农产品安全追溯信息，也可达到提升品牌力的效果。更进一步地，将所获取的信息结合 GIS 进行叠置分析（Overlay)，也能够为生产者提供适当的作业指导。如上所述，近年来的机器人开发多着眼于通过充分利用传感器所获取的信息来发展精致农业，以及各区域的机器人引进计划。

（5）户外的载具机器人

目前，可以使拖拉机、联合收割机、插秧机、高速喷雾机（病虫害防治机械）、牧草收割机等传统农业机械实现自主移动功能的机器人研发已经完成。近年来开始出现低价位的 GPS 产品，因此从理论上来说，只要能够解决安全性问题，部分生产者将会根据自身的经营规模来引进机器人。在美国，大型拖拉机通常装有辅助操舵装置，可在广阔的田地内高速直线行驶，也能在夜间执行作业。由于该设备具有准确移动的功能，可以避免肥料、农药、种子、燃料等不必要的浪费。然而，虽然在美国这种无须人工操作的设备已经相当普及，机器人也尚未达到实用化阶段，其原因就在于安全性。不仅是车辆型机器人，小型飞机、直升机以及在水中移动的船舶等也可列入移动机器人的范畴。现在，采用遥控操纵的小型直升机已成为喷洒药剂不可或缺的工具。一旦这些载具机器人成功实现实用化，一位作业人员同时管理多台机器人的时代也将来临。

(6) 畜产机器人

为奶牛挤奶，一天要挤两次以上，且间隔时间要均等，而且挤奶工作除了耗费劳力之外，劳动环境也很严酷。因此，挤奶机器人在海内外相当普及。挤奶机器人有两种：自由栏式牛舍专用（放养式）以及拴养式牛舍专用。前者根据场所不同又分为挤奶室型与包厢型。不管哪一种，一般的程序是先洗净擦干乳房，之后再利用激光、超声波、光遮断传感器等找出四个乳头的位置，再给机械臂套上挤奶杯挤奶。目前正在研究能在生乳挤出之后，立刻检查是否异常或有异物存在的传感器。

剪羊毛的时候需要控制住羊，这会耗费大量的劳力并需要熟练的技术。剪羊毛机器人的目的是节省这些成本及劳动力。这类机器人的工作原理是，事先将羊的体型输入计算机，再使用机器视觉系统辨识羊，之后用多关节机械手臂操纵羊毛剪来执行剪羊毛作业。该机器人有两种类型，其中的一种较为实用化，可以凭借两支机械手臂执行作业，花费的时间仅为人类的五分之一（1.5min）左右。然而因为在腹部羊毛的剪取以及成本上存在问题，目前尚未大规模普及。

6.12 太空机器人

(1) 太空机器人的种类

广义来说，太空机器人是指代替人类在宇宙执行某些任务的设备，就这个观点来看，宇宙飞船也算是一种机器人。狭义来说，是指能够顺利地完成或挑战各项太空任务的远距离自主操控机械系统，也指具备某种“作业功能”或“移动功能”的机械设备。近年来，国际空间站正式启用，探索太阳系以及建设月球基地的构想正在酝酿之中。我们正要迎来一个太空开发的新纪元，太空机器人在其中所扮演的角色将备受期待。太空机器人根据适用场所及使用目的，外形与组成结构大相径庭，大致可划分为以下三类。

① 轨道机器人。轨道机器人是指在国际空间站或其他宇宙飞行器上，用于处理模块、替换设备、实验、捕获人造卫星的机器人。目前实际上在执行任务的机器人有：架设在航天飞机上的操作手臂系统，以及用于国际空间站（International Space Station，ISS）的机械臂。

② 月球勘测机器人。月球勘测机器人是指驻扎在月球上或在月球表面移动，执行各种任务（观测、勘探等）的机器人。除了进行科学探勘和资源调查之外，未来在建设和运作月球基地时，也会需要月球勘测机器人的协助。目前已投入实际运用的是一种利用轮胎在月球或火星表面移动的机器人，称为“探测车”（Rover）。

③ 载人辅助机器人。所谓的载人辅助机器人是指辅助或代替宇航员执行任务的机器人。现阶段，太空活动载人辅助机器人的主要活动区域是国际空间站，而未来则可协助执行载人月球、火星勘探或驻扎任务，以及建设并管理在地球轨道上运行的太空设施（太空酒店、太阳能发电卫星等）。

(2) 轨道机器人

最早投入使用的轨道机器人是加拿大制造的机械手臂 SRMS（Shuttle Remote Manipulator System）。SRMS 别名 Canadarm，全长约 15m，是航天飞机上装配的机械手臂。其他还有工程试验卫星-7（ETS-Ⅶ）（日本于 1997 年发射的双星系统，主星名为“牛郎”，子星名为“织女”）上搭载的机械手臂、国际空间站上的机械手臂 SSRMS（Space Station Remote Manipulator System，加拿大于 2001 年发射），以及国际空间站日本实验舱“希望号”上的机械手臂 JEMRMS（Japanese Experiment Module Remote Manipulator System，日本于2008年发射）等。JEMRMS是用来执行舱外实验平台与实验设备的安装、更换等作业的机器人。另外，欧洲空间局ESA（European Space Agency）的ERA（European Robot Arm）也正在开发当中。今后，除了建造工作，轨道机器人的运作与保养也是不可或缺的。拆除缆线、机器设备，再重新安装新设备，接上缆线等都是相当复杂的工程。因此，必须开发出足以媲美宇航员作业能力的载人太空任务辅助机器人。此外，当要建造及保养太阳能发电卫星这种巨型太空设施时，从成本考虑，利用太空机器人来进行组装、运作与保养势在必行。不管是在外层空间还是在地球上，若要让机器人执行机器设备的检查、更换、维修等工作，就必须开发出足以与人类的灵巧性相媲美的机器人。这类机器人可以称作“轨道精密作业机器人”，是轨道机器人与载人太空任务辅助机器人的进阶模型。

（3）月球勘测机器人

目前已实际用于勘测月球、火星的机器人是一种在行星表面移动并进行勘探的机器人，称为“探测车”。令人意外的是，迄今为止能在月球和火星上正常运作的机器人少之又少，目前可罗列如下：月球步行者（Lunokhod，月球探测，苏联，1970年、1973年）、阿波罗号月球车（Apollo，月球探测，美国，1971～1972年）、索杰纳号火星漫游车（Sojourner，火星探测，美国，1997年）、勇气号火星探测器（Spirit，火星探测，美国，2004）、机遇号火星探测器（Opportunity，火星探测，美国，2004）。

美国国家航空航天局正在持续进行火星探测工作，并已于2011年将重达1000kg的移动型科学实验机器人送往火星，执行正式的勘探任务“火星科学实验室”（Mars Science Laboratory，MSL），进一步计划在2030年之前完成火星采样任务并返回。而欧洲某些国家与俄罗斯也正在推动Exo Mars火星探测车的开发工作。日本计划在2030年实现载人登月。此外，像是悬崖、陨石坑内、永久阴暗区等人类无法进入的极地场所，将有可能利用机器人来进行勘测。为实现此目标，机器人需具备识别、导航、远距离操控、自主操控等功能。更进一步，还能利用机器人在月表建设无人基地、天文台等设施，或是打造大型太阳能电池塔，以供应在月球所需的电力，建设可阻隔放射线的居住设施等。

（4）载人辅助机器人

宇航员有时必须冒着生命危险执行某些任务。代替或辅助宇航员执行这类任务的机器人就称作“载人太空活动辅助机器人”。此类机器人的概念和前述轨道机器人、月球勘测机器人不同，尚处于研究阶段。关于它的功能及形式，研究人员及技术人员之间的想法也存在分歧。除了轨道机器人的技术，此类机器人还需具备以下技术，而相关的研究正在进行当中：可媲美宇航员的空间移动能力，可媲美宇航员的灵巧作业能力，配合宇航员执行任务的能力。

载人辅助机器人必须辅助或代替航天员执行任务，因此必须像航天员一样，具备可在太空设施内外自由移动、执行各项任务等能力。ESA正在开发的是一款名为Eurobot的四足机器人。JAXA正在开发的则是一种可利用绳索（Tether）移动的机器人。通过绳索不仅能做大范围的移动，而且能小巧地收纳移动所需的功能零件，目前也计划在轨道上进行实验。绳索移动的原理是，运用伸缩式的机器人手臂，抽出位于机器人主体结构内的绳索，然后装接在太空站内部用以辅助航天员移动的扶手上。只要调整绳索的长度，就能在空间中移动。和飞行移动不同，绳索移动不需燃料就能简单地做大范围移动。

在国际空间站内部清点并确认各项工具、机器、物品存放的位置等舱内作业，是单调而费时的工作。此外，即使是舱外活动这种高端的作业，也有些不可或缺的基本工作，例如：将所需的器材运送至指定地点；为了安全起见，需要另一名宇航员通过监视摄像机拍摄航天员执行任务的情况等。这些工作的内容非常单一，因此要想实现机器人化也相对容易。然而，为了让宇航员在机器人发生故障时，随时可以上阵代为执行作业，有必要事先统一宇航员与机器人的行为标准。一旦研发出可在太空站辅助或代替宇航员执行任务的机器人，相同的技术也能用于在月球上执行载人月表探测任务，以及建设、管理、保养有人类驻扎的基地。此外，要想在月球上使用机器人，必须克服月球地表上的细碎砂石。这项技术在无人探测月球阶段也是不可或缺的，因此技术的传承也是很重要的课题。诸如此类的机器人作业技术和移动技术，也能够运用在轨道精密作业机器人（在轨道上检查、保养人造卫星，以及组装、保养巨型太空设施的机器人），以及月表载人辅助机器人（负责建设、管理、保养月球基地等设施的机器人）上。

6.13 个人交通工具

（1）个人交通工具

20世纪是以汽车为中心的时代，城市也一直是以汽车交通为出发点来设计的。城市过大会造成城市中心的空洞化（甜甜圈化），而紧凑城市（Compact City）的概念作为抑制城市的郊外开发并活跃市中心街道的政策，日益受到关注。以欧洲为中心，世界各国展开了一系列关于交通方式与交通环境的城市改造。诸如，在城市中以搭乘公交车、轻轨电车等大众交通工具来代替开车出行。与此同时，打造方便短途出行及老年人出行的交通环境。在此背景之下，用于大众交通工具到目的地之间“最后1公里”的交通工具——个人交通工具，渐渐受到世人关注。

自2001年，美国赛格威公司（Segway Inc.）的站乘式电动二轮车“赛格威”（Segway）问世以来，个人交通工具开始为人所知。个人交通工具（Personal Mobility）是以电力驱动的小型移动工具的统称，通常用于城市环境中。近年来，从电动轮椅到具有自主移动功能的设备，城市内的移动工具得到了广泛运用。这些设备通常用于在城市闹市区中移动，或从家到附近的公共场所、公用交通工具之间的短距离移动。预计这类交通工具在社会福利领域的应用范围将会日益扩大。个人交通工具有几种类型：如赛格威这样的“站乘式电动二轮车型”、社会福利领域的“电动轮椅型”以及老年人使用的电动代步车“操控型电动轮椅型”等。近几年，为了提高此类交通工具的性能，进行了很多研发活动。例如：加装自主行进功能、危险回避功能等。此外，部分调查报告则将具有电动辅助功能的自行车及电动滑板车也划入了个人交通工具的范围。

个人交通工具这一名称随着开发机构、型号、推出时期的不同也有所改变，诸如个人载具（Personal Vehicle）、个人移动工具（Personal Mobility Vehicles，PMV）、个人运输机（Personal Transporter）、人类运输机（Human Transporter）、电动站乘式交通工具（Electric Standup Vehicle，ESV）、个人移动设备（Personal Mobility Device，PMD）、电动个人辅助机动装置（Electric Personal Assistive Mobility Device，PAMD）等。

（2）个人交通工具的发展现状

电动轮椅是最早的个人交通工具，是针对社会福利需求及老年人而设计的。据说电动轮椅是加拿大的乔治·克莱恩为第二次世界大战中的负伤士兵所开发的。之后，随着社会福利的发展开始普及起来。电动轮椅主要用于看护及社会福利领域。基本上，电动轮椅是在手动轮椅的车轮上，加装驱动用的电动机与电池，使用者则通过操纵杆来操作。日本是从20世纪60年代左右开始贩卖电动轮椅的。1985年左右，老年人移动辅助用的操控型电动轮椅开始上市，也被称作“电动手推车”“代步车”等。依据日本道路交通法，这类交通工具的最高速度为6km/h，对大小也有所限制。不需驾照，一般行人即可使用，充电一次可行驶

20～30km。此类产品中，价格在 30 万～50 万日元之间的型号最为普及。仅在日本国内，电动轮椅及电动代步车的累积销售量就达 55 万台。

在许多欧美国家，2002 年上市的赛格威可以在一般公共道路上使用，并广泛应用于许多领域。赛格威仅靠重心的变动就能调整速度和方向。若质量约 50kg，一次充电最长可移动 24～39km，最大移动速度有 10km/h 和 20km/h 两种。赛格威的运用范围非常广泛，在个人应用方面，其用途和自行车、小型机车（Scooter）相同，一般作为往返于家和商店、通勤地之间的短距离移动工具；在旅游方面，通常用于主题公园、观光景点内的短距离移动；安保公司、警察执勤等也会使用此类移动设备。在旅游业，与传统团体乘车或是个人倒换交通工具等方式相比，赛格威可以让游览者更好地游览景点，因此在国外的一些主要观光胜地可见到其踪影。此外，在安保、警察执勤等领域，站乘的方式可以让使用者看得更广更远，开阔视野。相反地，从市民的角度来看，由于更容易看到警察，因此也具有抑制犯罪的功效。而且有报告指出，相较于巡逻车和小型摩托车，赛格威让警察和市民更为紧密。和自行车相比，赛格威的刹车、重新启动等操作也更加方便，因此警察和市民可轻松地进行交流，从而进一步提升地方上犯罪防治的成效。

(3) 个人交通工具的新技术

近年来，随着电池、电机等设备性能的提升，电动轮椅的行驶距离也不断提升。此外，汽车、电动车等电动化产品的批量生产，使得零件单价下降，预期今后个人交通工具的价格会更为便宜，而随着社会的老龄化发展，其市场潜力将非常巨大。但是，新的问题也不断出现，电动轮椅相关的意外事故正在增加。日本国内每年约有 250 件与之相关的意外事故发生，死亡人数超过 10 人。或许是使用人数增加的缘故，虽然相关单位实施了安全倡导活动，事故的发生量却并未减少。

在这种情况之下，减少事故的发生也寄希望于机器人技术。在基础技术方面，运用 GPS（Global Positioning System）、雷达测距仪（Laser Range Finder）、摄像机等传感器来估测机器人本身所在位置是一项重要的技术。为了提升其便利性，可以进一步完善目的地路径规划、自动行驶、自动返回、对前方移动的人或轮椅进行自动追踪等功能。安全性方面，自动感知动态或静态障碍物及自动闪避等则是不可或缺的功能。根据 S. Thrum 等人提出的方案，通过准确描述机器人的状态，成功研发出了高效的自我定位及障碍物回避技术。这类机器人技术的应用将加速个人交通工具的普及。

(4) 个人交通工具的推广

在美国和加拿大的许多州，赛格威等电动车被划入名为“电动个人辅助移动装置”（Electric Personal Assistive Mobility Device，EPAMD）的项目之下，无须事先取得驾照、牌照即可直接使用。在美国，此类交通工具的使用规范和自行车、电动轮椅一样，大多数州（48 个州，2010 年）允许在人行道、自行车道及车道上使用。而在欧洲，虽然各国在速度限制及年龄限制上存在差异，但除了英国之外，大部分欧洲国家跟美国一样，能够在道路上使用个人交通工具。

在日本，电动轮椅的法制环境已日趋完备，目前已经可以在一般公共道路上行驶。不过赛格威类型工具还是有所限制（2011 年）。赛格威的电机输出高于 0.6kW，在法律上相当于日本道路交通法所规定的“普通自动二轮车”，因此要在一般公路上驾驶必须先取得驾照及牌照。在日本，电动轮椅属于“以发动机驱动的残障人士专用轮椅”，若要在一般道路上使用，最大速度不得超 6km/h。因此，由于个人交通工具不适用于日本现行法律中关于电动轮椅、普通两轮电动车等的规定，原则上是禁止在公共道路上行驶的。目前多用于机场、购物中心、展览会场等大面积场所的安保工作，用来巡视公园、私有地，或是作为高尔夫球场内的交通工具等。虽然在一些实证实验或活动场合，会实验性地在一般道路上使用个人交通工具，但和其他国家相比，日本的相关法制仍处于落后状态，因此要将个人交通工具引进日本，还面临着很多困难。

6.14 水下机器人

(1) 远距离操纵的实现

海洋的平均深度约为4000m，最深处为11000m，平均水压为400个大气压，最大水压为1100个大气压。水下机器人可以代替人类探索深海，堪称是未知深海的“开拓者”。电波无法在海中传送。因此，水下机器人要在深海活动，必须利用以下方法：①连接电缆，利用有线通信进行远距操纵；②使用声波进行无线远距离操纵；③放弃通信，做成全自动机器人。

方法①被称为无人遥控潜水器（Remotely Operated Vehicle，ROV），目前活跃于全世界的深海中。但是，又长又重的电缆会限制ROV的行动范围，而且为了不让船只在摇晃时对电缆造成过大的拉力，还必须装设专用装置与大型的绞盘。在1995年潜入世界最深处马里亚纳海沟的ROV海沟号，过去十分活跃，然而却在2003年因为连接发射器与潜水器的二次电缆断裂，导致潜水器行踪不明。电缆虽然能够传送电力，让操作者与潜水器之间保持通信，但也存在着许多机械上的问题，非常棘手。方法②和③是没有电缆的机器人，被称为无人无缆潜水器（Unmanned Untethered Vehicle，UUV）。水中的声速约为1500m/s。由于衰减的关系，使用频率为100kHz左右。因此，不但数据传输速率低，而且在6000m的深度还会产生来回8s以上的时间差。在这样的情况下，无法进行准确、实时地远距离操纵。所以方法②便将远距离操纵控制在必要的最小限度内，让机器人自主完成大多数行动。可是深海海底经常会出现通信不良的情况，因此便产生了让机器人自主完成所有行动的装置，也就是方法③的自主式水下潜水器（Autonomous Under-water Vehicle，AUV）。

(2) 海中定位

自我定位是AUV行动前的第一步。在自然环境中，而且还是在电波无法传达（无法利用GPS信号）、危机四伏的黑暗深海里，要分辨自己所在的位置并非易事。

① 航位推算法。航位推算法是指一种通过测量速度、加速度、方位等，并将测量结果加以综合，推测出所在位置的方法。在有水流的大海中，如果无法测得对地速度，仅在流速上就会累积误差。倘若再次对加速度进行积分，位置误差就会与时间的平方成比例增加。磁罗盘所显示的方位会受到海底磁力的影响，即使只有1°的方位误差，仅行驶10km，最后也会造成170m的位置误差。

目前广为使用的高准度航位推算法装置，是光纤陀螺仪与多普勒声呐的混合装置，前者由3轴的光纤角速度计与加速度计构成，后者则是用来测量从水中反射回来的声音的多普勒偏移。后者的速度可以用来修正前者长期累积下来的误差，在市面上可以买到精确度非常高的仪器，即使以5km/h的速度行驶好几个小时，也只会出现数十米的位置误差。

② 地标导航法。地标导航法是将海中的特征物（自然物或人工物皆可）当成地标，利用与其之间的相对距离、相对方位来锁定自身位置的方法。比如海底电缆等就是很好的地标。此外，有时也会设置会对声音产生反应，然后发出应答声的收发机，以及其他特别的目标。利用摄影机拍摄海底，从影像的变化求得速度的SLAM（Simultaneous Localization and Mapping，即时定位与地图构建）也是地标导航法的一种，目前正在进一步研究当中。

通过深度和距离海底的高度来探查海底的形状，然后将其与地形图互相对照，锁定自身位置的地形匹配导航法也算是地标导航法的一种。从很久以前开始，潜水艇便一直在使用这种方法。若从海面探测海底地形，水平分辨率为深度的2%左右。当深度为1000m时，$400m^2$的区域只代表1点的数据。假如用来对照的地形图只有这种程度的水平分辨率，那用AUV，从接近海底的地方更详细地测量地形，因此对AUV而言，地形匹配导航法也成为了极有发展性的测位方法之一。这些导航法并不会单独使用，而是视状况采用最适当的方法，并且综合各项数据进行分析，以期提升推测位置的可信度。

③ AUV的种类。大海千变万化，所需进行的作业也五花八门，因此便产生了各式各样的AUV。目前AUV的类型可大致分为以下3种：a.像金枪鱼一样在中层海域长距离行驶的航行式AUV；b.像鲷鱼一样在海底处徘徊、观测狭缝的盘旋式AUV；c.以浮力差升降，利用机翼流体力水平移动的滑翔机式AUV。

在体积庞大的海水之中，航行式AUV不易受到海浪影响，可稳定航行，观测海底的声响与海水。与船舶比起来，航行式AUV与海底之间的距离更近，因此可运用的范围十分广泛。

盘旋式AUV的功能是接近对象物体，在离对象物体最近的位置，进行海底观测等作业。有望活跃于海底地形中，进行海洋结构物水下部分的调查等活动。不久的将来，或许也可以实现完全自主采集海底生物或测量结构物的板压。

滑翔机式AUV可以从垂直面观测距离海面某个深度的海水，借着浮力的改变升降，并利用作用于机翼上的流体力来实现水平移动。这种设计可以节省能源，实现长时间航行。由于海水与全球的气候变化有很大关系，滑翔机式AUV的数据观测结果深受重视。过去是利用名为Argo Floats的自动浮沉装置，在没有机翼的状态下于水平面随波逐流，往返于数百米的深度，并通过卫星传送海水数据。目前有数百个以上这样的装置在全世界各海域进行观测，在不久的将来有望能以滑翔机式AUV取而代之。

6.15 无人飞行器

(1) 飞行器的历史与种类

人类飞行的历史是于1783年孟戈菲（Montgolfier）兄弟的热气球公开飞行开始的。气球虽然没有用于移动的推力产生结构，却在19世纪发展成拥有推力产生结构的飞艇。因为气球和飞艇都是利用热空气、氢气、氦气等比空气轻的气体所形成的浮力升空的，所以又被称为LTA（Lighter Than Air）。固定翼飞机（飞机）的开发始于19世纪末李林塔尔（Lilienthal）的滑翔机。1903年，莱特（Wright）兄弟发明了动力飞行器。另外，旋转翼飞机（直升机）则是到了20世纪才开始研究，1939年西科尔斯基（Sikorski）所开发的末端上具备反力矩尾部旋翼的单翼机，将旋转翼飞机推向了实用化道路。就这样，人类从古至今开发出了各式各样的飞行器。若将飞行器大致分类，可分成火箭、固定翼飞机、旋转翼、LTA这几种。表6-8是飞行器的分类及各自的主要特性。

表6-8 飞行器的分类

分类	抵抗重力的力量	推力方向与移动方向	移动速度
火箭	引擎的推力	一致	非常快速
固定翼	机翼的升力	几乎一致	高速
旋转翼	主翼的推力	不一致	中速～静止
LTA	轻量气体的浮力	几乎一致，无推力	低速～静止

火箭是利用推进剂的喷射来获得推进力的飞行器，用于将人工卫星送至大气层外。固定翼飞机可高速移动，适合大规模的输送，所以是目前运用范围最广的飞行器。与固定翼飞机相比，旋转翼飞机既无法高速飞行，也不适合大规模的运送。但是，旋转翼飞机可以在空中静止（盘旋）、垂直着陆，即使在大楼屋顶等较狭隘的地方也可升降。此特性如今常用在短距离移动或灾害发生时的救援行动、移送物资、移送紧急病患上。飞艇必须要有庞大的体积来产生浮力，而且移动速度也很缓慢，因此目前并未用来运送人和物资。不过飞艇非常安静，所以常使用在广告宣传上。气球是利用风来移动，不仅受到风向的限制，驾驶员的技术也至关重要。因此，气球虽然不适合作为移动手段，却是一项非常受欢迎的空中运动。另外，系留气球则被使用在空中摄影及广告上。

（2）无人飞行器

过去的飞行器大多由人操控，不过随着测量、控制技术的发展，人们开始开发各式各样的无人飞行器。无人飞行器具有小型、轻量、低成本等优点，因此有望开辟出新的市场。日本最大规模的无人机是火箭 H-Ⅱ B。H-Ⅱ B是 H-Ⅱ A 的新机种，于 2009 年研发成功。目前最主要用于补给太空站，不过将来也有望运用在商业上。在科学观测方面，无人气球的无线电探空仪则被广泛用来观测气象资料。过去，无人机的军事用途主要体现在导弹上，但近几年开始利用以“全球鹰”为代表的无人固定翼飞机来进行侦查行动。反观产业用途方面，最知名的是用来喷洒药剂的无人直升机。除了这些，目前也已开发出娱乐用的 RC 飞机、直升机。

（3）产业用无人直升机

单翼型是指只有一个主翼的旋转翼飞机类型。为了抵消主翼的反作用力矩，单翼型会在末端部分装上名为尾翼的小型机翼。至于拥有数个主翼的多翼型，因为可以将机翼配置成彼此抵消的力矩方向，所以不但不需要用来消除反作用力矩的装置，还可以加大机翼半径，获得更大的推力。单翼型构造简单、重量减轻，而且机翼数的增加会增大阻力，因此除了特殊机型外，有人直升机一般多采用单翼型。另外，基于与有人直升机相同的理由，产业用无人直升机也采用单翼型。产业用无人直升机在结构上几乎与有人直升机相同，移动时会改变主翼叶片的螺距角。叶片螺距角的变化可分为不会随叶片旋转角度增减的定距，以及以桅杆为参照物，叶片螺距角会随机翼旋转 1 次，就产生 1 个周期变化的周期变距。定距、周期变距的螺距角可以让机体分别往垂直方向、水平方向移动，借着上下移动或倾斜名为旋转斜盘的机翼固定座的下方部位，改变螺距角。如此一来，便可控制主翼的推力方向。

无人直升机与有人直升机的差别在于有无稳定装置。稳定装置的出现，是为了利用陀螺效应，而非利用桅杆或机体的倾斜让机翼旋转面保持水平，也称为平衡杆（Flybar）。目前，有人直升机几乎都没有使用稳定装置，但产业用无人直升机、娱乐用 RC 直升机一般会使用该装置。依据机翼叶片的周期变距螺距角的变更方式，可将稳定装置分成 Bell 方式、Hiller 方式以及将二者混合的 Bell-Hiller 方式。Bell 方式是利用旋转斜盘的倾斜直接调整机翼叶片的螺距角，并通过与机翼叶片垂直相交的稳定杆两端的重物产生陀螺效应。在 Hiller 方式中，旋转斜盘的倾斜会对稳定装置产生作用，以致旋转面倾倒，而旋转面的倾斜会通过连杆传递至主翼叶片，使主翼叶片倾斜。Bell-Hiller 方式则是结合了 Bell 方式与 Hiller 方式的优点，比方像产业用无人直升机、RC 直升机都采用的是这种方式。

（4）自主式无人直升机

自主式无人直升机也被视为可用于安全、防灾活动等各方面的飞行机器人，其研究成果深受瞩目。产业用无人直升机喷洒药剂是指利用其无人特性，进行出于安全性考虑有人机无法实施的低空喷洒。产业用无人直升机和 RC 飞机、直升机一样，是由操控者利用视觉判断机体的状态，再通过发信机实施手动操作的，因此仅限于在可视范围内飞行。不过，这对于喷洒药剂的用途来说已经足够了。操控者必须熟练掌握通过发信机进行远距离操作的技术。由于过去发生过多起与电线等接触而坠落的事故，产业用无人直升机上搭载了由陀螺仪和加速度计组成的惯性测量单元（IMU），并且加上姿态控制系统以增强稳定性。但是，机体与操控者的距离越远，操作就越发困难，更无法在可视范围外飞行。

另外，以无人机代替有人机在危险地带从事活动这一点最令人期待。危险地带的观测活动会让驾驶员暴露在危险之中，所以有人直升机的活动范围受到很大的限制。另外，有人直升机的维护与运用需要花费很高的成本，不利于对火山和泥石流的定期观测。当然，不只是危险地带，利用有人机实施的各种观测活动都会产生成本过高的问题。要想让无人直升机适用于这些活动，就必须成功地在操控者的可视范围外飞行。

自主式无人直升机是在无人直升机上加装自主移动控制机能，特色是能够移动到希望的位置。有了这项机能，直升机就可以在手动操作下飞行到可视范围之外。自主飞行控制装置是由测量位置及速度的GPS、IMU，测量机体方位角的磁力方位计等传感器，以及可以从这些仪器所测得的资料、目标位置、目标速度算出机体控制命令的CPU板构成的。为了提升精确度和可信度，直升机上使用将GPS和惯性数据通过卡尔曼滤波器合成的合成导航系统。卡尔曼滤波器是由根据运动方程式（状态方程式）做出的预测，以及噪声重叠的观测结果，来推定动态系统状态的方法。在控制系统方面，除了模型跟踪控制适用之外，目前也正在考察适应控制和智能控制是否适用。从搭载在直升机上的观测机器所得到的信息，会通过无线电传送到航空无线电站。此外，与飞行位置、飞行状态相关的信息也会传送至航空电台。航空电台则会传送GPS修正信息、操控指令、观测机器的操作指令给直升机。

无人飞行器的开发领域还存在输出效能和稳定性不足等问题。通过测量及控制技术来提升稳定性和飞行效率，是无人飞行器未来发展的必经之路。现在，越来越多的RC飞机、直升机，从使用酒精类燃料的内燃机转换成了使用锂聚电池等的电动机。最近，随着电池的大幅改良，飞行时间也延长了许多。不过，电池容量仍然不能满足如药剂喷洒等产业用途。即使是有人机，也无法像汽车一样搭载多颗电池，因此这对于有效载荷量不足的无人机而言更是一项挑战。未来，势必要想办法克服动力电动化这一难题。

6.16 机器人产业链

工业机器人产业链可以分为上中下游：上游是关键零部件生产厂商，主要是减速器、控制系统和伺服系统；中游是机器人本体，即机座和执行机构，包括手臂、腕部等，部分机器人本体还包括行走结构，是机器人的机械传统和支撑基础，按照结构形式，本体可以划分为直角坐标、球坐标、圆柱坐标、关节坐标等类型；下游是系统集成商，根据不同的应用场景和用途进行有针对性的系统集成和软件二次开发，国内企业都集中在这个环节上，如图6-24所示。生产出来的机器人只有通过系统集成之后，才能投入到下游的汽车、电子、金属加工等产业，为终端客户所用。工业机器人的总成本中，核心零部件的比例接近70%，其中减速器、伺服电机和控制器占比分别为32%、22%和12%。核心零部件技术是机器人本体企业的核心竞争力。

（1）减速器

减速器是工业机器人不可或缺的“明珠”，主要包括谐波齿轮减速器、摆线针轮减速器、RV（Rotary Vector）减速器、精密行星减速器。

① RV与谐波减速器占据主流地位。伺服电机由于脉动信号的驱动，本身具备调速功

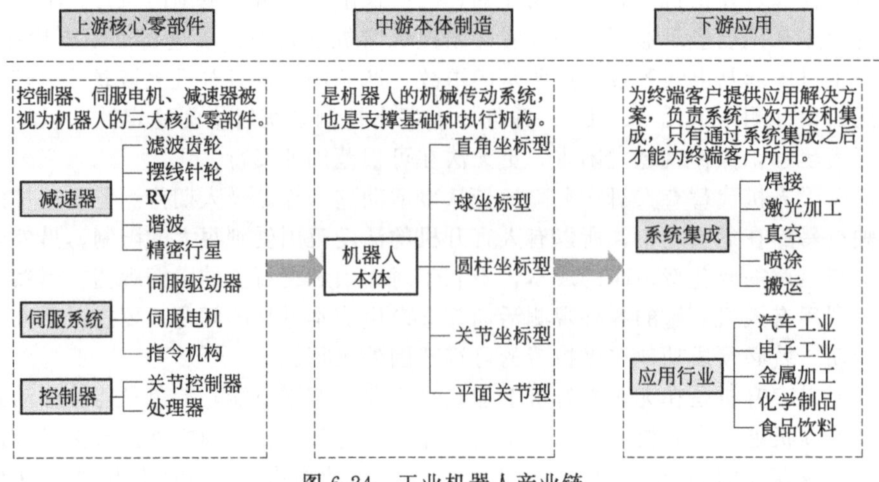

图 6-24　工业机器人产业链

能，那么机器人为何需要减速器？工业机器人需要重复、可靠地完成大量工序任务，对其定位精度和重复定位精度要求很高，因此需要专门的减速器以保证精度。减速器的另一作用是传递负载：当负载较大时，伺服电机功率有限导致输出转矩较小，此时需要通过减速器来提高转矩。此外，伺服电机在低频运转下容易发热和出现低频振动，对于长时间和周期性工作的机器人这都不利于确保其精确、可靠地运行。

精密减速器的存在使伺服电机在一个合适的速度下运转，并精确地将转速降到机器人各部位需要的速度，提高机械刚性的同时输出更大的力矩。与通用减速器相比，机器人关节减速器要求具有传动链短、体积小、功率大、重量轻和易于控制等特点。

工业机器人用精密减速器主要分为 5 类，不同类型的精密减速器在传动效率、减速比方面各不相同。衡量精密减速器的主要指标包括：扭转刚度、传动精度、启动转矩、空程、背隙、传动误差、传动效率等。

目前，大量应用于多关节机器人的减速器主要有两种：RV 减速器和谐波减速器。相比于谐波减速器，RV 减速器具有更高的刚度和回转精度。因此在关节型机器人中，一般将 RV 减速器放置在机座、大臂、肩部等重负载的位置，而将谐波减速器放置在小臂、腕部或手部；二者之间适用的场景不同，属于相辅相成的关系。而行星减速器一般用在直角坐标机器人上。

RV 减速器在摆线针轮行星传动的基础上发展而来，结构主要分为两级：第一级为渐开线圆柱齿轮传动；第二级为摆线针轮行星传动，包括转臂曲柄、摆线轮、针齿壳，特点在于承受大负载的同时保证高精度。因此，其技术难点主要在于工艺和装配方面：

a. 材料成形技术。RV 减速齿轮需要具有耐磨性和高刚性，对于材料成型过程提出了较高要求，尤其是材料化学元素控制、表面热处理方面。

b. 精密加工及装配技术。RV 减速器的减速比较高，具备无侧隙、微进给的特点，这就需要特殊部件加工和精密装配技术。

RV 减速器工作原理：

a. 第一减速部：伺服电机的旋转从输入齿轮传递至正齿轮，按二者的齿数比进行减速；曲轴直接与正齿轮相连，以相同的转速旋转。

b. 曲轴部：曲轴旋转，带动偏心部的 RV 齿轮进行偏心运动。

c. 第二减速部：另外，针齿数目比 RV 齿轮的齿数多 1 个；如果曲轴旋转 1 圈，RV 齿轮与针齿接触的同时进行1圈的偏心运动，使得RV齿轮沿着相反方向旋转1个齿数的距离，并通过曲轴传递至输出轴，实现减速。而总体减速比为第一、第二减速部的减速比之积。

谐波减速器是基于行星齿轮传动发展起来的，由波发生器、柔轮、刚轮和轴承组成。其工作原理在于依靠波发生器使柔轮产生可控弹性变形，而柔轮比钢轮少 N 个齿轮位。因此，当波发生器转一圈时，柔轮移动 N 个齿轮位，产生了所谓的错齿运动，从而实现了主动波发生器与柔轮的运动传递。谐波减速器是通过柔轮的弹性变形来实现传动的，其优势是传动比大、零部件数目少；其缺点是弹性变形回差大，这就不可避免地会影响机器人的动态特性抗冲击能力等。

从国内外产品技术指标来看，国外产品信息相对完善，每种规格对应的各技术指标都有精确的数值呈现。而国内在这方面略显欠缺，表明国内企业在检测能力方面的不足，缺少严格的质量管理体系。目前，国产减速器还存在在两方面的问题：

a. 产品系列不健全。日本纳博具备全系列产品，基本上可以应用于所有领域。根据纳博官网的披露，其RV-N系列产品还处于专利保护期，而国内产品系列相对残缺。

b. 一致性问题。国产减速器在实际使用环境下的性能，与实验室性能无法完全匹配，个别产品存在漏油、精度降低等情况，是阻碍国产减速器进军高端市场的原因之一。

从RV减速器的技术指标来看，对比纳博RV-E系列和南通振康的产品，可以看到在同一输出转速和输入功率下，二者的输出转矩范围相当，说明国内产品在传动效率上已经可以与国外媲美。然而工艺水平是限制RV减速器发展的主要原因，例如非标特殊轴承是RV减速器的精密机构，其间隙需根据零部件加工尺寸动态调整。为了结构紧凑，薄壁角接触球轴承精度要求较高，加预紧力后轴承的游隙为零。因此，今后需要在传动精度、扭转刚度等方面加强研究。

从谐波减速器的技术指标来看，国内的苏州绿的和中技克美的减速比范围与日本哈默纳科水平相当，产品性能基本满足要求，目前已经大量应用于国产机器人。而国外产品在输出转矩、平均寿命和一致性等技术指标上依然占据优势。

② 国产化进程。国内企业订单频传，加速进口替代。国产企业布局积极，有望率先突破。减速器是制约降低国产工业机器人成本最重要的因素，尽管目前国产工业机器人减速器研发困难重重，但是整体产品的质量在逐步提高，在一些核心指标上已经达到国际水平，其高性价比已经得到了部分国内企业的认可，例如新松机器人、埃夫特等企业均开始使用南通振康的RV减速机产品。目前国内公司已经开始积极布局精密减速机业务，主要上市公司包括双环传动、秦川机床、上海机电和巨轮股份等，非上市公司包括南通振康、中技克美、北京谐波等。

(2) 伺服电机与控制器

伺服电机与控制器是相辅相成的核心零部件。

① 伺服电机。伺服电机的国产替代空间最高。伺服系统是伺服驱动器、伺服电机和指令机构。伺服系统下游应用领域众多。20世纪70年代，随着微处理器技术、大功率高性能半导体功率器件技术和电机永磁材料制造工艺的发展和性价比不断提高，交流伺服系统逐渐取代直流伺服系统成为主流产品。而国产交流伺服系统在核心技术方面已取得突破，国内外差距已明显缩小。目前伺服系统的应用领域主要集中于机床，但近几年电子制造业和机器人行业的崛起，催生了大量行业需求。2016年，机器人占伺服系统下游应用的9%。随着未来机器人零部件实现突破，我国工业机器人行业将迎来快速发展期，伺服系统的应用领域也将由机床向机器人倾斜。需要强调的是，伺服电机并不完全等于伺服系统，但后者的运用环节

能很大程度上反映伺服电机的下游应用。完整的伺服系统包括伺服电机、伺服编码器和伺服驱动器三个部分。

伺服驱动器又被称为伺服控制器，作用类似于变频器之于交流马达，一般是通过速度环、位置环、电流环分别对伺服电机的转速、位置、转矩进行相应控制，实现高精度的传动系统定位。伺服编码器是安装在伺服电机末端用来测量转角及转速的一种传感器，目前自控领域常用的是光电编码器和磁电编码器。作为伺服系统的信号反馈装置，编码器很大程度上决定了伺服系统的精度。

伺服电机作为执行元件，作用是将伺服控制器的脉冲信号转化为电机转动的角位移和角速度，主要由定子和转子构成，定子上有两个绕组，即励磁绕组和控制绕组。其内部的转子是永磁铁或感应线圈，转子在由励磁绕组产生的旋转磁场作用下转动。机器人的关节驱动离不开伺服电机，关节越多，其柔性和精度就越高，所要求使用的伺服电机数量就越多。机器人对伺服电机的要求较高，必须满足快速响应、高启动转矩、大动转矩惯量比、宽调速范围，要适应机器人的形体做到体积小、重量轻、加减速运动等条件。

伺服电机可以分为交流（AC）和直流（DC）两大类。具体来看，直流电机又分为有刷和无刷电机，前者成本低，但会产生电磁干扰，对环境有要求。因此它可以用于对成本敏感的普通工业和民用场合。而交流伺服电机与直流电子相比，主要优点包括：a. 无电刷和换向器；b. 惯量小，快速响应；c. 适用于大力矩环境；d. 定子绕组散热方便。目前工业机器人中使用较多的是交流伺服电机。

交流伺服电机也称为无刷电机，分为同步和异步电机。异步电机负载时的转速与所接电网的频率之比不是恒定关系，有较高的运行效率和较好的工作特性，从空载到满载范围内接近恒速运行，能满足大多数工农业生产机械的传动要求。而同步电机的功率因数可以调节，最高转动速度低，且随着功率增大而快速降低，因而适合做低速平稳运行的应用。在不要求调速的场合，应用同步电机可以提高运行效率。目前为止，高性能的伺服系统大多采用永磁同步型交流伺服电机，典型生产厂家如德国伦茨、路斯特、西门子、日本安川等公司。

如今一般伺服电机都追求高精度、高可靠性、高热容量、高刚度、轻量化和高响应性等性能。国际上主要伺服电机厂家的电机手册也一般会收录机械时间常数、电气时间常数、发热时间常数、转动惯量和过载运动能力等参数，这些都是伺服电机的主要参考指标。

② 控制器。国产控制器是机器人产品中与国外产品差距最小的关键零部件。控制器主要包括关节控制器和处理器。控制器是机器人的“大脑”，主要负责发布和传递动作指令。其主要任务是对机器人的运动规划，以实现机器人的操作空间坐标和关节空间坐标的相互转换，完成高速伺服插补运算、伺服运动控制。

控制器分为硬件结构和软件结构。硬件方面，目前市场已经研发了基于多 CPU 的分级分层控制系统。以典型的 DSP 控制器为例，该控制器采用模块化结构，以工业 PC 作为系统的硬件平台，通过 DSP 控制卡实现对机器人多个自由度的操控，提高了机器人控制器的运动控制性能。

软件方面，又分为上位机 PC 部分和下位机运动控制部分。其中，上位机模块主要功能是对系统的可调参数进行设置，对机器人的正、逆运动学建模求解，并把运动控制卡与控制程序在逻辑上连接起来。下位机模块由主控程序、运动程序和通信程序构成，实现高速伺服插补运算、伺服运动控制。

控制器的竞争格局：硬件差距较小，难点集中于软件。控制器本质上就是一个数据处理器，随着半导体技术的成熟，半导体芯片的性价比越来越高，因此控制器在硬件上并无太高门槛。在机器人的核心零部件中，控制器的技术难度是最低的，国内企业开发的控制器产品已经可以满足大部分功能要求，但控制器的核心在于算法要与机器人本体相匹配。目前，国外主流机器人厂商的控制器均是基于运动控制平台进行自主研发，以保证匹配性，导致国内企业控制器尚未形成竞争优势。可以说，国产控制机在硬件上与国外差距不大，差距主要是算法和兼容性方面。

（3）系统集成商

系统集成商的核心优势在于人才及行业积累。相较于机器人本体供应商，机器人系统集成供应商还要具有产品设计能力、对终端客户应用需求的工艺理解、相关项目经验等，提供可适应各种不同应用领域的标准化、个性化成套装备。

系统集成商处于机器人产业链的下游应用端，为用户提供设计方案，要具有产品设计能力、对终端客户应用需求的工艺理解、相关项目经验等，提供可适应各种不同应用领域的标准化、个性化成套设备。与单元产品的供应商相比，系统集成商还要具有产品设计能力、项目经验，并在对用户行业深刻理解的基础之上，提供可适应各种不同应用领域的标准化、个性化成套装备。

系统集成商具有市场渠道优势，可快速加入机器人研发及生产行列。与国内本体厂商面对国外企业强大的竞争不同，国内系统集成商拥有本土的许多优势，包括渠道优势、价格优势、工程师红利等。系统集成商以往是从国外或者少部分从国内购买机器人整机，根据不同行业或客户的需求，制定解决方案。

① 非标项目，不能批量复制。系统集成项目是非标准化的，每个项目都不一样，不能100%复制，因此比较难上规模。能上规模的一般都是可以复制的，比如研发一个产品，定型之后就很少改了，每个型号产品都一样，通过生产和销售就能大量复制上规模。而且由于需要垫资，集成商通常要考虑同时实施项目的数量及规模。

② 要熟悉相关行业工艺。由于机器人集成是二次开发产品，需要熟悉下游行业的工艺，要完成重新编程、布放等工作。国内系统集成商，如果聚焦于某个领域，通常可以获得较高行业认可，生存没问题。但是同样由于行业壁垒，很难实现跨行业拓展业务，通过并购也行不通，因此规模做大很难。机器人系统集成商本来就该是小的，起码现阶段国内集成商规模都不大。

③ 系统集成商的核心竞争力是人才，其中，最为核心的是销售人员、项目工程师和现场安装调试人员，销售人员负责拿订单，项目工程师根据订单要求进行方案设计，安装调试人员到客户现场进行安装调试，并最终交付客户使用。几乎每个项目都是非标的，不能简单复制上量。因此系统集成商实际是轻资产的订单型工程服务商，核心资产是销售人员、项目工程师和安装调试人员，因此，系统集成商很难通过并购的方式扩张规模。

（4）产业链布局

产业链布局完善才能做大做强。发那科、安川、库卡、ABB四大家族在工业机器人行业从上游零部件、中游本体到下游系统集成均有布局。像库卡机器人业务分为本体和系统集成两大块，发那科通过外延并购布局系统集成业务。工业机器人是载体，具体行业应用是焦点，两者兼具的话，本体和系统集成形成联动，渠道相互促进，有望提升产品在行业的影响力，分到更大的市场份额。国内本体企业在产业链上布局是做大做强的唯一途径。2017年国产品牌机器人销量为3.78万台，按平均单价10万计算，市场规模仅37.8亿。排名靠前的埃夫特、埃斯顿等机器人销量才2000多台，销售额远低于四大家族企业，即使未来几年销量翻番，销售额也较难做到很大。同时具体行业自动化解决方案是机器人的落脚点，是当前各家抢夺的焦点。系统集成注重售后服务，本土企业响应快，服务强度大，竞争优势比较明显。

系统集成项目是非标准化的，系统集成商很难实现跨行业拓展业务和通过并购的方式扩展规模，垫资的需要也限制了同时实施项目的数量和规模，这些因素决定了集成商规模小。系统集成商向本体或零部件延伸能够提升行业竞争力，有效改善利润率。近年来系统集成商也走到了一个“分水岭”，由于硬件产品价格逐年下降、利润也越来越薄，仅靠项目带动硬件产品的销售模式已经成为过去时。同时，进入系统集成这个领域的门槛越来越低，竞争随之就更为激烈，利润逐年下降。大部分系统集成商自身只是设计、组装生产线，而生产线上所需机器人本体、传感器、伺服系统、控制系统等90%以上的原材料均是外购，这样整体生产线价格相比同行很难有竞争力。因此部分核心部件自制能够有效地降低成本，提升自身竞争力，打造行业的护城河。因此国内公司要想做大做强，可以选择自上而下或者自下而上的发展模式，产业链布局完善的企业有望享有更多的行业红利，分到更大的蛋糕。

6.17 机器人工作站的设计与应用

(1) 机器人的应用工程

如何组成一个机器人工作站或生产线，是机器人应用工程所要研究的问题。一般来说在组建工作站和组建生产线的过程中必须考虑下述一些问题。

① 生产节拍的计算。首先要根据用户的产量要求，计算出生产节拍，这是判定机器人系统的设置规模（台数、组站还是组线）、周边设备配置方式及选型最重要的依据。

② 作业内容和环境认定。以弧焊工作站为例，根据焊件工作图，了解焊缝的形式、位置、尺寸（长和宽）及公差要求，对焊件的强度和密封性能要求，被焊件的材料、厚度和焊接方法（CO_2焊、氩弧焊等），焊丝直径，焊接速度以及工作站内的设备布局要求、环境温度、湿度范围等。上述内容应以技术文件的形式进行认定，它是作业规划和设备配置的重要前提。

③ 机器人作业规划和设备配置。这是组站或组线的关键。仍以工作站为例，在充分了解作业内容和环境条件之后，就要拟定作业过程。如机器人如何由待机位置快速移动到第一条焊缝的开始点；以什么样的姿态和方式（有无横摆）焊接；电流值、电压值的选取；起、收弧的方式；焊缝之间的运动速度和方式（机器人或变位机单独运动，或者是两者协调运动等）以及焊枪的清理；焊丝的剪头等。

规划作业一定要与机器人、工具（末端执行器）、传感器和周边设备的选型、配置同时进行。例如有变位机就可简化对工具的姿势要求。为了节约机器人的等待时间，变位机就要做成双投入型，即装卡工件与机器人焊接同时进行。其他诸如工件的供给方式，产品的卸料、运输、存储等对设备的选型和配置也有很大的影响。如果是生产线，还要考虑站和站之间的缓冲时间和方式等。

进行这一工作的最后结果，要用站和线的平面和立面配置图以及物流图加以表示。

④ 作业时间测算和干涉检查。在作业规划和设备配置的基础上还要进行时间测算和工作过程中机器人、工件、周边设备之间的干涉检查。如果工作周期太长或工作过程中有干涉发生（包括焊枪运摆姿势与工件本身的干涉或与夹具的干涉），就必须调整设计，直至工作周期和干涉检查达到要求为止。

在进行这一工作时，往往需要作业建模和初步编程，从而进行仿真或重点试验，以便有效地对所设计的机器人工作站、线进行评价。

⑤ 工程投资及效益计算。一个工作站（或线）设计的好坏，最终的标准应该是投资的多少和效益（社会效益和经济效益）的高低。如果投资过大，工程建设单位无法承担；如果

效益不好，工程就没有意义。投资和效益的比较标准是用机器人完成或不用机器人而采用专用设备完成同一作业各自所需的投资和可能的效益（包括数量和质量）。这一比较是十分必要的，也是比较困难和复杂的。

（2）机器人工作站的一般设计原则

工作站的设计是一项较为灵活多变、关联因素甚多的技术工作，其中具有共性的一般设计原则有 10 项：设计前必须充分分析作业对象，拟定最合理的作业工艺；必须满足作业的功能要求和环境条件；必须满足生产节拍要求；整体及各组成部分必须全部满足安全规范及标准；各设备及控制系统应具有故障显示及报警装置；便于维护修理；操作系统应简单明了，便于操作和人工干预；操作系统便于联网控制；工作站便于组线；经济实惠，快速投产。这 10 项设计原则体现了工作站用户的多方面需要，简单地说就是千方百计地满足用户的要求。下面主要介绍更具特殊性的几项原则。

① 工作站的功能要求和环境条件。机器人工作站的生产作业是由机器人连同它的末端执行器、夹具和变位机以及其他周边设备等具体完成的，其中起主导作用的是机器人，所以这一设计原则首先在选择机器人时必须满足。满足作业的功能要求，具体到选择机器人时，可从三方面加以保证：有足够的持重能力，有足够大的工作空间和有足够多的自由度。满足环境条件可由机器人产品样本的推荐使用领域加以确定。下面分别加以讨论。

a. 确定机器人的持重能力。机器人手腕所能抓取的质量是机器人一个重要性能指标，习惯上称为机器人的可搬质量，这一可搬质量的作用线垂直于地面（机器人基准面）并通过机器人腕点 P 。一般说来，同一系列的机器人，其可搬质量越大，它的外形尺寸、手腕基点（P）的工作空间、自身质量以及所消耗的功率也就越大。

在设计中，需要初步设计出机器人的末端执行器，比较精确地计算它的质量，按照下式初步确定机器人的可搬质量 R_G 。

$$R_G=(M_G+G_G+Q_G)K_1$$

式中　M_G——末端执行器主体结构质量；

G_G——最大工件的质量；

Q_G——末端执行器附件质量；

K_1——安全系数，$K_1=1.0\sim1.1$。

在某些场合，末端执行器比较复杂，结构庞大，例如一些装配工作站和搬运工作站中的末端执行器。因此，对于它的设计方案和结构形式，应当反复研究，确定出较为合理可行的结构，减小其质量。如果末端执行器还要抓取或搬运工件，就要按最大工件的质量 G_G 进行计算；Q_G 是除末端执行器的主体结构外，其他附件质量的总和，比如气动管接头、气管、气动阀、电气元器件，导线和线夹等；K_1 是安全系数，当 M_G 、G_G 和 Q_G 3 项之和与机器人可搬质量的标准值有一定余量时，可以不考虑 K_1，此时，K_1 可取 1；当上述 3 项之和与某一标准值非常接近时，取 $K_1>1$，通常情况下，末端执行器的质量越大，机器人手腕基点的动作范围越大，以及机器人的运行速度越高，K_1 的取值就越大，反之，可取小值。

另外，末端执行器重心的位置对机器人的可搬质量是有影响的。同一质量的末端执行器，其重心位置偏离手腕中心（P）越远，对该中心形成的弯矩也就越大，所选择的机器人可搬质量就要更大一些。

质量参数是选择机器人最基本的参数，决不允许机器人超负荷运行。例如使用可搬质量为 60kg 的机器人携带总重为 65kg 的末端执行器及负载长时间运转，必定会大大降低机器人的重复定位精度，影响工作质量，甚至损坏机械零件，或因过载而损坏机器人控制系统。

b. 确定机器人的工作空间。机器人的手腕基点 P 的动作范围就是机器人的名义工作空间，它是机器人的一个重要性能指标。在设计中，首先根据质量大小和作业要求，初步设计或选用末端执行器，然后通过作图找出作业范围，只有作业范围完全落在所选机器人的 P 点工作空间之内，该机器人才能满足作业的范围要求。否则就要更换机器人型号，直到满足作业范围要求为止。

c. 确定机器人的自由度。机器人在持重和工作空间上满足对机器人工作站或生产线的功能要求之后，还要分析它是否可以在作业范围内满足作业的姿态要求。如图 6-25(a) 所示的简单堆垛作业，作为末端执行器的夹爪，只需绕垂直轴的 1 个旋转自由度，再加上机器人本体的 3 个圆柱坐标自由度，4 个自由度的圆柱坐标机器人即可满足要求。若用垂直关节型机器人，由于上臂常向下倾斜，又需手腕摆动的自由度，故需 5 个自由度的垂直关节型机器人。图 6-25(b) 表示电子插件作业，常使用 4 个自由度水平关节的 SCARA 机器人。图 6-25(c) 表示焊接作业，为了焊接复杂工件，一般需要 6 个自由度。如果焊体简单，又使用变位机，在很多情况下 5 个自由关节机器人即可满足要求。自由度越多，机器人的机械结构与控制就越复杂，所以在通常情况下，如果少自由度能完成的作业，就不要盲目选用更多自由度的机器人完成。

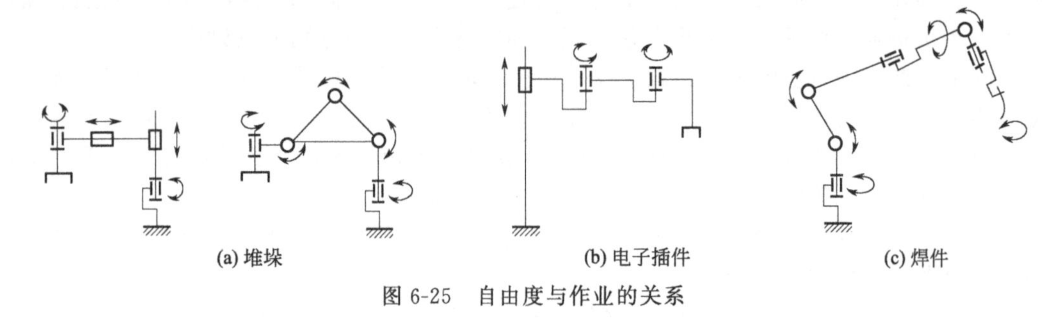

图 6-25　自由度与作业的关系

总之，在选择机器人时，为了满足功能要求，必须从持重、工作空间、自由度等方面来分析，只有它们同时被满足或者增加辅助装置后才能满足功能要求的条件，所选用的机器人才是可用的。

机器人的选用也常受机器人市场供应因素的影响，所以，还需考虑市场价格，只有那些可用而且价格低廉、性能可靠，且有较好的售后服务的机器人，才是最应该优先选用的。目前，机器人在许多生产领域里得到了广泛应用，如装配、焊接、喷涂和搬运码垛等。各种应用领域必然会有各自不同的环境条件，为此，机器人制造厂家根据不同的应用环境和作业特点，不断地研究、开发和生产出了各种类型的机器人供用户选用。各生产厂家都对自己的产品给出了最合适的应用领域，他们不光考虑了功能要求，还考虑了其他应用中的问题，如强度刚度、轨迹精度、粉尘及温湿度等特殊要求。在设计工作站选用机器人时，应首先参考生产厂家提供的产品说明。

② 工作站对生产节拍的要求。生产节拍是指完成一个工件规定的处理作业内容所要求的时间，也就是用户规定的年产量对机器人工作站工作效率的要求。生产周期是机器人工作站完成一个工件规定的处理作业内容所需要的时间，也就是工作站完成一个工件规定的处理作业内容所需要花费的时间。在总体设计阶段，首先要根据计划年产量计算出生产节拍，然后对具体工件进行分析，计算各个处理动作的时间，确定出完成一个工件处理作业的生产周期。将生产周期与生产节拍进行比较，当生产周期小于生产节拍时，说明这个工作站可以完成预定的生产任务；当生产周期大于生产节拍时，说明一个工作站不具备完成预定生产任务的能力，这时就需要重新研究这个工作站的总体构思，或增加辅助装置，最大限度地发挥机

器人的效率，使某些辅助工作时间与机器人的工作时间尽可能重合，缩短总的生产周期；或增加机器人数量，使多台机器人同时工作，缩短零件的处理周期；或改革处理作业的工艺过程，修改工艺参数。如果这些措施仍不能满足生产周期小于生产节拍的要求，就要增设相同的机器人工作站，以满足生产节拍。由于机器人工作站类型很多，不可能找到一种通用的生产周期的计算方法，这里根据经验，介绍生产节拍的计算和几种常用作业的时间计算方法。

a. 生产节拍的计算。按照用户技术要求中提出的工件年产量、全年工作日、每日班数和每班实际工作小时数等内容，根据下面的公式计算出生产节拍 T 。

$$T=\frac{60DCH}{I}$$

式中　I ——工件年产量，件/y；

D ——全年工作日，即全年实际工作天数，d；

C ——每日班数，$C=1\sim3$，个；

H ——每天实际工作小时数，h。

b. 弧焊的作业时间。弧焊的作业时间包括保护气断开时间和熔焊时间，即：

$$T=A+B$$

$$A=(0.3+K)M$$

$$B=\frac{60L}{V}+MT$$

式中　T ——弧焊作业时间，s；

A ——保护气断开时间，即非熔焊时间，s；

0.3——稳定起弧的时间；

B ——熔焊时间，s；

M ——焊缝条数，条；

K ——焊缝之间机器人的移动时间，s，取值参考表 6-9；

L ——各焊缝长度之和，即焊缝总长，mm；

V ——机器人焊枪熔焊时的移动速度，mm/s。

机器人熔焊时的移动速度 V 与被焊材料、焊丝直径、焊缝厚度、焊缝层数及坡口形状等因素有关，一般情况下，它的取值范围是 $V=10\sim20$mm/s，如果工作站系统内配置了焊缝监视跟踪装置，那么焊接速度最高可达 $V=40$mm/s，总体设计时，可以根据经验或类比同类型工作站初选一个值，也可以进行必要的模拟实验，确定出合适的焊接速度，最终的取值应当在试运行阶段，根据焊缝质量、工件定位偏差、机器人示教等因素确定。

表 6-9　焊缝间机器人移动时间 K 的取值

$K=1.1$	工件夹紧缸数量较少，焊枪姿势变化较小
$K=1.2$	一般情况
$K=1.3$	定位挡块及夹紧缸数量多，焊枪姿势变化较大

c. 机器人持枪点焊作业时间。点焊作业中，一种类型是机器人手持工件，送至点焊机处进行点焊；另一种类型是机器人手持点焊枪，接近被夹好的工件进行点焊。这里讨论后一种作业的时间计算问题，见下式。

$$T=(t+K)P+S+2.0$$

式中　T ——点焊作业时间，s；

t ——一个点的点焊时间，$t=1.5$s，如点焊枪质量差异较大时，可通过实验进行修正；

K ——焊点之间机器人的移动时间，s；

P ——工件的总焊点数；

S ——点焊枪姿态变化时间，s。

K 的取值要根据焊点距离和运动干涉状况决定。如果焊点的点距在 100mm 以下，而且点焊枪与夹具和夹具缸在焊枪运动方向没有干涉，点焊枪可以进行连续作业，那么 $K=0.8$。如果焊点的点距大于 100mm，或者点焊枪与夹具和夹具缸在焊枪运动方向有干涉现象，需要点焊枪变换其姿态绕开干涉物，则 $K=1.0\sim1.2$。S 是点焊枪变换姿态所需要的时间，它与姿态变换方式和变化幅度大小有关，具体数据参见表 6-10。

表 6-10　点焊枪姿态变化时间 S 的取值

点焊枪姿势变换方式	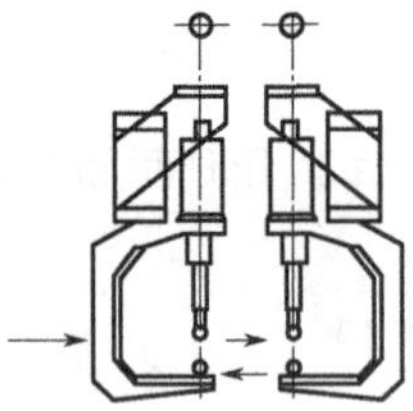		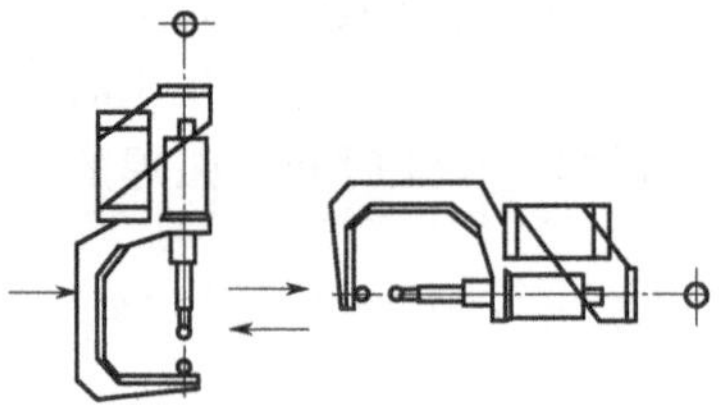	
S 值	90°	1.8s	45°	2.0s
	180°	2.5s	90°	3.0s

在机器人工作站中，总会有这样或那样的辅助装置，它们可以用来实现工件的定位、夹紧、搬运和转位等各种动作要求。这些机构的运动速度往往会影响整个工作站的周期作业时间。速度太慢，必然加大周期作业时间，降低生产效率；而速度过大，又会造成已定位工件的跑位、撞击及剧烈的振动等问题。

其他作业的时间计算要根据具体作业状况，一步一步地估算，最后相加得出作业周期时向，在此不再赘述。

③ 安全规范及标准。由于机器人工作站的主体设备——机器人是一种特殊的机电一体化装置，与其他设备的运行特性不同，机器人在工作时是以高速运动的形式掠过比其机座大很多的空间，其手臂各杆的运动形式和启动难以预料，有时会随作业类型和环境条件而改变。同时，在其关节驱动器通电的情况下，维修及编程人员有时需要进入其限定空间；又由于机器人的工作空间内常与其周边设备工作区重合，从而极易产生碰撞、夹挤或由手爪松脱而使工件飞出等危险，特别是在工作站内机器人多于一台协同工作的情况下产生危险的可能性更高。因此在工作站的设计过程中，必须充分分析可能的每种情况，估计可能的事故风险。

根据“工业机器人安全规范”国家标准，在做安全防护设计时，应遵循以下原则：自动操作期间安全防护空间内无人；当安全防护空间内有人进行示教、程序验证等工作时，应消除危险或至少降低危险。为了保证上述原则的实现，在工作站设计时，通常应该做到：设计足够大的安全防护空间，如图 6-26 所示，该空间的周围设置可靠的安全围栏，在机器人工作时，所有人员不能进人，围栏应设有安全联锁门，当该门开启时，工作站中的所有设备不能启动工作。

工作站必须设置各种传感器，包括光屏、电磁场、压敏装置、超声和红外装置以及摄像装置等，当人员无故进入防护区时，立即使工作站中的各种运动设备停止工作。当人员必须在设备运动条件下进入防护区工作时，机器人及其周边设备必须在降速条件下启动运转，工作者附近的地方应设急停开关，围栏外应有监护人员，并随时可操纵急停开关。对用于有害介质或有害光环境下的工作站，应设置遮光板、罩或其他专用安全防护装置。机器人的所有周边设备，必须分别符合各自的安全规范。图 6-27 是一个机器人焊接工作站关于安全措施设计的实例。

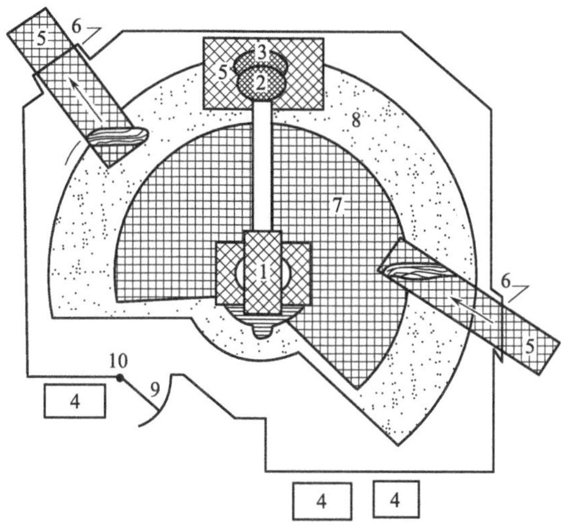

图 6-26　限定空间和安全防护

1—机器人；2—末端执行器；3—工件；4—控制或动力设备；5—相关设备；6—安全防护装置；7—限定空间；8—最大工作空间；9—联锁门；10—联锁装置

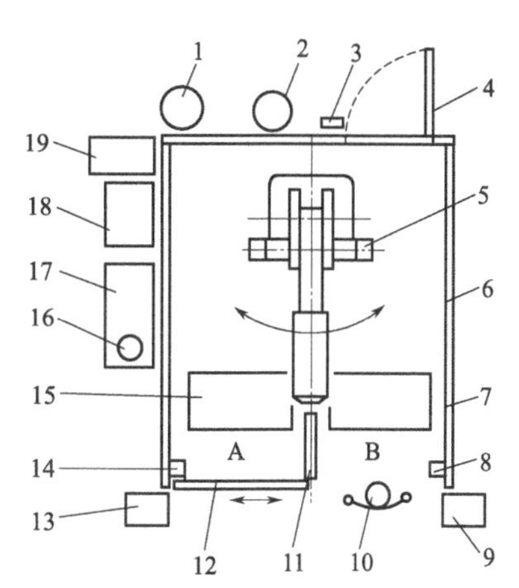

图 6-27　工作站安全设计

1—气瓶；2—焊丝；3—安全开关；4—门；5—机器人本体；6—安全围栏；7—夹具台；8—行程开关；9—操作盒；10—操作者；11—遮光板；12—拉门；13—操作盒；14—行程开关；15—夹具台；16—塔形指示灯；17—工作站控制柜；18—机器人控制柜；19—焊机

a. 用铝合金型材作围栏和门的框架。装上半透明塑料板，用以遮挡弧光，两交替装夹和焊接的工作台也装有遮光板。围栏内只有机器人和工作台。作为出口的拉门，装有插拔式电接点开关与机器人联锁，机器人只能在关上门的工作台上进行焊接。

b. 操作者与夹具台之间有一活动拉门，可拉向 A 侧或 B 侧的夹具台。每侧都有行程开关检测拉门的位置，且与作业启动有对应的联锁互锁关系。例如拉门在 A 侧时，互锁关系使得不能启动 B 侧的作业程序，操作者可在 B 侧安全地装卸工件，联锁关系只允许启动 A 侧作业程序，反之亦然。行程开关的监视方法是分别用指示灯显示状态；且两者不能同时接通。

c. 由于使用气动夹具，操作盒上除了有急停、启动按钮之外，还有多个夹具操作的按钮开关。为防止作业程序的误启动，启动操作为双按钮双手启动。即用安装距离约 400mm 的两个按钮串联使用，同时按下才有效。而且对按钮接通时间进行监视，若接通时间在数秒以上则停机报警，因为这可能是按钮有故障或配线短路，易引发误启动。

d. 工业机器人的示教以外的运行操作是在工作站控制柜的操作显示盘上进行的。其中的主电源开关和示教——运转选择开关必须插入钥匙才能转动。为防止因指示灯损坏而误显示，在示教模式时可检验所有的指示灯。方法是有一个专用按钮，按下时指示灯全亮则为正常。工作站控制柜的顶板之上安装 3 层塔形指示灯，最上层为红色，亮时表示停机（故障停机时伴有反光镜旋转和声响）；中层为黄色，表示手动或示教；最下层为绿色，表示运行。

e. 使用带碰撞传感器的焊枪把持器、设定作业原点、设定软极限等。

(3) 点焊机器人工作站

① 点焊机器人工作站的基本组成。焊接机器人工作站可适用于不同的焊接方法，如熔化极气体保护焊（MIG/MAG/CO_2）、非熔化极气体保护焊（TIG）、等离子弧焊接与切割、激光焊接与切割、火焰切割及喷涂等。

点焊机器人工作站通常由点焊机器人（包括机器人本体、机器人控制柜、编程盒、一体式焊钳、定时器和接口及各设备间的连接电缆、压缩空气管和冷却水管等）、工作台、工件夹具、电极修整装置、围栏和安全保护设施等部分组成，如图 6-28 所示。焊接时工件被夹具固定在工作台上不作变位，简易点焊机器人工作站还可采用两台或多台点焊机器人分别布置在工作台的两侧的方案，各台机器人同时工作，每台机器人负责焊接各自一侧（区）的焊点。点焊是从工件的正反面两侧同时进行的，而且焊接质量与焊接时该点所处的空间位置和姿态无关，因此点焊机器人工作站很多都属简易型的。

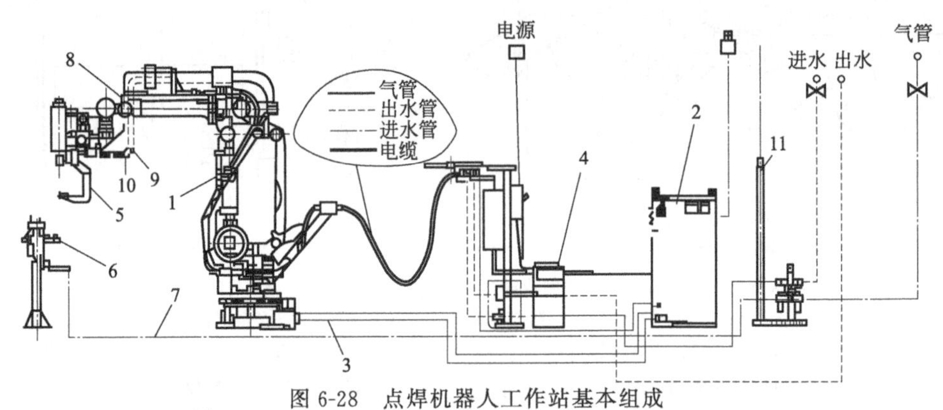

图 6-28　点焊机器人工作站基本组成

1—焊钳；2—机器人控制柜；3—控制电缆；4—点焊定时器；5—点焊钳；6—电极修整装置；7～10—气、电、进水、出水管线；11—安全围栏点焊机器人

② 简易点焊机器人的应用。大部分较小的工件在点焊时，只要机器人能够把焊钳送到所有需要点焊的部位，都可以不需要变位，因为点焊的质量与焊点的空间位置无关，焊接时工件可以不需变位，生产中采用简易点焊机器人工作站比较多。图 6-29 为一种点焊轿车车身侧板的双点焊机器人工作站。由于生产节拍的需要，以及避免机器人做大范围的移动，采用了双点焊机器人的方案。每台机器人负责各自一区的焊点的焊接。这种点焊机器人工作站大多只有一个工位，焊完一件再装一件。不少工厂将这种简易点焊机器人工作站安装在工件的流水线上，自动上件，自动点焊及自动送出焊完的工件，以提高效率。这种工件不变位，多台点焊机器人联合工作的工作站，在汽车的顶、底板及前、后、侧围板制造中用得较多。

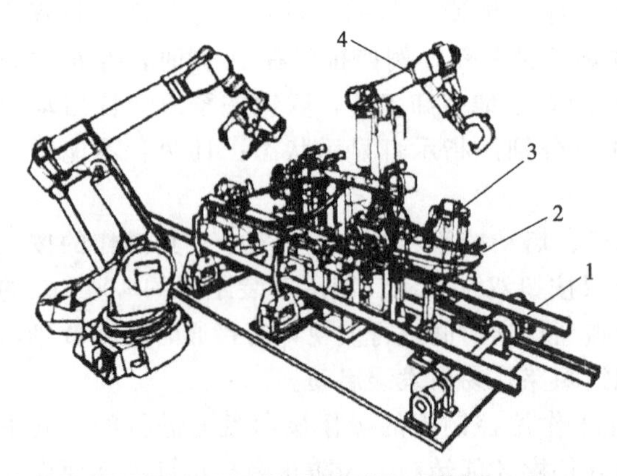

图 6-29　双点焊机器人工作站

1—工件输送轨道；2—轿车车身侧板；3—工件夹具；4—点焊机器人

点焊机器人的编程一般来说比弧焊机器

人要简单些，因为点焊时只关心点的位置的准确，而对机器人从一点到另一点所走过的轨迹并不重要，所以编程时主要采用点（P）位控制，很少用直线（L）或圆弧（C）方式。如果发现机器人在移位过程中焊钳与工件或夹具有发生碰撞的可能时，可以在这两点之间的外侧加一个非焊接的过渡点。为了提高效率，希望选用的机器人在短距离移位时能有较快的过渡。

(4) 弧焊机器人工作站

① 弧焊机器人工作站的基本组成。弧焊机器人工作站一般由弧焊机器人（包括机器人本体、机器人控制柜、示教盒、弧焊电源和接口、送丝机、焊丝盘支架、送丝软管、焊枪、防撞传感器、操作控制盘及各设备间相连接的电缆、气管和冷却水管等）、机器人底座、工作台、工件夹具、围栏、安全保护设施和排烟罩等部分组成，必要时可再加一套焊枪喷嘴清理及剪丝装置，如图 6-30 所示。简易弧焊机器人工作站的一个特点是焊接时工件只是被夹紧固定而不作变位。

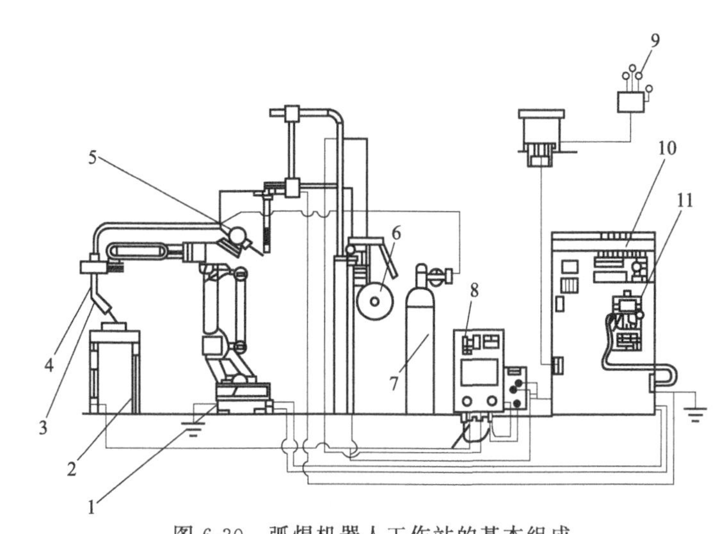

图 6-30　弧焊机器人工作站的基本组成

1—弧焊机器人；2—工作台；3—焊枪；4—防撞传感器；5—送丝机；6—焊丝盘；7—气瓶；8—焊接电源；9—三相电源；10—机器人控制柜；11—编程器

可见，除夹具须根据工件情况单独设计外，其他的都是标准的通用设备或简单的结构件。简易弧焊机器人工作站由于结构简单，可由工厂自行成套，只需购进一套焊接机器人，其他可自己设计制造和成套。但必须指出，这仅仅就简易机器人工作站而言，对较为复杂的机器人系统最好还是由机器人工程应用开发单位提供成套交钥匙服务。

② 简易弧焊机器人工作站的编程与控制。简易弧焊机器人的编程是比较简单的，外围设备没有需要控制的，因此只要对焊枪的轨迹与姿态进行编程及选定焊接参数就可以了。对一个圆形焊缝，对机器人最少需要示教三个点，如果要示教得比较精确，多示教几个点效果更好。示教前先把焊丝的伸出长度（干伸长）调节到要求的长度。用编程器调出新的编程程序，设定该工件的程序代码。机器人运动轨迹的逐点编程方式有三种，即点（P）、直线（L）和圆弧（C）。P 表示该点属点位控制，只重视该点的位置，而从前一点到该点之间所走的路径无关紧要。L 表示该点与前一点之间是连成一条直线，采用直线插补方法控制机器人的运动。C 表示该点与前一点和后一点将连成一段圆弧，按圆弧插补方法控制机器人的运动。后两种均属连续路径控制。开始编程时先设定机器人的原点位置（Home Point）。这点

的位置一般选在两个工位之间，离工件稍远的地方，用P方式作为第1点输入（Enter）。用编程器将焊枪手控移到接近第一个工位工件接缝的起焊点上方一个合适的点，即原点与起焊点之间的过渡点，用P方式作为第2点输入。再把焊枪移到起焊点，使焊丝的端头对准接缝，并调好焊枪的姿态，即调好焊枪的行进角和工作角（前后及左右倾角），将该点的位置以P方式输入作为程序的第2点输入。在编程器上按一下起焊钮（Weld Start），并设定焊接参数，包括焊接电流、电弧电压、焊接速度、提前送气时间等。如焊丝需要做摆动，还要再按摆动开始按钮（Wave Start），并设定摆动参数，包括摆动样式、摆频和摆幅等。如要在圆形焊缝上每隔90°示教一个点，对这个圆形焊缝还需再输入4个点，均以C方式作为程序中的第4～7点输入。每次都要把焊枪移到该点位置，使焊丝端头对准接缝，并注意调好焊枪姿态。第7点可以用复制方式（Copy）将第3点的位置数据作为第7点再输入一次，以节省调对机器人焊枪位置和姿态的时间，同时也能使第7点的位置和焊枪姿态完全与第3点重合（有时第7点可以省略）。第8点应设在搭焊一定距离后的终止焊接点，也是以C方式输入。然后按编程器上的停止焊接按钮（Weld End），设定停焊的参数。如用了摆动程序，还应按停止摆动按钮（Weld End）。停焊后先把焊枪提到一个合适高度的点，可以是复制第2点的位置，以P方式作为第9点输入。最后一点（第10点）是复制机器人的原点位置（Home Point），也是以P方式输入。编程结束后，先不焊接，空走几遍，检查焊枪的姿态和位置是否合适，如不满意可再进行修改。用同样方法对第2个及更多个工位的工件进行编程。必须在每一个工件的焊接程序之前都加一个等待和判断语句，看哪个工位先发出“准备完毕”的信号，再调出对应工件的程序进行焊接。焊完后同时解除该工件的准备完毕信号，以便机器人控制柜能接收下一个信号。如工作站配备有清嘴装置，需要对焊过的工件进行计数，达到一定数后运行一次清嘴子程序，包括清嘴、剪丝和喷防飞溅硅油等。整套程序经过试焊后就可以进行生产了。

简易弧焊机器人工作站的控制是比较简单的，除了机器人之外，没有其他需要控制的，机器人的控制柜就能完成全部的控制任务。由于有两个或更多个工位，轮流进行上下工件，因此每个工位都要有一个操作盒，每个操作盒上至少要有一个急停按钮和一个“准备完毕”的按钮。这是弧焊机器人工作站中最简单的一种形式。

第7章 机器人新技术与系统

7.1 机器人认知与心理学

7.1.1 认知发展机器人学

(1) 作为构造性方法的认知发展机器人学

人类认知发展的结果，与内部机制与外部环境（养育者为重大因素）的相互作用密切相关。但这些因素之间的具体关系并不明确。是单一主体下构造了诸多功能，还是复合主体下相互作用而成，抑或只是不同系统模式着眼点下的表象差异？针对这个问题建构人工系统，然后加以验证，尝试提供新的解释，这就是构造性方法。以人类认知发展为焦点的“认知发展机器人学”是这种构造性方法的典型。

① 认知发展机器人学的基本观念。认知发展机器人学的焦点存在于机器人的认知发展过程之中，即自主行动的机器人通过与环境的互动，如何描述世界并获取行动的这一过程。特别是在被视为环境因素的其他机器人行为影响自身规范的过程中，探求机器人能否寻觅到“自我”的原理，这一点尤其令人期待。机器人认知发展的目的是使之完成达到人类水平的智能行动，所以必须在机器人的内部机制与外部环境的相互作用中找到其语言能力获取过程（语言发展），即从动物层级的关联学习，到人类层级的创造及利用符号的记号学习过程。这类与人类认知相关的研究，过去一向被划分在认知科学、神经科学、心理学等领域。因此，研究目标也只是为了解释原理，并非基于认知发展机器人学的设计原理。然而，在人类理解研究的共同基础之上，认知科学、神经科学、心理学等领域从工程学角度提出了“系统构造下的假说验证及新认知科学假说”，反之，也可以在工程学领域以这些学科的角度提出“系统构造的假说”，互相反馈，以构建和验证认知发展模型。这是认知发展机器人学的理想形态之一。

② 认知发展机器人学的设计理论。虽然形成认知发展机器人设计理论的前提是环境、本体、任务的一体化，不过在物理上可以将其分成两部分来说明。其一，是如何设计内部信息处理的结构，它影响到机器人的行动环境表现（Environmental Representation）；其二，是外部环境，即打造机器人顺利学习、发展的环境，特别是以指导者为首的他人的行动设计。通过这两点的密切结合，可以实现二者相互间的学习与认知发展。需要注意的是，目标行动不应直接写入机器人程序中，而是要借助与他人互动的环境（社会性），让机器人通过自己的身体（认知具体化），取得信息并获得理解的能力（适应性），以及完成整个过程的能力（自主性）。认知发展机器人学及其相关研究有两个主要方向：一个是建立假说，利用计算机仿真或实际的机器人进行实验，反复验证假说和修正假说；另一个则是利用计算机仿真或实际的机器人，验证上述过程中在环境中起主导作用的人类行为及机制本身。这些因素可能会彼此产生关联，互相反馈。重要的是假说与测量对象等不能是肤浅地借助既存领域的知识，而是要有新的解释甚至是亟待修正的内容。

（2）认知发展地图

若从认知发展机器人学的角度来思考发展形态，发展可以大致分成两个阶段。首先，是以基于个体的认知发展为主的初期；其次，是主要在个体之间的相互作用下发展社会性的后期。脑科学/神经科学（内部机制）主要与前者有关，认知科学/发展心理学（行为观察）则主要与后者有关。本来，这两者在认知发展过程中应该衔接得天衣无缝，但在理解对象的表象层级上却存在巨大的落差。认知发展机器人学的目标不只是要弥补这道鸿沟，更期望能够创造出崭新的领域。人类的脑脊髓神经系统及其大致功能结构为能够反映人类进化过程的分层结构。脑脊髓神经系统由脊髓、脑干、间脑、小脑、大脑边缘系统、大脑基底核与大脑新皮质所组成。

（3）从个体的发展到个体之间的发展

研究者组合了人类的身体以及以神经系统的生理学知识为基础的各种模型，制造出一个婴儿模型，作为研究胎儿到新生儿期间感知能力、运动能力产生与发展的构造性方法。使用此模型的目的在于模拟母体中胎儿的成长及其诞生后的行为，揭秘人类的运动能力发展过程。研究者使用球或圆筒，将近似胎儿的模型与简化后的脑模型结合，并以神经振子为驱动粒子，根据赫布型学习和自组织映射构造体感网络，以此为标准最终形成有秩序的行为。关于详细的参数调整及各种运动的结构化，目前已展开更精细深入的研究。

7.1.2 机器人的心理学

（1）了解人类，创造机器人

理清人类所拥有的各种能力，然后以工程学的方式将其模式化，能够让机器人的能力更接近人类本身。事实上，机器人学和人工智能的研究者早已通过与心理学者、生物学者、神经学者等进行的学术合作，在质与量上提升了机器人的能力。机器人学的终极目标之一，就是与人类进行弹性沟通。所谓沟通，是一种透过语言、举止、视线及表情，彼此贴近对方“心灵”的活动。借着读取对方的意图（打算做什么）和感情（对于状况的评论），或是通过使其积极地变化来预测对方的行动、控制对方，完成各式各样的社会性活动（协调或竞争等）。研究的共通观念就是，沟通能力是人类与生俱来的能力（环境适应能力），通过与物理、社会环境之间的相互作用，阶段性地完善构成。

（2）社会环境适应能力的发展

最近的婴儿研究指出，刚出生的婴儿就已具备了各式各样的能力，也就是环境的适应能力。比方说，婴儿对人的脸（或是脸状的图形）有强烈的偏好，也会模仿他人嘴巴、舌头的动作（新生儿模仿），更能够从韵律上的特征辨识母亲的声音。孩子以这样的能力为原动力，展开与环境之间各式各样的相互作用，并在过程中逐渐提高对环境的适应度。孩子所探索的环境不只是充满物体的物理环境，而是以从发展初期开始，由他人（特别是养育者）构成的社会环境为中心在接受来自社会环境的积极引导与推动的过程中，孩子逐渐进入共享或交换“心灵”状态的社会性相互作用的实践阶段。出生后一年左右，孩子开始说一些有意义的话语，再过不久，就会长成肩负语言及文化的一个“人”。

（3）眼神交流与联合注意

人类出生后的两年间，最重要的变化就是眼神交流与联合注意。所谓眼神交流（Eye-contact），就好比小孩子与养育者同时或是轮流看着彼此的脸（特别是眼睛）。一般而言，婴儿在出生 3 个月后，就会与养育者建立起伴随着表情与声音的眼神交流。透过眼神交流，除了能够互相观察彼此的视线、表情、举止，还可以为交互带来时间上的同步性。所谓联合注意（Joint Attention），是指观看他人正在看的地方。具体来说，就是与他人同时或轮流看着相同的对象。要达成联合注意，必须捕捉对方的视线或手指的方向，然后探索、判定对方所指的对象。通过联合注意，彼此的知觉信息（虽然有观点上的不同）会形成等值状态，并且为交互带来空间上的焦点化。

这种联合注意的机能会在出生后一年半左右的时间里阶段性地逐渐构成。一般而言，婴儿到了6个月大时，就能注意到对面养育者在左右张望时注视的对象；12个月时，婴儿可以依照视线的角度，判定正确的对象；18个月时，就算对象在自己身后，婴儿也能够回头判定目标。在联合注意的发展上，养育者的引导和推动占有非常重要的地位。发展初期，养育者积极地推测小孩的注意力，并在其视线上置入对象，或者养育者也把注意力放在小孩自发性地注视的对象上，以此达成联合注意。在之后的阶段，小孩会借着推测养育者的注意力，或积极地引导养育者的注意力，来达成双方的联合注意。

(4) 从共感到理解他人

孩子与养育者会通过联合注意，对周围环境产生相同的知觉，或是凭借眼神的交流，对照彼此的行为（表情或举止等）。在知觉与行为的重叠匹配之下，小孩与养育者渐渐能够互相观察"对方将注意力放在'什么'之上，对其又有'何种'感觉"。比方说，孩子遇见新奇对象，会通过参照与自己一同将注意力置于该对象的养育者的表情，领会安心与不安之类的感情，然后得到选择自身行动的线索。这种行为称为"社会参照"，是小孩从他人身上学习的基本过程之一。孩子眼中的养育者与环境，在一开始会被区分成"自己、他人"及"自己、环境"这种独立的二元关系。小孩会在与养育者的二元关系中，透过表情、声音（韵律），调整彼此的感情，然后逐渐养成与他人"心灵"产生共鸣的能力。之后等到养成联合注意力，小孩与养育者之间的关系就会发展成"自己、环境、他人"三元关系，通过他人去理解环境，然后在与他人重叠知觉与行为时，和他人以相同的感受去面对环境，或是由从中产生的差距，发觉他人的"心灵"与自己的不同，接着逐渐变得能够理解他人的状态（感情、欲望等）。这个能力称为主体间性（Intersubjectivity），是孩子能够与他人"心灵"进行交流、彼此沟通的认知基础。

(5) 模仿与仿同

孩子能够在与养育者主体间性的关系中，从养育者身上学习到有关周围各种对象、现象的意义与价值。而帮助孩子进行学习的就是模仿与仿同心理机制。"模仿"便是观察他人的行动，然后自己执行与其等值的行为。根据详细探讨过模仿心理机制的托玛塞罗（Tomasello）的研究，模仿共分为三个层次：一是原封不动地重现他人的身体动作（Mimicking）；二是通过自身的不断尝试，达成他人获得的结果（Emulation）；最后则是将行动视为"用以达成目的（计划）的手段"，然后为了达到相同的目的，自己也行使同样的手段，也就是重现（Imitation）行动的意图。意图层次的模仿，据说是人类特有的能力，可通过与他人的互助合作来达成。

所谓仿同（Modeling），是指观察他人的行动，然后将其当成自己的行动模式加以吸收，也称为观察学习。过去的学习理论认为，学习是指通过先复制模型（作为模板的他人行为或其结果），然后亲自实行来得到实际的报酬；换句话说，就是必须要有直接的经验。班杜拉（Bandura）则导入替代强化的思考方式，即仿同模型带来的报酬对观察者来说也是一种机能的思考方式，证实了即使没有尝试、没有报酬，学习依旧成立。现在，大多数的社会行动都是通过这种仿同获得的，而非直接经验。

(6) 语言与文化的获得

人类与其他动物（譬如黑猩猩）相比，最大的差异就在于具有理解、模仿他人的能力，以及拥有语言和文化。理解、模仿与语言和文化的关系密切，这是再自然不过的事了。人类所拥有的理解、模仿他人的能力，能够让自己从他人的观点重新看待世界，而通过模仿与他人共享知识、技术，则可以跨越时间限制，不断地累积下去。知识与技术在不断的累积之下，最后就形成了语言及文化。然后孩子又通过养育者的帮助，慢慢地学习这个随时在改变的语言、文化的现行版。

维果茨基（Vygotsky）试图将这种人类特有的发展作为“文化成为人类部分性质的机制”并加以理论化。他认为，这种发展的源泉在于孩子所处的社会环境。孩子会利用与生俱来的能力，创造与他人之间最原始的交互。孩子所做出的行为（举止或发声等），会被他人（以及社会）积极地赋予意义，不久后，孩子便开始变得能够利用自我行为所拥有的社会意义（机能）。这个社会机能不久就会被内化，作为思考的工具，即表征来发挥功能。维果茨基的发展观的特殊之处在于把发展观从用来与他人交流的工具，转变成用以表征个人思考的“由外而内”的方向性。这一点虽然与过去的机器人学和人工智能研究的学习观截然不同，然而要在社会中获得默认共享的语言和文化，“由外而内”的学习方式对机器人而言或许也是有效的。

(7) 机器人学与心理学的关联

在此之前，我们已经看到心理学解释沟通能力的原理构造构成的经过。在以能够与人类沟通交流为目标的机器人学研究中，有许多方法试图详细阐明某发展阶段人类的能力的内容，最近也出现了以工程学理论重构发展过程本身的研究尝试，以期不仅能实现与人类进行弹性沟通的目标，而且借此更深入了解人类的发展过程。

另外，也有人开始把目前的机器人学应用在心理学的研究上。机器人逐渐作为记述与实证人类沟通能力及其发展过程的实验品。如此一来，不但可以进行真人儿童所不能从事的实验，而且除了典型的发展过程外，甚至也能将研究的障碍进行模式化。此外，利用机器人支持儿童沟通发展的研究也正在进行。其中最为人所知的就是应用与机器人的社会性交互治疗以自闭症为代表的沟通发展障碍。只要是外观简单且在一定程度上可预测动作的机器人，就能够判断自闭症儿童的视线和意图，并进一步将其引导至社会性交互上。在机器人学未来的发展中，与心理学及各相关领域多方合作的成果备受期待。

7.2 机器人生物学与仿生技术

7.2.1 分子机器人学

(1) 从 DNA 纳米工程技术到分子机器人学

利用 DNA 纳米工程技术，能够以 DNA 制造出各式各样的分子组件，然后有系统地将分子组件结构化。分子机器人是将 DNA 与其他分子制成的“分子传感器”“分子致动器”“分子处理器”互相组合，放入“分子结构”中，也就是所谓的人工细胞。而分子机器人学的目的，就是研究如何制造人工细胞并使其活动。尽管目前已经开发出了各式各样的分子组件，但是要连接机能相异的分子组件，制造出拥有更高机能的系统还是相当困难的。其主要原因在于，难以让多数分子组件的动作（化学反应）在同一时间、空间内相结合。如何让多种类的化学反应在同一场所同时进行时只产生希望见到的反应，甚至更进一步通过该反应创造出有意义的网络，是极难突破的一大难题。然而，看看生物的细胞，其中的构造全是由蛋白质酵素等各种分子机械群构成的，而且有数千到数万种复杂的化学反应都在细胞这一个反应槽中同时进行着。生物系统如此惊人的复杂程度来自于分子的多样性和分子反应的特异性。过去人们认为要以人工分子系统来建立类似的系统几乎是不可能的。

一种名为“DNA 纳米工程技术”的方法作为解决上述问题的新途径，正受到众人关注。利用 DNA 纳米工程技术，可以制造出以 DNA 为素材的纳米结构，以及拥有各种机能的 DNA 分子组件。首先在纳米结构方面，此法能够制造出数纳米到 100nm 大小的、各种形态的分子。DNA 的化学合成技术早已确立，可以轻易制作出一条任意排列的人工 DNA 链。虽然柔软的 DNA 链容易扭曲，无法固定形状，但现在已经可以将满足 DNA 双螺旋结构模型（Watson-Crick 结构模型）互补性的 2 条 DNA 链（A 和 T、C 和 G 相对的序列）制作成笔直且坚硬的双螺旋。即使溶液中有好几种 DNA 链存在，拥有互补序列的部分还是会彼此双螺旋化（杂交反应），因此只要设计好序列，双方即可互相交缠，形成形状固定的结构。重点是，因为 DNA 链的构成要素只有四种，所以可以透过自由能量计算，比较正确地预测出哪个部分会变成双螺旋，并依此预测来设计碱基序列的组合，制造出想要的结构。事实上，我们可以用“DNA 瓦片”（DNA Tile）结构体自我组装的平面结晶，以及利用“DNA 折纸术”的长链 DNA 折叠方法来制作平面或立体的纳米结构。目前，该项技术进步迅速，几乎可以随心所欲地制作出 100nm 以下的结构形状。

巧妙地运用 DNA 的双螺旋结构，也可以将其用来处理信息。双螺旋是化学平衡的过程，因此如果有更长且一致（能量上更加稳定）的互补序列，便会与其进行替换。只要透过 DNA 的序列来表现信息（位），巧妙地设计状态稳定的迁移，就可以进行 AND 或 OR 等逻辑运算。目前，学者们已提出多种算法，将以双螺旋与限制酶进行的 DNA 切割加以组合，并且能够顺应目的建构多样化的信息处理系统。这些结构组件、机能组件全都由 DNA 分子构成，只是排序不同，再加上输出及输入也都是 DNA 分子，因此能容易地组成好几个组件，这是其他分子组件所没有的优点。也就是说，只利用 DNA 组件的反应，即可以人工的方式制造出像发生在生物细胞中那样的复杂分子反应。

（2）分子机器人的构造

分子机器人是内含“分子传感器”“分子致动器”“分子处理器”的“分子结构”，而研究如何制造该结构、使该结构发挥作用的学科就是“分子机器人学”。使用 DNA 纳米工程技术可将各式各样的 DNA 分子组件组合起来。以下将简单说明以 DNA 为基础的分子机器人零件。

① 分子传感器。分子传感器是会对来自环境的刺激产生响应的分子组件。而“适体”便是一种以 DNA 为素材的分子传感器。适体是人工合成的 DNA，会与来自外界的分子产生特异性的键结并改变其结构，感测对象的分子有 ATP、凝血酶、可卡因等小分子，以及特定的蛋白质等。以 ATP 适体为例，在没有 ATP 的状态下，DNA 虽然会形成双螺旋，但是一旦与 ATP 键结，双螺旋就会有一部分松解开来。或者是，当 ATP 键结时，原本是适体一部分的 DNA 碎片也会产生剥落现象。而这一点将成为下述 DNA 计算回路的输入。其他能用来作为（以 DNA 为基础的）分子传感器的有：能够感测金属离子的 DNAzyme（拥有特殊的碱基序列，可限制酵素活性的 DNA），以及与特定蛋白质键结、本身会发光的 RNA 适体等。

② 分子计算回路。在 DNA 的分子计算方面，学者们利用以基因工程学开发的各种实验操作方式，通过切割或连接 DNA 的酵素反应来改变碱基序列，而且还以杂交抽取特定的碱基序列进行计算。DNA 计算回路有两种方式，一是在溶液内自行计算，二是采取批处理，由外部操作者来进行抽取作业。当初最先考虑的方法是后者，不过因为无法使用在分子机器人上，所以现在一般都是采取自主计算法。主要做法是创造使用 DNAzyme 的逻辑闸，以及杂交过程的级联，做出复杂的逻辑运算。在 DNAzyme 的逻辑闸之中，切割分子与计算互相对应，且能够处理各分子的计算仅限 1 次；但若采取运用杂交过程的级联的方法，就能通过

准备数量充足的备用分子，将可逆计算也纳入其中。DNA 计算回路的输入是可使用在分子传感器中的 DNA 碎片，或大量存在于活体内的 m-RNA 等 RNA 碎片，输出则是 DNA 或 RNA 碎片。

③ 分子致动器。能够以 DNA 分子回路控制的致动器，有以 DNA 碎片的输入改变 DNA 分子结构的 DNA 镊子（进行开关运动的装置），以及 DNA 分子步移技术（沿着固定范围进行步行运动的装置）等。另外，也有使用 DNAzyme 的步移技术，而这项技术被运用在名为 DNA 蜘蛛的分子机器人上。除此之外，还有利用通过溶液中的金属离子浓度可改变 DNA 扭转数这一点的致动器，以及能够将有机合成的特殊分子插入 DNA 序列中，然后透过来自外部的光线（紫外线）照射控制键结与解离的致动器。

④ 纳米结构。以 DNA 分子为素材的纳米结构主要有两种制作方法。一是 DNA 瓦片，另一个则是 DNA 折纸术。DNA 瓦片如同分子的拼图。拼图是利用图案的一致性进行拼凑，DNA 瓦片则是以 DNA 碱基序列的互补性来进行拼凑。DNA 瓦片彼此拼接成大平面结构体的过程称为自我组装，也可使用多种瓦片制造出复杂的形态（图案）。另一种 DNA 折纸术，则是将一长串 DNA（由 7000 个碱基对的病毒基因组改变而成之物）与 200 条以上的短 DNA 碎片进行杂交，从而制造可随意折叠的各种结构，能够做出 100nm 左右的平面及立体的复杂结构。比方说，可开关的带盖箱子便是利用 DNA 折纸术的方法制造出来的。除了 DNA 分子外，双层脂膜也和生物细胞膜一样受到广泛的研究，目前将各种分子内藏其中的微脂体（双层脂膜的小囊胞）制作技术不断进步。而在分子机器人方面，若将分子组件植入这些 DNA 纳米结构和微脂体内或者藏于其中，将可望达到系统化的效果。

⑤ DNA 以外的分子素材。DNA 是非常稳定的分子，就其序列可设计出最稳定的结构这一点来说，也是控制性相当好的分子。相反地，要让 DNA 拥有酵素活性等机能并不容易。因此，最近学者们正积极地研究机能性更高的胜肽序列，与蛋白质、脂质、高分子等非 DNA 分子间的组合。此外，与 MEMS 这种 Top-down（自上而下）技术的融合也是一项重要的课题。

（3）分子机器人学的未来

分子机器人的研究才刚起步，一切都还尚未定型。利用分子机器人同时进行诊断和投药，也是未来明确的目标之一。如果能够让多数的分子机器人互相合作，像免疫系统一样发挥作用，想必一定会更有效果。除此之外，该技术也可望应用在干细胞培养、环境监测、食品追溯、健康监测等各方面。虽然要实现这些应用技术还有好长一段路要走，不过最近已成功制造出“DNA 蜘蛛”，它能够闯过迷宫，是分子版的“电脑鼠”，还有只有分子大小的组装工厂，能够将好几种零件依照程序组合起来，以及可以在解锁时开启盖子的分子闸等。这些开发成果中，尽管有些系统只能在极有限的环境下运作，有些则必须由外界进行烦琐的操作，但今后应该能继续朝自主性更高的目标迈进。目前现有的分子机器人共有以下几种：

① 复合分子型：由多个分子复合成的巨大超分子机器人。

② 细胞型：在固定隔间内，嵌入传感器、致动器、构成回路的分子。

③ 溶液型：构成机器人的分子扩散在溶液（环境）中，将溶液整体的反应系统当成系统发挥机能。

④ 微米型：与成形胶体、MEMS 等 Top-down 技术互相结合。

上述几种类型愈往下，系统的复杂程度愈高，因此实现的困难度也随之提升。制作分子机器人时，无法直接使用微米机器人学已经确立的设计、制造方法论。分子机器人学的主题，是要在顾全分子反应的或然性、普遍性、多样化的相互作用等分子特有性质的前提下，将分子机器人学带入并建立起新的系统论。而实现“自主性判断、行动、学习、自我修复、自我复制的分子系统”，也就是“进化的人工分子系统”，是研究者将来所要实现的梦想。

7.2.2 生物体与机器人的融合

(1) 生物的适应能力与机器人

一般而言，生物为了延续生命、繁衍子孙，都拥有能够对周围环境及身体变化有弹性且可适当切换行动的“适应能力”。包括人类在内，生物在诞生后都会不断成长，继而老化，最后死亡。在这个过程中，生物的身体大小、动作输出与感觉器官的敏锐度都一直在改变，因此必须要有能够与之对应的适当行为机制才能够生存下去。拥有适应能力的生物即使身处事先无法预料的状况，也不会陷入僵局，能够顺应形势选择行动。倘若人造机器人具备适应能力，也许就能实现在设计者事先并未设想的环境下做出反应，以及能够自行处理结构零件耗损与欠缺的状况并继续动作这样一种人工系统。这项机能对实现机器人将来在一般社会中与人共同活动，或者在无人的深山里进行作业来说意义重大。

生物所拥有的适应能力，不是靠脑部这个单一的信息处理系统来发挥的，而是通过神经系统与身体和环境之间巧妙的相互作用塑造而成的。所以，除了过去的研究主流，即通过分解细胞、器官来进行调查的要素还原主义式研究外，弥补其不足的构成主义式研究方法也不可或缺。因此，如今已有研究将生物体的部分替换成机器人，使其与生物体的脑部、神经系统相连，通过测量可控实验环境下的活动，试图阐明发挥适应能力的信息处理系统的动态特性。

(2) 生物与机器人的融合

近年来，测量生物体内各种生物化学性活动的方法，以及生物体内嵌人工机器的技术日益发展，已经融入医疗应用等各方面。若广义地思考生物与机器人之间的融合，那么人工器官、义手、义足，甚至是强化服应该都可以包含在内。此外，还存在一些研究案例，如抽取部分生物组织装在机器人身上，赋予人造物尚未拥有的一些能力；将电极嵌入生物的神经系统内，然后利用外部信号加以操控。

(3) 为了解析适应能力而进行生物与机器人的融合

解析生物的适应能力，重点是在维持包含神经信息处理系统在内的知觉-信息处理-行动输出-知觉这一反馈系统的运作之下进行介入。融合生物与机器人的系统如图 7-1 所示，在此相互关系中，观测者可以在扩大可控制范畴的同时，通过改变特性来测得其响应。

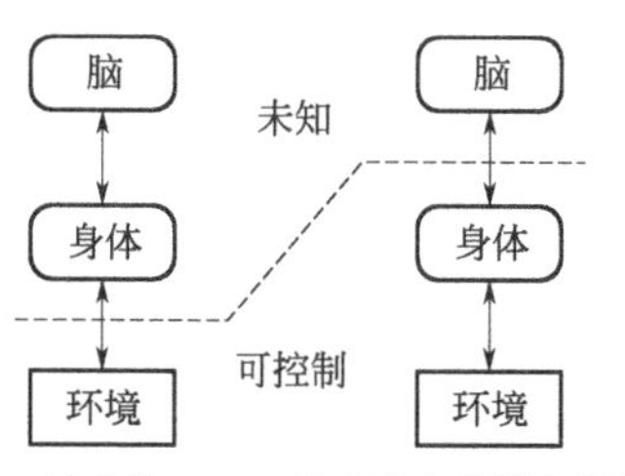

图 7-1 通过活体与机器人的融合阐明适应能力

美国杜克大学神经工程中心主任查品（Chapin）等人进行了一项实验，他们利用电极，从老鼠的脑部运动皮质区测量神经信息，用此信息驱动机械手臂，为老鼠供给饮用水。老鼠出于自身的知觉，使位于运动皮质区的神经活动产生变化，然后通过此变化自觉驱动机械手臂，并通过机械手臂取得饮用水这项报酬。根据这个实验，可以得知生物的脑部拥有极富弹性的可塑性。然而尽管只是老鼠，它也属于哺乳类动物。哺乳类动物的脑部非常复杂，要明确地赋予从脑部测得的信号意义相当不易。

Reger 等人及 Kositsky 等人，将鳗的部分脑部与搭载了光传感器的移动机器人相接，成功地实现了这个系统中的正/负趋旋光性。他们从鳗脑中连接感觉与运动的部分测出信号来驱动机器人移动，同时将来自机器人传感器的信号反馈给与脑内平衡感有关的部位，实现了趋旋光性。从这个实验，我们得到一个有意义的结论，那就是在这个系统中，通过机器人的人工身体学习感觉运动是可能的。

(4) 生物与机器人融合的未来发展

可以明确的是，介入到脑部-身体-环境相互作用中的生物与机器人之间的融合系统，对解开生物适应能力之谜来说意义重大。此外，因为生物是在整合各种感觉的同时决定采取何种行动，所以生物与机器人之间的融合系统也可望应用来阐明这些整合过程。另外，即使是昆虫等级，生物的神经信息处理系统仍相当复杂，无法只从个别输出及输入的关系来判定各个要素。因此，参考过去解剖学、生理学、遗传学方面的分析来弥补不足，对研究进展而言十分重要。而且，关于从替换的机器人身体传送知觉信息至活体神经系统这一点，目前仍难以进行细化研究。为了能真正替换生物的身体，无论是生物学还是工程学的技术上，都有许多难题亟待解决。

7.2.3 仿生学

(1) 向生物学习的机器人学

仿生学就是一门从生物的生存机制中得到启发，从而创造出人工物的学问。自古以来，人们始终参考生物的一些功能来解决工程学上的问题。另外，即使是在高度科技化的现代社会，人类仍然都需要向大自然学习，将那些大自然的智慧纳入对人类有益的系统，并以工程学的方式加以实现，这是非常重要的一项理念。

机器人工程学关于上述理念研究的两个侧面都需要通过忠实重现生物的功能来实现。一是试图理解对象生物机制的科学面；二是利用生物的功能，试图开发有利于社会的系统、组件的工程面。无论是哪一方面，都必须先特征性抽取生物的功能，然后将其转换成现在的技术。但许多生物机能无法用现在的组件技术来实现，尤其是有飞行功能的小型昆虫机器人等，其致动器、动力电源等技术仍有欠缺之处。很多欠缺之处仍有待凭借材质开发、MEMS技术等的进步来加以突破。

(2) 在各种环境中移动的生物机器人

仿生机器人中有许多都属于移动机器人，且其中很多都是被设计用来代替人类进入极限环境的。

四足移动机器人采用常见于脊椎动物的步行方式。六足步行机器人采用常见于昆虫的步行方式。因为有六条腿，所以不但行走起来比四条腿更稳定，形成步态的过程方式也变得更加冗长。此外，还可以附加各式各样的机能，作为移动的手段。蛇形机器人采用波形蠕动方式，能够在不平整地面上积极地移动，所以有望应用为救援机器人。再加上蛇的移动机制在学术上也很有研究价值，因此如今已在全世界被广为研究。蚯蚓靠蠕动移动，能够在狭小空间内稳定移动，可应用范围有：行星地底探测机器人、管道内检查机器人、医疗检查机器人等。

大多数的节肢动物都可以贴附在墙壁上并稳定地移动。如果将它们机器人化，即有望运用在探查墙面损伤及清洁等方面。真的壁虎的脚底前端覆盖有形状宛如刮刀、只有人类头发千分之一细的刚毛。这些刚毛在范德瓦耳斯力的作用下，对表面产生了黏着力。目前科学家已透过MEMS技术重现这些刚毛，成功地在平滑墙面上完成了攀登。此外，也有模仿昆虫脚爪的机能，能够挂在凹凸不平墙面上移动的机器人。

水中机器人的用途除了探查海底和救援外，也被当成流体力学中研究海蛇、鲤鱼、鲔鱼、乌贼等各种水中生物的前进方式的一项手段。根据研究，鳗鱼与海蛇、精子等类似，是利用“阻力理论”来前进的。其他像乌贼、章鱼、海马等水中生物，也都是以各自独特的方式来前进的，而利用它们来思考水中机器人的移动方式，着实令人感到有趣。另外，水上型机器人方面则有水黾机器人。研究者利用 MEMS 技术，让细毛附着在水黾机器人的脚上，借着表面张力使其浮在水面上移动。

昆虫与鸟类的翅膀给了它们在宽广的高处空间移动的重要功能。尤其是昆虫的飞行运动可以前进、盘旋、急转，若能将这些机能实现在机器人上，就可以制作广域地图和进行高处作业等。另外，和水中机器人一样，也有许多机器人被用来了解生物的飞行机制。许多研究报告都是从流体力学的观点来研究蜻蜓有趣的飞行机制。此外，以飞蛾的飞行机制为模板的机器人也已开发成功。尽管每种飞行机器人在飞行机制的分析方面都有所进展，然而提供振动翅膀所需能量的致动器，以及能够长时间使用的小型电池却是开发上的难点。因此，今后还需借助更高超的组件技术来发展更实用的机器人。

像蝗虫一样跳跃移动的机器人的最大特征，在于能够将弹簧的弹性能量转换成跳跃所需的位能。因此，虽然移动的动作是间歇性的，却能释放出跳跃所需的瞬间能量。目前，最重要的问题是研究如何控制在空中的姿势与落地位置。

(3) 模仿生物的仿生技术

模仿生物功能并非只限于移动构造，仿生技术同时也被运用在传感器上。

① 超音波传感器。在水中或黑暗的环境里，取得远方的视觉信息非常困难。在这种缺乏可视光线的环境中，海豚或蝙蝠利用超声波彼此沟通，并感知外界的情况。目前，移动机器人的重要传感器之一，即超声波传感器便巧妙地采用了这种生物功能。

② 复眼传感器。蜻蜓等生物的视觉称为复眼视觉，可以说是由多个单眼所构成的视觉信息传感器。复眼的优点是视野宽广，能够获得更正确的立体影像。蜻蜓等生物会凭借微微振动各个单眼的受光装置以获得视觉信息。复眼信息传感器与生物的复眼相同，通过微微振动各自安装的受光装置，可以提高空间分辨率，并感知环境的明暗对比。

(4) 其他（超冗长机械手臂）

目前已开发出以象鼻和章鱼腕足为模板的机械手臂。这种机械手臂称为超冗长机械手臂，能够自由决定机械手臂的连杆形状，因此可望在核电站等管线复杂的环境中发挥效用。

7.2.4 仿人机器人

(1) 仿人机器人

仿人机器人是指形体与人类相似的机器人。自从机器人研究迈入崭新的阶段起，制造仿人机器人便成为了一项巨大的挑战。随着计算机、致动器、传感器不断向小型、高性能迈进，以及全新二足步行理论的确立，近几年逐渐开发出各式各样、大小不同的机器人，有的大如人类，有的小到只有几厘米。仿人机器人还包括车轮移动型机器人。

1973 年，日本早稻田大学开发出全世界第一具由计算机控制的机器人 WABOT-1。WABOT-1 具备手脚及视觉，可以听从声音指示做出动作。之后，仿人机器人的研究便按照手、腿、头等部位分别进行。在二足步行方面，1972 年 Vukobratovic 等人提出了零力矩点 (ZMP) 这个极为重要的概念。从 1982 年到 1984 年，日本制造出了 BIPER-3、BIPER-4（东京大学）、MEG-2、BIPMAN2（东京工业大学）、韦驮天Ⅱ（大阪大学）、CW-2（千叶大学）、健脚 2 号（岐阜大学）、WL-10RD（早稻田大学）等动态的二足步行机器人。而 1989 年到 1995 年间，MIT 的 Raibert 博士等人则实现了二足步行机器人跳跃、行驶、翻筋斗等动作。

以 1993 年开始的“远程脑二足二腕步行机器人”系列的开发（东京大学）为契机，研究者又将过去分开开发的操作技术（手）、步行技术（脚）、自律控制技术（头）再次朝向统合的方向发展。1996年，本田技研工业制造出了仿人机器人P2，其极为稳定的二足步行技术震惊了全世界。之后，WABIAN（早稻田大学，1997年）、P3（本田技研工业，1997年）、H5（东京大学，1998年）等二足二腕仿人机器人相继被开发出来。随着仿人机器人研发技术的不断提升，从1999年开始，在日本经济产业省/新能源产业技术综合开发机构（NEDO）的推动下，以探索仿人机器人新活跃领域为目的的“人类协调与共存型机器人系统研究开发”计划开始实施，5年后开发出了HRP-2（日本产业技术综合研究所、川田工业及其他）。

（2）仿人机器人的现状

2010年，日本，韩国、中国、美国、德国、法国、西班牙等国家都在积极地开发仿人机器人。其大小可大致分为身高60cm以下的小型机器人，以及身高120cm以上的、与人体尺寸相当的机器人，而且每台机器人都有手脚，能够进行二足步行的动作。例如，韩国科学技术院（KAIST）正在开发名为HUBO的仿人机器人系列。HUBO2身高125cm，具备40个自由度，能够奔跑，目前也面向美国、新加坡销售。法国的Aldebaran Robotics则开发出身高58cm、24个自由度、名为NAO的小型仿人机器人。美国的NASA与GM正在共同研发名为Robonaut2的上半身型仿人机器人。随着这十几年来的技术改革，与人体尺寸相当的仿人机器人已经大幅度地实现了轻量化。本田于1996年发表的仿人机器人P2，身高182cm、体重210kg，体格非常壮硕。不过川田工业与日本产业技术综合研究所于2010年发表的HRP4，身高151cm，体重则只有39kg，低于同身高人类的平均体重。东京大学H7的硬件结构如图7-2所示。

（3）仿人机器人的研究方向

现在的仿人机器人在硬件上面临的最大问题之一就是电池。和其他的移动型机器人一样，仿人机器人很难在接着电源线的情况下运行，然而，机器人必须靠自己的腿来支撑体重，因此也无法搭载大量电池。目前的电池容量仅能支持机器人活动数小时。尽管有的机器人拥有自动充电功能，即当电池的残余电量低于固定值时，机器人就会自动走到充电站去站着充电，例如本田最新研发的ASIMO，但是若要扩大机器人应用范围，延长活动时间仍是必须克服的一大课题。另外，对于重心较高的人体尺寸机器人而言，还需要解决跌倒时的耐故障性、对人类的安全性等重大问题。

仿人机器人的研究流程可大致分为两种。一种流程是从科学的角度出发，通过制作类似于人体的人工系统去理解人类以及人类所拥有的智能，试图从自己与环境之间的相互作用中探寻科学的发展过程，并让机器人学习人类技能。最近，很多研究利用婴幼儿大小的仿人机器人来进行研发。另一种流程则是从工程学的角度出发，试图制造出通用且对人类有帮助的机器人。对于仿人机器人的步行技术，当前最紧急的课题是如何让机器人在柔软的路面、低摩擦路面等未知的不平整地面上稳定步行。此外，要想制造出通用且对人类有帮助的机器人，还必须充分认识环境，拟定行动计划。由于仿人机器人体内能够搭载的信息处理能力有限，如今专家们也开始利用云端运算来进行实验，和“远程脑二足二腕步行机器人”系列一样，这也属于先驱性研究。仿人机器人的相关硬件需要整合各个领域的研究成果，因此受到了众多研究者的关注，其发展前景非常值得期待。

7.2.5 人体辅助技术

（1）义肢辅具

义肢是指人因截断或先天性缺陷而失去部分四肢时，为了恢复原本的手脚形状或功能而穿戴使用的人工手足。辅具是用来减轻四肢躯干的机能障碍，以保护为使用目的的辅助器具，分为支撑骨盆到颈椎的“躯干辅具”，支撑肩膀到指尖的“上肢辅具”，以及支撑骨盆到

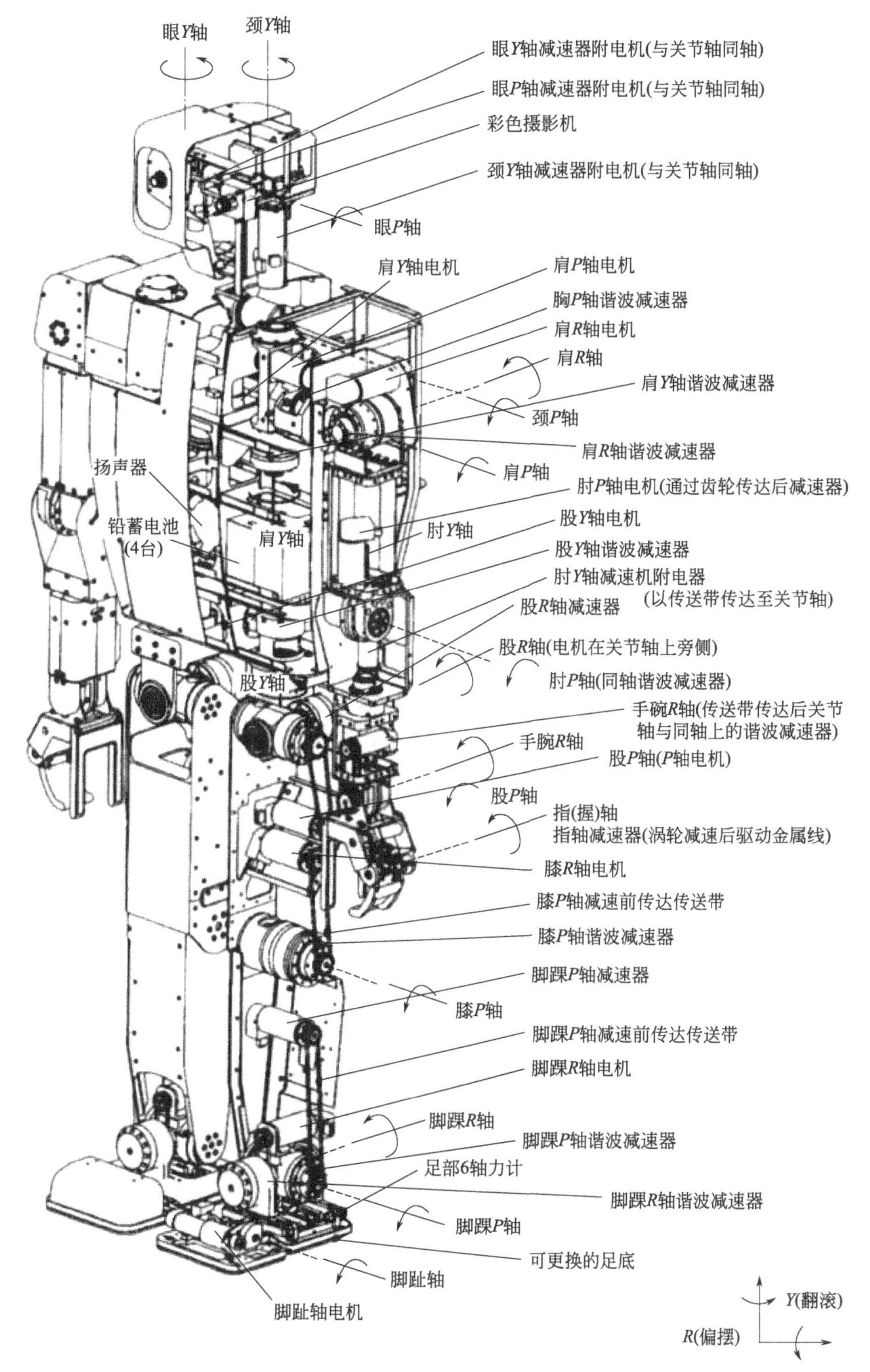

图 7-2 东京大学 H7 的硬件结构

脚尖的“下肢辅具”。近年来，随着将以往的作业疗法的技术发展与机器人学的发展结合起来，义肢辅具的研发取得了很大的发展，并且逐渐实现了前所未有的运动与感觉机能。同一时期，众多研究机构则掀起了身体机能扩张（Enhancement）相关的大讨论，还面临着 BMI

(Brain Machine Interface) 所带来的控制性能的提升等机器人技术与身体机能的融合研究，机器人学与脑科学之间的关系的重要性研究，随着机器人技术的发展不得不承担的社会责任的状况等课题。

(2) 义手与义足的研究课题

手脚是实现人类运动机能最主要的部分，从弥补这一缺陷的人工物这一角度来看，义手与义足属于相同种类的辅具。它们都是从躯干向外侧延伸的器具，必须拥有相应的运动自由度与控制自由度。此外，在支撑躯干的同时，为了实现日常生活中所必要的抓握及操作各种物体的功能，也必须能够承受数百牛顿（N）的负荷。然而，从日常生活中的动作来看，手、脚的功能大不相同，其中的差异也显现在义手和义足的研究上。两者共通的课题可以归纳成托座、装饰品（仿效手指外观的装饰用手套）、降低装备重量这三项。托座是其中最重要的零件，能够通过义肢装具师的巧妙技术来实现与身体的完全贴合。随着碳纤维及热可塑性树脂等材料的研发，托座的制作方法有了长足的进步，成功提升了服贴感。同时，托座能够承受的装备重量也增加了，并且可以装上先进的可动关节及多自由度的义手。不过，目前，透气性能差以及汗水囤积造成的肌肤粗糙等问题尚待解决。另外，在装饰品等外装部分的开发方面，随着 3D 扫描仪、3D 打印机等设备的出现，与过去的金属材料相比，形状设计的自由度及重量强度获得了很大的提升。

另外，随着新材料的出现，装备重量虽已得到了大幅改善，但在能动性运动方面，致动器的安装位置与重量分配仍是一大问题。为了得到良好的操作性，义手和义足都必须降低末端部位的重量，因此致动器最好配置在靠近躯干的部位，然而靠近躯干的地方通常都与身体相接，很难获得足够的配置空间。再者，装备会因为夏天流汗等原因，以致湿度变高，所以电动机械必须做好充分的防水措施。

(3) 义手研究的世界动向

义手研究是机械手应用的一个代表范例，也是这 10 年来发展迅速的研究领域。全世界都在积极地推进义手研发，并且每年都会涌现出新型机械手和义手的应用案例。英国 Touch Bionics 公司的 i-LIMB 是油压驱动的超小型 5 指手，开合速度虽然比较缓慢（开合需要 1s 的时间），但是能够以这个大小完成 5 指独立动作的例子十分罕见。美国芝加哥复健研究所 Dr. Todd Kuiken 开发的 Bionic Arm 采取了电机的驱动方式，能够从肌电位开始完成肩关节 3 自由度、肘关节 1 自由度、手指开合 1 自由度的控制。其特征是通过将手指神经移植到胸大肌上，在胸部取得指尖的肌电信号，以实现对使用肌电的手臂和手指开合进行控制。Dean Kamen's Bionic Arm 则是提升指尖的自由度，让 5 指能够独立进行动作。此手臂的特征是不仅以肌电作为控制信号，还采取在脚底设置压力传感器，通过体重的施压，控制手臂和手指的混合方式。通过此方式，义手能够做出改变握法、捏法等微小的动作。为了将与家电、汽车等匹敌的高坚固性结构运用在多自由度且精细的人工物制作上，为了让义肢辅具能够超越正常人的运动机能，必须不断推进工程学、科学技术及伦理学的研究。

7.2.6 强化服

强化服（Powered Suit）又称为动力辅助系统、动力增幅系统、机器人装备或外骨骼型（Exoskeleton）机器人，是直接穿戴在人体上，用来辅助穿戴者的力量及运动的穿戴式机器人系统，能够运用于减轻护理、作业现场等重劳力工作的负担，帮助肌力不足者活动，辅助复健等各种领域。早在 20 世纪 60 年代，Hardiman 等人便已研究强化服。自 20 世纪 90 年代起，强化服的研究日益蓬勃，近年来全世界已完成了多项研究。此外，与跑步机结合的复健系统开始在市面上出售；下肢辅助工具也已进入实用阶段。强化服研究运用在支持肌无力患者及看护人员、帮助复健、作业现场辅助等各个方面。从辅助上肢运动、下肢运动、腰部运动等局部运动的辅助装备到全身运动的辅助装备，如今已开发出各式各样的强化服。

(1) 强化服的构造

强化服是机器人系统的一种，但是与其他机器人不同的是，穿戴者的身体处于装置框架和致动器的位置上，所以配置时必须尽量贴合穿戴者的身体，不可对穿戴者的动作造成妨碍。一般大多使用电机来作为强化服的致动器，但是减速机和编码器的电机尺寸较长，因此必须将电动马达设计成平面的，或是在配置上下一番功夫。另外，气压致动器的驱动部位既小又轻，因此经常被用作强化服的致动器，然而产生压缩空气的压缩机要配置在何处又是一大问题。

强化服是直接穿戴在人体上辅助穿戴者运动的，因此强化服的关节旋转中心必须与穿戴者的关节旋转中心一致。以人类的上肢为例，假设肩关节的旋转中心相对于躯干是不动的，因为可能有 7 个自由度的运动（手指的运动除外），所以为了辅助穿戴者所有的关节运动，强化服也必须拥有 7 个自由度。不过，如果是直接装在穿戴者手掌上，仅需辅助手部运动的动力辅助系统，基本上只要有 6 个自由度，就可以进行立体的运动辅助。因此，除了强化服的所有关节旋转中心（7 轴）必须与穿戴者的身体一致外，人类的肩关节是自由度为 3 的球状关节，因此也必须在结构设计上下一番功夫，让所有旋转中心从身体外侧与人体贴合。不仅如此，因为肩关节旋转中心本身会随着肩膀的姿势而移动，所以要让强化服与穿戴者的肩关节旋转中心保持一致并不容易，必须要在结构方面多费心思。针对这一点，在同样拥有 7 个自由度的下肢方面，与肩关节一样拥有 3 个自由度的股关节旋转中心则是被固定住的，因此不需要考虑旋转中心本身的移动。而且，下肢运动几乎只用辅助股关节屈伸运动、膝关节屈伸运动及脚踝屈伸运动，3 个自由度便已足够，除了特殊情况外，其他的 4 个自由度大多没有必要。不过，下肢的膝关节是同时进行旋转运动和平移运动的特殊关节，因此必须考虑到旋转中心的位置会随弯曲角度变大而大幅移动这一点。此外，人类凭自己的肌力可弯曲的膝弯曲角度为 140°～150°，但采取跪姿时，却会在外力的影响下被动地弯曲到将近 180°，因此在设计硬件时，也必须谨慎考虑这一点。

在传感器方面，至少要安装测量强化服与穿戴者之间的力度的传感器，以及测量各关节角度的编码器（或是可变电阻），下肢的话则另外还需安装判定落地脚的足底触碰传感器或力度传感器，有时也需要测量姿势的加速度传感器（或是陀螺仪）。

在硬件设计上，穿戴方式也是不可忽视的重点。穿戴后，在不限制穿戴者行动的状态下，不会令穿戴者感到疼痛、不适这点也很重要。因此，上臂在进行肘弯曲活动时，应避免穿戴在肌肉会大幅移动的上臂二头肌上，而为了辅助前臂内外转动，也应该避免握住椭圆形的手腕部位来旋转手腕。

另外，强化服是直接穿戴在人体身上的，因此必须具备极高的安全性。除了在控制程序中限制最大的可动速度，还必须注意物理上不能超过穿戴者的关节可动范围。而且，无论在何种情况下，机器人的电流都不可以流至人体。

(2) 强化服的控制

另外，要想使强化服依照穿戴者的动作意图完成运动，就必须实时推测穿戴者的动作意图并辅助动作，因此人机接口非常重要。过去，有人提出了以穿戴者的肌电信号（肌肉收缩时产生的电力信号）和力度感应信息为基准，来推测穿戴者动作意图的方法。但肌电信号容易受到周遭环境的影响而带有噪声，而且个人差异很大，疲劳等身体状况也会影响结果，而且还必须考虑姿势及拮抗肌所带来的影响。不仅如此，使用双关节肌的肌电信号时，还必须将其他关节的动作影响予以排除。因此，若将肌电信号当成人机的接口使用，掌握肌电信号的特性非常重要。将强化服使用在复健上时，目标动作大多事先便已决定，因此一般都是使用阻抗控制。

(3) 强化服的研究方向

现在，强化服虽然能够在有限的环境发挥效用，而且在不断地走向实用化，但今后若要继续发展，就必须进一步加强研究开发工作。首先，促进能够克服个体差异、在各种状况下皆可发挥功能的人机接口的实用化非常重要。其次，必须对包括致动器和电池在内的强化服系统，进行整体的小型化、轻量化。除此之外，强化服还必须容易穿戴，无论谁都可以在短时间内轻易地穿戴上去。不过，最重要的还是确保穿戴者的安全性。希望今后可以研发出适用于具体案例的硬件和人机接口，同时，非常期待用于避免事故的自动修正动作等相关技术的发展。

7.2.7 软体机器人

(1) 软体机器人

软体机器人是利用柔韧性能好的零件制作而成，与一般机器人相比，可以实现新功能的机器人的总称。大多数机器人的身体都是由金属或树脂等坚硬的零件所构成的，而其坚硬的身体，则是利用电机或气压缸等致动器来驱动。但与之相反，大部分的“生物”都拥有柔软灵活的皮肤和组织，并以柔软的肌肉来带动身体。从构成素材上来看，生物与机器人形成了鲜明的对比。

(2) 跳跃软体机器人

跳跃是一种有效的移动方式，可以突破步行所无法跨越的落差。在生物界，许多昆虫都是以跳跃作为重要的移动手段。跳跃也可以成为机器人重要的移动方式。跳跃必须要有能够产生足够能量的致动器，以及轻巧的身体。电机和气压缸是由可以产生充足能量的坚硬材料构成的，然而却会让机器人变得又大又笨重。近年来，已经开发出形状记忆合金致动器(SMA 致动器) 及高分子致动器这两种质量轻巧又柔软的致动器。然而，这些致动器却无法产生跳跃所需的能量。为了解决这个两难的困境，研究者提出了利用身体的变形来进行跳跃的想法。

圆形软体机器人由弹簧钢材质的圆形身体与配置于内部的数个 SMA 致动器所构成。只要叠加电压，SMA 致动器就会收缩。因此，身体会随着叠加在 SMA 致动器上的电压形态产生变形。一旦阻断叠加的电压，SMA 致动器就会恢复到自然的长度。所以，如果通过在 SMA 致动器上叠加电压使其变形，之后再阻断电压，已经变形的身体就会再次回到圆形。这时，身体的一部分会撞向地面，而机器人便可以利用此时产生的冲击力弹跳起来。圆形软体机器人的直径为 90mm，质量为 3g。SMA 致动器无法产生跳跃所需的力量。在跳跃软体机器人中，SMA 致动器的功能并不是跳跃，而是用来让身体变形。SMA 致动器所发挥的作用是将弯曲弹性势能蓄积在身体内，通过在短时间内释放蓄积的势能，获得跳跃力量。也就是说，跳跃软体机器人的身体所扮演的角色是电容器 (Capacitor)。这种蓄积、释放弹性势能的跳跃机制与昆虫相同。

跳跃软体机器人通过释放蓄积在变形身体内的势能来完成跳跃动作的。跳跃高度不仅与垂直阻力的大小有关，也会受垂直阻力的作用时间影响。因此，若对垂直阻力进行时间积分来计算推进力，则可知推进力越大，跳跃高度就越高。跳跃软体机器人的身体由单一素材所构成。身体的大小与弹性互为依存关系，要独立选择身体的大小和弹性非常困难。为了解决这个问题，研究者提出了张拉整体结构机器人 (图 7-3)。所谓张拉整体结构，是由数个坚硬的结构材料与连接结构的柔软张力材料所组成的结构体。结构材料彼此不会接触，能够通过张力材料的张力来保持整体的形状。张拉整体结构能够实现许多变化形状，将来有望完成翻滚移动和跳跃等动作。在跳跃软体机器人中，柔软易变形的零件所扮演的是电容器的角色。利用拥有柔软手指的机械手来操作物体，这也是软体机器人实现新功能的范例之一。

图 7-3 张拉整体结构机器人

7.3 机器人感触控制技术

7.3.1 认知型 BMI 下的外部机器控制系统

(1) 解读脑内决策的认知型 BMI

脑与机械直接连接的技术叫作“脑机接口”（Brain-Machine Interface，BMI），此项技术在近 10 年间急速地发展，而与机器人领域之间的结合也相当受人瞩目。老化或疾病导致人们的身体机能退化，从而降低生活质量，目前这已成为一大问题。而 BMI 被视为此问题的解决线索，如今正受到各界的关注。BMI 中最先受瞩目且已开始进行研究的是读取脑内活动、控制机械手臂的“运动型 BMI”，还有以变换摄影影像、刺激视觉皮质区的人工视觉为代表的“感觉型 BMI”。

(2) 利用猴子的上丘神经元活动控制机械摄影机的 Mind's eye

该项目是以猴子脑内决策结构的相关基础研究为开端所进行的非需求导向研究，开发出一套猴子“只需动动念头”即可通过脑部活动移动机械摄影机的展示系统 Mind's eye。Mind's eye 虽然是利用上丘神经元活动的脱机数据所构成的示范系统，研究者在开发过程中，却通过研究单次尝试活动下得出的脑内决策解读算法，开发出了名为“假设决策函数”的动态指标。此外，也证明了即使是从过去的基础实验研究中因与眼球运动的决策关联而受到启发的数个上丘神经元活动中，也能抽取充分的信息来预测个体的决策。

(3) 通过人类的头皮脑电波向虚拟人物传递信息的 Neuro Communicator

上述的 Mind's eye 是以开发使用了脑内电极的“侵入式 BMI”为目标的系统，虽然规格很高，但有望成为可确保安全性与限制使用者的新一代 BMI。另外，以尽早应用研究成果的理念出发，即使降低规格仍保持高安全性的“非侵入式 BMI”技术的开发也备受期待。Neuro Communicator 是以头皮脑电波为基础进行意图传达的便携式小型无线脑波仪，可以产生多项信息和虚拟表现，搭载了高速且高精确度的脑内决策解读系统等多项重要的核心技术。此脑波仪作为重度运动机能障碍者的实用型意图传达辅助系统，将来有望实现商品化。

(4) 利用脑电波远距控制机器人

利用脑波控制外部机器的技术，不仅限于社会福利的范围，而且可能在各种产业中加以运用。如前文所述，尤其是在游戏产业，勇于尝试新领域的美国企业已经着手开发“脑电波玩具”，并开始贩卖以 α 波等律动性脑电波控制的电玩游戏或玩具。与社会福利范畴不同，通过利用脑电波移动并控制小型机器人的系统，每个人都能够享受利用脑电波控制外部机器的乐趣。

7.3.2 机器人听觉

(1) 学习人类的机器人听觉

机器人听觉是一种通过安装于机器人本体的麦克风（机器人的耳朵），在有背景噪声的普通环境中“分辨”声音的功能。通常是对多个音源合成的混合音进行“分辨”，并进行数据化处理。人类和大部分的哺乳类动物都是凭借耳朵，从各式各样的环境音中巧妙地分辨出对方的声音。在与多人谈话时，即使几个人同时和自己说话，或是有人从旁插话，我们都能够清楚地加以分辨。1953年，认知心理学者切瑞（Cheny）发现了能分辨特定声音的“鸡尾酒效应”。心理物理学的研究表明人类在消声室内最多只能同时分辨两个声音。

与机器人视觉相比，机器人听觉的研究起步较晚。过去的人声识别研究一直都是将情境设定成单一声音输入以及固定不变的背景噪声。然而在真实环境中，除去目标人声外，还存在其他说话声、音乐、空调和往来声响等环境音。此外，也有在系统发声时突然有从旁插话的或者产生回响的问题存在。

(2) 计算听觉场景分析

一般分辨声音的处理方式称为“计算听觉场景分析”（Computational Auditory Scene Analysis)。该方式的主要处理内容是音源定位、音源分离、辨识分离音（声）。在分辨人声上，除了辨识语音外，了解说话的时间点、声调、点头等非语言信息，也就是韵律，同样是达成高质量沟通所不可或缺的。分辨对象不仅限于人的说话声，也包括音乐、环境音。音乐通常都是多重演奏的，因此如何从中辨别乐器声、人声部分，以及捕捉节奏、旋律、和声等，也是一大问题。这些功能在建构与人共同演出的音乐机器人来说，绝对是必需的。分辨环境音时，将声音信号转换成音素排列的拟声词认知功能，对于机器人的语言获取是极为重要的功能。比如像是分辨敲门声，然后将其转换成“叩叩叩”的拟声词。机器人能够凭借此功能，将这个拟声词和敲门声连接在一起，获取意义。一般而言，声场是以距离和声压是否符合平方反比定律（距离加倍，声压便减少6dB）来判定是近场的还是远场的。机器人听觉研究大多是以位于两者界线1～2m处的音源为对象。这是因为距离如果太远，就无法忽视回响带来的影响；距离较近，则可顺利取得直接音，有助于进行研究。

(3) 计算听觉场景分析的组件技术

在处理机器人与信息家电内的麦克风阵列时，由于受到转换函数的影响，取得的声音会比在自由空间内的大，因此，对采用的分辨技术来说，提高转换函数的利用性能是不可或缺的。

① 音源定位。所谓音源定位是一种找寻音源方向的处理方式，经常使用变化麦克风阵列的空间指向性或死角，从观测到的声压（空间频谱）来找寻音源方向的适应性波束形成器。在已知音源数量的情况下，MUSIC（Multiple Signal Classification）法的性能很好，若再进一步使用麦克风的转换函数，性能就会更上一层楼。

② 利用麦克风阵列进行音源分离。音源分离会导致声音的原始信号在混合过程中出现设定不良的问题，因此必须在原始信号之间设定某种疏离条件（称为Sparseness)。一般而言，都是假设音源距离较远这种空间上的疏离。另外，频率域没有重复，时间域就不同时发声的疏离设定也很常见。

通过仅假设音源的信息独立性的独立成分分析法（Independent Component Analysis, ICA）所进行的音源分离，也称为盲音源分离。在ICA中，不只是空间上的疏离，也运用了时间域（整个架构）的疏离和频率域的疏离。比方说，着重语音优良高斯性的峰度以及KL标准所形成的独立性，几乎与时间上的疏离相当。

可运用于机器人听觉等各种声音情境中的音源分离，经常会使用到波束形成器。只要给予音源方向，波束形成器就会尽量缩小从该方向以外抵达的声音所造成的影响，借着提高音源的信噪比来进行分离。一次处理只能分离一个音源，因此在音源数的动态对应上就会产生延迟。相反地，则是只要给予音源方向，就会导入以麦克风的空间配置为基础的几何限制，采纳波束形成和盲音源分离这两者的优点，同时分离多个音源。

上述分离法都能有效地处理包括风扇或电机等机器的方向性杂音，然而却无法处理扩散性杂音（背景噪声），因此必须进行语音增强。后置滤波器会以杂音的概率模型为基础，利用非线性处理来去除杂音。

③ 语音识别。识别分离音时，必须要处理混合音或者因分离过程而产生的频谱偏差以及信噪比过低的情况。因此，声音特征值的设计、声音模型的建构及辨识引擎的稳健化，便成为研究上的重要课题。在音响特征值上，标准是使用 MFCC（Mel-Frequency Cepstrum Coefficient，梅尔频率倒谱系数），但特定的频谱偏差会对 MFCC 造成全面的影响，因此偏差大时并不适用。最好使用频谱特征值（Mel-Scale Log Spectrum，MSLS），将频谱偏差封闭在部分特征值中。

处理声音模型的杂音时，经常会使用多重环境学习。只要将多重环境学习当成用于学习模型的训练数据，将其加入干净声音数据中，然后使用加入了环境中真实杂音和白色杂音的干净声音数据，以及包含了分离偏差的分离音数据，处理起来就会很有效果。在辨识引擎的稳健化方面，遗失特征理论（Missing Feature Theory）考虑了声音特征值的可靠度，因而以此理论为基础进行的语音识别相当有成效。

④ 抑制自我生成音。机器人移动时会发出声音，所以会影响机器人辨识对方说话声的性能。另外，如果在对话系统中让麦克风随时保持开启状态，那么机器人就会将系统语音误认为用户语音而尝试对话，以致陷入循环，产生所谓“语音识别啸叫”的现象。抑制自身声音、听取其他声音的自我生成音抑制机制，运用 ICA 的半盲分离技术已经可以实现。有了这个功能，即使在语音对话系统中，用户在系统发声时插话，机器人也可以分辨出使用者的声音。

(4) 机器人听觉软件

为了实时运用上述机器人听觉的组件技术，必须对所有技术进行整合。尤其必须使用中间件，以达成采取拉式结构的低延迟处理。若使用信息传递型的中间件，则对同一数据的存取较为不便，很难达到高速化的成效。机器人听觉软件的功能应主要包括：①提供从输入到音源定位、音源分离、语音识别的综合机能；②对应机器人的各种形态；③对应多信道 A/D 装置；④提供最适当的声音处理模块；⑤实时处理。

7.3.3 触觉反馈装置

(1) 触觉反馈装置与机器人

触觉反馈装置（Haptic Device）是一种运用于虚拟现实的设备，当人碰触到计算机内部的虚拟环境当中的物体时，能够给人犹如碰触到实物般的压觉或触觉感受。人类的触觉可大致分为皮肤感觉（触觉、压觉与温度觉）与深层感觉（力觉）。与此相对，触觉反馈装置也可划分成提供触觉（皮肤感觉）以及提供力觉（深层感觉）两种。用以提供触觉的方式有，利用配置在数组板上的大量针头给予皮肤机械刺激，或是将电极安装于数组板上，通过电刺激直接刺激受体。诸如此类专门提供触觉的功能设备有时也称作触觉显示（Tactile Display）。

关于力觉方面，给予使用者强制反馈最直接的方法，就是在目标部位施加力量。而此功能服务设备，其形态多半是采取具备致动器与多个关节的连杆结构，因此，单看结构的话，其实和机器人手臂几乎没有差别。普通的机器人手臂是用于抓握目标物或对环境施加某种作用的，与之相对，运用在提供力觉的触觉反馈装置上用来作用于人类，对于机械手臂而言，可以说是其新的应用领域。

（2）触觉反馈装置的历史

至于虚拟现实研究的开端，最著名的莫过于1965年Sutherland所开发的终极显示方式（The Ultimate Display），即今日所谓的头戴式显示器（Head-Mounted Display，HMD）。在虚拟现实领域，最早的触觉学研究则是1967年由美国北卡罗来纳大学的GROPE计划所展开的分子仿真系统研究。如果扩大触觉反馈装置的范围，将远距离操作的操作臂（Master Arm）也纳入其中，其起源就要追溯至20世纪40年代开发出来的机械式操作臂了。之后，用于远距离操作的主从式手臂转而朝向不会受到主从设备距离限制的服务器型发展。而前述的GROPE计划也把这种服务器型操作臂作为触觉反馈装置来使用。显而易见，不管是远距离操作还是虚拟现实，作为触觉反馈装置的功能在给予用户强制反馈这点上都是相同的。

尽管进入20世纪90年代后，虚拟现实的研究是以视觉显示为中心快速发展的，然而，自1993年美国Sensable科技公司所开发的高性能触觉反馈装置——PHANTOM上市之后，触觉学研究开始扩展开来，目前世界各国都在进行相关研究。现在，除了PHANTOM之外，市面上还销售多种触觉反馈装置，诸如运用数字雕刻技术制作工艺品模型、医疗训练用仿真器等，都属于触觉反馈装置的应用实例。

（3）触觉反馈装置的分类

触觉反馈装置的种类繁多，可从以下几个角度进行分类。

① 按照使用者与设备的接触形态进行分类。从使用者与触觉反馈装置如何接触来获取反馈的角度可进行下述分类。

a. 手持道具型。手持道具型的触觉反馈装置其前端是测针或球形把手，使用者操作设备时，就是握住这个部分进行操作。使用该形态的触觉反馈装置时，使用者必须以测针或球形把手前方的虚拟工具为中介碰触虚拟对象。

b. 穿戴型。将手指套入触觉反馈装置前端的指套，或是以皮带固定手指等这类将设备完全穿戴在使用者手上的设备类型称为穿戴型。不同于手持道具型，穿戴型可以让使用者产生仿佛是自己的手指直接接触虚拟环境的感觉。

c. 遇合型。不同于前述的手持道具型与穿戴型，遇合型是新概念之下的产物。与以往让使用者与设备之间保持经常接触的方式不同，遇合型是事先让设备在使用者可能接触的虚拟物品所在位置待命，当用户碰触到虚拟物品的瞬间，使之与设备相遇，借此获取压觉感受。此类型设备的特征是使用者不会有束缚感，碰触的感觉较为自然。但缺点是需不断地测量使用者手部的动作，改变设备的位置，才能让用户和设备在适当的位置相遇。

② 按照设备安装的方式分类。为了提供给使用者反作用力，触觉反馈装置通常会设置在地面上，称为接地型或环境接地型。相反地，有些设备是佩戴在使用者的身体上，称为不接地型或身体接地型。原则上环境接地型可以完整地提供强制反馈，然而使用者的动作范围会受限于设备本身。另外，虽然使用者可以佩戴着身体接地型设备自由活动，但因为没有连接地面，能够提供的强制反馈有限，诸如物体的重量、靠在虚拟墙壁上的感觉等触觉反馈则无法呈现。

③ 根据强制反馈的方法分类。强制反馈的方法可大略区分为阻抗控制型与导纳控制型。阻抗控制型采取的力控制方法是先输入设备的位置、速度数据，据此计算出强制反馈的方向与大小，再通过设备输出计算所得的力。导纳控制型则是运用安装在设备前端的压觉传感器，测量使用者施加在设备上的力，将该数据输入设备，据此计算虚拟空间内的物体会如何移动，再将计算结果，即虚拟物体的位置与速度，当作目标值来控制设备的位置（速度）。虽然阻抗控制型不需要压力传感器，但设备本身必须具备低减速比、可反向驱动等能够进行力控制的特性。对于高减速比、不具力控制功能的设备而言，导纳控制型是个有效的控制方

法，但相对地，压力感测器是不可或缺的。一般来说，在不受束缚的自由空间中，适合用阻抗控制型来呈现，而要呈现碰触到刚体墙时的刚性感度，则采用导纳控制型较合适。

④ 根据设备结构进行分类。如同机器人手臂，触觉反馈装置从结构上也可分成串联结构型与并联结构型两种。前者连杆以链状组合，后者则是以并排的方式组合并形成封闭的环状结构。并联结构型虽然有动作范围狭窄的缺点，但因为致动器可安装在靠近设备基部的地方，所以操作起来更为轻松。

(4) 触觉反馈装置实例

① PHANTOM。美国 Sensable 科技公司开发的 PHANTOM 属于穿戴型、环境接地型、阻抗控制型及串联结构型（部分为并联结构型）。此外，若将设备前端的指套更换成测针，就会从穿戴型变成手持道具型。

② Falcon。美国 NOVINT 科技公司开发的 Falcon 可以归类为手持道具型、环境接地型、阻抗控制型及并联结构型。Falcon 的价格非常低廉，甚至可作为一般 PC 游戏的设备使用。

③ Haptic Workstation。美国 CyberGlove Systems 公司的 Haptic Workstation 是一套将其自家产品 CyberForce 与 CyberGrasp 结合在一起的设备，可归类为穿戴型、环境接地型、阻抗控制型、串联结构型（部分为并联结构型）。如果拆除 CyberForce（属于环境接地型）部分，单独使用 CyberGrasp，就变成穿戴型、身体接地型、阻抗控制型及串联结构型。

④ HapticMaster 与 Simodont。由美国厂商 MOOG 所研究开发的 HapticMaster 是少数运用导纳控制来提供强制反馈的触觉反馈装置。它属于手持道具型、环境接地型、导纳控制型及串联结构型。此外，由同公司生产，于 2010 年推出的牙科训练机 Simodont，结合了触觉反馈装置与立体显示器，是一套正式的医疗用训练系统，可归类为手持道具型、环境接地型、导纳控制型及并联结构型。

7.4 机器人交互沟通控制技术

7.4.1 沟通型机器人

(1) 沟通型机器人

沟通型机器人是指拥有看、听等认知功能，说话、手势等对话行动功能以及对话控制功能的机器人的总称。不只是凭借机器人本身的传感器，同时也通过与设置于环境中的传感器、穿戴式传感器之间的联系、协调，来认知周遭的人（群）或环境的状况。通过利用机器人本身的智能、将环境信息结构化的环境智能、网络信息、过去的对话经历等，使机器人能够根据人（群）及具体状况实现高级对话行动。与屏幕装置相比，沟通型机器人能够对人表现出亲近感和笑容，因此可以作为媒介，用来帮助这类机能较为低下的高龄人群恢复沟通能力。又因为可以集体对话，所以也能将其作为设施用在商店街等公共场所中，结合网络与实际环境来提供道路指示、商品说明、店铺引导等服务。

沟通型机器人的目标是要与人正常地进行沟通。首先，机器人必须拥有能够认知周遭的人或环境状况的“环境智能”，知道人在哪里、有何种障碍物、何时会开始变得拥挤等信息；其次，为了让机器人能够在团体中找到对话对象并与其对话，机器人必须具备与看、听、说、做手势、动作、理解（对话经历）等机能相关的“个体智能”。一般来说，仅仅具备个体智能的话，无法回答他人提出的预料之外的问题，因此需要操作者对机器人进行远距离对话控制。总之，这是一个以机器人、传感器群、与末端进行协调和联系的网络机器人平台为前提的系统。

(2) 环境智能

让机器人从商店街的人潮中找到迷路的高龄者，并将其引导至店铺。要想从人群中找到徘徊无助的人，并且避开障碍物和其他人来接近目标对象，必须具备测定他人位置及认知行动的能力。个体机器人虽然能够测定附近的人和物，却很难利用测定结果去理解被隐藏的前方状况。因此，要在环境方面设置摄影机、激光测距仪、无线 Tag Reader、无线 LAN 天线等装备来获取前方的状况。机器人的穿越性机能与地面状况等信息，会事先记录在网络机器人平台上的一个名为机器人记录或空间记录的数据匣中，让机器人获得该信息后再做出后续的处理判断。

只需通过图 7-4 所示的激光测距仪来测量人的腰部高度，机器人就可以在 5cm 的误差范围内，正确地计算出人的位置和方向。也可以在有 10～20 人穿梭往来的商店街里，辨识每个人的位置与行动（匆忙步行、缓慢步行、徘徊不定、静止不动）。若与拍摄头部轮廓影像的多台摄影机并用，将能得到更准确的侦测结果，但是否能在公共场所架设摄影机，必须给出进行观测的适当理由。

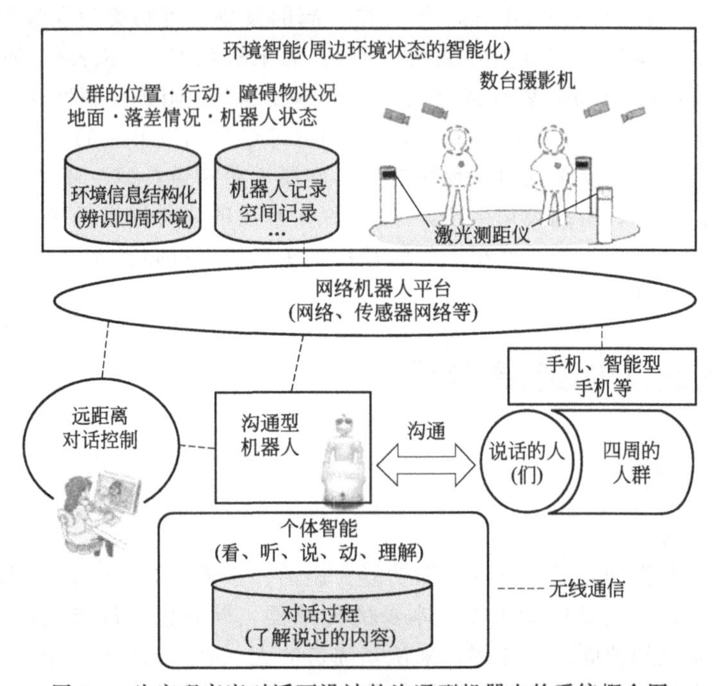

图 7-4 为实现高度对话而设计的沟通型机器人的系统概念图

经过一星期至数月，对人群位置与行动资料进行统计及分析后，系统会自动产生将某地点各时间段的人群动态、行动、障碍物等环境信息结构化的地图（称为环境智能地图）（图 7-5）。机器人便根据此地图信息，制定道路指示、店铺引导的行动计划。

(3) 个体智能

下面介绍实现机器人个体所拥有的“看、听、说、做手势、动作、理解”功能所需的技术现状及课题。图 7-6 是沟通型机器人个体的代表性硬件结构。

① 视觉机能：影像辨识。通过对话对象的脸部影像来辨识视线、嘴巴的开合状况、表情等，判定是否与事前注册过的使用者为同一人。

② 听觉功能：语音识别。人与机器人之间有一定的对话距离，因此机器人接收到的声

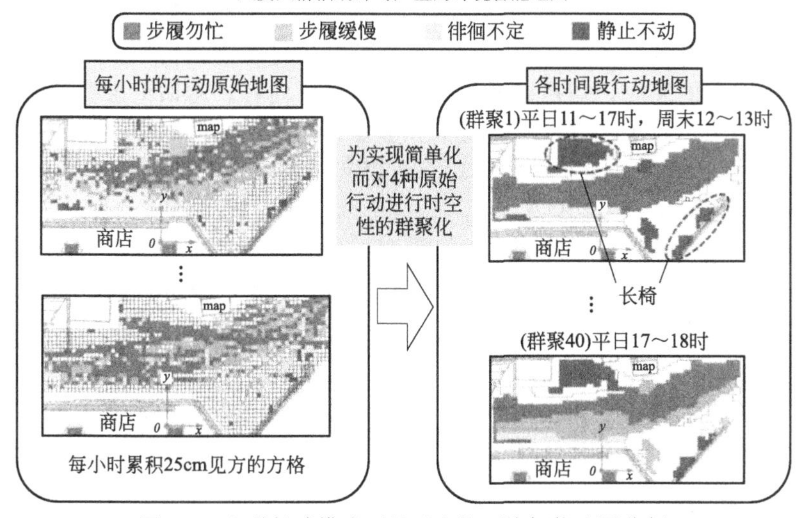

图 7-5　人群行动模式下的时空性环境智能地图范例

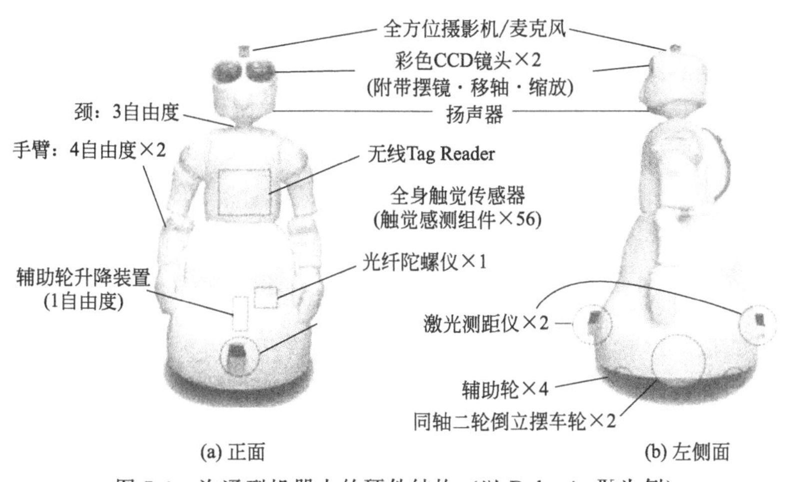

图 7-6　沟通型机器人的硬件结构（以 Robovie Ⅳ 为例）

音会减弱，背景噪声也会增加。为了降低背景噪声，比较常见的方法有两种，一是针对非常态背景杂音，利用麦克风数组对背景噪声使用的逐次推定抑制法；另外一个则是针对残响的变化，利用粒子滤波器进行的频道特性推定法。如何从对方的发言中理解“肯定、否定、疑问”等意图，音调、音质，以及“疑惑、不满、责备、感谢”等非语言信息，是今后必须面对的课题。

③ 说话（发声）功能：语音合成。在利用语料库的碎片接续方式进行的文本语音合成技术上，目前正在比较现有的系统合成语音的自然度。为了让机器人能够正常地与人沟通，自然、有个性的表达方式是今后的研究重点。

④ 手势功能：产生动作。关于机器人的举止、动作会给对话带来何种效果，研究者们从心理学和认知学的角度做过很多分析。当他人用手指着某个方向时，机器人也能看着那个方向，再看看人的表情，做出协调且自主的身体动作。此外，目前也提出了自由度与轴配置相异，可以变换动作的机器人构造。

⑤ 移动功能：自然的对话距离。有人以心理学与动物行为学中的、E. Hall 所提倡的对

话距离理论为基础，进行视对话距离改变机器人举止等研究。

⑥ 对话控制功能：对话流量控制与对话记录管理。我们知道人类会根据对方的发言和行动来决定自己的发言内容及行动，而对话流量控制也将此性质纳入了其中。机器人发言或做手势，然后视对方的反应，切换接下来要进行的对话内容。对话记录管理能够使机器人不重复内容相同的问题，对于达成自然沟通十分重要。比方说在购物中心里，机器人可以根据与知晓其个人 ID 的用户的对话记录，来对介绍店家、商品的对话进行流量控制。

(4) 远距离对话控制

我们不可能通过预设各种状况，事先对机器人的对话行动进行准备。在实地实验中，也经常发生机器人的发言内容无法被人类理解等情况。为了解决这些问题，当人做出超乎预料的行动时，机器人会自动检测并进行切换，此时由远处的操作者代替机器人进行对话（远距离对话控制）。

沟通型机器人相关的研究课题较多，但大致上可分为两类：一类是从开辟机器人新服务的工程学角度出发；另一类则是从科学的观点，分析机器人与人之间的沟通行动。

7.4.2 数字人技术

(1) 用以辅助产品设计的数字人

“数字人”（Digital Human）是一种在计算机上再现人类结构与功能的产物。如果能在计算机上评估仿真产品跟人类之间的相互作用，则能更有效率地设计出安全又好用的产品。数字人的研究及发展与机器人科技有着密切的关系，一方面机器人科技的元素经常运用在数字人的研究上，另一方面机器人通过内建的数字人模型，可辨识出人类的存在并掌握其状态。数字人技术最典型的应用为评估产品的安全性以及对人类的适用性。

自 20 世纪 80 年代起，相关方面的研究不断发展，90 年代相关产品开始上市，一直用于辅助飞机、汽车、工厂生产线的设计。Jack（Siemens）、Safework（Dassault）、RAMSIS（Human Solutions）等是从 90 年代开始上市的第一代数字人，一直发展到今天。第一代数字人以解剖学、几何学、机械运动学为基础，具备代表用户群的体型分类集合、姿势输入、碰撞检测等基本功能。不仅如此，还具备在几何学上评估各式体型用户能否触及操作仪器、能否确保充足的视线范围等功能。操作人员以手动方式输入数字人的姿势时，采用的是反向运动学原理。这项技术可以检测采取某种姿势的数字人与虚拟产品使用环境之间的碰撞以及自我碰撞，是机器人科技的开端。

第二代数字人已经具备了运动自动生成功能，诸如日本产业技术综合研究所数字人工学研究中心开发的 Dhaiba，以及美国爱荷华大学的 Santos（Santos Human）等。也有不少数字人系统内含肌肉骨骼系统模型，具备根据动力学产生运动的功能，例如 Anybody（Any-Body Technology）、ARMO（Gsport）、n-Motion（NAC 影像科技公司）等系统。在运动生成方面所遇到的问题，数字人与机器人有许多相似之处。简言之，就是冗余多自由度连杆结构的运动生成问题。关于动作生成的问题设定，数字人和机器人有两点不同。首先，数字人有个前提条件，那就是必须要像人，而机器人只要能够达成运动规划所设定的运动目的即可。数字人则受到额外的限制，即动作要像人类的动作一样自然。其次是硬件资源的差异。机器人的致动器——电动机是双向的，而人类的致动器——肌肉则是单向的。此外，一般而言，机器人的关节阻抗较高，人类的关节则柔软有弹性。

关于第一点，多数研究是通过设定符合人类运动原理的评估函数，对冗余自由度系统进行运动优化计算，以生成与人类相符的运动。然而，人类的运动原理尚未阐明，因此目前也还没掌握到确切的基础方程式。所以目前是通过代换、组合几个不同的评估函数来进行调整，以产生近似人类的自然运动。评估函数一般会使用整体运动路径的能量消耗、关节力矩的总和、急动度、关节部位因关节液黏度所造成的能量消耗总和等参数，而运动的最佳化计算即是将这些参数值最小化。“数字手”是仅具有手部的数字人，利用数字手来进行抓握的动作时，同样是以数字手在抓握标的物时的稳定指标——力封闭（Force Closure）与抓取质量（Grasp Quality）为基础，通过将力矩总和参数减到最小，与标的物的接触点参数达到最大来进行运动的最佳化计算。

如果要尽可能准确地根据第二点所举出的人类硬件资源生成运动，肌肉骨骼模型则是不可或缺的。肌肉骨骼模型以几何学的方式将人体肌肉的分布走向与连接关系模型化，进一步将肌肉的收缩特性以及被动黏弹性等力学特性置于其中。由于一个关节上附着多条肌肉，连杆结构冗余性加上肌肉致动器控制系统的冗余性，使问题更加复杂。目前有两个解决方法。其一，控制肌张力本身或下达肌张力指令的运动神经系统，与连杆结构的冗余系统同时生成运动，属于顺向动力学的方法。其二，先解决连杆结构模型当中冗余自由度系统的运动优化问题，再将所得的关节力矩分配给肌肉，计算肌张力。一个人体关节上附着多条肌肉，因此如何将反向动力学计算得出的关节力矩分配给各个肌张力，这个问题在本质上属于静不定结构的问题。如果单纯地依据“肌张力最小化”这一条件来做优化计算并分配张力，则会导致“只有附着在离关节较远处的肌肉会产生运动肌（力矩大的肌肉）”这种不合理的计算结果。因此，在进行优化计算时，多半是根据肌肉的资源来推算及分配肌张力，而肌肉生理截面面积等经常被用作衡量资源的参数。反向动力学的方法已经成功模拟生成各种运动，而顺向动力学方法也能够模拟行走、跳跃等基本运动。

此外，最近也出现一些研究，试图利用小型机器人作为姿势输入设备，用以操作虚拟空间中的数字人。使用一般的鼠标来操作位于虚拟3D空间中的数字人，使其做出某种姿势，这一操作出乎意料地困难，对于工业设计师而言，门槛过高。曾有人尝试运用具备关节角度计的人偶作为输入设备，而目前则有人利用配有电机的机器人，以及力觉反馈系统来反馈数字人与虚拟环境之间的碰撞情形等，以提升操作性。

数字人不仅应用在上述的产品设计中，有关医疗方面的应用研究也在进行当中。医疗用数字人一般具备详细的内部模型，以便模拟人体经过手术或器官更换，肉体资源产生变化之后的功能。针对心脏已经开发出非常精密的模型，涵盖了分子层级（离子通道）、细胞层级（心肌细胞收缩）、组织层级、循环器官层级以及血流层级（流体力学）等，能够执行多层级模拟。目标是通过模型探讨各层级的病因，恢复病变心脏的功能，达到仿真治疗的效果。上述的肌肉骨骼系统模型也能够模拟肌张力低下的状态（老年人），以及因为关节变形导致关节间压缩力减弱而引发的疼痛等状况（关节变形），预期其在医疗方面的应用范围将进一步扩大。

(2) 嵌入式数字人

从狭义上来讲，“数字人”多半是指在计算机上执行的人类功能仿真器。这类需要实际运用或执行由前述模拟器所设计的产品或拟定的治疗计划时，数字人依然可派上用场。这个部分采取的是连线作业的模式，各位不妨将其想象成是一种内嵌到机器人系统中的数字人(Embedded Digital Human)。强化服就是一个典型的例子。该机器人系统的运作方式是通过内嵌的数字人模型，将获取的来自人体的信号（肌肉电位信号），转换成人类关节运动，再加以辅助。这种嵌入式连线作业的方式，受到系统可容纳的计算机计算能力与实时处理能力的限制，因此没必要将用于脱机状态下的复杂的数字人模型原封不动地置入机器人系统当中。数字人模型的精简化以及嵌入应用将会持续发展下去，可以应对用户多样的身体特征与身体功能。

自主型机器人必须具备辨识周围的人类、理解其姿势与行为（自动标记）的能力。若要更准确可靠地在各种状况下辨识并理解多样的人体，将有关目标对象（人类）的知识以数字人模型的方式内嵌在机器人当中，是个有效的方法。例如：先运用仿人机器人的立体机器视觉技术（通过安装在机器人上的两台摄像机）获取环境的深度数据，接着侦测物体的高度与宽度，再对照人类头部以及手足的比例模型，自动标示出人类所在的区域，此类研究即为其中的一个范例。

7.4.3 双子机器人

(1) Android 机器人开发的问题

双子机器人是一种可以通过互联网等媒介实现远程操作的 Android 机器人，其外表与操作者本人一模一样。双子机器人的原文 Geminoid 是 Gemini（双子座）和 oid（类似）所组成的新造词，这是一种全新类型的仿人机器人。

Android 机器人不仅拥有酷似人类的外表和细致动作，也有某种程度的知觉功能。但是其对话能力非常有限，与人类交流的时间也相应地受到限制，主要原因在于声音辨识上的困难。如果没有一定的声音辨识能力来匹配人类的外表和动作，就显得不自然。要克服声音识别的问题，难度非常大。即使声音识别技术本身已经改善到了某种程度，但机器人要达到人类的对话水平，仍必须从声音信号中读取感情等众多信息，然后再选择恰当的语言与动作。要解决这个问题，需要更高级的人工智能技术，而以目前的技术水平而言，尚无法获得彻底的解决方案。不过，仿人机器人的对话能力本来也不必达到人类的水平，而且要开发出能够回答人类所有问题的机器人着实困难，因此远程对话成为目前这类机器人的必备功能。

(2) 双子机器人的开发

目前双子机器人的操作方式为远程操作，操作者同时观看两个屏幕，然后用按钮选择双子机器人的大致动作。两个屏幕中会分别显示双子机器人和访问者。另外，操作者眼前的计算机屏幕上，则有往右、往左、点头等动作按钮供选择，操作者可一边对话一边适当地按下按钮。操作者所选择的动作会与以往装载在 Android 机器人中的少许下意识动作匹配，再通过双子机器人的身体表现出来。

远程操作中最重要的是保持双子机器人的嘴唇动作与操作者的声音完全同步。为此，必须在操作者的嘴唇周围配置标记，以动作捕捉系统正确地测量其动作，然后传送给双子机器人。嘴唇动作与声音的重要性，不但能够为与双子机器人面对面的访问者带来双子机器人正在说话的感觉，而且对进行远程操作的操作者本身来说也很重要。操作者虽然是通过屏幕观察双子机器人的身体动作，但是看到自己发出的声音与双子机器人的动作产生同步，还有头部动作与自己的动作同步，也会产生一种那就是自己身体的错觉。

另外，此系统的难点在于时间差。双子机器人与访问者所在的房间内设置了麦克风，操作者会监听房间内的声音。此时，操作者的声音是通过网络传送的，因此听起来会有时间延迟。人类习惯一边听自己几乎没有延迟的声音一边说话，所以只要自己的声音反馈得稍微慢一些，就会变得无法正常说话。为了解决这个问题，需要将传送至网络之前的声音，与从双子机器人和访问者所在的房间送出的声音进行合成，然后再让操作者听见。合成之后，虽然会同时听到几乎没有延迟的声音和有 0.5～1s 延迟的声音，不过至少消除了对话中的障碍。

(3) 对话的适应

双子机器人有一种过去 Android 机器人所没有的强烈临场感。双子机器人坐着不说话的时候，给人的印象与 Android 机器人并无不同。但是，开始远程对话后，访问者和操作者都感受到了非常强烈的临场感。

访问者在最初还会对双子机器人周围的摄影机及各种装置感兴趣，但在对话 5min 后，就会自然而然地望着双子机器人的双眼说话。不过，操作者虽是一边看着屏幕一边说话，然而却感到非常拘束。双子机器人本身构造复杂，能够表现的动作又相当有限，对话开始一阵子之后，操作者就感觉到自己开始下意识地做出动作去配合双子机器人那些有限的动作。这些现象，并未通过精密实验确证，而是基于笔者及其他数人的经验所发现的。现在，研究者正以精密的实验对这些现象进行确认及研究。

比临场感更让人兴趣盎然的现象是对话一阵子之后，如果访问者戳双子机器人的脸颊，操作者竟也有脸颊被戳到的感觉。和 Android 机器人一样，双子机器人的皮肤上装了许多触觉传感器。但是这些感应信息并不会传送给操作者，操作者只是看着屏幕进行对话而已，却能产生与机器人相同的感受。此现象目前也正以脑科学的方法进行验证，针对其原因有以下推测：人类的脑中有辨识人类的模式，该模式的一部分一旦对酷似人类的外表、动作及对话进行匹配，人类就会下意识地做出这是人类的预测，将机器人与人类相关联。正是这种预测使实际上并未被碰触的皮肤产生触碰感。双子机器人还可以用于出席会议。双子机器人在这场面谈中表现出的存在感，以及类似人类的权威表现，都必须经过更长期且更精密的实验来进行分析确证。

7.4.4 人机交互技术

(1) 机器人不只是普通的机械设备

人会捕捉他人的动作并加以记忆，并以观察与模仿再次重现该动作。同时，人也会在此过程中理解对方的动作意图，进行“学习”这项高级的精神活动。“拟人化”就是将此过程归纳并泛化，以便于让人理解非人者的动作行为。拟人化行为通过将非人的东西视为人类，记忆并解析其行为，然后再以模仿的方式重现其特征并传达给其他人。这种灵敏捕捉并理解人类的外形、动作的特性对于人类来说，正是构成社会、实现彼此沟通交流的能力源泉。

(2) 涉身性——连接世界、人类与机器人

生物凭感觉进行计量，而计量的标准就是自己的身体。标准若改变，信息也会跟着改变。所以对该生物而言，自身的“具身认知”才是定义全世界信息独一无二的判定标准。感觉器官是计量全世界的标准，会将物理现象转换成感觉信息。身体运动作用于物理世界，产生的神经指令会通过物理现象表现出来。动物则会通过其身体与外界现象呈对峙状态，便于能够随时做出及时的反应以求得生存。因此，人类所采取的信息处理策略，是把外界与自己身体的模式建构在脑内。人类会通过这个模式，先在脑中模拟、预测行动之后产生的感觉，之后再凭借与实际感受相比较，检验出环境的变化、异常等不协调之处。只要针对这类差异在选择时稍加留心，就能轻易地撷取出应该处理的信息。如此一来，就能降低意识上的决策负担，也可直接减少神经系统的时间延迟。虚拟现实（VR）中的临场感就可以定义成是一种世界形象、身体形象十分稳定，没有上述强烈不协调的感觉。

模仿学习是一种人类通过观察他人举止并加以模仿来获得行动模式的学习方法。此学习方法的有趣之处在于先以视觉观察他人的身体动作，然后即时从其姿态中捕捉可以创造自我身体动作的信息。这份学习能力正是让人类大脑获得具身认知的机制，这种机制不仅能够在各式各样的现象中维持对自我与世界认知的柔性统一，同时也是构成“将他人作为自己的相似形来理解”这种沟通能力的根本。另外，对机器人，尤其是对拥有类似人类具身认知能力的机器人来说，这一点也是让人类产生亲近感的主要原因。

(3) 机器人装——作为“替身”的机器人

目前，人类正在不断地尝试用于扩展人类能力的可穿戴式机器人。可是，大部分实验都是以强化服（Powered Suit）或虚拟现实提示系统的可穿戴化为主，并且特别着重于运动系统。另外，也有研究者在进行其他感觉系统的机器人学实验，尤其是可动视角外界传感器系统下的移动机器人技术的使用尝试，只不过目前仍停留在以人为中心的穿戴尝试阶段，尚未积极研究并利用人类形态和功能。有的机器人装（Parasitic Humanoid，以下简称 PH）的研究关注机器人全身的传感器，从穿戴者的感觉、运动过程中，用与穿戴者本身相同的视角进行测量，另外再配备轻量、小输出的驱动器，构成穿戴在人类身上且运作安全的仿人机器人系统。PH 会取得人类非语言（Nonverbal）的知觉、行动模式，然后以此模式达到协助人类行动的目的。这并非是间接性利用在先行研究中获取的抽象化信息，例如通过人类的动作分析进行意图推测或运动控制推测等获取的信息，而是灵活运用了可穿戴式装置的具身认知，并直接将其使用在支持人类动作上。PH 是利用可穿戴式计算机的技术制作而成的。此感觉系统为穿戴形式，虽不会自己产生动作，但是会跟踪穿戴者的行动，记录并学习其输入、输出的关系。PH 会依照感觉与运动的输出行动要求，来协助穿戴者完成行动，创造出一种共存关系。整个过程中，最重要的关键是通过运动引导 PH 产生行动支持的机制。

过去，穿戴式计算机的行动支持接口仅局限于利用小型 HMD 或声音指示的语言性（Verbal）手段，而通过人类辨识语言才能达成目的这一点，不仅会分散穿戴者的注意力，增加其负荷，还会导致穿戴式的优点，也就是具身认知完全没有发挥出来。PH 则因为具备运用了具身认知的运动引导观念，能够以非语言性且更加直观的方式发挥出机能。

这种意识下的 PH 运动引导装置的代表，是对直流电前庭刺激技术（Galvanic Vestibular Stimulation，GVS）的平衡感进行感觉重叠。此方法也可应用于 VR 中的加速度感觉提示等，是应用范围十分广泛的刺激方法。通过左右两耳后配置的电极发出数毫安的直流电，可以产生让穿戴者所感觉的重力方向随着电流值转移到阳极一侧的效果。结果，正在进行起立动作的穿戴者在下意识的平衡反射下，会朝阳极一侧倾斜站立。利用这一点，可以将步行中的穿戴者引导至目标方向。目前为止，此技术已成功运用在使用 GPS 的步行轨迹控制实验、自行车等在平衡动作中控制方向的实验中。将来此项技术还可望应用在更多方面，像是利用 GPS 信息提供的最佳步行路径，引导前往未知的地点；利用交通信息，自动回避人车混杂的地方；自动回避接近中的车辆；甚至是通过行动的记录，再次实现特定行动。比方说，重现偶然打出的好球，进行反复训练；或是交换、交流运动或舞蹈等身体行动的“模式”。

(4) 机器人控制——“意图控制”中的人类随意性与机器人控制的关系

与产业机器人不同，动作规范未被定型化的仿人机器人其实非常难以进行完全的自主控制。在这种情况下，名为 Telepresence 的“远程临场控制技术”堪称是目前所知的唯一能够实现实时随意动作的操控方法。Telepresence 利用与 VR 技术相同的感觉提示接口，将机器人的视角影像传送至操纵者的视觉，操纵者再把头部及四肢的运动传送给机器人。尽管这种操控方法非常有用，然而使用上却受到了限制，最大原因在于此方法对时间、空间的精确度要求极高，且“感觉与运动必须完全持续匹配”。那么，究竟该如何既满足操控机器人的随意性，又同时放宽这个条件呢？

首先，来看看人类行为产生机制中的随意性吧。在拟态等模仿学习研究中经常可以看到，人类的随意运动拥有所谓的分节构造。一如语言的表达是以各个分节单位的对应性来认知意义的等值性，而行动的等值性也是以行动分节单位的离散对应性来认知、生成的。因此，人类的神经系统会在通过感觉测量外界物理现象的同时进行时间上的离散化，有意识地带来认知。接着，为了实现被离散的意识上的行动意图，生成时间上的连续运动。从连接知觉与运动的行动分节的离散性可知，人类是以分节单位试图进行随意行动的。我们将“行动分节单位当中，尽管在意识上被离散化但却未经语言阶段象征化的具体行动意愿”定义为“意图”，并将这个“意图”在自己与控制对象之间被正确匹配的状态视为“成功传达意图的状态”。通过将人类与机器人的这种行动分节进行匹配，可以使过去感觉运动阶层中相当于 Telepresence 的事物成为“意图”层面中的“意图控制”。“意图控制”不仅放宽了 Telepresence 的控制条件，也为机器人行动分节的控制指令带去了设计指针。

7.5 机器人其他技术

7.5.1 并联机构

(1) 并联机构的基本特性

并联机构是指通过在输出连杆与基座之间，并列配置数个由多个连杆和接头所构成的运动链系统而形成的多自由度机构。各运动链内的接头，除了以致动器驱动的可动接头外，也有被动接头。根据所使用接头的种类、数量和配置顺序的不同，可以创造出各种结构及特性的机构。并联机构凭借其结构上的特征，通常应用在要求高精确度、高加速度、高刚性、高输出的装置上。典型的并联机构如图 7-7(a) 所示，这是名为 Gough-Stewart Platform 的 6 自由度并联机构。输出连杆以 6 条构造相同的运动链支撑，各运动链分别以输出连杆与球面接头、基座与十字接头（或是球面接头）的形式结合在一起。各运动链内的直通接头为可动接头。输出连杆虽然会同时承受力与力矩，不过通过被动球面接头，各运动链上只会产生拉扯、压缩方向的作用力。另外，致动器可以配置在靠近基座的地方，因此能够减少各运动链的惯性。若改变运动链所使用的接头种类和配置方式［图 7-7(b)、(c)］，便有可能将所有致动器配置在基座上。因为并联机构拥有这种结构上的特征，所以比起串联机构，其可动部位较为轻巧，整体结构高刚性，在运动功能上具有高精确度、高加速度、高输出的特点。很多装置都采用了并联机构，例如：运动模拟器、机械手臂、定点设备、工程机械、3D 坐标测量仪等。此外，它也可成为多自由度关节、致动器等的功能性机械组件。

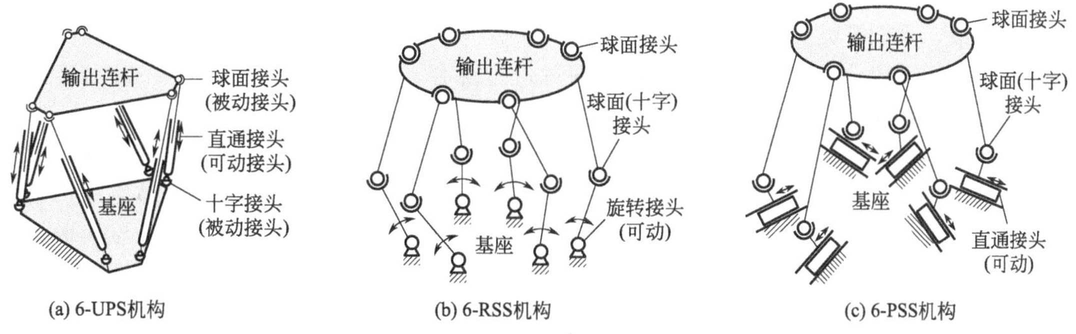

图 7-7 6 条运动链的 6 自由度并联结构范例

利用 Gough 制作而成的轮胎试验装置、在 Stewart 平台下产生的模拟构想等，这些现在被看作是并联机构的结构，其应用其实早在 20 世纪中叶就存在了。后来，并联机构主要是作为运动模拟器在产业界得到后续开发的。20 世纪 80 年代后期，串联机构型产业用机器人的性能开发遇到了瓶颈，研究者们便积极进行了并联机构的基础研究，并希望能借此制造出新一代的高精确度、高速度、高输出的机器人。在 1994 年的工程机械展览会上，欧美厂商推出了许多使用并联机构的工程机械，这表明在基础研究不断推进的同时，并联机构也开始应用于工程机械的制造之中。近年来，人们则是积极开发具体应用在产业上的 3～5 自由度的机构。现在，全球众多厂商都已着手研发由具备高加速度性能的并联 3 自由度机构（图 7-8 所示的 DELTA 机构及与其类似的机构）构成的组装机器人。

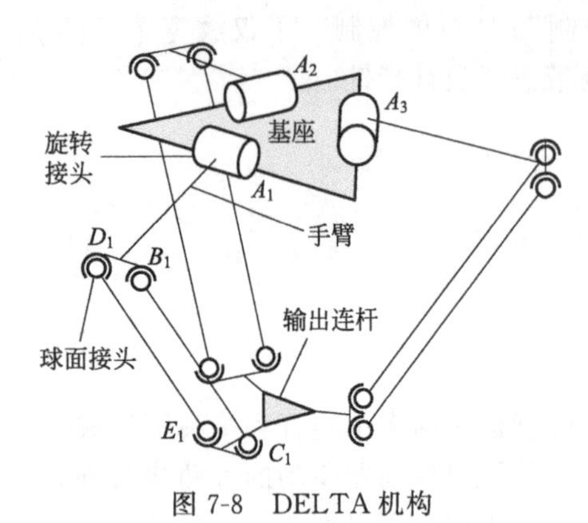

图 7-8　DELTA 机构

(2) 并联机构的构造

图 7-7(a) 中的机构作为由 6 条运动链构成的 6 自由度空间并联机构曾广为应用，但 1980 年后，根据以螺旋理论及 Groebner 基为基础的多回路机构的数量总合法，研究者又系统地找到了其他可能适用的构造，机构范例如图 7-7 所示，其运动链的数量及构成的接头配置如 6-RSS 机构所示。R 是旋转接头，P 是直通接头，U 是十字接头（万向接头），S 是球面接头。

在图 7-7 及图 7-8 所示的机构中，由于平行运动和旋转运动会互相干涉，例如输出姿态角的范围会随输出连杆的位置大幅改变等，若试图在宽广的作业领域内实现各种构造，则会产生设计解决方案过多，或是运动分析过于复杂，难以制定设计计划等问题。为了解决这一问题，研究者们提出了各种位置及姿态分离型机构，比方说在 6 自由度的机构中，以 3 个可动接头控制输出连杆的位置，剩下的 3 个可动接头则控制姿态。此外，为了得到大输出的姿态角，还开发出由 3 条运动链构成的机构。

在应用于微小机械的组装等前提之下，为了同时实现较大的作业领域与极小的控制分辨力，研究人员使运动链拥有冗余性，研发出了作为粗微动驱动系统的机构。此外，还让并联机构的奇点分布在曲面上，将在几何学上能够实现的领域分割成数个领域。因此，并联机构的实际作业领域比在几何学上能够实现的领域小很多。而为了让几何学上能够实现的整体领域成为实际作业领域，学者们提出把比机构自由度更多的致动器设置在接头上，也就是采用冗长驱动机构，并将其应用在云霄飞车的体验模拟机构，以及垂直方向上需要宽广作业领域的大型玻璃基板的搬运机构上。

近年来，人们开始关注 6 自由度以下的并联机构。在这样的机构设计中，指定输出连杆所能采取的运动成分，对与其对应的机构构造进行统合。图 7-9(a)、(b) 是在输出连杆没有改变姿态的情况下，于立体空间内运动的 3 自由度机构的运动链。如图 7-9(a)、(b) 所示，运动链是由五个旋转接头构成的，通过让多个接头的轴保持平行，并将这些运动链配置在 3 个基座与输出连杆之间，使得输出连杆在姿态不发生变化的情况下，于立体空间内进行平行运动。另外，图 7-9(c) 所示的机构则是由互相平行的三个旋转接头，以及与其平行的直通接头所构成的 3 条运动链。其中一条运动链会约束与旋转接头的轴相垂直的双向输出连杆的旋转运动。因为 3 条运动链的输出连杆旋转运动全部受到限制，所以此机构虽然可以进行平行 3 自由度的运动，但运动链会多次进行约束，因此属于过约束机构，必须注意尺寸上的误差。话虽如此，此机构的刚性仍比图 7-9(a)、(b) 的机构的要高。除了这里所介绍的平行 3 自由度机构外，目前也已开发出旋转 3 自由度机构，可于平行 3 自由度机构的固定 1 轴的四周进行旋转运动的机构等各种可做出特殊运动且有用的机构。

(3) 正向位移分析及奇点

在并联机构的基础研究方面，最多的就是有关正向位移分析与奇点的论文。在图 7-7(a)

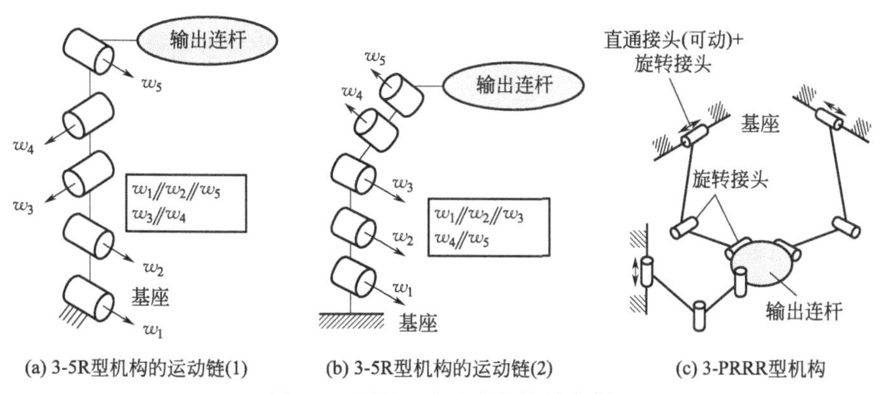

(a) 3-5R型机构的运动链(1)　　(b) 3-5R型机构的运动链(2)　　(c) 3-PRRR型机构

图 7-9　平行 3 自由度机构的范例

所示的机构中，针对基座与输出连杆上的接头中心处在同一平面，或两个接头的中心在同一位置（双重接头）等特殊却实用的情况，有研究提出采用让正向位移分析式归于高次多项式的方法，或采用将其归于 2 次方程式的接头配置。还有报告指出，针对图 7-7(a) 所示的一般机构的正向位移分析，在导入高次多项式后，最多可得出 40 个解。只不过，其中大多数的解难以判别，目前尚未能加以实际利用。

并联机构除了串联机构中常见的输出连杆的运动自由度退化这一奇点外，还存在一奇点，那就是即使固定致动器，机构的形状仍不会固定下来。针对此奇点，在以螺旋理论、Grassmann 代数等进行解释的同时，也出现了许多通过雅可比（Jacobian）矩阵的矩阵式和条件数、压力角等进行定量把握的方法的研究。

关于并联机构的理论研究如今已拓展得相当广泛。并联机构具有许多吸引人的特征，例如：不用在机器人的作业部分及其四周配置致动器或感测器，就能实现多自由度的动作；可以仅在构造上的特定方向进行运动等。将来，可以将这些特征运用到手术辅助型机器人、在恶劣环境下进行作业的机器人、各种加工型机器人等的研发上。

7.5.2　操控装置与机械手

(1) 高性能操控装置

能够代替人手作业的高机能操控装置一直备受期待。举例来说，生产领域针对多品种、少量生产的制度而导入细胞式生产方式，但这种生产方式依靠的是人力。想要提升质量，加强国际竞争力，势必得采取机械化。此外，倘若能够取代人手作业，便有望将此技术运用在家庭机器人上。以组件技术来说，开发高性能高机能的手掌、能够监测行为状态的传感器，以及作业期间的控制方法和指示方法等是必须的。经过积极研究，这些技术皆已取得了长足的进步。另外，将限定用途的操控装置进行机械化，也是人们亟欲探讨的一个研究方向。其中的代表实例之一就是手术机器人。

(2) 组件技术

① 机械手本体。拥有许多手指和关节的多指机械手可以抓握各种物体并灵活地进行操控。多指机械手必须大致做成人手的大小，因此仅能搭载小型的电机。然而，要以小型电机来支持充足的性能，在技术上非常困难。电机所产生的力矩与电流是呈比例的，所以如果有大量电流通过，就能产生大力矩。但是，最大电流却会因发热的关系而受到限制。因此只要改良散热，就有可能让大量电流通过。于是，研究人员基于这个想法开发出高性能电机，接着又进一步开发使用该电机的超高速多指机械手。然而，此方法显然十分耗费能源。另外，

研究人员也研发出能够输出 30N 指力的高性能多指机械手。可是，电机的改良及特殊零件的大量使用，使得制作成本大幅上升。因此，他们又开发出使用多用途电机和多用途零件的高性能多指机械手。

② 传感器。在传感器方面，目前已开发出可装戴在手指上的小型 6 轴力觉传感器。除了 3 轴方向的指力，也可从 3 轴四周的力矩测得承受接触力的位置（正确来说是加权平均位置）。此外，也可以推测施加在抓握物体上的外力、外力力矩，并且通过调整指力，在外力之下完成稳固的抓握和操控动作。但是，力觉传感器无法检测施加于机械手表面的力量分布，因此还需加上触觉传感器。过去，研究人员根据各式各样的原理开发了许多触觉传感器，但却始终无法涵盖机械手整体的死区（Dead Zone）。为克服这项缺点，近几年已开发出可涵盖机械手整体的触觉传感器。

③ 作业指示。对如同人手般拥有多个关节的机器人的动作进行编程并不容易。即便可以将某类特定作业程序化，但一旦作业内容发生改变，就必须重新开发程序以确保作业能够顺利完成，十分费功夫。而这也成为打造高机能操控装置的一大阻碍因素。因此，如果人类可以有效率地下达指示，即可大幅减少改写程序的麻烦。与人类进行作业时一样，虽然几乎都在重复相同的动作，但机器人还是能够根据具体状况做出一些不同的动作。这种以人类动作为模板的模型十分有效，目前已开发出运用隐马尔可夫模型的指示方法。

（3）高性能多指机械手

如果多指机械手的本体性能低下，就会阻碍高机能操控装置的制造。继改良电机之后，另一个有待研发的装置是宛如人工肌肉的新致动器。尽管目前正在积极地进行研究，但尚未开发出兼具高性能和便利性、可以取代电磁电机的致动器。还有第 3 个方法——电机的用法，也就是说，在电机的动力传达方式上下功夫。多指机械手的手指在不接触物体的状态下可以快速移动，而且负荷很轻；与物体接触后，虽然可以产生庞大的力量，却无法在此状态下快速地移动。而且，如果不考虑特殊情况，手指便只需朝握住物体的方向发力即可。针对这一点，研究人员开发出握持力增大机构。握持力增大机构是利用减速比低的电机来高速驱动手指，一旦手指碰到物体，就会利用其他减速比较高的电机来产生庞大的力量。若使用肘节机构，理论上减速比就会变得无限大。另外，多指机械手正在开发能够作为义手使用的机械手。与人手形状相近，且关节数多的义手研发备受期待。此机械手为了减轻重量，采用的是有线驱动的方式。为采取有线驱动而搭载的握持力增大机构，可让机械手以约 300g 的质量获得足以将空罐压扁的握力。这些机械手只在部分肘节机构中使用了特殊零件。另外，多指机械手输出庞大力量时减速比会变得非常大，因此不需要力矩，也不会耗费电流，非常节省能源。

（4）手术机器人

可以进入人手无法触及之处的操控装置目前渐渐显现出机器人化的趋势，其中一个例子就是手术机器人。近年来，从小切开孔插入器具进行手术的内视镜手术迅速地得到了普及。因为切开孔很小，所以对患者造成的负担不大，但器具形状也因此受到了限制，基本上为棒状。这样的器具使用起来并不方便，所以研究人员开发了许多前端有关节，能够改变前端方向的多自由度钳子。达芬奇手术机器人虽然占领了腹腔镜手术和心脏外科手术的市场，不过为了进一步降低个别手术的侵入性，研究者们仍不断地致力于手术机器人、手术机器的研究。透过该领域，我们可以发现许多引人入胜的创意。

过去，器具过小导致难以握持、排除（指推开这一操作）大型器官，这个问题一直没有得到解决。于是，研究者们利用在腹腔内组装的方法，开发出能够贴合大型器官形状进行握持、排除作业的机械手，这是史无前例的发明。在开腹手术中，是利用医生的左手（非惯用手）来扩展术野的，但在腹腔镜手术中，显然无法使用人手来扩展术野。将来，如果研发出像人手一般的机械手，或许可以让术野如进行开腹手术时一样宽广。但是，机械手耗时又麻烦的组装、分解实在让人难以接受。因此，研究人员又开始思考简易的组装分解方式。

不仅如此，在以机器人化为目标的同时，我们也应该努力制造出超越人类的操控装置。人手的触觉十分发达，要超越人手并非易事。如今，人们已开发出搭载超音波探头的腹腔内组装式机械手。这项发明让观察器官内部成为可能。这是人手不可能办到的，因此就这层意义而言，可以说机械手超越了人手。虽然与整个机器人学息息相关，不过本研究范畴属于机械与信息的学术领域。身为机械的机械手一旦性能不佳，或是传感器的精确度降低，即使适用于高度控制，显然也得不到良好的效果。因此，把握全局也是十分重要的。

7.5.3 高速操控装置

(1) 高速操控装置的目标速度

与人类相比，产业领域中所使用的机械手臂动作准确且快速。如今虽然在较为单一的重复性动作上实现了高速化，但是在如人工操作的某些步骤复杂的作业方面，高速化却尚无进展。其中一个原因就是，目前机器人的辨识能力和判断能力远不如人类。人类的视觉辨识频率大约是 30Hz，也就是约每 0.033s 就会进行一次辨识。不过，从视觉刺激到手臂产生反应需要花费更多的时间，即使是对单纯的光线刺激产生反应，也需要 0.15～0.225s。此外，触觉的反应时间虽然比视觉快，但也要 0.115～0.19s。

另外，对人类大小的操控装置进行反馈控制时，根据经验，我们得知每 1kHz 进行一次控制能够保证其稳定性，而关节角度和力度传感器的作业速度大多为 0.001s。在视觉上，一般摄影机的影像拍摄频率为 30Hz。机器人则因为信号传送的延迟情况非常少，所以如果忽略处理时间，从视觉辨识到产生反应的时间最快为 0.033s，即便是触觉辨识也仅需 0.001s 左右。

如上所述，人类的感觉辨识速度比机器人缓慢许多。尽管如此，人类却能够高速进行动作，这是因为人类运用了以经验和学习为基础的反馈控制。依照现状，要让机器人拥有高超的学习能力十分困难。况且，很多时候就连人类也必须花费大量时间才能熟练动作，因此未必适合直接套用在机器人身上。高速操控装置的目标，就是让感觉辨识和判断更加快速，并且以与人类相异的原理，实现超越人类的操控装置能力。

(2) 高速操控装置的优点

一旦机器人的辨识判断能力实现高速化，机器人就会产生四周对象静止了的感觉，从而能够轻易应对高速运动的对象。对人类来说，人类依赖预测的比例很高，因此很难应对对象的随机动作，可是高速机器人却能完成任务。另外，通过高速化，机器人的处理时间变得充裕，因此能够做出更精准的辨识判断。比方说，影像的取样频率提高时，机器人可以利用在短时间内取得多次影像的能力来提升随机噪声降低的画质。此外，因为当前影像与前一幅影像的差分很少，所以也能简化每幅影像的处理工作。

(3) 高速操控装置的相关研究

高速操控装置的课题之一是视觉信息处理的高速化。近年来，为了将从影像获取到图像处理需要的时间降低到 1ms 以下，高速视觉的相关研究得到了很大的发展。此外，也很有必要实现致动器与机构的高速化。为此，学者们目前正在研究并联机构下的高速系统。并联能取得高刚性，因此可以方便地进行高速控制，但要使其像人类手臂一样做出复杂的动作却很困难。另外，使用弹簧机构的高速化研究也正在进行当中。现在虽然已经实现了高达 $100g$（g 为重力加速度）的加速度，却因为会变成开回路控制而不适合应用在精细的作业上。如今，学者们也提出以致动器瞬间输出为重点的设计方法来作为其他解决途径。尽管此法无法确保持续性的保持力，却能够让小型致动器的输出也提升至某个程度。

(4) 高速机械手的开发范例

① 高速多指机械手。一般而言，机械手大多会搭载在机械手臂上使用，而在高速运动下，机械手的惯性力也会成为一种负荷。因此，此机械手的质量只有 600g 左右。为了减轻重量，将手指的根数减少到可稳定抓握的最小数量，也就是 3 根。至于关节的数量，中指有 2 个屈曲关节、左右手指各有 1 个旋转关节，总共为 8 个自由度。要实现敏捷而高速的运动，速度与加速度都必须很高。为了拥有高加速度，必须提高致动器的输出才行。然而致动器的减速比愈低，才愈有可能达成高速度。要同时满足这两样条件十分困难。一般来说，高加速度的需求都是瞬间的。因此，这具机械手使用小型的致动器，通过在适当时机让庞大电流通过以获得高输出，使得高输出与轻量性同时成立。最终，每根手指都能够实现在约 0.1s 内全开的高速性。

② 使用高速多指机械手的操控应用案例。以下介绍几种操控对应的研究范例作为高速多指机械手的应用案例：利用非拘束状态（自由空间运动）操控；非拘束状态（一点接触或两点接触）下的操控；柔软物体的操控。

a. Dynamic Regrasping。Regrasping 是指将正在握持的物体改以不同的姿势重新拿着。通常 Regrasping 会用到拥有 4 根手指以上的机械手，用其中 3 根手指稳定握持对象，同时反复移动剩下的 1 根手指。此外，Dynamic Regrasping 还可以如图 7-10 所示，借着将对象抛向上方自由旋转，使其变换姿势，然后在对象落下的途中接住，完成 Regrasping。该方式可以让 Regrasping 高速化。首先，在上抛的动作中，机械手为了让对象以默认的目标姿势落下，会给予其适当的初速度。对象离开手指后，重心会进行抛物线运动，接着对象的姿势会依据欧拉方程式进行旋转。将对象往上抛之后，机械手会利用视觉反馈来修正对象的位置，然后握住。目前为止，已成功完成圆柱、长方体等的 Dynamic Regrasping。

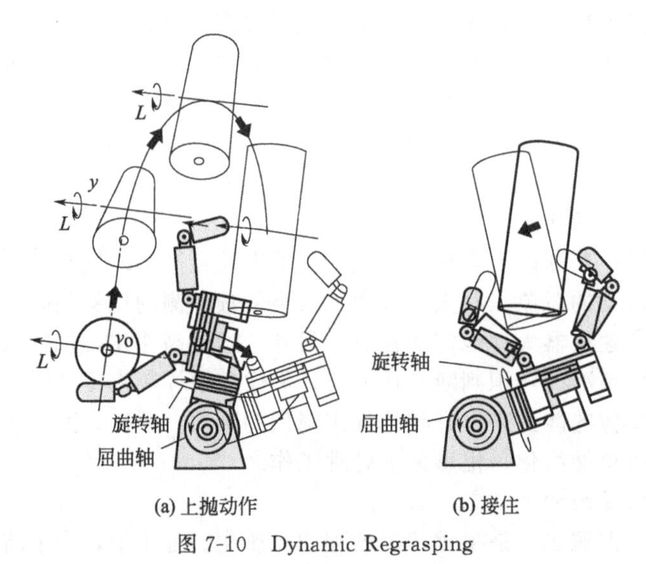

图 7-10 Dynamic Regrasping

b. 转笔。转笔是指通过瞬间改变夹握棒状物体的手指，使其进行各种旋转运动。转笔时，手指并非随时都在施加操作力，而是巧妙利用笔的旋转惯性，去完成持续性的运动。这个动作是操控对象的非拘束状态的一个范例，也相当于一面将接触状态改变成一点接触或两点接触一面进行操控。像这样利用旋转的惯性，以少自由度的手指断续地施予对象力度的操作方式，很可能有助于提高操作效率。图 7-11 的动作是利用高速机械手进行名为鼓手

(Drummer) 的旋转方式。所谓鼓手，是让用右指和中指夹住的笔，以中指的指背为轴心顺时针旋转，最后再以中指和左指夹住的旋转方法。透过这个旋转方式，我们知道旋转速度愈快，受离心力的影响，笔的旋转会变得更稳定。研究人员使用手指表面上装有触觉传感器的高速机械手实时测量笔的位置，结果发现机械手的动作控制十分稳定。

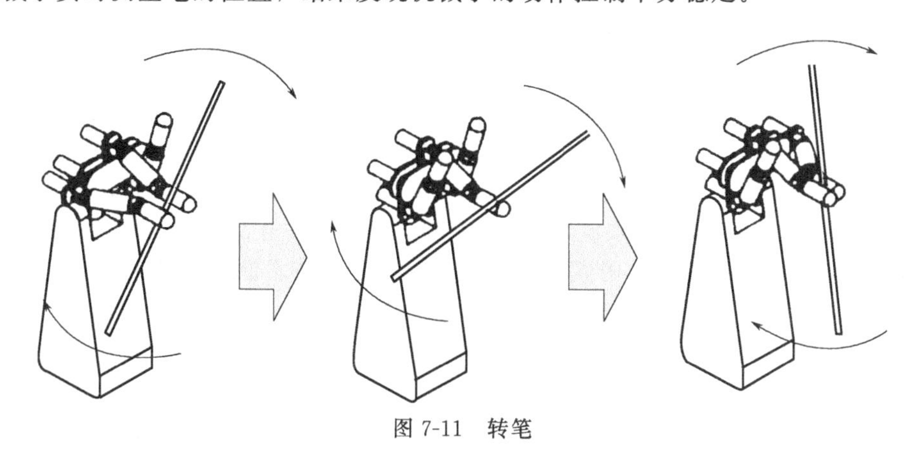

图 7-11　转笔

c. 打结。高速操控柔软的绳子时，会发生以下几个问题：绳子本身在操作动作中发生变形；难以预测绳子的正确模块化及其变形的举动。为了解决这些问题，可以采取以下措施：实时测量变形并进行反馈控制的技术；通过限定绳子的动作，并导入取消难以预测的变形这一操作技能，来成功做出单手打结的动作（图 7-12）。这项研究是以人手的动作为参考，将单手打结分解成以下三个动作：做出绳圈后抓住绳子；借着摩擦手指更换绳子的位置；抽出更换过位置的绳子。研究人员以高速运动下也可轻易完成的绕绳圈动作，以及无须依赖绳子柔软性的更换动作为中心，实现了高速打结的动作。

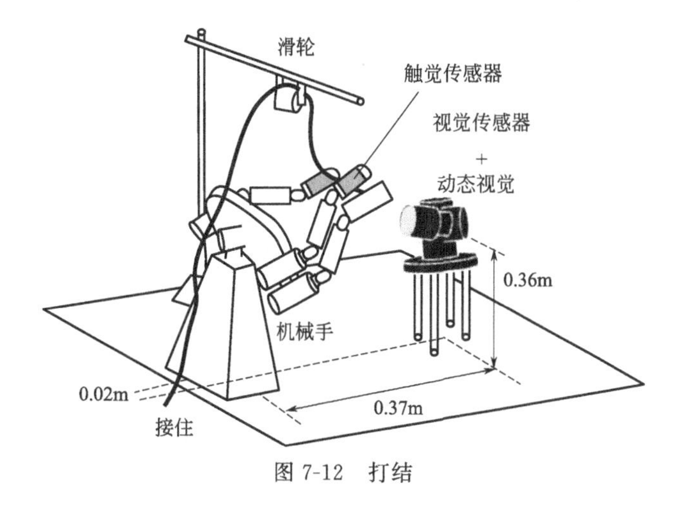

图 7-12　打结

7.5.4　微型机器人

微型机器人是指构造微小、仅有数十毫米大的机器人。近年来，随着微细加工技术的发展，人们能够将构成机器人的致动器、传感器等制作成微米层级，同时微型机器人的相关应用性研究及开发也在进行中。

微型机器人可以在人体或装置内部等人类无法进入的狭小领域内自由移动，并且进行治疗、维护、检查。比方说，假如手术时可以不开刀剖腹，直接在患者的体内进行治疗，那么就能将对患者造成的负担降低至最小限度。另外，如果有了可以在装置内部移动，自动进行维护、检查的机器人，即可随时监视装置的状态，保障其功能的完备。但是，在过去，构成机器人的机械元件的尺寸多为数厘米至数十厘米，不可能直接将其导入体内。因此，微小机械组件构成的微型机器人受到了众人的期待。

就目前而言，关于微型机器人的大小和功能等并没有精确严谨的定义。根据以微型机器人的移动速度为竞赛项目的“国际微型机器人迷宫竞赛”的规定，大小可收纳于 2in×2in×2in 的立方体内的机器人为微型机器人。为了实现微型机器人可执行多种动作，必须为其配备毫米到微米级别的致动器和传感器、电源供给系统等。现在多选用 MEMS（Micro Electro Mechanical System，微机电系统）。所谓 MEMS，是指在硅晶圆等基板上搭载不同功能的微型电子零件和机械组件，运用微细加工等半导体制造技术制作而成的器件。1987 年开始提倡将 MEMS 运用在微型机器人上，至今仍在研究之中。

一般机械的代表尺寸是 1m，而微型机器人的代表尺寸则是 1mm 左右。由于尺寸上的差异，作用于微型机器人内的物理性显性定律也与一般机械大相径庭。在几何学上的相似条件之下，通过查明显性支配力与结构尺寸的多少次方成比例，可以制作出清楚明了的机器人，如图 7-13 所示。

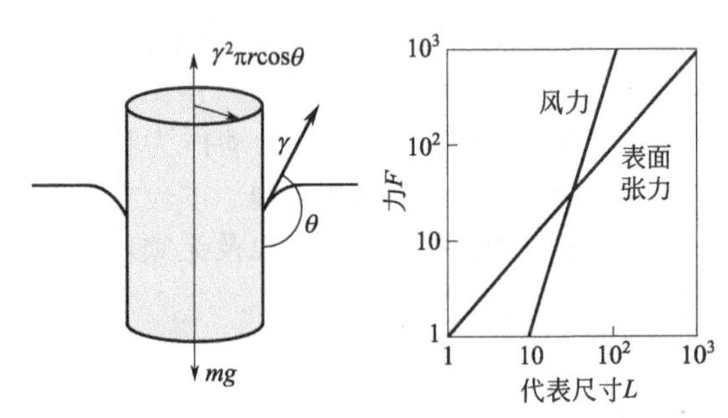

图 7-13　在微米规格下的物理量范例

例如，静电力与尺寸的 0 次方成比例，表面张力与尺寸成比例，重力则与尺寸的 3 次方成比例。与普通机械不同的是，随着尺寸的变小，静电力和表面张力带来的影响也愈发不能忽视，因为可能会因此阻碍机器人的功能。此外，积极利用尺寸效应的微型机器人的结构也成为一项值得探讨的课题。润滑油的黏性会阻碍小电机的驱动力便是一个例子。同时，研究人员也正在思考利用静电力的微型机器人的致动器，以及利用表面张力可以像水黾一样在水面上移动、像壁虎一样攀爬墙壁的微型机器人。从流体中得到的流体力比重力更具支配性，因此飞行也成为研究者们深感兴趣的目标。像这样在毫米至微米的范围内，由具有支配力的物理法则所变化出来的现象称为尺寸效应。运用尺寸效应，可以制作出在微小领域内行动的微型机器人。

日本研究人员开发出构成微型机器人所需的微型致动器、微型传感器等微小机械元件，并且成功制造出了使用这些元件的微型机器人。某微型机器人直径 5.5mm、全长 20mm，可以利用前置 CCD 镜头拍摄管内。CCD 镜头内置有电机，可于各个方向对视野角度进行 ±10°的调整，因此能够在难以大幅改变姿势的微管内，大范围地拍摄管内侧壁等处。另外，该微型机器人还以使用压电组件 PZT（锆钛酸铅）的压电致动器作为移动结构，如图 7-14 所示。所谓压电组件，是一种通过叠加电场来高速伸缩的材料。此时，可通过加入电场的大小，正确地决定压电组件的伸缩量。微管内扫描机器人是让装设于该压电组件上的重物前后振动，然后利用振动所产生的惯性力，以 10mm/s 的速度在直径 15mm 的管中移动。压电组件的变形量非常小，无法使用在大型机器人的动作和移动上，但是其力量却足以让娇小的微型机器人移动。此外，利用变形量的正确性，可以解决大型机器人的致动器难以以微米为单位决定位置的问题，这对微小领域内的移动十分有帮助。

医疗用的胶囊内视镜是目前已经实用化的微型机器人之一。所谓胶囊内视镜，是指大小

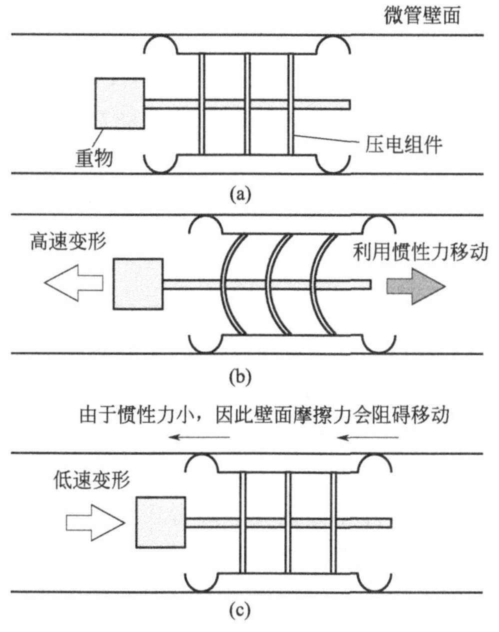

图 7-14　以压电组件为动力的微管内移动结构

与胶囊锭剂差不多（10mm×30mm），可以吞入体内使用的内视镜，譬如奥林巴斯公司的 Endo Capsule 和 Given Imaging 公司的 PillCam SB3 等，各个企业都已着手进行胶囊内视镜的开发及实用化。如图 7-15 所示，现在的胶囊内视镜以 CCD 镜头作为视觉传感器，可以实时拍摄体内的样子。接着再利用无线电将拍摄影像传送至体外，作为诊疗之用。目前，实用化的胶囊内视镜是依靠脏器的蠕动运动来移动的。不过，通过在内部搭载磁石，利用外部磁场来改变位置及姿势这一新类型也正在开发当中，如图 7-16 所示。使用拥有此种功能的微小胶囊型内视镜，可以将对患者造成的负担减到最低，成为拍摄及诊察患部状态的低侵入性治疗工具。

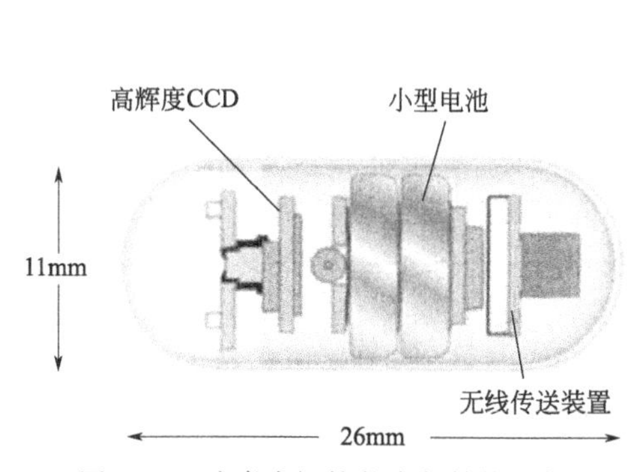

图 7-15　胶囊内视镜的内部结构范例

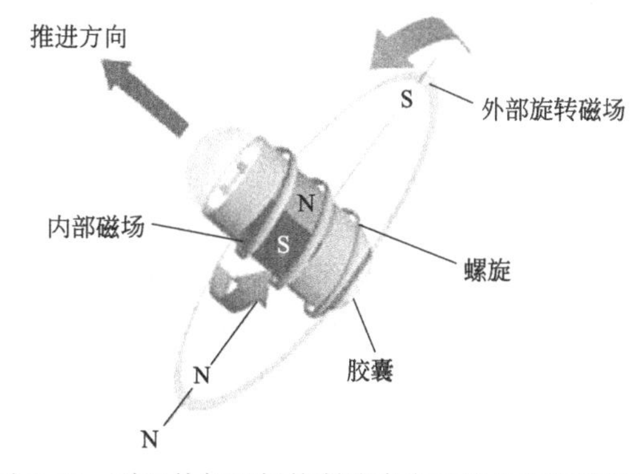

图 7-16　利用外部磁场控制胶囊内视镜的位置及姿势

现在大部分正在研究的微型机器人，都是通过与微小的致动器和传感器结合，着重微小区域内移动及观察的功能，尚未能实施治疗。今后，为了让微型机器人能够进行治疗，除了提升致动器和传感器的功能，还必须进一步完善机器人的控制系统、数据传送系统以及能量供给系统。尤其是在体内进行治疗或检测装置内部情况等长时间连续作业时，必须缩小能量源，并确保具有随时可从外部供给电力的系统。目前人们已经研究出使用微小电池，以及从外部通过电场或微波向微型机器人传送能源的方法，将这些方法组合使用，将有望延长微型机器人在人体内的治疗时间。MEMS 能够在基板上制作及整合各式各样的机械元件。将来，通过在微小的基板上整合致动器及传感器、控制回路及能量源这些机械组件，有望造出不仅能移动、观察，甚至还能够在人类无法接近之处执行病变治疗等作业的微型机器人。

7.5.5 智慧城市

(1) 环境信息结构化

支持日常生活是下一代机器人的终极目标之一。机器人的活动范围将配合人类的日常生活，从室内的私人空间扩展到室外的公共空间。智慧城市是将此目标进一步延伸，以打造机器人与人类共存的未来社会为目标的实验城市，并将随着机器人一同进化、发展下去。若想让机器人在既有的生活环境中行动，一开始会面临的难题是辨识环境。机器人要想完成生活支援作业，必须能准确辨识周围的环境信息，例如：谁在做什么、哪里有什么、发生了什么事等。再加上室内和室外的照明条件差异极大，后者还会随着天气和时间的变化产生巨大的变动。每个场所的背景状态都大不相同，而且又存在着人、车等众多移动体。在这种情况下，仅凭机器人身上搭载的视觉传感器来辨识周遭状况极为困难。因此，除了在环境方面分散配置传感器来测量机器人和人类的移动，还可以通过置入可读取的电子信息等方法，使环境信息结构化，如图 7-17 所示。

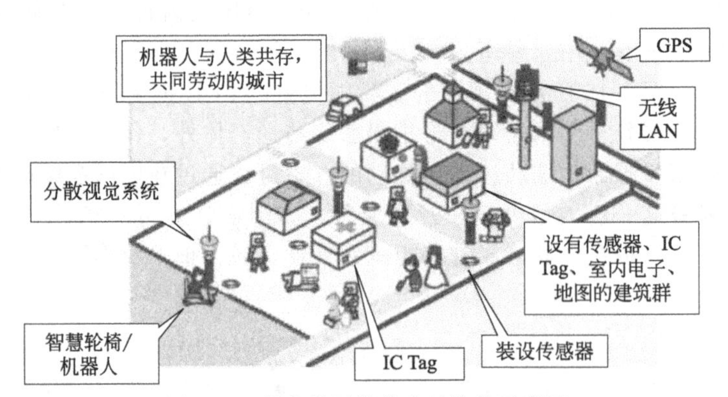

图 7-17 都市的环境信息结构化示意图

① 锁定自身位置与地图。在宽广的环境中锁定自身位置是机器人必备的机能。面对建筑物和固定不动的家具等不变的环境结构，可以事先准备好测量过形状及配置的三维地图。理论上，机器人可以将视觉等传感器信息与地图互相对照，锁定自身位置，但实际上实行起来却不容易。于是，研究人员便研发出通过完善环境来锁定自身位置的电子方法。GPS 便是其中最具代表性的例子。由于需要接收地球同步轨道上的 4 颗卫星所传送的信号，机器人无法在室内使用，在大楼之间或阴暗处大多也无法使用。尽管目前已研究出虚拟卫星，即使在室内也能与室外卫星定位信号保持一致，然而受建筑物的反射和金属等影响，精确度和稳定性依然不够，再加上机器十分昂贵，因此至今仍无法投入实际运用。

现在大部分做法是在环境中设置电子卷标（RFID Tag），通过记述其配置的数据库，以及机器人所搭载的标签读取器所读取到的编码来锁定自身位置。与机器人的测程法（行驶距离测量法）互相结合之后，即使卷标的配置较少，机器人也能顺利锁定自身位置。即便信息不是以机器人专用为前提，只要有可读取的电子环境信息，机器人就能有效地利用。关于这类信息来源及信息基础，各国正在执行的项目都已有了成果。以行人为对象的“自主移动支持计划”和以骑自行车的人为对象的 ITS（Intelligent Transport System，智能交通系统），都是从环境方面提供可读电子信息、支持移动的系统。另外，在地图信息方面，可以利用日本国土交通省的 GIS（Geographic Information System，地理信息系统）网站。至于以机器人为目标用户的地图资讯，则有 R-GIS 的研发案例。

② 对移动体的测量。在生活环境中，人、车等物体经常会移动，因此机器人必须根据这些动作来采取适当的行动。如果能够通过分散配置于环境中的传感器来测量移动体的位置和运动，并随时记录在实时数据库中，然后再由机器人存取这些数据，机器人就可以得知周围的状况。目前经过研究，可以用来追踪人物的系统包括：能够将目标对象与道路或地面之间的相对位置校正得比较正确的电视摄影机、在腰部或脚踝高度的位置有光截面的激光测距仪、兼具摄影机和测距仪功能的装置、地面压力传感器等。

③ 物体的存在。养老院、医院、个人住宅等区域经常需要订购及搬运日用品、食物等，因此为了减少看护人员的负担，对于机器人的需求程度很高。想要完成这个工作，首先必须知道作业对象的所在位置。研究人员也已经开始对“物品”进行信息结构化。与测量移动体不同的是，对象物要么体积很小，无法单独自行移动，要么种类多样且数量众多。目前尝试过的方法有将可辨识的电子卷标贴在物体上，以便检测和识别，另外还有利用视觉等方式。电子识别法是利用 RFID Tag、超声波卷标；光学读取器则是利用 QR Code、条形码等来进行辨识。此外，也有使冰箱或橱柜等收纳设备实现智能化，以管理内部物体进出的方法。

④ 对现象的辨识及觉察。当人或物的移动在特定场所以特定顺序发生时，若机器人能够将其视为有意义的事件，将有助于决定后续的动作。接到环境方面传来的事件发生通知，机器人将依据必要程度中断正在执行的作业，采取适当的对应措施。

⑤ 信息结构化环境的构建、维持与运用。在对广范围环境进行信息结构化时，会遇到许多不同于单一空间的问题。其广域性不仅会给环境结构数据库和传感器网络的初步构建造成困难，如何应对人类的社会活动以及随着时间变化进行更新也是大问题。

初步构建时会遇到以下问题。从成本、安装到如何配置传感器才能平均分析并测知对象领域，都存在着许多困难，所以信息结构化也必须保持均衡，否则遗落在死角的信息将会造成后续问题。另外，在广范围环境中，需要结构化的信息量非常庞大，而且分散又非同期产生的事件会不断增加，因此很难通过集中型的处理系统来进行实时处理，但使用分散型的处理系统又不易管理矛盾及非重复的数据。

在长期的运用及维护上，研究人员提出了围绕机器人进行环境信息结构化的方法。具体做法是让机器人群在环境内移动巡逻，一边制作 3D 环境地图，一边对分散配置的摄影机进行校准。母机器人身上搭载了用来测量周围三维空间结构的全方位扫描激光测距仪，以及能够正确测量机器人之间相互位置的测量仪器。子机器人身上则搭载用来测量相互位置的棱镜，以及分散配置摄影机的校准用 LED 指标。利用这些装备，机器人群能够一边正确测定自身位置一边巡逻，并能制作地图及执行摄影机校准作业。

（2）城市设计

机器人与人类的共存也会给城市设计带来影响。分散传感器和信息处理仪器的配置场所不能对实体行动造成妨碍，同时也不可有碍观瞻。另外，对机器人的行动机能也有诸多限制。关爱残疾人的城市与适合机器人生活的城市，两者在设计上有许多共通之处。机器人和残疾人一样，必须使用电梯或手扶梯。使用电梯时，机器人不需要像人一样按压电梯按钮。研究人员希望机器人可以利用无线信号或通过网络让电梯前往指定的楼层，关于这方面的标准化议题目前正在讨论当中。在手扶梯方面，最好也要设置能够让机器人顺利从正面搭乘的引导信号，以及下手扶梯时的提示信号等。针对十字路口等的交通信号，机器人也不需要像人一样以视觉辨识不同颜色的信号灯。只要有可以直接存取的电子信号及以上这些贴心的设计，不只是机器人，整个城市也能为视觉障碍者和听觉障碍者带来安全的生活空间。

(3) 社会包容

人与机器人要共存，必须制定规范，让双方在不会彼此妨碍的前提下有效率地行动。这项规则是新的法律，也是常识。机器人的行动不可对人类造成危害，而人类也不得恶意阻碍机器人的行动。对于社会包容（法律、共存规范、常识）的认同及内容的普及是必要的。

① 信息管理。个人行动会因室内外的分散传感器而曝光。因此，防止传感器信号及处理后的数据外泄的对策极为重要。此外，也必须将电视摄影机等有侵犯隐私之嫌的传感器的使用量降至最低限度。

② 规范与特区。目前，机器人在城市中的行动，受到道路交通法、电波法等众多法规的限制，无法持续且自由地行动。因此，有必要划定无须受限的特区并积累相关经验。

③ 社会成本。实现智能型生活城市需要花费庞大的费用。在既有的信息社会基础（通信光纤、摄影机、无线 LAN、智慧电网）和 ITS 方面，如果可以实现与机器人共享，既可降低成本，也有望提升导入机器人的效果，获得与成本相符的服务。若机器人的机能水平提升，则可以适度降低环境要求，反之亦然。两者之间存在技术上的互补关系，因此规划出最适当的整体成本是一项非常重要的课题。

④ 社会学观点。在人类与机器人共存的智能型生活城市里，当初的设计内容与实际利用形态有可能发生大幅的改变，这也是一个问题。社会对机器人的接纳态度并非固定不变，因此掌握社会潮流及生活形态，开发出能够弹性应对其变化的技术十分重要。

7.5.6 机器人设计与安全技术

(1) 机器人设计所面临的问题

① 不被理解的机器人设计。过去，机器人一直被当成专门研究机器人学的研究者为了其学术研究而在研究室里使用的“实验装置”。随着包含这些研究成果在内的众多技术、理论的发展，机器人的性能更上一层楼，同时也让它们产生了“机器人学的实验装置”以外的用途。比方说，认知科学的研究者使用仿人机器人研究沟通，家电厂商则着手开发未来家庭机器人的概念模型。如此一来，机器人就必须摆脱过去粗俗的“实验装置”的形象，要不然机器人的外观和动作将会大大地影响沟通的研究成果，概念模型所展示的未来景象也会因此遭到破坏。然而，大多数的计划却依然跳脱不出旧有的想法，机器人设计在整个开发体制上受到轻视，于是最后就制造出粗俗又丑陋的机器人。

② 仿人机器人的特异性。设计仿人机器人时，必须考虑过去所有工业制品中都不曾存在过的特殊状况。首先，既然仿人机器人是模仿人类，就必须先了解人类的外观、动作，再重新加以设计。比方说，假如弄错身体各部位的大小比例，机器人就可能显得腿短；弯腰驼背的模样会带给人阴郁感；欠缺柔和感的快速动作则容易给人急躁的印象。人类经常会从对方的外表产生先入为主的观念，而同样的事情也会发生在仿人机器人身上。一般人就算不喜欢家电产品的设计，也很少会有难以忍受的感觉。可是如果仿人机器人的设计不佳，就可能会让使用者对机器人产生厌恶的心理。相反地，对于设计完善的仿人机器人，人类则会从机器人身上感受到生命力，并且对其产生移情作用。

③ 动作设计和沟通设计。机器人的设计不是只有外观上的设计而已。首先，机器人的大小本身就是一个相当重要的设计要素。对于跟人一样大的机器人，我们人类会不自觉地把它当成“一个人”，期望它拥有人类的智商和行为能力。机器人如果无法拥有人类般的智商，就会被视为“人偶”。相较之下，人们对于小型机器人本来就会抱持较低的期望，于是常常

会有它们“个头虽小却很聪明”与“个头虽小，行动力却很旺盛”的感觉。此外，机器人的动作也是设计的重点之一。比方说，二足步行机器人特有的半蹲步行姿势，对仿人机器人来说感觉不太自然。其次，机器人的沟通能力也需要经过设计。沟通的本质并非只是提高声音辨识的准确度，正确地理解对方的问题，然后做出接近正解的回答。比起对话内容，在什么时间点做出何种反应这类“沟通上的设计”如今已变得愈发重要。这一点在人类的沟通上也同理可证。就好比女性一般都会希望男性当个好的倾听者，即便只是稍微响应，说一些毫无建设性的话，也可以算是一种沟通。

(2) 设计完备的机器人所能实现的未来远景

有了完善的设计，人类与机器人未来将可彼此交流互动。仿人机器人在能源、效率、稳定性及成本等各方面都十分不利，而完善设计下与人类的交流互动，是仿人机器人的存在意义。设计完备的小型桌上仿人机器人与使用者闲话家常，机器人从谈话中得知使用者的喜好、生活方式等信息并储存在服务器中，接着再将该信息与其他家电产品、家庭安全系统、作业机器人相关联，加以控制。比方说，机器人在对话中得知用户的生活方式，于是趁用户不在家时命令扫除机器人打扫，在使用者回家之前强化安全系统，并在用户外出时自动录下使用者可能喜欢的节目。尽管之前也有人构想过各式各样的智能住宅，但是却始终欠缺其中最重要的接口。电视和游戏机等虽然也曾试图取得接口的地位，可是人类并不会对屏幕或麦克风敞开心胸说出真心话。能实现这一点的，就只有设计完善的小型仿人机器人了。

(3) 机器人安全的设计原则

机器人安全是指在人类与机器人共存的状况下，分析评价各种预想风险，然后对机器人或机器人系统的要素技术进行调整，从而将风险降低到可以接受的范围。机器人安全属于系统科学的领域。在机器人安全领域，为了确保使用者及周围人的安全，首要之事就是明确安全性的基准。接着是提升机器人的可靠性及安全性，以及减少人为失误操作，避免引发事故。这种将事故遏止在最小限度的技术，是机器人安全领域的核心研发目标。

若将机器人安全视为机械安全的一部分就会很容易理解了。机械安全中，有以风险评估及评估结果为基础的“三步法”，“三步法”为风险降低对策所构成的设计原则，其基本实行方法参见国际安全规范 ISO/IEC GUIDE 51。风险评估及保护对策的流程如图 7-18 所示。

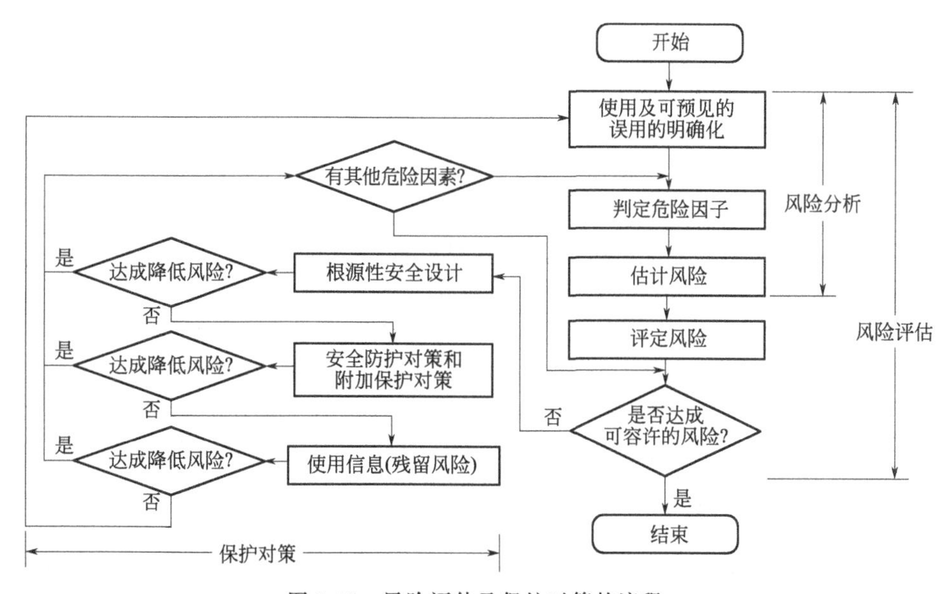

图 7-18 风险评估及保护对策的流程

1）风险评估。所谓风险评估，是利用FMEA等方式，评估、判定机器人生命周期中的危险因素。风险评估的实施程序是依据先前提到的规范制定的：①制定机器人使用等方面的限制（包含可合理预见的误用）；②判定危险因素（危险来源）；③分析风险；④评估风险。

首先，在程序①列举出与机器人相关的各种限制，比如使用上的限制、空间及时间上的限制等。所谓“可合理预见的误用”，举例来说，就是指过去曾发生过，可以叙述出来的错误使用方法。其次，程序②中的危险因素也称为危险来源，是指会引起危害的因素。分析危险因素并将其抽取出来，是风险评估中极为重要的环节。以具体范例来说，轮椅机器人撞到墙壁，威胁到搭乘者安全，这是机器人的力学运动所引起的状况，因此应该将危险因素判定为“运动性”，或是更具体地归咎于冲撞。接着，在程序③提出会成为危险因素的风险，然后分别针对每项风险，从严重程度和频率的角度进行分析，最后经过程序④的评估之后，假使设计上存在无法容许的风险，就必须进行“保护对策”流程，针对各个风险分别实施降低风险的手段。

2）保护对策。接着在保护对策阶段，先前的规范明文规定必须遵照“三步法”，而ISO 12100-2中则详细记载了各个步骤，其内容包括：①根源性安全设计对策；②安全防护对策及（或）附加保护对策；③使用信息。以上程序，至少在机械安全的架构上，是已经决定好所有的顺序，不得擅自变更步骤顺序，也不可省略跳过。

步骤①——根源性安全设计对策。所谓根源性安全设计，就是改良设计或应用，去除危险因素。为了避免危险因素显现并危害人类，可以审慎思考改良对策，比如将人抱起的机器人手腕处的驱动电机可以事先选择输出功率小的种类等。维护根源性安全所需的技术相当广泛，而那些技术的设计指南也都详尽地被网罗在ISO 12100-2中。

步骤②——安全防护对策及附加保护对策。假如因规格所限，无法在根源性安全设计的阶段去除危险因素，或是无法将风险降低到容许标准之下，便可以利用安全防护对策及附加保护对策来降低风险。关于这个阶段的对策标准，近年来已经出现了不仅局限于机器人安全，也涵盖了机械安全在内的“机能安全”这一概念，并逐渐对各产业领域带来莫大的影响。所谓机能安全，是指生命周期内确保对象机器安全的指标，作为E/E/PE（电气/电子/可编程电子）安全相关系统来构成时，可使安全机能无法发挥的风险降低到标准之内，其中同时也规定了降低风险所需的技术以及用以达成目标的组织方法。这里的安全相关系统，是指将机器引导至安全状态，或执行维持此状态所需的安全机能的所有相关子系统。

若以先前的例子来定位，安全防护对策可以采取实现以下机能的安全相关系统。当轮椅机器人运载人类时，为避免碰撞，应具备戒备周围环境的机能，并且在发现周围存在障碍物时，立刻减缓机器人的速度或停止前行。机能安全的性能评定使用的是名为安全完整性等级（SIL）认证标准。此标准通过SFF（Safety Failure Fraction）参数（安全故障失效比，此参数针对安全相关系统中硬件的随机故障，特别是危险情况中无法检测出的小比例故障）与PFH/PFD（Probability of Failure per Hour/on Demand）参数进行认证评价（安全性能要求下发生故障的概率参数）。更具体地举例来说，SFF着重于在与系统安全直接相关的回路里主要零件的故障是否对系统产生问题，或者是即使带来危险，系统本身也会检测出故障的情况。首先计算出不会威胁到系统安全性的故障比例有多高。接着，将此比例与硬件视为双重系统等结构，在对此结构斟酌考虑后决定SIL。

软件机能安全方面，也应该在系统性故障方面使用上述的风险抑制理念，并且在软件开发的生命周期内，制定名为V-Model的规格，规定验证执行作业以及选择受到认可的软件方法。比方说，在事先被定义的状态空间中，随着各模块的进行，从应该如何展开状态迁移（是否会陷入不安全状态，或是陷入未知的状态）的角度出发所产生的全面性且结构性的验证和代码评审（Code Review），从系统层级到构成它的模块层级都会受到要求。

步骤③——使用信息。通过步骤②的风险降低对策，即使因风险分析而成为评估对象的所有风险都可达到可容许的层级，但风险依旧存在，因此为了降低这些风险，必须采取步骤③，即向机器人的使用者传达残留风险的信息。或者如果直到步骤②都无法从成本效益的角度采取适当的对策，也会以出示使用上的信息为条件，容许风险的存在。

第8章 美国机器人技术发展路线图

2016年11月，以加州大学圣迭戈分校和卡耐基梅隆大学为首的美国19所大学在美国科学基金会的赞助下，联合发布了《美国机器人技术路线图：从互联网到机器人》，总结机器人技术目前的发展机会、面临的挑战及解决方案。本章我们将结合路线图，分别介绍和解读机器人在制造转型、用户服务、医疗保健、公共安全、空间探索五大领域的发展概况。

8.1 制造转型

“制造业再回归”已经成为美国政产学研的共识，这种回归代表新的生产力、质量和模式，是质的变革。20世纪经济增长的主要动力来源于工业化，其核心就是制造业。制造业所生产的仪器、辅助自动化设备和系统集成为核心机器人行业提供了重要支持。当前制造业的增长领域主要包括：物流行业中的物料搬运领域与机器人领域。正因为制造业极为重要，2016年美国机器人技术路线图针对机器人和自动化在制造业领域的战略意义、应用领域、关键能力和发展路线图，进行了明确阐释。制造业关键能力主要包括：

① 可调整、可重组流水线。新产品从概念设计到进入流水线生产之间往往有着漫长的时间间隔。如果有新产品亟待生产，而又有一套流水线子系统可用于生产，我们希望有能力调整该子系统，对其进行重组，建立新的工作单元用于产品生产。可调整、可重组流水线未来五年、十年、十五年的发展目标依次为：

a. 能够在24h内为新产品生产安装、设置包含指定工业机器人臂、机床工具、辅料处理设备在内的基本流水线并为其编程。

b. 能够在8h的一个班次中为新产品生产安装、设置包含指定工业机器人臂、机床工具、辅料处理设备在内的基本流水线并为其编程。

c. 能够在1h内为新产品生产安装、设置包含指定工业机器人臂、机床工具、辅料处理设备在内的基本流水线并为其编程。

② 自主导航。自主导航属于一种基础能力。它对矿业与建筑业设备自动化、原材料到加工厂和机床的有效运输、流水线上物料自主导航运输工具将成品送至检验和测试工位、物流行业的入库和配送都有影响。要在包含静态障碍物、人类驾驶载具、行人和动物的非结构化环境下实现安全的自主导航，需要在相关组件技术方面进行大量的投资。自主导航未来五年、十年、十五年的发展目标依次为：

a. 自动驾驶汽车能够在任意一座现代化城镇中的道路上行驶（有路灯和指路牌），并能达到与人类驾驶者相当的安全性。在以下驾驶任务方面，自动驾驶汽车的表现将优于人类驾驶者：工业矿区或建筑区域内驾驶、倒车进入装货码头、侧方位停车以及紧急刹车和停车。

b. 自动驾驶汽车能够在任意一座城市中未经铺设的道路上行驶，展现出人类驾驶者所能达到的一定越野驾驶能力，并达到人类驾驶的平均安全系数。同时，汽车还能对其他车辆的突发情况（比如：故障或失灵）做出安全应对，也能为故障车辆提供拖车服务。如果传感器失灵，汽车仍然能够达到安全状态。

c. 自动驾驶汽车能够在任何人类可以驾驶的环境中驾驶。其驾驶技术与人类无异，相较于驾龄不足一年的人类驾驶者，机器人驾驶者甚至更加安全、可靠。汽车能够自主学习如何在此前不曾遇到的环境中（比如：极端天气、传感器老化）进行驾驶。

③ 绿色生产。正如美国生态建筑师威廉·麦唐纳所说："污染是设计（与生产）失败的象征。"我们现行的生产方式是严格按照自上而下的要求，将组件和子系统进行整合。然而，要想实现绿色生产，我们必须重新考虑新的生产方式。目前减少工业废物的解决方法主要着眼于工艺废弃物、可利用废弃物等。我们针对绿色生产所制定的路线图强调整个生产过程中组件和子系统的循环使用，从原材料采集、加工到产品生产和成品的配送，再到产品物料回收。要实现这样一种跨越式的变化，不仅需要新的生产技术，还需要围绕这一目标对产品进行设计。比如：向增材制造技术转型能够大幅减少机械加工产品/组件废弃物。新的物流系统也有助于实现广泛的回收；就目前情况而言，回收公司不愿回收或不全部回收的物料非常困难。我们尤为关注每一生产步骤中生产基础设施的重复利用、原材料的回收和能源消耗需求最小化以及重新利用子系统生产新产品。绿色生产未来五年、十年、十五年的发展目标依次为：

a. 生产过程中将回收10%的原材料，重复使用50%的设备，而且同样的工艺仅为2010年能耗的90%。

b. 生产过程中将回收25%的原材料，重复使用75%的设备，而且同样的工艺仅为2010年能耗的50%。

c. 生产过程中将回收75%的原材料，重复使用90%的设备，而且同样的工艺仅为2010年能耗的10%。

④ 与人类一样灵活的操作。机器人手臂和手终将胜过人手，这一结论在速度和力量方面已经得到了证实。然而，面对需要灵巧操作的任务时，人手还是优于机器手。究其原因主要还是关键技术领域存在缺口，尤其是在感知、稳健的高保真传感以及计划和控制方面。与人类一样灵活的操作未来五年、十年、十五年的发展目标依次为：

a. 具有少量独立关节的低复杂度手能够进行稳定的全掌抓取。

b. 具有数十个独立关节并配有新型机械结构和执行器的中等复杂度手能够进行全掌抓取和有限的灵活操作。

c. 具有接近人类触觉阵列密度、卓越动态性能的高复杂度手能够进行稳定的全掌抓取，还能在生产环境中对物品表现出与人类工人相当的灵活操作处理能力。

⑤ 基于模型的供应链整合与设计。近来计算机与信息科学的飞速发展让人们能够模拟并推断出物理制造流程，从而为"将图灵机融入制造业"的研究搭建了平台。如果相关研究能像数据库和计算机一样取得成功，组件和子系统的互操作性将成为可能，也必定会带来更加优质的产品、更加低廉的成本以及更加迅捷的交付。基于模型的供应链整合与设计未来五年、十年、十五年的发展目标依次为：

a. 为分立零件制造和装配提供安全可靠的设计，以防在生产设施建设时出现问题。

b. 为不同时间和长度的整套制造供应链提供安全可靠的设计，以防在设计制造供应链时出现问题。

c. 制造下一代产品：随着微型科技、纳米科技以及新制造工艺的发展，我们将能够为任何产品线开发安全可靠的设计。

⑥ 纳米制造。新型纳米计算基板进一步完善了基于CMOS（互补金属氧化物半导体）的传统集成电路和计算模式。现有非硅类微系统技术的发展以及框架制造的新方法本质上都是在利用合成技术。微电子机械系统（MEMS）、低功耗超大规模集成电路（VLSI）和纳米

技术的进步已经能够使亚毫米自供电机器人成为现实。可用于低成本生产的全新并行、随机装配工艺极有可能由此诞生。许多传统的制造方式将被目前难以想象的全新纳米生产方式所替代。纳米制造和纳米机器人技术未来五年、十年、十五年的发展目标依次为：

a. 运用通过自组装的大规模并行装配技术和生物学原理，开发有机材料制造的新方法。

b. 后CMOS革命的制造业将使下一代分子电子学和有机电脑成为可能。

c. 运用纳米制造技术生产用于药物传输、治疗和诊断的纳米机器人。

⑦ 非结构化环境感知。事实已经证明，运用刚性自动化技术进行大规模生产更为容易。除个别特例外，目前可用于大规模定制化生产的灵活自动化技术尚未实现。主要原因之一是刚性自动化技术适用于非常结构化的环境，这使得创造“智能”制造机器的挑战大为简化。用于小批量生产的自动化技术需要机器人更智能、更灵活，并且能够与人类工人在结构化较弱的环境中共同进行安全操作。比如，在产品流布局中，机器人和其他机器能够前往产品（比如：飞机或船）的各工位完成自己的任务；而在功能布局中则是将产品送至各机器所在位置。专有制造的挑战进一步加剧了这些困难。美国非结构化环境感知技术未来五年、十年、十五年的发展目标依次为：

a. 3D感知能够确保在非结构化车间中实现自动化批量生产操作。

b. 用于支持小批量自动化生产的感知能力，例如专门的医疗辅助设备、轮椅框架以及可穿戴辅助设备。

c. 为真正的专有制造提供感知能力支持，包括定制辅助设备、个性化家具、特制表面与水下载具以及用于行星探索和定居的宇宙飞船。

⑧ 与人类共同工作的本质安全型机器人：本质安全型设备是指“在正常或非正常情况下，所释放的电能或热能不足以引起某种大气危险混合物在极易点燃的浓度下燃烧的设备和线路”。简而言之，本质安全型的设备不会点燃易燃气体。这是机器人系统必须达到的一项要求，这一点和其他任何为制造环境而设计的设备或系统都是一样的。然而，当涉及机器人时，该术语明显承载了更大的责任。“本质的”是事物的内在属性或构成，源于并完全包含在机构或部分之中。关键之处在于：人们期望机器人必须从内而外都是安全的，无论成本高低，都应完全无害于人类。机器人与人类合作未来五年、十年、十五年的发展目标依次为：

a. 在制造现场为固定或移动装配机器人广泛实施易于编程和适应性强的安全等级数控软件保护。

b. 系统在保持性能稳定的同时，能够自动检测出人类在工作区中的协调/非协调行为，并对其做出恰当的回应。

c. 系统可在非结构化环境（即建筑区或新配置的制造单元）中识别、处理和适应人类或其他机器人的行为。

8.2 用户服务

服务型机器人是指那些在工作、家庭与休闲生活中，为年长的和（或）有身体、认知和感觉障碍的人提供帮助的机器人系统。工业机器人通常自动化地处理任务，旨在实现同质产品或快速执行；相比之下，服务型机器人是在有人类主导的环境中执行任务，并且经常直接与人合作。服务型机器人通常分为专业和家庭消费者服务。一般而言，专业服务机器人旨在作为高效劳动力带动经济增长，而家庭服务机器人则是为了确保持续的个人自主。专业服务应用包括检查发电厂、桥梁等基础设施，送餐和医院药品运输等物流应用以及商业规模的草坪和清洁技术。专业服务机器人的年增长率为30%。另外，个人服务机器人则在人们的家中，为人们的日常生活提供帮助或辅助克服心理和生理限制。目前为止，数量最多的个人服务机器人是家用真空吸尘器；此外，大量的机器人已被应用于娱乐方面，如电子宠物、个人助理等。预计未来几年，这将仍然是最有前景的机器人消费市场。自主式飞行器和自动驾驶汽车则是另外两个技术领域。这两个领域涵盖了许多服务应用，并且有望在未来五到十年成为一种颠覆性技术。通过持续的研究和开发，我们期望在未来五年、十年、十五年内依次实现以下目标：

① 通过探索、物理交互以及人类指导，机器人创建有关其环境的语义图。机器人利用研究实验室中的多种移动机制在非结构化 2D 环境中进行安全、稳健的导航，并执行简单的拾取和放置任务。相关对象均来自特定种类或具有特定属性的物体。它们能够对中等复杂的任务进行推理，比如：移除障碍物、打开橱柜等获取其他物件。增加工厂仓库物流机器人的使用，用以管理库存和移动材料。自动驾驶汽车能够在任意一座现代化城镇中的道路上行驶(有路灯和指路牌)，并能达到与人类驾驶者相当的安全性。在以下驾驶任务方面，自动驾驶汽车的表现将优于人类驾驶者：工业矿区或建筑区域内驾驶、倒车进入装货码头、侧方位停车与紧急刹车和停车。

② 给定环境静态部分的近似且不完全模型（可能是先验的或通过因特网从数据库获得的，等等)，服务型机器人能够以任务为导向，可靠地计划和执行指令动作，完成移动或操作任务。机器人通过感知、物理交互以及指令，对环境建立起深刻的理解。面对多楼层环境时，机器人可以通过楼梯进行导航。机器人能改变其环境以增加实现其任务的可能性（例如，移除障碍物、清除障碍物、开灯)，同时还能检测和修复一些故障。商业化应用登陆市场，用以进行包裹递送。根据具体情况使用无人机、地面车辆和步行机器人。自动驾驶汽车能够在任意一座城市中未经铺设的道路上行驶，展现出有限的人类驾驶者所能达到的越野驾驶能力，并达到人类驾驶的平均安全系数。同时，汽车还能对其他车辆的突发情况（比如：故障或失灵）做出安全的应对，也能为故障车辆提供拖车服务。如果传感器失灵，汽车仍然能够达到安全状态。

③ 拥有多种移动机制（如腿、轨道和轮子）的服务型机器人能够在全新的、非结构化动态环境中执行高速、无碰撞的移动操作。它们能感知周围的环境，并根据具体情况将其转化为恰当的地方和全球/短期和长期的环境表现（语义图)，为实现全球任务目标制定连续的计划。它们对环境中的动态变化（比如：由于被推动或推移而导致的意外扰动）能做出稳健的响应，能够在必要时交错进行任务导向行为与探索行为。它们能与周围的环境进行互动，能够用智能的方式对环境进行改造，以确保并促进完成任务。其中包括对机器人、所接触物件以及静态环境之间相互作用（滑动、推动、抛掷等）的物理性质的推理。在所有物流阶段增加机器人（自动驾驶卡车、自动驾驶飞机、运送包裹的小型机器人、移动重物的仓库机器人等）的使用，实现无人驾驶运货。自动驾驶汽车能够在任何人类可以驾驶的环境中驾驶。其驾驶技术与人类无异，相较于驾龄不足一年的人类驾驶者，机器人驾驶者甚至更加安全、可靠。汽车能够自主学习如何在此前不曾遇到的环境中（比如：极端天气、传感器老化）进行驾驶。

8.3 医疗保健

医疗机器人技术能为更多人提供医疗服务，并且能够解决医疗体系中人力严重不足的问题。目前，全世界有超过 20%的人口有运动、认知或感觉损伤，随着人口老龄化的加剧，这一比例必定会大幅上升。机器人技术将会彻底颠覆现有医疗部门。机器人可以帮助残疾人、协助护工和医护人员工作。工业机器人的研发首先是为了自动化地处理肮脏、乏味以及危险的工作，而医疗保健机器人的设计则是为了应对完全不同的环境和任务——在外科手术室、康复中心和家庭住宅里，与人类用户进行直接、非结构化且不断变化的互动。机器人系统在医疗与健康行业有着非常广阔的应用空间（从手术室到家中）、用户群体（从小孩儿到老人，从瘦弱的人到健壮的人，从健康发育的人到患有生理和/或认知障碍的人）与交互模式（从亲自动手术到远程康复指导）。机器人技术的进步能够有效带动新治疗方法的发展，从而治疗各种疾病、改善护理标准、降低护理门槛并确保患者的健康状况得到改善。

（1）老龄化及生活质量提高

为了提高老年人生活质量，同时降低护理成本，现在较为普遍的做法是原居安老。也就是说老年人可以在家中居住，同时也能获得医疗或者其他相关护理服务。在这种情况下，老年人可能在轻家务、医疗事宜决策支持方面（药物管理、营养、锻炼计划等）或者与外界社交等方面需要一些协助。机器人便可以应用于此类情形，提供特定服务，协助老年人遵照医嘱，同时还有一定的自主灵活性，可以充当一种社交媒介或是进行远程聊天，增加老年人定期与其他人面对面交流的机会。老年人社交辅助机器人在研发过程中遇到的主要挑战包括：如何研发人类行为模型，以便准确捕捉社交中细微且复杂的模式。

老龄化及生活质量提高的机器人五年、十年、十五年的发展愿景依次为：

① 机器人将能够在一些特定领域自动完成单次（比如健康问诊）或者短期（比如特定练习）交互活动，遵循恰当的人际交往原则，包括社交距离、手势、表情和其他非言语信号以及简单的言语内容、指令和反馈。

② 机器人将能在更多领域的可控环境中自动完成长期、多次交互活动；使用包括言语、手势和眼部动作等在内的开放式对话，在特定领域内完成由人类和机器人共同主导的交互活动；在特定领域提供指定的干预或治疗。

③ 机器人将能在更多领域实现长达数周或者数月的多项复杂交互活动；该等机器人能够提供综合复杂的交互服务，熟练使用多层次行为模式，应对多种社交场景；还能根据周围环境的变化，比如细微的情绪波动、境况的少许恶化或改善以及不可预知的突然变化等，不断调整自己的行为，并根据使用者身份和需要调整交互活动。

（2）外科手术与介入技术机器人

目前手术中使用的机器人通常由外科医生通过远程操作直接控制。在远程操作中，人类操作者操控一台主输入装置，手术机器人则执行所输入的指令。与传统微创手术不同，机器人能让外科医生在患者体内发挥娴熟的方法，同时能极大地缩小正常的人类操作范围，在操作者与器械尖端之间建立起直观的联系。医生开刀、上麻药、缝合的精准度能达到过去只有在大面积创口手术中才能实现的高度，甚至有过之而无不及。一个完整的手术工作台包含机器人设备及实时影像设备，能够在手术过程中提供可视化手术区域。下一代手术工作台能提供种类繁多的计算机和实体仪器，比如在脆弱解剖结构周围设立“禁飞区”、在医生视野中显示大量相关数据的无缝展示设备，以及通过识别手术动作和病人状态从而评估手术效果并预测健康结果。如果能获取正确信息，许多医学手术便可以提前计划，执行的过程也更具有可预测性，人类只需要对机器人进行监控即可。与工业生产系统相对应，该模式通常被称为“外科手术计算机辅助设计/计算机辅助制造”。

外科手术与介入技术机器人的当前顶尖技术包括：有限的人机实体交互界面；目前外科手术中使用的机器人由外科医生直接控制。外科手术与介入技术机器人的主要挑战和未满足的需求：模拟人类行为和变化；在多维度中感知人类的身体行为；能精准通过人体管腔和组织表面的机器人，从而将附属组织损伤降到最小；识别末端执行器和变形结构或组织间的距离和相对位置；直观的人机实体交互界面；组织模型和表征；内窥镜转向和目标对准控制；对器械和变形或未变形组织间的3D空间做好实时记录。

外科手术与介入技术机器人未来五年、十年、十五年的发展愿景依次为：

① 让人类和机器人间的双向信息和能量交流更有效的新设备和新算法；对接实时感应器和数据库信息的控制界面和引导系统；医生控制机器人设备同时收到实时身体反馈及远程病人身体组织对环境的适应度；无论人类做出任何行为都有合适反应的机器人行为；不确定性管理。

② 直观和透明的人机交互；能预测用户意图的界面，而不只是执行受制于人类缺陷的用户指令。

③ 人类的动作并推断意图；开发能为人类操作者提供适当支持的算法。

（3）康复

医师诊断患者需要进行物理治疗。物理治疗是治疗比如肌肉损伤、术后恢复等身体疾病，或者是需要患者在家自行完成的一系列练习。这种患者自己进行的练习需要理疗师进行监督，确保患者遵循了制定的治疗方法。遵循医嘱与治疗结果以及患者的满意度密切相关，但现实情况是患者通常很难达到医嘱要求的训练水平。是否能够遵循医嘱取决于两点：进行困难康复训练的动力以及正确执行所需的练习。显然，这两方面都不需要实体交互活动。通常，是否遵循医嘱完全由患者自行监督，但是这种做法会使结果大打折扣。康复治疗辅助机器人能够填补这种治疗缝隙，保证患者严格遵守医嘱。

康复机器人的主要挑战和尚未满足的需求是了解使用者的状态和行为，以便进行正确回应。由于人类状态和行为非常复杂且变化莫测，再加上视觉感知技术仍是机器人研究领域的重大挑战（同时也是出于隐私考虑），要想实现自动感知与理解人类状态和行为，机器人系统必须收集多种传感器上的综合数据，其中包括机器人身上、环境中、使用者穿戴的传感器，同时还要应用多模式数据模型的统计方法。能够反映机器人交互如何对状态和行为产生影响的基础机械模型仍未成形；进一步研发该模型，医疗和保健机器人控制算法的更加有效的设计将成为可能。

自动识别使用者的情绪状态以提供准确的机器人行为协助，对于实现高效的个性化机器人研究至关重要，对于与弱势使用群体相关的医疗应用来说更是如此。情感理解需要处理使用者的多渠道数据，包括声音、面部表情、身体动作、生理数据和协调一致性（比如言语和面部表情之间）等。同情心在医疗保健领域的作用有目共睹：有同情心、能感同身受的医生被认为是能力最好的医生，遇到的官司也最少。而要让合成系统（机器人）拥有同情心，这只是接收并表达情感的其中一个挑战。早期社交辅助机器人研究已经表明，个人情感表达对于指导和促进处于康复系统中用户的预期行为十分重要。

生理数据传感器通常是能够实时显示生理数据信号（比如心率、皮肤电反应、体温等）的可穿戴传感器和设备。目前，相关研究正积极探索从生理数据中提取出沮丧和刺激等相关指标的方法。在不妨碍患者的情况下收集生理数据，并将其传输给电脑、机器人或者护工，相关技术在提高健康评价、诊断、治疗和个性化医疗方面前景广阔。这种技术能实现智能协助、正确激励并促成更好的表现和学习情况。

康复中，人机协作能够保障客户和治疗师之间的高效互动，提高效率和护理质量。当与客户在一起时，机器人必须要能从助理（提供支持和患者表现信息）转变成治疗训练的主导者。进行治疗训练指导需要机器人理解当前治疗师想要完成的任务以及客户和治疗师的状态，然后才能提供身体和/或社交协助。

(4) 临床工作者支持

机器人能通过减少医疗护理工作者的认知和体力工作为其提供帮助。这样的支持包括能在医院内部运送医疗用品的机器人、提供后勤支持的智能系统以及能帮助临床医师移动病人的机器人。自动车辆可以为患者和医护人员提供代步交通工具，移动机械手臂可以帮助处理高度传染性的废品。机器人技术在许多方面会对临床工作者产生巨大影响。机器人在医学教育中也得到了广泛使用。最后，遥控机器人可以帮助临床医师诊治偏远地区的患者，远程为患者提供专业意见，或者在诊治如埃博拉等高度传染的疾病时确保医师安全。

在减轻临床医师的体力劳动工作量方面，现有科技已经能够处理明确的物品运输任务，如运送补给、处理垃圾等，并已应用于许多医院之中。能够帮助临床医师移动病人（比如从病床移至椅子上）的机器人也正在接受测试。在认知性支持方面，为医院的临床医师提供认知协助方面（提供时间计划及后勤支持）也取得了一定进步，发展前景一片大好。这是临床医师另一巨大的沉没成本，规划时一个小问题也会带来巨大的影响。最后，远程遥控机器人在机载感知能力上取得了长足的进步，而且开始出现了能够增加遥控操作灵活性的廉价遥控器。设计上的进步让远程使用者能在远程医疗应用中更清楚地掌握当前实际情况，从而有效解决一系列重要的互动挑战。

从本质上看，该领域最大的挑战在于，医疗护理情景下使用机器人其实是一种干扰性科技，会对临床工作流程产生意想不到的改变。当然，并不是说所有的干扰都会造成问题，但是的确会带来改变。此外，护理是高度个性化的，每个护理的具体情况都完全不同。这也进一步提高了在医疗系统内使用机器人的挑战性，无论从社会层面和科技层面来看皆是如此。该方面还需要进行大量研究，纵向深入地进行探索研究。另一个挑战则是临床医师自身。临床医师通常对科技不甚了解。技术设计不完善，加上社会技术整合不足会形成一项巨大的挑战。这在电子健康记录（EHR）面世时就可见一斑。由于太急于将技术投入使用，反而造成了大量生命和资金的损失。健康医疗机器人科技的应用必须小心谨慎。制造能为临床医师提供认知支持的机器人还有另一个巨大挑战：临床医师的工作十分忙碌、混乱并且压力极大，工作环境也在时刻发生着变化。找到介入的正确时间和方式非常困难，尤其是在急救护理的环境之中。这为刚刚成形的机器人研究领域带来了前所未见的技术挑战。

临床工作者支持机器人未来五年、十年、十五年的发展愿景依次为：

① 机器人能够自动完成无附加价值且明确的任务，比如：运送补给、处理废品以及管理药品，为临床医师提供支持。遥控机器人可以用于远程治疗精神病、皮肤病以及进行远程健康推广等一系列医疗护理情景之中，包括农村健康、家庭健康以及印第安人健康服务计划。

② 机器人能够在危险的操作性任务中为临床医师提供支持，包括：患者转移（病床至椅子），患者移动以及高度传染性疾病护理（比如埃博拉）。有表现力、能互动的“智能”机器患者模拟器能为新临床医师的培训与再培训提供高仿真体验。

③ 机器人能像手机一样无缝融入临床工作流程。对科技不甚了解的使用者也能轻易上手。它们能为负责护理管理任务的临床医生提供认知性支持，比如安排检查、引导患者到检查处或者为临床医师安排诊治患者的时间。它们还能在运行的过程中学习新的互动范式，从而不会影响临床工作。

8.4 公共安全

美国国防部以及国防工业将强化公共安全机器人系统统称为无人操作系统，用以指代所有用以保护人类安全的军队、边境巡逻、国土安全和紧急救援机器人。无人操作系统加强公共安全主要体现在两个方面：军事方面用于境外兵力投送；境内应急服务部门用以应对突发事件。军事行动功能领域包括参战、后勤、机动和生存性/部队保护；而应急服务功能领域包括搜索和救援、用于决策的实时数据收集、绘图、灾情评估、资产跟踪以及在大规模事件中建立临时通信网络，增强可达到的有效载荷。无人操作系统还可以通过提供预警信息、扩大与危险区域的距离，减轻军事人员的负担，降低这些地区负责人的安全风险。其核心意图在于利用无人操作系统的内在优势，包括其持久性、尺寸、速度、机动性和更好的感测能力。随着技术的不断进步，国防部和公共安全服务机构计划让机器人无缝操作人工操作系统来帮助人类决策，同时减少所需的人为控制。

当前无人系统如需满足上述联合功能区域任务要求，必须进行进一步开发，目标系统应包含以下技术能力：

① 数据表达：将大量现有情报和传感数据转换成可共享的相关环境理解。

② 智能感知：提高机载处理能力以优化变化检测、半自动化（AITR）和自动化（ATR）目标识别、复杂环境（比如大火浓烟、建筑物崩塌）下图像与传感数据分析、强化任务执行情况与人员（比如建筑灭火、洪水应急与林火）追踪能力。

③ 使用寿命：有效延长续航时间，小型无人操作系统续航能力从几分钟延长至几小时、几天、几周乃至几个月，从而确保无人操作系统可以处理耗时长以及持续性任务。

④ 强健的系统：强化无人操作系统，从软硬件两方面入手实现突破，让无人操作系统可以在如今无法运行的环境下正常工作（比如极端高温和低温、狂风、水灾/暴雨、复杂的无线电/电信号干扰以及核生化爆环境）。

⑤ 灵敏的致动器：无人操作系统能在复杂环境（比如碎石堆、大风、强水流、人造结构）中自由移动，并在非常广泛的领域内操作物体（比如清理从沙土碎屑到损毁载具的各种杂物、开门、轻柔地移动人体）。

⑥ 分布式认知：通过机载传感器为系统提供独立的有机知觉，让系统能够自动处理任务。

⑦ 智能：增强无人操作系统个体与群体的认知功能以及协同感知能力。

⑧ 独立自主：根据认知功能所获结果采取行动（比如靠近实体目标或受害者，使用传感器进一步分别检测关注区域或受害者状态）。

⑨ 共享自主：无论团队成员是人类还是机器，实现决策、行动资源调配无缝传递和共享，确保行动的有效性和灵活性。

⑩ 控制：提高控制能力，确保通过有效、直觉、自然的交互活动完成任务；优化系统配置，支持人与无人操作系统间的交互与协作。

⑪ 信息共享：为相关人员提供直观透明的信息（有关环境、团队和单个无人操作系统状态），为快速、准确地建立态势理解并做出决策提供帮助。

⑫ 人类状态评估：对目前人类认知与身体状态、沟通与意图做出模式预测和感知，从而确保无人操作系统能够智能地给出回应、帮助或相应调整系统交互活动与行为，提高团队合作效果。

⑬ 团队协作：进一步推动信息传递和人类团队行为的发展与建模，改善沟通、个人与团队整体表现，同时建立信任感，从而支持人机团队协作。

情报、监视和侦察无人飞行系统未来五年、十年、十五年的发展目标依次为：

① 与无人、载人飞机保持地理空间关系；对调查关注点及区域的指令做出回应；更强的自动化/半自动化；优化智能评估能力；感知良好空气系统的位置和飞行路径意图；有能力搜寻特定威胁，包括基于图像和非图像的传感器；优化目标识别和人类存在性检测；为应

急服务（仅限应急服务）特制的小型无人机平台和先进的传感能力。

② 能够回应军方和民用标准航空交通管制（ATC）的程序；机载自动化目标识别；能够侦查到有威胁的无人机并对其做出回应；先进的智能评估能力；能够适应极端环境的强化小型无人机和传感器。

③ 协调多种无人载具（无人机、无人地面系统和无人海事系统），搜集情报或搜寻威胁；能够适应极端环境的强化小型高级传感器。

军队应用无人飞行系统未来五年、十年、十五年的发展目标依次为：

① 有限的空对空无人机应对能力。包括侦查套件以及为国防部提供军需品支持；拓展行动范围，辅助事件规划；用于应急服务（仅限应急服务）的标准化行动概念、授权以及训练。

② 智能化灾情评估；拓展行动范围，能够在极端环境下辅助事件规划；先进的空对空无人机应对能力（仅限国防部）。

③ 先进的综合灾情评估能力；智能化地拓展行动范围，能够在极端环境下辅助事件规划；多目标无人机应对能力；无人机应对作战中采取协同作战的能力（仅限国防部）。

防卫无人飞行系统未来五年、十年、十五年的发展目标依次为：

① 整合人机团队用于预警；能够识别可能击落人员和系统的威胁；应急人员追踪能力（仅限应急服务）。

② 基础设施自动化检测；侦测核生化爆危险品；定位沟通，包括在GPS无法显示的环境中遭到击落的人员、伤者和系统；武装系统，为步兵提供侧方警戒（仅限国防部）。

③ 告知应急人员路径，或自动将其带往在GPS无法显示的环境中被击落人员、伤者和系统所在地；出现对峙威胁情况时采取无人机协同作战（仅限国防部）。

后勤无人飞行系统未来五年、十年、十五年的发展目标依次为：

① 无人后勤补给。

② 在机载人员帮助和介入下进行无人医疗后送。

③ 无人货运飞机自动化补足、起飞与降落，全天候运行。

指挥控制无人飞行系统未来五年、十年、十五年的发展目标依次为：

① 人机班组内部采用共同操作控制界面；视距外自动化单个无人机任务；整合了基本态势信息的预测规划系统；支持出舱操作人员和队员的交互模式。

② 无人机各班组采用共同操作控制界面；视距内自动化多驾无人载具（无人机、无人地面系统和无人海事系统）任务；为其他无人载具（无人机、无人地面系统和无人海事系统）和人员提供行动建议；整合了先进环境状态、无人系统能力和状态的预测规划系统；可适应固定控制站点与身着严密防护服人员控制的自然交互模式。

③ 视距外自动化多驾无人载具任务；为其他无人载具（无人机、无人地面系统和无人海事系统）和人员提供自动化提示；整合了极端环境条件、人类与无人系统能力和状态的实时预测规划系统；可自动评估并适应人类意图和人类预测及当前状态的自然交互模式。

情报、监视和侦察无人地面载具技术未来五年、十年、十五年的发展目标依次为：

① 最佳覆盖面的自我定位。

② 自我安置、自我回收的预警设备；清楚自己在负责最佳覆盖面的无人地面系统团队中扮演的角色；强化系统以应对极端环境；先进的智能评估能力；为其他无人载具（无人机、无人地面系统和无人海事系统）和人员提供行动建议。

③ 清楚自己在负责最佳覆盖面的人类和无人地面系统团队中扮演的角色；为其他无人载具（无人机、无人地面系统和无人海事系统）和人员提供自动化提示。

军队应用无人地面载具技术未来五年、十年、十五年的发展目标依次为：

① 智能化灾情评估；拓展行动范围，便利事件规划；无人地面系统可以装载步兵重型武器（迫击炮-50 口径机枪-导弹），还能进行接下来的出舱活动（仅限国防部）；激光指示能力（仅限国防部）。

② 自动化协同参与空对地、地对地、地对空作战；先进的全方位灾情评估；拓展行动范围，进入活动受限及复杂空间；极端环境中对有害物进行实时、半自动化的基本操作。

③ 协同作战，对固定位置进行压制性射击或机动活动；极端环境中对有害物进行先进的自动化操作。

防卫无人地面载具技术未来五年、十年、十五年的发展目标依次为：

① 消防系统；定位交流，包括 GPS 无法显示的环境中遭到击落的人员、伤者和系统；自动引导人类队员或平民穿过 GPS 可用环境。

② 武装系统，为步兵提供侧方警戒；告知应急人员路径，或自动将其带往在 GPS 无法显示的环境中被击落人员、伤者和系统所在地；自动引导人类队员或平民穿过复杂危险的环境；基础性半自动基础设施检查。

③ 出现对峙威胁情况时利用无人地面系统协同作战；自动引导人类队员或平民穿过 GPS 无法显示的极端环境；先进的基础设施检查。

后勤无人地面载具技术未来五年、十年、十五年的发展目标依次为：

① 整合载人与无人护航任务，多种大型的、视需要选择的载人载具以领头车身份或跟随附近操作员监控车辆自动穿过已定义的次要路线；可进入环境下的无人医疗后送。

② 在任何环境条件下，无人地面系统都能在配送中心全自动进行物资有关操作：识别、卸货、装载和保护集装箱或托盘货物。

③ 全自动物流管理系统，通过地面交通路线追踪国内库存和货载量，并为载有所需补给的无人地面系统安排路线，在不需人工的情况下及时补充存货；极端环境下的无人医疗后送。

指挥控制无人地面载具技术未来五年、十年、十五年的发展目标依次为：

① 用于人类通信机制的无人地面系统进一步提升态势感知能力；共享自主，允许依据战略目标（比如运输路线）做出简单决定；联合自主系统，既能智能化地从人类操作员处获得帮助，又能给予其意见；可适应固定控制站点与身着严密防护服人员控制的自然交互模式；在可进入环境下整合人机团队。

② 共享自主，允许依据战略目标自动做出复杂决定；为其他无人载具（无人机、无人地面系统和无人海事系统）和人员提供行动建议；整合了极端环境条件与无人系统能力和状态的实时预测规划系统；可自动在极端环境下适应人类队员的自然交互模式；在极端环境下整合人机团队。

③ 共享自主，允许依据弹性目标自动做出复杂决定；为其他无人载具（无人机、无人地面系统和无人海事系统）和人员提供自动化提示；整合了极端环境条件、人类与无人系统能力和状态的实时预测规划系统；可自动评估并适应人类意图和人类预测及当前状态的自然交互模式；极端环境下先进的人机团队。

情报、监视和侦察无人海事系统未来五年、十年、十五年的发展目标依次为：

① 自动遵守《国际海上避碰规则公约》；远程传感器部署；利用无人海事系统侦查金属和塑胶水雷（仅限国防部）。

② 持续性自动化水面与水下监控（使用者参与其中）；利用无人海事系统进行人体监测；半自动化地检查设备和基础建设，侦测异常；在大范围侦查行动中协同作业。

③ 任何天气条件下，在全球范围内进行持续性自动化水面与水下监控（使用者不参与其中）；自动化地检查设备和基础建设，侦测异常；可复位检测区；检测规避。

军队应用无人海事系统未来五年、十年、十五年的发展目标依次为：

① 在静态目标上放置紧贴船体的设备。

② 远程海事威胁封锁回应；反潜艇能力（仅限国防部）。

③ 自动海事威胁封锁回应；人类团队输送；协调多种无人载具（无人机和无人海事系统）搜集情报或侦察和追踪威胁。

防卫无人海事系统未来五年、十年、十五年的发展目标依次为：

① 自动遵守《国际海上避碰规则公约》。

② 自动封锁载人和无人威胁；武装无人海事系统，为侧方警戒提供支持（仅限国防部）。

③ 出现对峙威胁情况时利用无人海事系统协同作战；全自动船只、海岸装置警戒，海事威胁。

后勤无人海上载具无人海事系统未来五年、十年、十五年的发展目标依次为：

① 自动健康监控；连续性船只、海岸装置检测；自动船体清理（仅限国防部）。

② 自动无人海事系统预测；半自动水下燃料补给；自动重修表面和喷漆（仅限国防部）；自动化防护性船只、海岸装置维护（仅限国防部）；根据条件对无人海事系统进行维护（仅限国防部）。

③ 全自动船只与海岸操作（无操作员手动交互）；自动水下燃料补给。

指挥控制无人海事系统未来五年、十年、十五年的发展目标依次为：

① 整合了极端环境条件与无人系统能力和状态的近期预测规划系统；精准的自动化信息加工和信息提取能力，简化情报搜集任务。

② 为其他无人载具（无人机和无人海事系统）和载人船只提供行动建议；应拓展任务所需，整合了极端环境条件与无人系统能力和状态的先进预测规划系统；通信显示和工具能让人类操作员在与无人海事系统失联一段时间后快速、准确地掌握当前情况；从多个传感器源精准地自动加工和提取信息，简化情报搜集任务。

③ 为其他无人载具（无人机和无人海事系统）和载人船只提供自动化提示；应长航时任务所需，整合了极端环境条件、载人船只与无人系统（无人海事系统和无人机）能力和状态的先进预测规划系统；通信显示和工具能让人类操作员在与无人海事系统失联较长时间后快速、准确地掌握当前情况。

8.5 空间探索

为了维持生存，人类需要食物和水；为了维持贸易，需要运输产品；为了支持生产，需开采原材料，这些都表明机器人能为人类社会的安全、高效和可持续发展提供支持。除了简单的维持生存之外，机器人其实还可以帮助提升生活品质，支持人性中独一无二的特质：好奇心——希望探索并理解我们生活的世界和宇宙。例如：截至 2050 年的人口及粮食供给；气候变化（如同制造波音飞机一样制造风车）感知并监控环境以进行智能管理和清理；机器人海洋监测与探索；无人机空中交通管制。

① 机器人处理高风险材料。“高风险材料”的处理日益成为许多政府机构及政府公共监管倡议团体的担忧。政府机构中，最担心高危险材料的莫过于处理核材料和废物的相关机构了。因此，必须通过增强抗辐射、监控核辐射接触及定期更换元件等手段，妥善处理机器人系统在接触过程中累积的核辐射。机器人操控的起源可以追溯至 20 世纪 40 年代核能研究初

期，但如今现代机器人技术所面临的最艰巨的挑战和最难得的机遇仍然存在于这一领域中。众所周知，在核能远程操作中，环境的复杂性和危险性对操作的前期准备和监控有十分严格的要求，因此核能远程操作昂贵且缓慢。现代机器人技术为提升远程工作效率、扩大远程操作能够稳定完成的任务范围以及免除人类操作者重复和疲劳的工作提供了新的机会。机器人的创新范围非常广阔，例如能在大面积管道和处理设备中移动并寻找、定位残余铀的管道攀爬/爬行机器人，这种机器人将会非常有价值；能移除、分解和打包处理包含机密材料的大型处理组件的大规模拆除机器人，它们能够大大减少工伤，同时提高生产力；能增强人体承载量的外骨骼对减少工伤和避免暴露于危险工作环境中有重大意义。装备现代感应器的移动机器人能够大幅度优化解决方案，并能提升整改前后放射性和有毒物质的勘察速度。

② 机器人协助人类太空探索。在人类出舱活动前，利用机器人进行侦察有可能大幅度提高行星探索任务的科学和技术回报。机器人侦察需要在宇航员出舱活动前，利用一辆由地面控制或宇航员在飞船内控制的星球探测车提前侦察目标区域。侦察可以是：穿越型侦察（沿一条路线观察）；区域型侦察（观察某个区域）；勘探型侦察（系统收集横断面上的数据）；纯粹的侦察。

尽管轨道任务能生成许多高质量地图，但它们始终受到远程感应的限制。星球探测车搭载的仪器能够为地面观测和地下地质学提供补充，这在视野和精度上对轨道来讲都是不可行的。这些地表数据可用于优化接下来的人类勘探和任务，特别是减少目标和路线计划中的不确定性。此外，地表数据还可用于优化飞行团队训练，强化任务执行中的态势感知。机器人侦察对未来人类行星探索的巨大作用在上一次人类的登月任务中表现得非常清楚。如果提前用机器人进行侦察并确认了这种火山碎屑岩，那么火山口的太空行走就会有更多的时间。另外，行走路线也可以改为先行访问休提陨石坑。

③ 行星洞穴探索。探索行星洞穴的设想已持续了一个世纪的时间，但由于找不到入口，这一设想至今仍未实现。对起源、地理、生命迹象以及地表不存在的人类安全区的研究成了实现行星洞穴勘探的巨大动力。最近，人们在月球、火星上发现了数百个天窗，并且极有可能太阳系其他行星也存有类似情况。这一发现将找到行星洞穴的入口变为了可能。天窗是行星上被陡峭圆柱形或圆锥形石壁围绕的深坑，其中一些暴露了极为珍贵的地下洞穴入口。探索这些最近发现并从未被探索过的区域内的生命迹象、形态学及其起源的科学热情空前高涨。地表机器人技术和任务早在半个世纪前就取得了成功，但面对延伸至地下的石壁、在未风化的表面攀岩及在洞穴内移动，机器人的能力依然有所欠缺。洞穴内没有光也无法进行视线交流，因此需要新的交互界面和自主控制能力。探索这些洞穴和隧道需要能够实现的全新机器人技术。

为保持生产力的提升速度，机器人将需要在以下方面扮演重要角色。

① 精细农业——农作物。无人机和以无人机为基础的技术有几个应用较早的关键商业良机，精细种植业就是其中之一。利用无人机和相关技术能够从高角度全方位了解大面积农作物的生长情况，并绘制出农作物的需求图。现有的播种、灌溉、施肥和收割机械设备绝大部分都绑定了 GPS 导航，从而能够更好地进行定位。如此一来，利用机器人航空传感器为相关设备提供支持便水到渠成了。此外，高产值农作物（比如水果和坚果）检查工作也激起了地面机器人研究领域的兴趣。现已出现了多种测定病害、枯萎、成熟情况以及能够给予运输劳动支持的系统原型。

② 精细畜牧业——畜禽。人们对精细畜牧业的探索远不如精细种植业，但机器人辅助还是有许多大显身手的机会。和植物一样，动物对摄取适当食物和水分非常敏感，也会得病和受伤，进入生殖周期时也同样会打断正常的活动和生产。然而，相比于精细种植业，对精

细畜牧业必须更快做出相应回应。比如，绝大部分奶牛每天至少要喂食两次，喂食量根据牛群平均水平而定。另外，公众越来越重视动物的健康，以及在积极管理方式下有无过量使用抗生素的情况，进而引起了全国、全社会对代谢性疾病的关注。比如，酮病和酸中毒在美国的乳牛场非常普遍，这些疾病会影响牛奶产量和品质。

在环境监控方面，机器人也有非常广阔的发展和应用空间。

① 空气。我们可以利用无人机对大气中气体的浓度进行监控。只需给无人机配备传感器（比如电化电池传感器、金属氧化物半导体传感器）就能够用以检测空气中的多种污染物。各种类型的无人机［如固定翼、垂直升降（VTOL）、软式飞艇］，只要配备这些设备后就都可以使用了。近来，无人机领域取得的诸多进步，比如基于共识的聚束法（CBBA）、分散网络结构，使得空气检测任务更具有诱惑力。无线传感器网络（WSN）已经较为成熟，可以直接应用于空气质量监控。将无线传感器网络与多种无人机相结合，能够有效简化静态传感网络所面临的问题，同时为空气监控系统开发开辟新的道路。使用无人机本身有利有弊：有利在于无人机可以用户设定的间隔进行大面积监控，而且无人机可以前往遥远、难以到达的地方；而无人机使用的主要挑战就是联邦航空管理局（FFA）的限制以及在诸多场合需要考虑的个人隐私问题。将这些监控技术与云计算相结合也是一种发展方式，这样做能够将信息实时传输给接收者，并且通过云计算基础设施储存、处理大量传感数据，从而得出有用的结论。利用云机器人持续监控空气质量，能够为政策制定者、科学家和所有相关人员提供重要的空气质量数据，辅助其做出相应行动。

② 水。所有生命都需要水，我们的生存发展都依赖于水。不适当的人类活动带来了水污染，这不仅会扰乱一个生物群落，甚至有可能威胁人类的生命。正因如此，能够进行预警的实时水质监控系统就显得至关重要。目前，已有多个成功的技术原型，比如无人机、无人水下载具和无人地面载具采样器、便携式水下机器人等，都可用于水样、沉积物取样。这些技术原型将水生生物学和机器人研究相结合，使较高成本效益的采样器和监控系统成为可能。得益于强大的移动性和充电功能，无人机已经实现了在未知环境中进行现场水样采取的功能。利用无人水下载具可以对难以到达的下水管道进行水质监测，并且生成水污染程度的3D图像。同样地，无人水下载具在沉积物取样方面也有着强大的能力，该取样结果可用于监控和预测污染缓解程度。由于不受无线信号屏蔽的影响，无人水面载具是建立水感应网络的绝佳选择。目前，具备主动定位能力、能够适应极端环境并从环境中获取能源的无人水面载具已经被用于海洋甚至是冰封湖的监控。如今，云机器人的出现使得机器人水监控系统的研发可能性大为提高。通过电缆连接无人水下载具与无人水面载具，再配合多种精准传感器，无人水下载具在通信和自动导航方面的技术壁垒被成功突破，将能提供高维的24h实时近海取样结果。收集大量监控结果的数据库将基于机器学习为决策机制打下坚实基础。这种智能机器人监控系统得出的结论将成为政府制定公共政策和方针不可或缺的重要参考。

人类被好奇心驱使，一直以来就对探索未知有无限的渴望。自1958年成立以来，美国宇航局（NASA）作为国家机构在完成探索地球以外世界使命的同时，通过许多伟大的科学技术创举，一遍又一遍地证明了这一真理。我们现在对太阳系（及以外）的了解，很多都得益于机器人探测器、人造卫星、着陆舱和探测车的探索发现。这些机器人探索者们代表人类，穿越黑暗的外太空，前去观测、测量、造访遥远的世界。这些机器人配备有导向和观测传感器、控制和数据处理用机载航空电子设备、运动和定位驱动设备，已经在诸多行星轨道和行星表面完成了重要的科学工程任务。机器人、遥控机器人和自动化系统的研究为执行这些任务提供了必要的技术支持。美国宇航局发展机器人和自动化系统技术将会带来以下好处：拓宽探索范围，突破人类太空飞行器的局限；降低人类太空飞行的风险和成本；提高科学、探索和操作性任务的表现；优化机器人执行任务的能力；将机器人和自动化作为一种力量倍增器（比如每位人类操作员配备多个机器人）；强化表面着陆和飞行无人机的自主性与安全性。

① 驾驶载具方面达到与人类一样的表现。机械系统在耐受性和响应时间上的表现有望优于人类，而且多台机器可以实现同步控制。人类在飞行或驾驶时间上的安全限值对机器来说是不存在的。人类的响应时间再加上人机交互活动的时间，导致遇到紧急情况时相应措施会严重滞后。此外，人类在平行加工数据和同时控制多个系统时表现明显下降。不过，机械系统在处理极罕见情况，为从未遇到的事件提供解决方案以及学习新飞行技巧方面还是远不如人类。要想实现和人类一样（或更好）的表现，需要机器控制复杂系统的能力进一步提高，并且实现：不需要人类进行控制；在适当水平（即战略指导、意图等）时允许人类介入。

② 在零重力、微重力和重力降低状态下到达极端地域。目前，有一些极端的月球或火星地形载人探测车仍然无法到达，需要人类提前停车，穿戴宇航服步行前进。在微重力情况下，小行星和彗星表面或邻近区域的运动技术目前尚处不发达、未经检验的阶段。像国际空间站这样的复杂太空结构，仅限使用空间站遥控操纵系统（SSRMS）进行攀登或定位。挑战就在于要开发出能够进入这些区域的机器人，或打造新的载人移动系统，将人类送入这些颇具挑战性的位置。除了优化机械和动力，要想征服这些极端地形，还需要在机器人感知（传感器和算法）与载具控制（伺服、战术与战略）能力方面获得巨大的进步。感知能力对于检测和评估环境障碍物、有害物和限制（比如需驾驶通过的地方、需要抓取的地方等）极为重要。

③ 锚固于小行星和非协作物件。在太空锚固于物件之上，要求机械手或对接机构进行双向六轴锚定。锚固在小行星上是一项全新的技术。用于锚固在人造物件上的方式可能并不适用于小行星，因为相关技术所依赖的特性在自然物件上是不存在的，比如引擎铃。同样，锚固歪斜物件的技术难题也尚未攻克。

④ 超越类似于人的精细操作。人手的能力一般，而机器手相同或更优越的抓取能力，能规避机器人接触物件时所需的复杂交互界面，并根据具体任务要求不同提供相应的感知工具。灵活性可通过以下参数进行测量：抓取类型范围、尺寸、强度和可靠性。这方面的挑战包括在开发驱动性和传感能力时需要克服基础物理学第一定律的限制。同时还有一些其他方面的挑战：两点辨别、沟通定位、内外驱动、后退驾驶能力和屈从性、速度/力量/动力、手/手套覆盖不会削弱传感器能力/减弱运动，但可以增加操作尖锐粗糙物件时的坚固度。

⑤ 全浸、触觉远程呈现、多模态传感器反馈。远端呈现是这样一种状态：人类能够真切地感到自己处在远处机器人工作场所的一种状态。要实现这一技术需要：全浸呈现、声效、触感甚至是味道。发展过程中所面临的挑战包括：开发能够向人类手指施压系统时需克服物理学第一定律，能够保证长时间全浸远程呈现的显示设备，以及人们在走路或佩戴装备进行远程呈现任务的同时也可使用的系统。

⑥ 人机意图理解与表达。自动化机器人有着复杂的逻辑状态、控制模式和条件。与机器一同作业的人类往往难以理解或预测这些状态。配以灯光和声音的确能帮助人们理解或预测这些状态，但我们需要机器人能够做出符合社会性的行为，这样相关人员不用接受预先培训就能理解。同样，机器人仍然难以通过姿势、视线方向或其他人类预期行为表达方式理解人类意图。为了优化用于太空领域人机交互的质量、效率和表现，有一项关键性挑战需要攻克，那就是让人类和机器人能够有效表达（交流）各自的状态、意图和问题。无论人机之间距离远近如何，这一点都非常重要。

⑦ 在极端条件下进行集结、临近作业和对接。集结任务包括在不降落或对接的情况下的目的地飞近探测。临近作业要求在目的地附近悬浮并保持相对速度为零。对接时，闭锁机构与电力/液力耦合器将变成融合状态。主要挑战包括在任何光照条件下集结和对接，由近至远依次作业以及在一切条件下实现对接。

8.6 研究路线

本节主要概述机器人所有应用领域的主要研究挑战和机遇，并阐述了未来五年、十年、十五年的目标。

(1) 机制和致动器

机器人的构造正在改变。过去的机器人，致动器通过刚性构件安装在关节处。虽然采用这种设计方法的机器人仍然可以完成许多任务，但新制造技术、新材料和新构造范例将开发出全新的应用领域并带来相应的经济影响。统筹致动器、机制及控制设计开发出紧凑型系统，其能力和能效都将大大提高。

新制造技术：增材制造（3D打印）技术使机器人设计大众化，任何人都可以使用打印机打印出复杂形状和精密结构。机器人设计的大众化使新型材料、传感器/致动器与机器人结构元件的整合成为可能。2D平面制造工艺，比如激光切割，正被用于创造灵感来源于折纸艺术的复杂3D几何形状。基于微电子机械系统（MEMS）的制造技术使制造真正的微型机器人元件成为可能。增材制造技术不仅可以用于生产有用的组件，而且作为制造过程的一部分，它还可以用于生产其他材料的模具，或用于生产复合结构的模板。

新材料与建构范例：3D打印部件和在3D打印模具中成型的软聚合物（有时与其他材料形成复合结构）很可能用于创建机器人设计的新范例。这些部件与材料能让机器人设计更柔软、更具生物特性，而不只是坚硬的金属机械。虽然这一领域尚处于早期阶段，但很显然，软材料比硬材料在抓取、操纵、牵引以及其他许多物理性交互任务方面表现更佳。软材料所具有的复杂动力学特性既是其长处，也为其应用带来了挑战；比如用软材料制作机器人手指，将利于机器人执行抓取动作，但同时，相应的建模、传感及致动器又成为一大挑战。继续开发软材料必将带来新的传感器范例、新的致动器和传动装置（比如液压气囊），同时更有利于机器人运动的控制方法与动力学的集成。

统筹致动器、机制与控制设计：机械装置、致动器的动力学原理以及控制它们所需的算法之间存在复杂的相互作用。智能机械设计可以直接解决或帮助解决一些算法问题；但只有动态控制问题的子集可以或应该在软件中解决。以一个简单的情况为例，类似弹簧的行为可以通过物理弹簧或致动器实现。但是不同的方式具有不同的意义：如果直接由致动器执行，致动器的转矩限制、巨大惯性、速度限制或其他固有致动器动力学问题都可能造成执行效果不佳；而且，传输损耗和其他致动器损耗也可能导致效率低下。然而，若用物理弹簧来执行，虽可能解决一些问题，但它也限制了设备只能执行类似弹簧的行为，而无法进行其他行为动作。一旦使用物理弹簧，那么无论是控制器开发阶段需要做设计修订或是需要机器人处理不同的多个任务（有些任务可能不需要类似弹簧的行为动作），它的行为动作都难以轻易变化了。这个例子说明统筹算法、致动器和机制的设计能够让机器人完成新任务，并且在性能上远超传统机器。致动器、制造和构造范例的新技术将协同推进机器人技术的发展，而控制算法、硬件和致动之间的界线也将变得越来越模糊。

(2) 移动和操纵

① 移动。在现实世界中，移动是通过感知、规划和新移动执行部位（四旋翼、有腿机

械、游泳机器人）完成的。虽然近年来移动性的各个方面都取得了很大的进展，但依然存在很多问题，进一步发展将能使其应用于所有的经济领域。机器人将和汽车与智能手机一样随处可见、十分有用，同时扩大移动化智能与信息的能力，并将其应用于现实世界中的实体交互之中。

新移动执行部位：机器人应该能够到达人类可以到达以及人类无法企及的地方。在美国国防部先进研究项目局（DARPA）机器人挑战赛（DRC）以及福岛第一核电站事故中，即使是最先进的技术，都仍有其局限；福岛第一核电站发生事故后，面对如此紧急的情况，没有任何机器人能够进入核电站对事故情况进行评估。2015 年美国国防部先进研究项目局的机器人挑战赛上，最先进的类人机器人在执行转动阀门、使用手钻和开关电源等任务时，速度都远远比人类要慢。此外，机器人挑战赛中的机器人很大程度上依赖于预设动作，因此在执行与灾害应急响应相关的模拟任务时，缺乏自主性。我们还了解到，即便是一系列极为简单的任务，机器人所表现出的可靠性也非常低。因此，要让移动机器人能敏捷、可靠并高效地完成任务，还需要大量的努力。

步行运动的研究不仅适用于移动机器人，还适用于人类运动。动力外骨骼和假肢发展迅速，但同样还有很大的改进空间。机器人外骨骼和假肢若达到了和人类肢体一般的敏捷度和高效性，将对数百万人的生活质量产生重大影响。几乎所有的运动和物理交互方式，包括游泳、飞行及行走，我们都能从动物身上汲取许多灵感。因此，对于仿生技术的持续研究仍然十分重要。仿生不同于生物模仿——没必要完全复制动物形态，而是理解其原理，使用不同的方法和工具将原理应用到工程化系统中，从而在移动性、感知和规划方面超越动物。

感知和规划：博物馆导游和自动驾驶汽车展现了自主移动的新能力。然而，还有一些很重要的问题尚待解决。与会者认为 3D 导航是移动领域最重要的挑战之一。目前，大多数绘图、定位和导航系统都是以二维的方式呈现的，比如街道地图或平面图。随着机器人应用的复杂性增加，机器人必将被用于日常环境之中。而日常环境中人来人往，非结构化程度更高、受控程度低，所以 2D 方式将不足以获取一般任务所必需的各方面信息。因此，对于机器人而言，感知三维世界模型并用于导航和操纵将十分重要。这些 3D 模型不仅应该包含世界的几何布局；而且，其地图还应包含任务相关的对象和环境特征的语义信息。现在的机器人十分了解事物“在哪里”，但却不知道“是什么”。当移动性服务于操纵执行时，环境表现还应该包括物件可供性，即在实现语义 3D 导航时，机器人知道使用哪些物件需要在感测、感知、绘图、本地化、对象识别、可供性识别和规划方面采取新方法。其中一些要求将在本章节的后文中进行更为详细的讨论。与会者还认为在人群中实现安全导航是移动性的一项重要挑战。

② 操纵。服务型机器人应用都需要机器人能与其周围环境进行实体交互，比如开门、拾取物体、操作机器和设备等。目前，自主操纵系统在精心设计与高度受控的环境（比如工厂车间和装配单元）中能良好运行，但是无法应对开放、动态和非结构化的环境，无法处理环境变化和不确定性因素。大多数现有操纵算法的基本假设不符合目标应用领域要求。开放、动态和非结构化环境中进行抓取和操纵时，应当尽可能地利用环境的先验知识和模型，但是当先验知识不可用时，应该仍然可以执行任务。所以，真正的自主操纵在于，机器人在没有环境模型可用的情况下，能获得足够的任务相关环境模型。这就是说，大多数现有方法，只是注重规划和控制。相比而言，感知将成为自主操纵研究的重要部分。新的机器人臂手、触觉感测以及高精度物理现实模拟器对于实现自主操纵具有十分重要的作用。机器人手臂技术在人类安全型制造用机器人手臂方面未来五年、十年、十五年的发展目标依次为：

a. 增加用于简单制造且属人类安全型机器人手臂的应用。

b. 机器能与人类搭档，包括传球与其他物理合作。

c. 尽管能力有限，但机器人已在制造业中与人类广泛合作。

机器人手臂技术在如人类一般的行走与奔跑方面未来五年、十年、十五年的发展目标依次为：

a. 试验机器人独立进行室内室外行走。

b. 对于腿部运动科学理解的提高将促进高效、灵活的行动示范。

c. 首次在商业与军事领域应用，包括物流和远程呈现。

（3）感知

感测与感知对机器人的所有方面，包括移动性、操纵以及人机交互都有着至关重要的作用。与会者相信，感测与感知的创新将对机器人技术的发展速度产生深远影响。同时，他们也坚信，新的传感模式以及现有模式更先进、更高分辨率、更低成本的版本将是重要的发展方向。比如，与会者期望通过密集的3D范围感测（包括激光雷达和RGB-D感测）促进操纵和移动性的发展。在宽广环境中的鲁棒性和精确性对于进一步发展至关重要。要推动灵巧操纵的发展，需要为机器人手臂配备如皮肤触觉的传感器和用于短程感测的深度和外观专用传感器；还有其他传感器，比如声学传感器和安全专用传感器。这些传感器应用形式多样，比如范围或热感测可以检测人类的存在，或者作为致动器的一部分通过特殊转矩传感器检测机器人及其环境之间的意外接触。用于整个机器人机制的皮肤状传感器也属于这一类别。

在极为复杂的高度动态环境中，比如受到白天和黑夜之间差异以及雾、霾、阳光等的影响，要获取感知，必须对传感器模型传递的数据进行接近实时的处理和分析。需要开发能够长期（数周，数年）适应的感知方法，发展高级物件模型构建、检测和识别，同时优化场景理解，提高检测人类活动和意图的能力。使用多种模型（比如声音、3D范围数据、RGB图像、触觉）的集成算法也十分重要。与规划算法配合良好并考虑到动态物理约束的特定任务算法也同样亟待发展。比如，要想在人类环境中处理需要灵活操作的任务，用于可供性识别的新算法就尤为重要。创建情境感知模型在机器人感知算法中的作用也同样不容忽视。

机器人正慢慢开始在无约束环境中作业，为此，我们需要开发稳定的感知功能供其应对环境变化。感知对于导航、环境交互以及与系统附近的用户和对象进行交互有着至关重要的作用。现在的感知注重复原几何、对象识别和语义场景理解。我们需要开发的不仅仅是识别和几何算法，而是能感知任务相关实体［如物件（刚性和弹性）、桩、环境或人］特性的算法。相关特征包括材料特性、对象可供性、人类活动、人与对象之间的交互、环境的物理约束等，这些都是开发机器人先进能力的必要条件。

有的计算模型能够处理不确定性和基本感知能力延展性，同时在任务相关框架下整合这两种特性，这也是亟待进一步探索的领域。

机器人感知未来五年、十年、十五年的持续研究与开发目标如下：

① 感测与感知算法应该整合信息，以便在大规模环境中稳健运行。机器人将能够感知各种环境和物件与任务相关的特性，并且能够在杂乱的环境中识别、定位并搜索数千个物件。

② 静态环境中的基本操作功能将扩展到动态环境之中。自此，机器人系统将能够感知动态事件和人类活动，以便向人类学习并与人类合作。同时，还需要开发特定领域的机器人特定感知算法，比如灵巧操纵、移动性、人机交互和其他任务。对于部署需要长时间操作的系统来说，需要开发大规模学习能力以及能够提高感知能力的适应性方法。

③ 集成多种感官模型（如声音、范围、视觉、GPS和惯性）的机器人能获取环境模型，并使用模型进行导航、搜索并与全新物件和人类进行交互。重点将是通过探索和/或与人类

进行交互活动，调整适应感知能力，从而在杂乱的动态环境中长时间作业。

(4) 形式化方法

自动系统，比如无人驾驶汽车和送货无人机，已经成为了现实。现在机器人的主要挑战将是开发出具备安全和可靠自主性的方法和工具。这需要明确安全机器人的行为范畴并给出安全操作的明确假设。形式化方法是用于推理系统及其需求的数学方法。这些方法通常在正式规范中使用数学逻辑捕获期望的系统行为，并且使其能够进行验证、综合和确认；验证是确保给定的系统模型能满足其规范的过程，综合是根据规范生成正确构建系统的过程，确认是确保物理系统（不仅其模型）满足其规范。这些方法对于全球机器人部署至关重要；它们将成为认证机器人系统、保障机器人安全性和可预测性以及实现机器人“内省”的基础（“内省”即机器人向人们报告其自身行为成功或失败可能性的能力）。在过去几年中，这些方法已被用于验证、构成大量复杂机器人的属性，比如阿特拉斯人形机器人。碰撞规避算法已被证实，在森林中进行高速飞行的控制器已经自动生成，人机交互也已经得到了正式定义。未来的研究方向包括以下几个方面。

① 闭环系统的合成和验证：包括不确定性和动态环境。机器人在动态环境中工作，根据传感器收集的杂乱信息做出决策。在极端情况下，任何机器人都可能无法成功执行任务；比如，自动驾驶汽车可能会在暴风雪中驶离其车道。接下来的一个挑战是开发形式化方法，使其能整体地进行感知——致动循环推理，并将机器人和环境状况的不确定性纳入考虑范围。这将帮助人们理解机器人操作的限制——在哪些环境中机器人能顺利完成任务，什么条件下它们会失败以及应该何时使用机器人。

② 安全行为退化。通常，当机器人发生故障时，它们的任务肯定会失败，出现自动驾驶汽车可能会撞到障碍物、类人机器人可能会跌倒和飞行机器人可能会坠地等情况。形式化方法可以监控机器人的行为，推理预测即将发生的故障并采取故障弱化策略，以保障机器人故障时也能处于安全状态。

③ 形式化方法与学习。机器学习研究的深入对机器人技术有着重要影响，对开发物理环境中指导、量化和验证算法操作性的技术也同样越来越重要。形式化方法将能够推理算法的稳定性，监视机器人的行为，检测实际与预期之间的偏差，并提供能用于训练的附加输入。此外，形式化方法还可以强化对学习过程的约束，从而实现“安全学习”，即系统能保证在学习时满足特定的属性。在诸如软件验证等其他领域中，形式化方法在强化工具以处理现实问题方面已经取得稳步进展；然而，在机器人技术中，形式化方法还没有形成完整的系统规模。机器学习的进步可以用于扩大验证与合成相关技术。现已出现两个不同的研究方向：如何在满足安全的同时进行学习以及开发安全学习方法。

④ 人机交互和协作的形式化方法。随着机器人从工业部门进入平常家庭、工作场所和医疗保健领域，它们与人们的互动和合作也越来越多。接下来的挑战是如何为这些交互与协作从形式上进行建模，给出包括个人角色的规范，并验证或合成完整系统——交互活动背景下的机器人行为。该方法将能够回答诸如下列问题：在共享自主的情况下，机器人何时需要更多控制，什么时候应该给予更多的人为干预？对于辅助设备，机器人如何只在人类需要它们的时候才给予帮助？机器人如何从交互过程中的人类行为中推断出人类是否受伤，机器人是否应该接手？

(5) 学习与适应

感知和规划/控制使得机器人能够估算环境的状态，决定采取什么行动完成应该完成的任务，比如包装货物或给老年人端茶送水。然而，它们仅在满足一定的假设时才能运作：机器人需要动力学模型来判断动作将如何影响状态，并通过传感器模型感知其观察到的一切，还需有清楚指定的目标或奖励函数从而实现最优效果，同时问题领域要小或结构化，从而使机器人能运行规划和感知算法，在适当的计算时间中给出解决方案。

在实际应用时，这些假设不是总能全部达到的。手术机器人可能需要使用新的工具，不知道如何为目标组织和新工具之间的交互进行建模。人类环境的不确定性可能使服务机器人无法在合适时间内计算出适当的策略。个人机器人可能清理了房间，但其主人并不满意。有可能用户会将机器人放在衣柜里再也不使用了。当工厂出新产品时，工厂机器人可能需要执行新的任务，而与其之前编程好的功能不符。机器学习有可能帮助机器人适应这些情况，使它们能够从自己的经历中汲取经验，向人类学习，进而不断优化。

① 示范学习。无须专家对机器人进行重新编程来执行新任务，通过演示学习，就可以使终端用户（工厂工人、服务工作者、消费者）自行教导机器人应该去做什么。目前，我们可以通过“运动知觉”向机器人展示如何完成某项任务，即通过亲自示范，引导机器人模仿人类动作并做出相应调整，比如获取新目标或避开障碍物。其余挑战包括提取任务结构（识别任务的目标和子目标），处理运动学（学习机器人需要应用的力）以外内容，通过直接观察人类进行学习（相对于依靠动作示范）。为了使非专业用户能够更加容易地使用演示学习算法，还需要在这个领域做更多研究。此外，学习和适应人们对任务的偏好也十分重要：机械地完成任务有时候并不是最重要的，特别是对于协作和服务型机器人而言，适应终端用户的需求才是重中之重。

② 强化学习与深度学习。近年来，有一个研究方向获得了巨大成功，那就是直接从经验中学习的学习策略。机器人通过实际练习执行任务，直接学习如何调整状态并采取相应行动。这种方式可以绕过周边环境规划、感知和建模，或者可以强化用于建模和加速规划的学习能力。通过深度学习所掌握的策略能带来惊人的结果，机器人（或人工智能系统）在玩雅达利游戏时已经能够达到与人类同等的水平，或是在围棋上战胜李世石。计算机视觉、语音识别和自然语言处理等其他领域也从深度学习过程中获益匪浅。然而，现实世界远远不是结构化的，是一个拥有许多不同状态和动作的连续性高维空间。机器人需要在实际行动中获取数据，而不仅仅是通过模拟来改进。因此，虽然这些新的学习范例可能会大大提高机器人的性能，可要将其应用于实体机器人，帮助其更好地处理复杂任务又为研究带来了各种各样的挑战。这些挑战包括：准确评估学习系统的不确定性，纳入新的任务领域，在数据昂贵且缺乏的领域进行学习，以及将基于模型的推理和深度学习相结合。

(6) 控制和规划

未来的机器人需要更加先进的控制和规划算法，确保其能够处理单一或多个代理系统，比目前的系统更有能力应对更大的不确定性、更宽泛的公差和更大程度的自由度。机器人需要在任何环境（从极端环境中的全自动化作业到在家庭或办公场所与人类协作）中实现安全、可靠作业。移动基座上的机械臂将会配备末端器，可以在非结构化的受限环境中有效规划，稳定地完成操作和抓取任务。这些机器人将会拥有 12 个自由度。另外，仿生人形机器人会拥有 60 个自由度用以控制和协作。而另一个极端是多智能体批量机器人，虽然不需要实体连接，但仍然需要几个到几千个代理系统的协调作用。

过去，控制和规划属于两个独立的问题，而如今的控制和运动规划需要协同解决。有效的规划方式需要考虑到代理系统（手臂、探测车、无人机等）和任务（操作、行驶、飞行等）的低等级控制器，利用全新的数学拓扑技术和新晋基于样本的规划方法，有效搜寻能够帮助其定义所处环境和交互活动的相关高维空间。

① 不确定性下的任务和运动规划。机器人能使用传感器观察周边环境，使自己适应其中，然后制定行动规划以实现目标。由于传感器精度不够，算法的设计必须准确，这样才能

确保机器人在不确定性下仍然能够安全、可靠作业。虽然近些年相关方面取得了一定的进展，但是目前的方式只能在相当结构化的环境下处理一些简单任务。我们需要进行更多研究，进一步发展规划算法，使其可以在信念空间处理非结构环境下的实际问题。这些方法必须能在接近人类和与人类协作的情况下进行实时作业。同时还要能利用不完全、不准确、非连续的传感数据提供安全、可靠的作业保障。最后，虽然任务和运动规划一直以来都是两个独立门类，但是要想进一步提升机器人的自动化程度，使其成为非结构化环境（比如家中）中的得力助手，我们必须将任务和运动规划有机结合，放置于不确定性下进行考虑。

② 从规范到部署。控制系统的设计很大程度上依赖于理想化的实体模型，而这些模型的表达形式通常是微分方程。由此得出的控制器必须应用于有限精确度和离散时间计算基质之上，在充斥着杂乱传感器和致动器的真实环境下进行部署。要想大幅度缩短设计周期，需要以恰当的方式自动地填补理论与实践之间的鸿沟，为此需要使用许多工具和方法，包括：形式化方法、混合计算模型、对动态真实环境实时适应的控制协议。

③ 约束环境下的控制和规划。机器人控制规划的约束有很多种形式，不仅有机器人可达范围的物理约束、约束工作区域的障碍物、与敏感材料交互时的力量约束、机器人的电力/资源约束，还包括限制了机器人驱动的动态约束。目前，在拥有合理确定性的静态环境下执行短期任务和微幅运动时，使用约束优化方法能够有效地优化这些约束条件。然而，手术、服务和生产领域都会涉及耗时长、任务序列多的动态环境。因此，机器人约束优化的下一步工作就是将约束任务有效地纳入规划算法之中。这种算法要能够提供连续且相互联系的运动，对动态约束做出预测和反应，从而确保在耗时长的任务中保持性能的稳定性。

④ 操作。在现实世界中，操作和抓取是两项基础能力——机器人要能够开关门和抽屉、拾起、移动或推动物件、使用工具、操作方向盘、重新配置或与环境进行交互。目前的算法只能处理一些相对简单的情况，比如设计小型规则几何形状和准静态运动等低自由度问题。在复杂的特殊几何形状抓取规划和测量上，还需要进一步研究。同时，改进技术将利于机器人完成联系任务、操作可变形物件、执行非抓取动作、使用工具以及进行动态运动。为了确保作业的安全性，还需要相应的系统稳定性和故障检测与恢复策略。

⑤ 动态环境。动态环境包括敏感环境中的操作任务，这种环境中有人类或其他机器人的存在，机器人无法准确判断可移动障碍物的运动情况。目前，小范围内（一个或少量障碍物和智能体）动态环境建模方面取得了巨大的进展。这种环境下的障碍物和智能体通常会沿着已知路径移动或重复相同行为，因此可以通过简单的程序模型对其进行建模。在这些低维环境中，机器人可以有效地做出长期计划。然而，这方面仍然存在挑战——延展性（大量不同的动态物件和智能体）和不确定性（复杂或不可预测的动态）可能会要求机器人系统做出实时重新规划和调整。

⑥ 多智能体协调。多智能体协调（即一组机器人作为一个整体协同工作）的应用领域十分广泛，包括生产、库存管理、网络覆盖、疾病监控、建筑等。多智能体协调完成工作的灵感很大一部分来源于自然。进化算法和去中心智能化使机器人能够完成许多复杂的行为，但短时间内整合出最优行为仍然是一项挑战。而且，这些行为一般应用于同质智能体中，但现实情况是部署异质智能体能够让规划过程更加实用、更加灵活。集中式智能可以提供双向交流方式并为多个智能体进行中央规划。然而，如果单个智能体需要本地控制器快速做出回应或在意外事件中保持稳定性，那么这些方法在实时工作中还是会有些问题；而且，如果每个智能体都需要能够与其他智能体交流、协作，硬件方面也会有所受限。

未来的研究将进一步探索能够利用集中式智能与局部特性梯度的实时协作方法与能够归拢最优行为的形式化方法，并将二者引入异质智能体在与其他机器人共同执行复杂序列任务时的规划过程中。机器人的控制和规划技术在不确定性下整合任务和运动规划、优化约束、操作、从规范到部署、动态环境、多智能体协调等方面未来五年、十年、十五年的发展目标依次为：

a. 处理结构化环境中简单任务的实时算法；短时间范围内将实体/系统约束整合入控制器和运动规划器之中；在真实场景中稳固抓取简单几何形状物体，操作简单的可变形物体；依据设计和实时控制代码调整的可行性计算模型；简单线性或重复模型以外的动态过程建模，围绕这些模型进行控制和规划；依据高层次规范自动生成分散控制算法。

b. 处理结构化环境中现实任务或非结构化环境中简单任务的实时算法；长时间范围内将实体/系统约束整合入控制器和运动规划器之中；抓取复杂、特别的几何形状物体，使用简单的工具；关键性安全机器人应用的正式确认；对有多个动态成分的高维空间进行预估和规划；在现实环境中稳固部署多机器人系统。

c. 处理非结构化环境中现实任务的实时算法；对在已知约束条件下独立操作的优化自动机器人智能体进行商业整合；稳固抓取并操作复杂的可变形物体，有效使用工具；关键性安全应用机器人解决方案大范围商业化；应用于动态物件和环境的语义模型，使机器人能够进行复杂的行为，比如非抓取任务；商业上可行、人性化、模块化的多机器人解决方案。

（7）人机交互

未来的机器人将在许多应用领域中实现与人类协同工作。机器人和其使用者之间将会存在多种交互形式：从受过训练的工厂操作员一人监控多个生产机器人到老年人接受康复机器人的悉心照料。不同的用户在背景、受训程度、身体和认知能力、接受新技术心态上都有着巨大的差异。机器人产品不仅需要直观、易用，能够回应使用者的需求和状态，还必须考虑到用户的这些差异，将人机交互（HRI）作为机器 人技术发展中的一个关键研究领域。考虑到不同的人机交互、具体应用的需求和使用领域，本研究领域共可分为以下八大挑战。

① 界面设计。有些领域的机器人系统或产品，比如搜救、太空和水下探索、制造以及国防，可能会通过计算机界面向用户呈现信息或要求用户输入相关信息。这些领域的人机交互活动可能是远端活动，机器人与其使用者可以不在同地，可能由一名操作者监控数个机器人。这些应用要求界面能够直观有效地向用户呈现关键信息，提供清晰、易理解的控制系统。用户界面还必须是可扩展的，从而适应不断增加的任务复杂性与人机团队的复杂性。过去三十年来，计算机界面获得了极大的发展，而机器人界面才刚刚起步。我们还需要进行大量研究，发展能够直接应用于人机界面的原则和指导方针。

② 理解、建模与适应人类。机器人系统和产品必须能够理解、识别其用户的行为、意图和认知与情感状态。要让机器人具备这些能力，我们还需要进行广泛的研究，开发能够感知和理解人类心理与行为的技术，以及在不同任务、应用和领域中都可用于理解感知的模型。机器人需要能够识别并理解它们所感知到的内容，还要能够预测用户的意图，从而主动规划自己的行动，提供协同交互支持。此外，机器人还必须能够适应用户行为的变化以及不同用户之间的差异，这就要求进一步开发适应行为和定制化模型。

③ 社交能力。在服务、健康、制造及其他领域应用机器人技术时，机器人还扮演着特定社会角色——伴侣、教练、教师、同伴、看护人，扮演这些角色时机器人可以利用人类社会交互活动作为人机交互的基础范式。因此，社交机器人必须能够理解人类的社会行为，同时也表现出符合人类交互规范的社会行为。要达到所需的社交能力，机器人还需要掌握以下关键能力：进行复杂对话、理解和生成丰富的非言语暗示、理解和表达情感。相关研究将进一步推动认知、集成、言语与非言语交互对话模型的发展，让机器人更多地掌握社交技巧和模型，从而适应不同环境下的不同准则。

④ 协同系统。用于工作环境、医疗保健、关键任务的辅助型机器人（比如用于生产、康复和太空探索的机器人）需要与人类组成人机团队，协同合作，完成组装、康复和探索任务。在这些情况下，机器人不仅需要所执行任务的详细模型，还必须能够识别、追踪、参考并辅助人类搭档所采取的行动。它们还必须将这些能力应用于意外频发、任务模型发生改变、人类偏离任务原定计划或有意外表现的动态环境之中。推动机器人系统实现有效协作的研究必须进一步发展相关方法和模型，让机器人能够感知并理解不断变化的任务环境与人类搭档，并根据任务调整自己的行为。

⑤ 以机器人为媒介的通信。除了代理、助理和协作者之外，机器人产品还能够扮演通信媒介，促进人与人之间的交互活动。比如，远程呈现机器人能够帮助相隔很远的人进行交互和沟通，其形式远比短信、视频和音频丰富得多。试点部署的远程呈现机器人已经显示出了这方面的卓越能力，它们能够让医生在医院诊断别处的病人，或让患有慢性病的儿童进入课堂接受教育。我们还需要继续研究，整合这些系统与其所处环境，优化两端用户（远程操作者和现场的个体）的交互活动，解决隐私、安全性、公平利用等问题。此外，相关技术必须拥有良好的自主性和精心设计的用户交互界面，这样才能在不剥夺主要用户控制力的情况下，实现更大的机动性、更流畅的沟通以及广泛普及。

⑥ 共享自主性。将自主性引入局部操作或远程操作来帮助用户执行任务，相关研究领域将此称为“共享控制”。共享控制能够确保不同领域中操作者的表现更加准确、可靠和稳定。比如，共享控制技术能够让外科手术机器人帮助外科医生减少手术过程中的震颤、辅助瘫痪病人进食，远程呈现机器人可以在确保用户安全和舒适的情况下进行偏远地区导航。在这些情形中，机器人可能并没有用户目标的模型，只能依据目标预测调整直接控制信号，使任务成功的可能性取得最大化。该领域的研究必须开发出有效方法，让机器人能够利用用户广泛的控制信号，包括控制界面输入和脑机界面，从而实现复杂情境下的多层级共享控制。

⑦ 长期交互。在美国，汽车、电脑和工业机械的平均寿命分别是 11.5 年、5.6 年和 10.5 年（数据来自 2014～2015 年）。机器人的寿命应当与上述三类产品相似，能够为用户提供帮助，保持与用户的交互活动近 10 年的时间。然而，和这些产品不同的是，机器人能够根据不断变化的需求、行为模式和用户在不同时期所具备的能力进行学习和适应。目前，在如何让机器人保持长期交互、学习新任务、了解用户模型、熟悉交互策略和将所学内容传输给自己的替代品等方面的研究极少。要想具备长期交互能力、理解人类预期、能够对使用了 10 年甚至更长时间的产品和系统给予回应，我们还需要进行广泛的研究、开发和纵向的实地测试，进一步推动相关技术发展。

⑧ 安全性。要想让机器人在多个关键领域融入人类环境，不仅需要机器人具备可接受程度的内在安全性，还需要机器人的用户，也就是人类制定恰当的标准、法律指导方针与社会准则。相关标准的发展，比如 ISO 10218.6 和 ISO/TS 15066—2016 就能从机器人在人类环境中工作的安全性出发，对相关行业进行指导。然而，我们还需要进行广泛的研究，设计、制定出机器人在各种场合下必须遵守的准则，比如：在人类环境中进行导航时，与用户进行交互活动时以及解决与其他机器人和用户的矛盾（比如为了确定优先权、责任等）时。由于关于人机交互法律框架的发展经常被视为超出了机器人研究的范围，研究社群可以指出恰当标准和指导方针的发展是为了更好地满足客户预期、使社会准则成为机器人产品和系统设计中的一部分。

人机交互技术在界面设计，理解、建模与适应人类，社交能力，协同系统，共享自主性，长期交互，安全性等方面未来五年、十年、十五年的发展目标依次为：

① 机器人界面开发可概括的基本标准和设计指导方针；机器人可以根据有清晰模型的

任务和环境中的基本人类行为、任务动作以及意图来识别并调整自己的行为；机器人能够进行基本对话、识别基本的用户状态以及在受控和半受控环境中表达内在状态（比如教室、复健中心）；在有明确计划的情况下，机器人可以作为有效的协作者，处理所需的感知、操作和沟通任务；共享自主系统可以整合用户输入的多种显式形式，执行用户指导的动作，为用户提供不同等级的自主化程度选择。

② 拓展性（不同的用户、任务复杂性和长期交互）发展的可达性标准和准则；在半结构化的任务和环境中，机器人快速学习并更新用户模型，处理感知、建模和适应性问题；机器人能够处理对话时的突发事件，适应用户状态，在半受控环境（比如企业大楼大厅）中无缝融入社会行为；机器人可以快速学习并借鉴和创造任务模型，根据任务中的突发事件随机应变（比如工具丢失），根据不断变化的任务相关物件与环境识别并调整自己的行为；共享自主系统能够识别隐式的用户输入，确定用户目标，采取积极的学习方法让用户参与实现目标的过程，选择所需的自主化程度。

③ 授权并为工具编程处理机器人界面支持标准、实现拓展性目标并解决安全和隐私问题；机器人可以在不受控的环境中，根据采用不同对话和社交策略的用户调整自己的交互行为（比如公共场合、现场和灾难环境中）；机器人不仅能够识别，还能预测突发事件、用户错误以及人类协作者能力的变化，并采取行动防止这些情况发生或将其影响降至最小；共享自主系统能够整合用户多种形式的隐式和显式输入，快速为用户目标和可能出现的错误建模，在与其用户沟通过程中根据需要自动调整自主化程度；机器人能在不受控的环境中，以多年为单位为任意数量、能力不同的用户提供具有适应性的功能；依据对长期使用和与部署系统交互的理解完善准则和标准，旨在实现机器人和社会的无缝融合，确保机器人在不受控环境中面对多样化用户时能够保证安全、有效和合意的功能。

（8）多智能体机器人

从稳定性和有效性来看，数量就是优势，即在多个应用方面，相对于单个机器人而言，部署机器人队伍具有明显优势。即便某个机器人发生故障，任务仍将继续进行。同时，在较大空间区域部署机器人，将能更有效地进行覆盖；或跨多平台分配机器人，将能形成灵活适用的机器人系统。多机器人系统应用领域广泛，包括制造业和仓库管理、网络覆盖和灾难监测、建筑机器人、农业机器人等。多智能体协调完成工作的灵感很大一部分来源于自然。进化算法和去中心智能化使机器人能够完成许多复杂的行为，比如，让机器人团队组装几何形状物件、覆盖区域、跟踪边界立方体或发现并跟踪入侵者。尽管已经取得了不少进展，但是要在真实环境中持续、稳定、有序地部署大型机器人团队，仍有许多研究问题需要解决。

① 分布式控制与决策。从根本上说，多智能体机器人之所以如此具有挑战性，是因为单个智能体或许只能获取仅限于自己可以测量处理的信息或是周围智能体的共享信息。因此，必须开发出分布式决策算法，将有限信息统筹起来，将局部规则集合从而达到预期的全局行为。虽然文献记载中或多或少出现过这样的机制，但我们仍然缺乏一个自上而下的有效框架，即从较高等级考虑团队应该做什么到较低等级的分布式控制算法。这种框架的发展是多机器人系统在不同应用领域成为真正灵活、适用工具的关键。

② 混合分散/集中信息交换机制。传统上来说，小型机器人团队（最多三个）由中央决策者控制，而较大的团队由于只有本地信息可用，通常都是分散化的。然而，现实情况却通常是这两种极端情况的混合体，其中有一个类似云端的中央节点可以持续收集信息并间歇性地将汇集的信息注入系统之中。迄今为止，还没有有效的抽象化方法或系统算法可以描述或利用能够在不同时间尺度上操作信息流的混合式集中/分散信息交换机制。因此，对于什么信息需要以集中式共享、什么信息可以本地保存尚未达成清楚的共识。

③ 人与机器群的交互。虽然人机交互已经成为一门成熟的学科，但是人类操作员应该如何与机器人团队进行交互活动的问题很大程度上仍未解决。比如，假设一位农民试图与一组小型自动化拖拉机进行交互活动或一位飞行员试图控制大量无人机。在这两种情况下，无论从认知工作负载角度还是带宽管理角度来看，基本上都难以抽象出有效的交互模式。我们期望越来越多的机器人进入我们的工厂、家庭、医院和农场，人机交互的问题就必须解决，从而让人们有效地充分利用机器人。

④ 异构网络。部署移动机器人团队的好处之一就是可以组合拥有不同能力的机器人。某些机器人可能具备飞行能力，因此能够提供环境高空概览图，而其他机器人能够滑行通过并检查细管。这样一来便可形成异质团队，团队的异质性可以指动态配置、感测能力、空间足迹或行为策略。但是，除了个别例子（主要是空地协调）之外，我们还没有完全掌握利用异质性的好方法。针对特定的任务，需要什么类型的机器人？一组机器人异质程度如何？一个团队应该保持何种程度的异质性，从而确保在执行任务时达到最大的灵活性？

⑤ 多机器人系统中的通信和感应。为了实现机器人网络的最优效果，我们需要对这些系统中传感、通信和导航能力之间的相互作用有一个基本的了解。比如，智能体之间或与外部节点的通信可能由于各种原因而受影响，比如路径损耗、阴影或多径衰落等。此外，每个智能体的路径规划不仅会影响其信息收集（传感）能力，而且会影响其连接维护（通信）效果。考虑到现实情况下的通信连接，这种多学科特性使得在机器人网络中设计可靠的决策策略、顺利完成任务充满了挑战，也使该问题具有开放性，最终促进了通信感知机器人技术研究领域的出现。

多智能体机器人技术在分布式控制与决策、混合分散/集中信息交换机制、人与机器群的交互、异构网络、多机器人系统中的通信和感应等方面未来五年、十年、十五年的发展目标依次为：

① 由高级、全局规范自动生成分布式协议；基本了解如何通过集中式和分散式渠道发布信息需求；大量有效的人与机器群交互模式实例；具备跨越多个维度的异质性，包括功能、空间和时间；在交易流动性、传感和通信方面建立有效的模型。

② 在实际环境中可靠地部署大型团队；实现多机器人团队联合，通过基于云的架构实现相互学习和协作；商业上可行且以人为中心的群体系统；不依赖团队构成的先验假设，提供复杂任务的异构解决方案；在传感、移动性和通信模型下自动化协同优化功耗。

③ 在许多行业实现商业渗透，包括农业、制造、仓储和环境监测；机器人物联网；群体机器人能提供用户友好型服务；可靠地部署、混合和匹配协作型机器人团队；低成本、广泛可用的多机器人系统。

参考文献

[1] 张玫，邱钊鹏，诸刚. 机器人技术. 2版. 北京：机械工业出版社，2016.

[2] 郭彤颖，安冬. 机器人系统设计及应用. 北京：化学工业出版社，2017.

[3] 日本机器人学会. 技术变革与未来图景. 北京：人民邮电出版社，2017.

[4] 韩鸿鸾. 工业机器人工作站系统集成与应用. 北京：化学工业出版社，2017.

[5] 张宪民. 机器人技术及其应用. 北京：机械工业出版社，2017.

[6] 美国机器人技术发展路线图——从互联网到机器人（2016版）（一）. 机械工程导报，2017（1）：19-35.

[7] 美国机器人技术发展路线图——从互联网到机器人（2016版）（二）. 机械工程导报，2017（2）：26-43.

[8] 美国机器人技术发展路线图——从互联网到机器人（2016版）（三）. 机械工程导报，2017（3）：12-24.

[9] 美国机器人技术发展路线图——从互联网到机器人（2016版）（四）. 机械工程导报，2017（4）：18-33.

[10] 清华大学计算机系——中国工程科技知识中心知识智能联合研究中心（K&I）. 2018年智能机器人（前沿版）研究报告. AMiner研究报告，2018（12）.

[11] 全球工业机器人详细产业链梳理. http：//www. sohu. com/a/293048001 _ 99908715.

[12] 陈继文，王琛，于复生. 机械自动化装配技术. 北京：化学工业出版社，2019.

[13] 布鲁诺·西西利亚诺，等. 机器人手册：第1卷　机器人基础. 北京：机械工业出版社，2016.

[14] 布鲁诺·西西利亚诺，等. 机器人手册：第2卷　机器人技术. 北京：机械工业出版社，2016.

[15] 布鲁诺·西西利亚诺，等. 机器人手册：第3卷　机器人应用. 北京：机械工业出版社，2016.

[16] 苗俊，袁齐坤，刘立文，等. 基于动态贝叶斯网络的机器人巡检线路故障方法研究. 电子设计工程，2020，28（9）：184-188.